高等学校电子信息学科"十二五"规划教材

光网络与交换技术

敖　珺　　陈名松　　敖发良　　编著

西安电子科技大学出版社

内 容 简 介

本书围绕交换技术这条主线，系统地介绍了现代光纤通信网络，即光网络中的交换原理和关键技术。其中，第1～3章介绍了电话数字交换网络的基本内容，第4章介绍了交换技术的数学基础和交换机的主要性能指标，第5章介绍了电话网络及其信令系统，第6章介绍了 No.7 信令系统的功能及基本结构，第7章介绍了智能网——电话网络的增值业务，第8～11章分别介绍了异步传递模式(ATM)、宽带交换技术、SDH 原理及光网络。

本书可以作为大学本科有关专业的教材，也可以作为研究生的教学参考书，还可以作为有关技术人员和自学者的学习参考资料。

图书在版编目(CIP)数据

光网络与交换技术/敖珺，陈名松，敖发良编著. —西安：西安电子科技大学出版社，2013.8
高等学校电子信息学科"十二五"规划教材
ISBN 978-7-5606-3077-9

Ⅰ. ① 光… Ⅱ. ① 敖… ② 陈… ③ 敖… Ⅲ. ① 光纤网—高等学校—教材 ② 通信交换—高等学校—教材 Ⅳ. ① TN929.11 ② TN91

中国版本图书馆 **CIP** 数据核字(2013)第 159125 号

策　划　马乐惠
责任编辑　王　斌　马乐惠
出版发行　西安电子科技大学出版社(西安市太白南路2号)
电　话　(029)88242885　88201467　　邮　编　710071
网　址　www.xduph.com　　　电子邮箱　xdupfxb001@163.com
经　销　新华书店
印刷单位　西安文化彩印厂
版　次　2013年8月第1版　　2013年8月第1次印刷
开　本　787毫米×1092毫米　1/16　印　张　23.5
字　数　560千字
印　数　1～3000册
定　价　40.00元
ISBN 978-7-5606-3077-9/TN

XDUP 3369001-1
如有印装问题可调换

前　言

一般来说，通信的知识范畴包括终端、传输和交换三大块。其中终端不但包括各种通信终端设备，如电台、电话、传真机和计算机等，而且还包括各种终端技术和理论，如信息的编码、解码，调制、解调，信号分析和处理等。传输是指对各种传输信道特性的研究，其中有无线信道、微波信道、无线光信道和光纤信道等。

交换是通信网络的核心技术之一。现代通信网络中的骨干网(包括海底光缆)、局域网、本地网，甚至接入网都基本上是由光纤通信网络或光网络构成的。本书是在编者 20 多年教学和实践的基础上，以介绍现代光纤通信网络及其交换技术为目的的一本教材。

通信网总的发展趋势是数字化、综合化和宽带化。从 1966 年英籍华人高锟(C.K.Kao)发表光纤理论的论文及 1970 年美国康宁公司拉出第一条光纤至今，在近半个世纪的发展历程中，光纤通信及其网络(以下简称光网络)获得了迅速的发展和广泛的应用。从 SDH(同步数字体系)到 DWDM(密集波分复用)，再到 DWDM 网络，光网络不仅为通信网络提供了巨大的传输带宽，而且极大地增加了网络节点的吞吐量。以 WDM 为代表的光网络已经成为现代电信网的基础支撑网络。IP 技术是计算机通信网络中的一项协议技术，而 IP 技术的问世带来了诸多业务的综合。光网络与 IP 技术的结合将是未来通信技术发展的主流。未来的通信网络将建设在光网络和 IP 技术的基础上，已经没有人怀疑这一趋势。

为了把光网络的有关内容讲述清楚，就离不开交换技术。为了介绍交换的真谛，还得从电话交换讲起。这是因为贝尔在 1876 年发明电话以后，1878 年就出现了人工交换机。一百多年来，电话交换技术虽然走过了人工交换、步进制交换、纵横制交换和程控交换等四个发展阶段，但是交换技术或交换机至今还在使用。其中，移动电话的交换，还有如话务理论、网络阻塞概率等基本理论并没有过时；甚至电话网络中的信令系统，如 No.7 信令系统，目前已是全世界电信网络(包括电话网、移动通信网和计算机通信网络)广泛使用的信令系统。

为此，本书将首先介绍电话及其交换技术，然后介绍现代光网络的有关内容。

第 1~3 章介绍了电话数字交换网络的有关内容。

第 4 章介绍交换技术的数学基础和交换机的主要性能指标。

第 5 章介绍电话网络及其信令系统。信令是维系现代通信网络的神经系统，是通信网络中各个节点之间进行联络、相互协调和完成信息交换任务的一种通信语言。尤其是 No.7 信令系统，在现代通信网络中，得到了日益广泛的应用。

本书在讲解完电话交换及其网络，开始讲解分组交换以前，即在第 6 章介绍 No.7 信令系统。

在 ITU-T 的 Q.1000 建议中，把移动通信业务归入"智能网能力集 2"的业务范畴。所以本书把移动通信的有关内容放在第 7 章智能网业务中讨论。

ATM 交换可以归于分组交换，因为 ATM 信元是一种特殊的分组；ATM 交换也可以归于宽带交换，因为 ATM 交换就是为适应宽带交换而产生的。但是，我们把它单独作为第 8

章，是为了突出 ATM 及其交换技术的特殊性和重要性。

第 9 章的宽带交换部分涉及数字用户线和分组交换，这一章还讲到了 X.25 的电路数字交换、以太网交换、令牌环交换、IP 交换、帧中继、FDDI、DQDB 和标签交换等。

第 10 章、第 11 章讲解 SDH、WDM 和 ASON 等光纤通信网络及其交换技术的内容。

本书第 1～4 章由敖珺执笔，第 5～7 章由陈名松执笔，第 8～11 章由敖发良执笔。

由于光网络和交换技术涉及面广、发展快，加上编者知识水平有限，书中难免有疏漏和不足之处，恳请广大读者批评指正。

编　者

2013 年 3 月于桂林电子科技大学

目 录

第 1 章　电话与程控数字交换网络

1.1　电话机简介

1.1.1　电话机的基本工作原理与组成

电话机是电话通信过程中的用户终端设备，通过它来实现通信网中的用户话音信号和电信号之间的转换，即将本端用户的话音以电流的形式传送到对端用户，同时也要接收对端用户送来的话音电流，并转换成为声音。

我们先来看看图 1-1-1 所示的一个原理性电话机线路图。图中的用户 A 的听筒和话筒，用户 B 的听筒和话筒，以及直流电源(电压为 U)构成一个串联回路。当 A、B 都不讲话时，回路中流过直流电流 I。

当 A 或者 B 讲话时，通过他们的话筒，把声波的振动转化为回路里电流的变化，这个变化的电流叠加在直流电流 I 上，通过串联回路送到对方的听筒中。对方听筒中的线圈和薄膜又将变化的电流转化为振动的声波。所以 A 通过其话筒讲话，B 能够在他的听筒中听到 A 的声音；反之亦然。

当 A、B 同时讲话时，A、B 的话筒同时把声波转化为回路里电流的变化，这两个变化的电流同时叠加在直流电流 I 上，并分别传到对方的听筒中。

图 1-1-1 中的虚线框可以看成是电话交换机，其原理将在第 2 章中介绍。虚线框外就是每一个用户的用户环路，通常由两条线构成。

这里有一个问题，就是当 A 讲话时，除了 B 能听到 A 的讲话外，A 也能够在 A 的听筒中听到 A 自己讲话的声音，甚至声音还要更大些。这就是常说的侧音(Side-tone)。现代电话机里听不到自己的声音，这是因为电话机里都加有消侧音电路。附加有消侧音电路的电话机电路如图 1-1-2 所示。

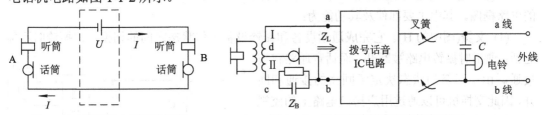

图 1-1-1　原理性电话机线路图　　　　图 1-1-2　附加有消侧音电路的电话机

图 1-1-2 中右边的外线是连接交换机的两条线。平时当电话放上(挂机)，即叉簧断开时，a、b 线间的电压为 50 V 左右。当有电话到来时，交换机送来 20 Hz、峰-峰值约 90 V 的交流振铃信号，通过电容 C 驱动电铃响。用户听到铃响拿起电话(摘机)，叉簧闭合，电话接通。

左边耦合线圈的原端和次级构成一个简单的 2/4 变换电路。其中耦合线圈原端的等效
阻抗 Z_1、Z_2 与 a、b 两点向右看过去的等效阻抗 Z_L，以及消侧
音阻抗 Z_B 一起构成了一个电桥，如图 1-1-3 所示。调整 Z_B，
当 $Z_1Z_B = Z_2Z_L$ 时，电桥平衡，b、d 之间所加电压(话筒)在 a、
c 之间呈现出等电位，所以从自己的耳机中听不到自己讲话的
声音。

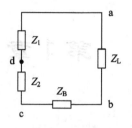

图 1-1-3　消侧音电路的电桥

这种模拟电话机通过二线的模拟用户线(通常称为 a、b 线)
与程控交换机连接，与程控交换机的硬件系统和呼叫处理程序
相配合，使用户完成启呼、拨号、振铃、通话和释放等操作。

需要说明的是，随着电子技术的不断发展，电话机的功能和组成也越来越复杂。尤其
是集成电路的发展，电话机中的各个部件也逐渐地实现了集成化。现在，电话机中普遍采
用中、大规模的集成电路，能够在两片甚至一片集成电路上实现电话机的拨号、通话和振
铃等主要功能。拨号装置也普遍使用了按键盘，取代了旋转式拨号盘，其体积和功耗大幅
度减小。同时，电话机也提供了更多的智能化功能，如重拨、闭音、R 键和闪断等，因此
更加方便用户使用。

当前公用电话网上大量使用的还是模拟电话机，电话机产生和接收的信号都是模拟信
号。但随着集话音、图像、传真和数据通信技术于一身的 ISDN 的迅速普及，数字电话机
将会越来越多地得到应用。在本节中，我们将主要介绍目前电话网上普遍使用的模拟电话
机的基本组成和工作原理。数字电话机的工作原理请参考有关资料。

1.1.2　两种类型的电话机

电话机的种类繁多，不过在目前公用电话网上使用的电话机按照发出的信号类型可以
分成两大类：脉冲电话机和双音多频(DTMF)电话机。在过去相当长的一段时间内，普遍采
用脉冲电话机。但是由于脉冲式电话机固有的缺点，以及集成电路和信号处理技术的发展，
双音频电话机出现并迅速普及，成为公用电话网上模拟电话机的主流。现代的双音频电话
机一般除了能够发送 DTMF 信号之外，也大都能够兼容脉冲工作方式，发出脉冲串形式的
地址信号。

1. 脉冲式电话机

脉冲式电话机是较早应用的一种自动电话机。图 1-1-4 为典型的旋转拨号盘式电话机
的电路框图。其中主要部件及其功能为：

(1) 叉簧(图中的 H)。它完成通话设备和振铃设备工作状态之间的切换，即振铃时不能
通话；通话时振铃电路被断开，而话音通路将被
接通。由于叉簧的状态决定了回路的接通和断
开，因此交换机可以通过用户接口电路上的监视
电路识别出用户的摘机、挂机状态。

(2) 交流铃。它接收交换机送来的交流振铃
信号，并发出铃声。

(3) 拨号电路。它主要由脉冲接点(图中的

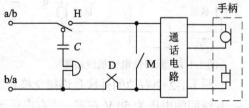

图 1-1-4　旋转拨号盘式电话机的电路框图

D)和短路接点(图中的 M)组成。它将所拨号码变成相应数量的脉冲串发往线路。在发号过程中，由短路接点 M 把通话电路短路，防止发号过程中受话器产生"喀喀"音。

(4) 通话电路。它主要完成 2/4 线转换和消侧音功能。

(5) 手柄。它包括听筒和话筒，完成声电转换功能。手柄通常靠其自身的重量控制叉簧的弹起和按下，即用户的摘机、挂机。

电话机发出的脉冲要遵从一定的参数才能保证交换机的收号器可靠地接收。脉冲电话机的发号原理比较简单，但是也存在许多缺陷，受到许多限制。随着新业务的出现，许多要求进行二次拨号的新业务不能对脉冲电话机开放。例如，基于智能平台的 200 记账卡业务，要求呼叫接至智能平台后，由 200 智能平台实现用户话机拨出的账号、密码等数字信息的接收。而在此之前，端局的交换机已根据业务码建立了到智能平台的话音通路，在交换机进行模/数转换时，要经过 300～3400 Hz 的带通滤波。可以想象，具有无穷多频率成分的脉冲信号经过这样的带通滤波后，波形会发生明显的变化，这时进行收号判定会非常不可靠。因此，这类业务一般不对脉冲电话机开放。

2. 双音多频(DTMF)电话机

在 20 世纪 60 年代，随着电子技术的发展，双音多频电话机出现了。其发号方式是使每一位数字具有两个频率的组合，它的编码如表 1-1 所示。

表 1-1　双音多频电话机发号方式的编码

	1209 Hz	1336 Hz	1477 Hz	1633 Hz
697 Hz	1	2	3	A
770 Hz	4	5	6	B
852 Hz	7	8	9	C
941 Hz	*	0	#	D

在表中，频率按高低分成高频组和低频组，各有 4 个频率，它们的组合共有 16 种方式，现在使用了 12 种，即数字"0"～"9"、"*"、"#"，另外 4 种作为备用。"*"和"#"作为功能键使用，配合某些业务要求的重发、终结等指示。

双音多频发号方式具有一些脉冲发号方式所不具备的优点，如发号时间只与用户按键的持续时间有关，而和数字本身无关，这就保证了发号的速度。虽然每个数字包括了两个频率，比脉冲信号在结构上复杂一些，但是这两个频率都是话音频带内的信号，而且没有直流成分，其频率特性以及传输特性要好得多，由于其能够同话音信息一样高质量地通过数字交换网络，因此可以实现某些业务要求的二次拨号。

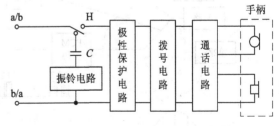

图 1-1-5　双音多频电话机的功能框图

图 1-1-5 是一种典型的双音多频电话机的功能框图。从图中可见，主要的功能电路，如极性保护、拨号和通话电路等，都是通过集成电路来实现的，因此虽然功能更强，但电路板的设计却大大简化了。

1.2　时间分割多路复用原理

1.2.1　时间分割多路复用原理

在通信网建设中，线路设备的投资占据着较大的比重，因此，如何提高线路的利用率，用固定的物理电路提供尽量多的通信通路，始终是一个需要不断研究和探索的问题。20世纪60年代，以脉冲编码调制(PCM)为代表的时分多路通信技术产生，它逐步取代了以前的频分多路通信技术，并开始应用在传输系统中。

时分方式(TDM，简称时分多路复用或时分制)和频分方式(FDM，简称频分多路复用或频分制)二者的主要区别可以用图1-2-1来表示。由图可见，频分制是将一条物理通路划分成多个频段，每个频段作为一个通信信道使用，最典型的是载波电话；时分制是把一条物理通道按时间分割，以传输多路信号(如话路信号)，各信道按照一定的周期和次序轮流使用物理通道。这样，从宏观上看，一条物理通路就可以"同时"传送多条信道的信息。数字通信系统就是以时分复用为基础的。

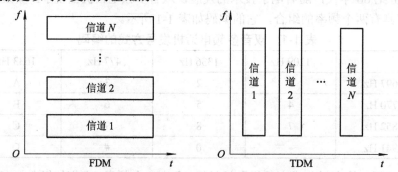

图 1-2-1　频分多路复用(FDM)和时分多路复用(TDM)

时间分割多路复用原理可由图1-2-2的示意图来说明。

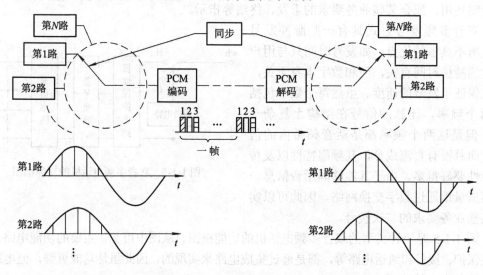

图 1-2-2　时分多路复用原理的示意图

图 1-2-2 中设有 N 路信号(或 N 个用户)，分别为第 1 路、第 2 路……第 N 路。在发送端，有一个"选择器"按一定时间分配循环地分别采样每一路信号，并对每一个采样值进行 PCM 编码，在线路上传输。如图中第 1 路的样点值编码成 8 个比特的数字信号 1；第 2 路的样点值编码成 8 个比特的数字信号 2；等等。采样完第 N 路信号以后，就又接着采样第 1 路信号。前面的 N 个采样编码信号形成一帧，如图 1-2-2 所示，接着是第 2 帧、第 3 帧等。

这样在"选择器"的输出端就会是 N 个话路的复用信号了。当这个一帧又一帧的信号传到收端以后，在收端进行 PCM 的解码。在收端也有一个"选择器"，在系统同步信号的作用下，与发端同步。就是说发端选择器选上第 1 路，当采样第 1 路信号时，由于电波的传输时间很短，对这个采样值经 PCM 编码以后传到收端，在收端进行 PCM 解码，此时收端的选择器也选择了第 1 路，这就是说发端被采样的脉冲幅度在收端第 1 路上被恢复了。以这种方式其他各路信号及其各个采样值，都无误地传到了收端对应用户。

只要采样速率符合奈奎斯特条件，即只要采样速率大于或等于信号最高频率的 2 倍，收端就可以依据这些恢复的脉冲幅度，通过滤波平滑，复原出原来的信号了。而实际的采样速率为每秒 8000 Hz，话音信号的频率范围为 0.3～3.4 kHz(即图中的帧频为 8 kHz)。

1.2.2　模拟信号的采样、量化和编译码

图 1-2-3 中表示了对模拟信号进行采样的过程。图中共有 30 个话路。每一路首先经过低通滤波器，使之变成只有 4 kHz 带宽的限带信号。然后由采样门进行采样。采样门出来的脉冲是经过脉冲调制过的信号，把它称为脉冲幅度调制信号或者称为 PAM 信号。PAM 信号易受干扰，不适于传输。因此要在后面紧接着的编码器中变成抗干扰性能强的脉冲编码调制(PCM)信号。

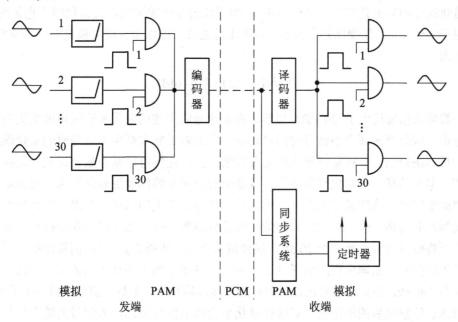

图 1-2-3　采样原理示意图

由于采样所得到的信号是从连续信号来的，因此采样得到的幅度大小可能有无限多种。而人们的耳朵只能辨别出有限个幅度的变化。为了后面的编码，也希望只有有限个幅度大小。因此必须把采样值用有限个"量"来表示。这个过程就称为"量化"。量化过程就是把输入端连续变化的、有无限多种幅度的模拟量变换成在输出端只有有限个幅度的模拟量。

例如，最简单的办法是：将 0～8 V 范围内的模拟量分为 8 级，每级 1 V。即 0～1 V 为 0 级，1～2 V 为第一级……用这 8 级的量去量化输入信号。

量化方法大体上有以下三种：

(1) 舍去型。即将小于 1 V 的尾数舍去。

(2) 补足型。即将小于 1 V 的尾数补足为 1 V。

(3) 四舍五入型。

采用不同的方法，就可能有不同的结果。表 1-2 为对 3 个数采用不同的量化方法时所得的不同结果。

表 1-2　量　化　举　例

量化前的值/V	量化后输出值/V		
	舍去型	补足型	四舍五入型
6.6	6	7	7
6.1	6	7	6
0.1	0	1	0

以上的量化方法不管是哪一种都有一个共同特点，就是量化分级是均匀的，也就是说不论信号大小，其绝对误差，或称为量化误差是相同的。

量化误差的后果是产生"量化噪声"。对于均匀分级的量化，其量化噪声也是均匀的。这样对于小信号，其信噪比就会很小。信噪比是通信上用以衡量通信质量的一个重要指标。它表示为

$$信噪比 = 10 \lg \frac{信号}{噪声} (dB)$$

一般要求信噪比大于 26 dB。显然，在小信号时上述的量化噪声就可能太大而达不到这个标准。因此要求减少小信号时的量化噪声，或者说要求减少小信号时的量化误差。一般有两种解决办法：一种是将量化级差分得细一些，这样可以减少量化误差，从而减少量化噪声。但是这样一来量化级数多了，就要求有更多位编码及更高的码速，也就是要求更高速率的编码器。这样做不太合算。另一种办法是采用不均匀量化分组，就是说将小信号的量化级差分得细一些，将大信号的量化级差分得粗一些。这样可以在保持原来的量化级数条件下将信噪比做得都高于 26 dB。这种做法称为"压缩扩张法"，简称压扩法。

压扩法的基本原理示意图如图 1-2-4 所示。图中给出了两种不同的量化方法——线性量化法和压扩法，并且做了对比。图中有两个输入信号：一个是大信号；另一个是小信号。而经过压扩法量化后的输出信号和线性量化后的输出信号相比，大信号的输出信号幅度压缩了，小信号的输出信号幅度扩大了。

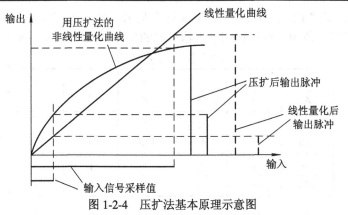

图 1-2-4　压扩法基本原理示意图

一般非线性压扩特性采用的是近似于对数函数的特性。ITU-T 建议采用的压扩律称为 A 律或 μ 律。A 律通用于欧洲，它是 30/32 路 PCM 中采用的；μ 律通用于北美和日本，它是 24 路 PCM 中采用的。我国采用的是 A 律。对于采用 μ 律的设备，往往要求能对 A 律兼容。下面仅对 A 律进行一些介绍。

A 律的输入电压 u_x 和输出电压 u_y 的关系为

$$u_y = \frac{Au_x}{1+\ln A}, \qquad 0 \leqslant u_x \leqslant \frac{1}{A}(小信号) \tag{1-2-1}$$

$$u_y = \frac{1+\ln Au_x}{1+\ln A}, \qquad \frac{1}{A} \leqslant u_x \leqslant 1(大信号) \tag{1-2-2}$$

在上两个公式中，第一个公式适用于 $u_x \leqslant \frac{1}{A}$ 的小信号，第二个公式适用于 $u_x \geqslant \frac{1}{A}$ 的大信号。其中，u_x 和 u_y 均为归一化信号，要求输入电压 u，经过压扩以后输出电压 u_y 的增量 Δu_y 为常数。

从上两个公式可见，在小信号情况下，u_y 和 u_x 是线性关系；在大信号情况下，u_y 和 u_x 是对数关系。当 $u_x = 0$ 时，这时原点斜率应为

$$\frac{\mathrm{d}u_y}{\mathrm{d}u_x}\bigg|_{u_x=0} = \frac{A}{1+\ln A}$$

若令比值等于 16，则可得 $A = 87.6$。这就是当前采用的 A 律的压扩常数。将这个 A 值代入上面两个公式，同时令 $\Delta u_y = \frac{1}{8}$，即 u_y 值按照 $\frac{1}{8}$ 线性增长，可得表 1-3 的 u_x，u_y 的对应值。在表中每一项取 u_x 值的近似值 $u_{x近}$，使得每一段的斜率为一个整数。根据表中结果，画出了如图 1-2-5 所示的曲线。表 1-3 中 u_x 和 u_y 的关系是曲线，而 $u_{x近}$ 和 u_y 的关系却是一种用二幂次分割的折线。这两条折、曲线很接近。在图 1-2-5 中只画出了 u_y 和 $u_{x近}$ 的折线。它将 y 轴分为均匀的 8 段，x 轴则不是均匀的 8 段。正负共有 16 段。但在 $u_y = 0 \sim \frac{1}{128}$ 和 $u_x = \frac{1}{128} \sim$ $\frac{1}{64}$ 这两段中的斜率都是 16，也就是这两段是一条直线，相当于一段。再加上 u_x、u_y 为负数时也有同样两斜率为 16 的线，也可以合在一起。这样就将在最小值时的 4 段合成为一段，

16 段变成 13 段，或者说，图 1-2-5 中画的实际上是 13 折线。从图中可以看出，对大信号分段粗，而对小信号分段细。这就提高了小信号时的信噪比，使其满足 26 dB 的指标。

表 1-3　13 折线表

u_y	0	$\dfrac{1}{8}$	$\dfrac{2}{8}$	$\dfrac{3}{8}$	$\dfrac{4}{8}$	$\dfrac{5}{8}$	$\dfrac{6}{8}$	$\dfrac{7}{8}$	$\dfrac{8}{8}=1$
u_x	0	$\dfrac{1}{128}$	$\dfrac{1}{60.6}$	$\dfrac{1}{30.6}$	$\dfrac{1}{15.4}$	$\dfrac{1}{7.79}$	$\dfrac{1}{3.93}$	$\dfrac{1}{1.98}$	1
$u_{x近}$	0	$\dfrac{1}{128}$	$\dfrac{1}{64}$	$\dfrac{1}{32}$	$\dfrac{1}{16}$	$\dfrac{1}{8}$	$\dfrac{1}{4}$	$\dfrac{1}{2}$	1
$\dfrac{\Delta u_y}{\Delta u_x}$		16	16	8	4	2	1	$\dfrac{1}{2}$	$\dfrac{1}{4}$

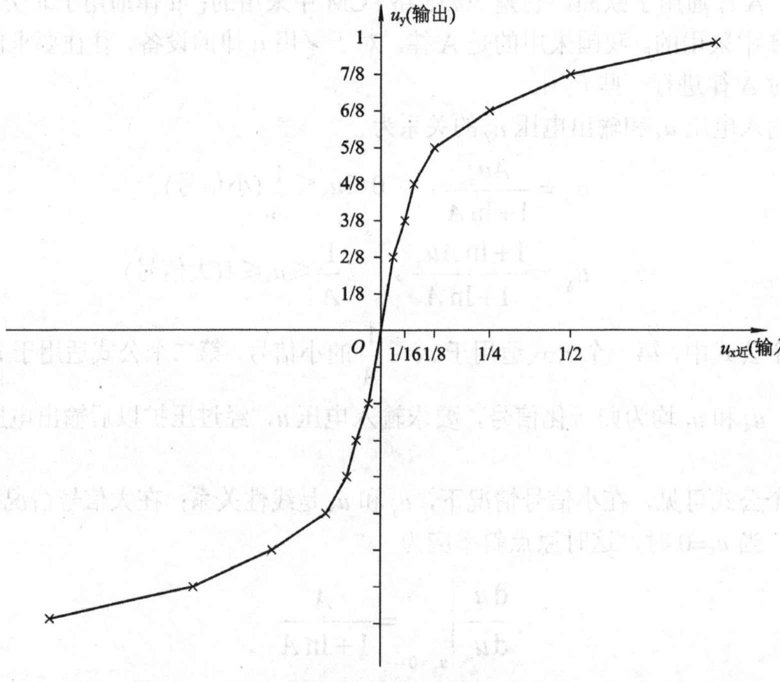

图 1-2-5　13 折线

从图 1-2-5 中可见，量化共分为 ±8 段，每段可以进一步区分为 16 个等分，每一等分为一个量化级。这样应该共有 ±8×16=±128 量化级。因此，在 32 路 PCM 中用 8 位码来表示。

经过上述量化以后的信号要通过编码处理变成一组码字。32 路 PCM 每路编为 8 位码，分为三部分。最高位为极性码，代表信号的极性。剩下的 7 位码正好代表 128 个量化级，其中，高三位为段落码，共有 8 段；低 4 位为段内码，即每一段分为 16 个量化级。

常用的二进制码有两种：自然二进制码和折叠二进制码。自然二进制码为从 0000 至 1111 共 0~15 个量化等级。折叠二进制码是前 8 段和后 8 段的编码呈折叠型的。这可以通过将低 8 级的自然二进制码倒换位置(即 0 级和 7 级倒换……)得到。折叠二进制码受小信号产生的传输错误影响较小，而话音信号中含量较多的是小信号。因此采用折叠二进制码较为有利。

译码，就是按上述编码规则，反过来操作，在收端恢复出原来的(发端采样得到的)脉冲幅度。

1.2.3　传输码型

编码器输出的码型有以下几种。

1. 单极性码和双极性码

单极性不归零码(NRZ)，这就是信号"1"有脉冲，信号"0"无脉冲，其占空比为 100%；单极性归零码(RZ)的占空比为 50%，码型如图 1-2-6 所示。

这两种码型适合于在交换机机架内部或邻近机架间进行短距离传输，不适合在线路中传输。这是因为它们存在一些缺点。

首先，它们存在直流分量和较丰富的高频分量，占用频带宽，这在线路中传输是不利的。

为解决这一问题，人们将其变成双极性归零码，码型如图 1-2-6 所示。在这种码型中，"0"仍旧由空号传送，但是"1"则由两种交替极性的"传号"(脉冲)传送。如图中第一个"1"是正极性的；而第二个"1"则是负极性的；接着第三个"1"又是正极性的，而第四个"1"又是负极性的……如此交替。所以这种码型又称为交替极性倒置码(Alternate Mark Inversion Code)，简称 AMI 码。这种码型不存在直流分量，高频分量也比前两种码型少，从而频带宽度可以减少一半。

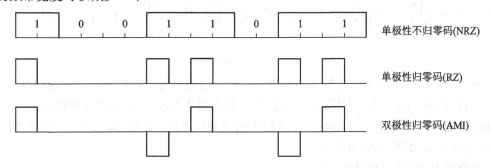

图 1-2-6　PCM 码型

在对话路的输出信号进行统计分析以后，人们了解到大部分开机时间内，话路处于零信号或小信号状态。在以上三种码型中，"0"信号实际上是"空号"，即没有脉冲输出。在码组中有多个连续"0"会使中继器长时间收不到信号而影响提取定时时钟的工作。我们希望在整个脉冲序列中出现"0"和出现"1"的概率大体相同。

为此对编码器输出的码组进行隔位翻转，即将偶数位码的"0"变为"1"，"1"变"0"而奇数位码不变，这就成了隔位翻转码。

2. HDB3 码

解决多个连续"0"的另一种码型为 ITU-T G.703 建议中所提出的 HDB3(High Density Bipolar of Order 3)码，即三阶高密度双极性码。在这种码型中，连"0"数限制在 3 个以下。

HDB3 码的编码规则为：

(1) HDB3 码有三种状态，B_+，B_-，0；1 交替地编为 B_+，B_-；对于 0，3 个以下的连

续的 0 编为 0；连续的第四个 0 用 "V"(代码违反)发送。

(2) 两个连续的 "代码违反" 必须反极性，为此：在两个连续的代码违反之间，当 1 的个数为奇数时，发送 "000V"；在两个连续的代码违反之间，当 1 的个数为偶数时，发送 "B00V"。B 为填充码(B 与其前面的一个 B₊ 或 B₋ 反极性)。

图 1-2-7 给出一个从单极性不归零码变成 HDB3 码的示例。图 1-2-7(a)为单极性不归零码；(b)为相应的 AMI 码；(c)、(d)和(e)是将它转换成 HDB3 码的过程。图中画出了 27 个信元①～㉗。为使说明清楚一些，信号中的 "0" 信号较多，并且有若干处连续 "0"。

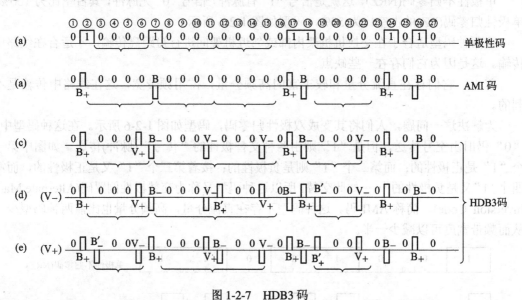

图 1-2-7　HDB3 码

首先将单极性不归零码转换成单极性归零码，这部分图中没有画出，读者可以参考图 1-2-6 自行转换。然后再将它转换成 AMI 码。参考图 1-2-6，可以将图中的偶数号 "1" 进行极性倒置，而奇数号 "1" 不变。于是图中的偶数号 "1"，即信元⑦、⑱、㉖极性倒置，由 B₊ 变成 B₋，如图 1-2-7(b)所示。

转换成 HDB3 码的过程如下：

(1) 依次将 4 个连续 "0" 编为一组，如图中的信元③～⑥，⑧～⑪，⑫～⑮，⑲～㉒各编成组，共四组，如图 1-2-7(b)所示。

(2) 每组最后一个 "0" 用 "1" 取代，以 V₊ 或 V₋ 表示。新加上的 V₊ 或 V₋ 和前面一个 "1" 信号(B₊ 或 B₋)同极性。但这样就破坏了原来的 "+"，"–" 交替的规律。所以将 V₊ 和 V₋ 称为 "代码违反"。这样就得到了图 1-2-7(c)的波形。

(3) 为保证线路中没有直流分量，要求相邻两个代码违反的极性不一样。这可以通过使两个代码违反之间保证有奇数个 "1" 来达到。也就是说，在两个代码违反之间遇到偶数个(或零个) "1" 时，中间加一个填充码 "1"。具体的做法是将前一个代码违反后面的连续 "0" 组中的第一个 "0" 改成 "B'₊" 或 "B'₋"，其极性和前一个代码违反相反。这样可以得到图 1-2-7(d)或图 1-2-7(e)的图形。

图 1-2-7(d)中设在信元①以前的代码违反点为 V₋ (图中用括号内 V₋ 表示)。这意味着两个代码违反(①以前的 V₋ 和⑥的 V₊)间有奇数个 "1"，当然这一段符合要求，不用加什

么。再往下发现信元⑪和⑮间有两个 V_ 而没有 "1"，即为偶数个 "1"。需要在⑪的 V_ 以后的⑫位置上加一个 B′_+。并且为保证上述规则②，即保证代码违反 V 的极性和前面一个 "1" 同极性，应该将⑮中的 V_ 改成 V_+。依次将⑰和⑱的 B 倒转。⑮和㉒之间又是偶数个 "1"，那么在⑮V_ 的下一组连续 "0" 的第一个 "0" ⑲上改成 B′。从图 1-2-7(d) 中看到应该改成 B′_。㉒的 V_ 恰好和前面新加上的⑲ B′ 同极性。符合规则②的要求。不用改变极性，这样就变成了 HBD3 码了。图 1-2-7(e)中假设在①以前的代码违反为 V_+。这时按照上述规则应加上② B′_，并且⑥V_ 和⑦B_+ 倒换极性……以下仍然按照上述规律办理就可以了。目前在 PCM 传输中，HDB3 码用得极为广泛。

1.2.4　与传输码有关的几个基本概念

1．时隙和帧

在图 1-2-2 中，对每一路电话的采样重复频率为 8000 Hz，也就是每隔 125 μs 采样一次。对每一个话路来说，每次采样值经过量化以后编成 8 位 PCM 码组，这就是一个 "时隙"(Slot)。在 30/32 路 PCM 系统中，32 路复用，即在 125 μs 范围内有 32 个时隙。因此每一个时隙占 125 μs/32 = 3.9 μs。125 μs 内的 32 个时隙组成一 "帧"，一帧的意义还可以从图 1-2-2 中看出，即传送 30 路话音。16 帧合成一个 "复帧"。一个复帧占用时间为 125 μs×16 = 2 ms。

2．数字信号传输速率

我们通过图 1-2-8 的例子来说明数字信号传输速率的定义和单位。

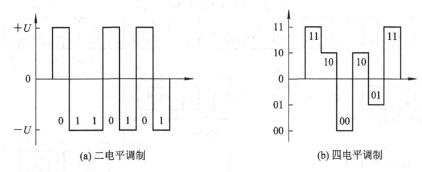

(a) 二电平调制　　　　　　　　(b) 四电平调制

图 1-2-8　传输速率

(1) 调制速率又称为波特率，单位为波特(Baud)，简写成 Bd。波特率定义为

$$波特率 = \frac{信元数}{单位时间}$$

图 1-2-8(a)为二电平调制的信号。设一个信元占时为 20 ms，即 1 s 内有 50 个信元，可算得波特率为 50/1 = 50 Bd。图 1-2-8(b)为四电平调制信号，一个信元占时为 20 ms，根据上述定义，波特率仍为 50 Bd。

(2) 数据率又称为数据信号的速率或比特速率，单位为比特/秒(bit/s)，简写为 b/s 或 bps。它表示单位时间内能传输的信息比特的个数，有

$$数据率 = \frac{信元数}{单位时间} \times \text{lb}\, n$$

式中，n 为信元状态数。对于图 1-2-8(a)，其状态数为 2，而对于图 1-2-8(b)则状态数为 4。这样可以得到：图 1-2-8(a)中的数据速率为 $50 \times \text{lb}2 = 50$ b/s；图 1-2-8(b)中的数据速率为 $50 \times \text{lb}4 = 100$ b/s。

1.2.5　30/32 路 PCM 的帧结构

30/32 路 PCM 的帧结构如图 1-2-9 所示。图中 16 帧组成一个复帧；一帧由 32 个时隙组成；一个时隙为 8 位码组。时隙 1~15，时隙 17~31 共 30 个时隙用来传送 30 路话的话音采样编码信号。时隙 0(TS_0)是"帧定位码组"，用于发/收端同步。其中偶数帧的 2~8 位为帧定位码组，规定内容为 0011011；奇数帧的 4~8 位是备用码组，用于国内通信。当数字链路跨越国际边界，或这些比特不被利用时，则将其固定"1"。第 3 位是帧失步告警码，用于指示远端失步告警；非告警状态为"0"；告警状态为"1"。奇、偶数帧的第 1 位是用于国际通信的备用比特。如果国际通信不用，则当数字路链路跨越国际边界时固定为"1"。若数字链路不跨越国际边界，则此比特可在国内业务中使用。其中一种可以采纳的用法为循环冗余校验。奇数帧的第 2 位用来区别偶数帧或奇数帧。因偶数帧第 2 位为"0"，则奇数帧第二位固定为"1"，以示区别。

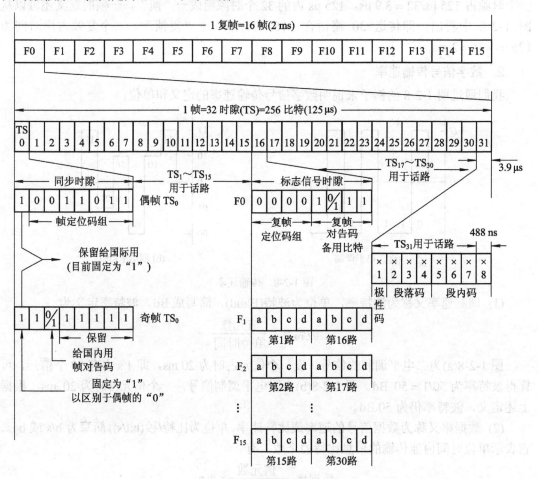

图 1-2-9　PCM 的帧结构

时隙 16 用于传送各话路的标志信号。标志信号按复帧传输，即每隔 2 ms 传输一次。一复帧有 16 帧，即有 16 个 "TS_{16}"（8 位码组）。除了帧 0(F_0) 之外，其余的帧 1～帧 15(F_1～F_{15}) 用来传送 30 个话路的标志信号。每帧 8 位码组传送 2 个话路和的标志信号，每路标志信号占 4 个比特，以 a、b、c、d 表示。F0 中的 TS_{16} 为复帧定位码组。其中，第一至第四位是复帧定位码组本身，编码为 "0000"；第六位用于复帧失步告警指示。失步为 "1"；同步为 "0"，其余 3 个比特为备用比特。如不用则为 "1"。需要说明的是标志信号码 a、b、c、d 不能为全 "0"，否则就要和复帧定位码组混淆了。

从时间上看我们也可以得到：一个复帧为 2 ms；一帧占 125 μs；一个时隙占 3.9 μs。每时隙 8 位码，即每位码元占 488 ns，所以码元速率为 2048 kb/s。

从码率上讲，由于抽样重复频率为 8000 Hz，也就是每秒传送 8000 帧，每帧有 32×8 = 256 bit，因此总码元速率为 256 比特/帧×8000 帧/秒 = 2048 kb/s。对于每个话路来说，每秒 8000 个时隙，每时隙为 8 bit，所以每路的传输速率为 8×8000 = 64 kb/s。

1.2.6　PCM 的高次群

为了能使电视等宽带信号通过 PCM 传输，那么就要有较高的码速率。而上述的 PCM 基群(或称为一次群)显然不能满足要求，因此出现了 PCM 高次群。

在时分多路复用系统中，高次群是由若干个低次群通过数字复用设备汇总而成的。对于 32 路 PCM 系统来说，其基群的速率为 2048 kb/s。其二次群则由 4 个基群汇总而成，速率为 8448 kb/s，话路数为 4×30 = 120 话路。对于速率更高、路数更多的三次群以上的系统，目前在国际上尚无统一的建议标准。图 1-2-10 为欧洲地区采用的 PCM 高次群的速率和话路数。我国工业和信息化部也对 PCM 高次群做了规定，基本上和图 1-2-10 相似。

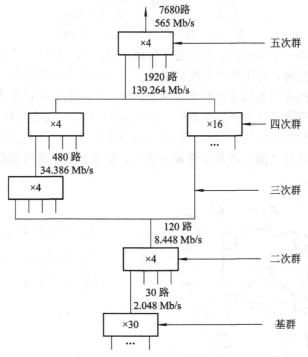

图 1-2-10　欧洲地区采用的 PCM 高次群的速率和话路数

PCM 系统所使用的传输速率和传输介质有关。PCM 基群一般采用市话对称电缆传输，也可以在市郊长途电缆上传输。PCM 基群可以用来传输电话、数据或 1 MHz 可视电话信号。

三次群以上的传输采用光缆、同轴电缆或毫米波波导等，可传送彩色电视。目前传输媒介向毫米波发展，其频率可高达 30～300 GHz。例如，地下波导线路传输的速率可达几十吉比特/秒(Gb/s)，可开通 30 万路 PCM 话路。采用光缆、卫星通信则可以得到更大的话路数量。

1.3　程控数字交换原理和程控数字交换网络

1.3.1　程控数字交换的基本概念

最简单的通信网仅由一台交换机组成，如图 1-3-1 所示。每一个电话或通信终端通过一条专门的用户环线(或简称用户线)与交换机中的相应接口连接。实际的用户线通常是一对绞合的塑胶线，线径在 0.4～0.7 mm 之间。

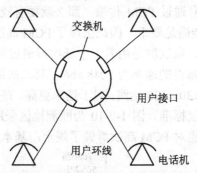

图 1-3-1　由一台交换机组成的通信网

交换式通信网的一个重要优点是较易于组成大型网络。例如，当终端数目很多，且分散在相距很远的几处时，可用多台交换机组成如图 1-3-2 所示的通信网。网中直接连接电话机或终端的交换机称为本地交换机或市话交换机，相应的交换局称为端局或市话局；仅与各交换机连接的交换机称为汇接交换机。当距离很远时，汇接交换机也称为长途交换机。交换机之间的线路称为中继线。显然，长途交换设备仅涉及交换机之间的通信，而市内交换设备既涉及交换设备之间又涉及与终端的通信。根据需要，市内的汇接交换设备也设有与终端通信的功能。

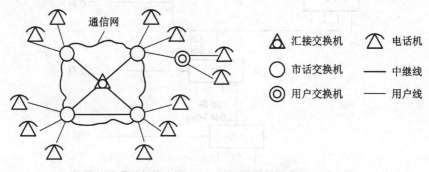

图 1-3-2　由多台交换机组成的通信网

早期的交换机是模拟交换机，它们交换的是模拟信号。这类交换机已经逐步退出历史舞台，我们在这里就不再讨论了。

在数字交换机中采用的是数字交换网络。数字交换网络的主要特点是能够将数字传输设备送来的数字信号直接进行交换，而不必像过去那样，需要进行数/模和模/数转换了。

实际上，最简单的数字交换方法就是给要求通话的两个两户分配一个公共时隙(时分通路)。两个用户的模拟话音信号经过数字化以后都进入这一个特定的公共时隙。这就是动态分配时隙的方法。

当前的数字交换机能连接很多用户，要求不仅仅能像空分交换机那样对空间线路(母线)进行交换，还要在不同时隙之间进行交换(时隙交换)。通常在这种情况下给每一个用户分配一个固定时隙，然后在两个用户(两个不同时隙)间进行交换，采用这种数字交换的方式就要求有专门的交换网络。图 1-3-3 为数字交换网络的示意图。图中，数字交换网络将占用母线 1 的时隙 5(TS$_5$)的话音信号经过数字交换网络交换以后交换到了母线 2 中的时隙 18(TS$_{18}$)，由另一个用户接收。本章将介绍这种交换网络的基本方法和原理结构。

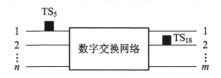

图 1-3-3 数字交换网络的示意图

1.3.2 两种基本的数字接线器

我们知道，PCM 是四线传输，即发送和接收是分开的，数字交换网络因而也要收、发分开，即进行单向路由的接续。

图 1-3-4 为 PCM 的发送/接收支路以及通过数字交换网络的时隙交换示意图。图中表明用户 A 被安排的时隙为 TS$_1$，而用户 B 被安排的是 TS$_2$。用户 A 每个采样点编码的 8 个比特从 TS$_1$ 发出，经过交换网络的交换后，在 B 端收到的 A 信号已交换至 TS$_2$ 了；相反方向，用户 B 从 TS$_2$ 发出，经过交换网络的交换后，在 A 端收到的 B 信号已交换至 TS$_1$ 了。

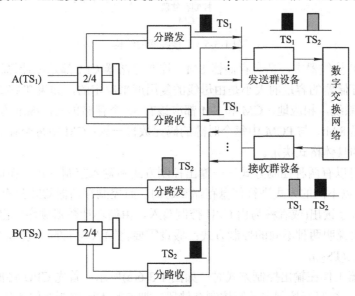

图 1-3-4 时隙交换示意图

　　数字交换网络由数字接线器组成。数字接线器有两种：时间(T)接线器和空间(S)接线器。它们的基本分工是：时间接线器负责实现一条母线内部的时隙交换；空间接线器则负责实现母线之间的时隙交换。

1. 时间(T)接线器

　　T 接线器的作用是完成在同一条复用线(母线)上的不同时隙之间的交换。T 接线器的结构如图 1-3-5 所示。由图可见，T 接线器主要由话音存储器(SM)、控制存储器(CM)，以及必要的接口电路(如串/并、并/串变换等)组成。为了简化，通常我们只将 SM 和 CM 用示意图的形式表示出来。顾名思义，话音存储器(SM)的作用是用来存储用户的数字式话音信号的。注意，这里存放的话音信号是数字形式的并行码，因此在实际存储之前需要将 PCM 母线上送来的串行码进行串/并变换。控制存储器(CM)的作用是用来存储处理机的控制命令字。

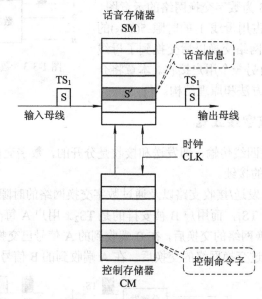

图 1-3-5　T 接线器的结构

　　在实际的 T 接线器中，话音存储器 SM、控制存储器 CM 都是由计算机的内存(RAM)构成的。每个存储器的容量的大小是由母线的复用度来决定的，如果 T 接线器连接的是一条 PCM 32/30 系统，相应地，CM 和 SM 都应该有 32 个存储单元，编址为 0～31。SM 中每个存储单元是 8 bit，与 PCM 中每个时隙的码元数目一致；CM 中每个存储单元的比特数由控制命令字的具体格式决定。

　　T 接线器可以有两种控制方式——输出控制方式和输入控制方式。在这两种控制方式下，SM 和 CM 以不同的方式进行信息存储和访问。而控制存储器 CM 只有一种控制方式，即随机写入，顺序读出(或者称为由 CPU 控制写入，由循环计数器顺序读出)。下面通过一个具体的例子来说明两种不同的控制方式：假设需要将输入线上的时隙 6(TS$_6$)交换到输出母线上的时隙 20(TS$_{20}$)。

　　当 T 接线器工作在输出控制方式时，如图 1-3-6(a)所示，首先 CPU 将根据任务(TS$_6$ 要交换到 TS$_{20}$ 上)，编写好控制字并写控制存储器，把 6 写入到控制存储器的第 20 号单元。

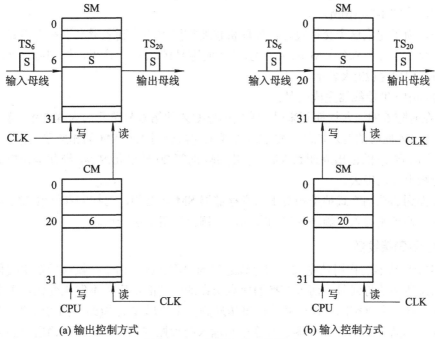

(a) 输出控制方式　　　　　　　　　　　(b) 输入控制方式

图 1-3-6　T 接线器的工作原理

　　然后 SM 将以顺序写入、控制读出的方式来工作。所谓顺序写入，是指写入的次序由定时脉冲控制一个循环计数器，循环计数器产生循环地址，依此循环地址将各时隙对应的内容顺序写入到 SM 的相应单元内。如在 TS_1 时刻，将母线上该时隙的内容写入到 SM 的第 1 号单元中，TS_2 的内容则写入到 SM 的第 2 号单元中……一帧写一次。当然后面写的内容将会把该单元中前面的内容覆盖，这是 RAM 的特点。所谓控制读出，指的是在输出总线上当某一时隙到来时，读出话音存储器中哪个存储单元的内容是由控制命令所决定的。在写控制存储器时，这个控制命令已经由 CPU "随机地" 写入控制存储器 CM 中了，因此也称为随机写入。

　　上述过程概括如下，当采用输出控制方式时，为完成 $TS_6 \rightarrow TS_{20}$ 的交换，在每帧中 T 接线器将会由硬件自动完成，完成的内容是：

　　(1) 在时隙 6 的写入周期到来时，将输入母线上的时隙 6 的内容写入到 SM 的第 6 号单元中。

　　(2) 在时隙 20 的读出周期到来时，取出 CM 相应的单元(即 20 号单元)的控制命令字的内容 6，并以此作为这个时刻，即 TS_{20} 时刻，SM 的寻址地址读出 SM 的第 6 号单元内容，送到输出复用线上。

　　经过如上过程，而且每帧一次，就完成了规定的时隙间的交换。

　　为了完成上述过程，需要处理机根据呼叫控制逻辑产生规定格式、规定内容的控制命令字，并将其写入到控制存储器中。在本例中，就是在 CM 的第 20 号(输出时隙号)单元中写入控制命令字。这里的写入单元地址与输出时隙号一致。为简化起见，控制命令字的内容只用输入时隙号(6)来表示。

　　输入控制方式与输出控制方式不同的是，话音存储器 SM 采用的是控制写入、顺序读出的方式工作，即写入是由处理机的控制命令字决定的，而读出则是由定时脉冲控制的。

　　下面我们看看，在输入控制方式下，同样为了完成 TS_6 到 TS_{20} 的交换，T 接线器是如何工作的，如图 1-3-6(b)所示。

首先，为了完成这个交换过程，处理机也要按照呼叫控制逻辑产生规定格式、规定内容的控制命令字并写入到 CM 的第 6 号(输入时隙号)单元中。这里，控制命令字的内容简单地用输出时隙号(20)来表示。

在每帧中，T 接线器完成的是：

(1) 在时隙 6 的写入周期到来时，首先读出 CM 的第 6 号单元的内容(20)，然后将此内容(20)作为 SM 此时的写入地址，将输入母线上的内容写入到 SM 的相应单元中。

(2) 在时隙 20 的读出周期到来时，读出 SM 的第 20 号单元内容，经并串转换后送到输出复用母线上发送出去。

上面提到的控制方式都是相对于话音存储器 SM 而言的，而控制存储器 CM 只有一种控制方式，即控制写入，顺序读出的方式，上例也证明了这一点。

2. 空间(S)接线器

空间(S)接线器的作用是完成不同母线之间的时隙交换。由于交换前后发生变化的是被交换的信息所在的母线号，而被交换的信息所在的时隙的次序并不发生变化，因此形象地称为空间交换。通过空间交换能够将信息传送到指定的母线上去(即不同母线之间的交换)。

与 T 接线器类似，S 接线器也有输出和输入两种控制方式。工作在输出控制方式下的 S 接线器的组成结构如图 1-3-7 所示。S 接线器模型中由连接输入侧、输出侧各 N 条母线的 $N \times N$ 的交叉接点矩阵以及一些相关的接口逻辑电路组成。S 接线器交换的时隙信息通常是并行信号，因此实际的交换系统中，如果交换的话音信号是 8 位的数字信号，则上图中的交叉接点矩阵就应该配备 8 个，每个完成 1 位的交换。当然这 8 个交叉矩阵是在同一组 CM 中控制命令字控制下并行工作的。

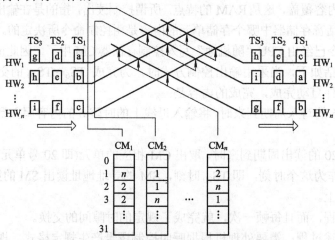

图 1-3-7　输出控制方式下的 S 接线器的组成结构

设每条母线上每帧有 32 个时隙，即复用度为 32，为直观起见，每一个时隙都用内部的不同标识来表示。根据交换任务，处理机将产生的规定格式、规定内容的控制命令字写入到控制存储器组的各相关单元中。为简化起见，我们只将输入母线号在各存储单元中标记出来。输出控制方式下 S 接线器的接点控制过程如下：

(1) 控制存储器在各时隙对应的定时脉冲到来时，由循环计数器产生的循环地址，顺

序读出各控制存储器相应单元的内容,如在 TS_1 时:

读出 1 号控制存储器的 1 号单元中的内容 n,并控制 1 号输出母线和 n 号输入母线对应的交叉接点闭合,闭合时长为一个时隙长度;

读出 2 号控制存储器的 1 号单元中的内容 1,并控制 2 号输出母线和 1 号输入母线对应的交叉接点闭合一个时隙长度;

······

读出 N 号控制存储器的 1 号单元中的内容 2,并控制 n 号输出母线和 2 号输入母线对应的交叉接点闭合一个时隙长度。

(2) 在其他时隙进行类似的过程,这样就完成了在一帧中所有交叉接点的闭合控制。

(3) 当下一帧到来时,重复上述过程。

通过上面的过程,我们能够发现,S 接线器完成的是信息在不同母线之间的交换,而信息所在的时隙本身的次序并不发生变化。

工作在输入控制方式下的 S 接线器的组成结构如图 1-3-8 所示,其工作过程读者可以自行推导,此处从略。只是输入控制方式时,一排开关上的箭头都指向同一条输入母线。

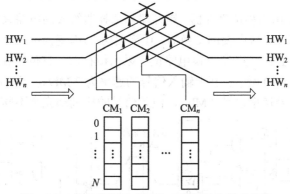

图 1-3-8　输入控制方式下的 S 接线器的组成结构

通过上述过程,我们能够确定 S 接线器的几个主要的参数:控制存储器的数目由母线(复用线)的数目决定。严格地讲,在输出控制方式下,控制存储器的个数应与输出母线的个数一致;而在输入控制方式下,控制存储器的个数应与输入母线的个数一致。但是在实际设备中,输入和输出母线的数目一般是相同的。每个控制存储器中,存储单元的个数应与母线上一帧的时隙数相同。每个存储单元的具体组织由控制命令字的格式决定。

我们还可以知道,S 接线器的每一个交叉接点只在规定的时隙完成规定时长的闭合,而其他时隙是断开的,因此可以说,空间接线器是时分工作的。

1.3.3　复用和分路及串/并和并/串变换

上面在讲述 T 接线器和 S 接线器的工作原理时,都是以 PCM 基群为例的。但是实际的数字交换系统中,为了达到一定的容量要求,在交换器件允许的条件下,要尽量提高 PCM 复用线(母线)的复用度,这样就需要在进行交换前,多个 PCM 低次群复用成 PCM 高次群系统,然后一并进行交换。这个复用的过程也称为集中。如在 FETEX-150 程控交换系统中,在选组级就是将 32 个 PCM 30/32 系统复用为一个 PCM 1024 系统再进行交换的。在完成交换后,还要将复用的信号还原到原来的 PCM 低次群上去,这个还原的过程称为分路。

同时，在 T 接线器和 S 接线器的工作过程中，进行存储和交换的都是并行的数字信号，因此 PCM 的串行码在交换前后要经过串/并变换和并/串变换。在程控交换机中，这样的过程通常和复用、分路的过程结合实现。图 1-3-9 为 8 选 1 复用和串/并变换的示意图。

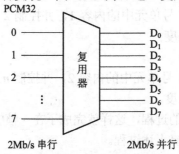

图 1-3-9　8 选 1 复用和串/并变换的示意图

经过复用和串/并变换后，原来的 8 路 PCM 30/32 系统的 2 Mb/s 串行码就转换成有 8 条数据线，每条速率为 2 Mb/s 的并行码。如果连接的是 T 接线器，就可以直接连接到话音存储器了。

串/并变换可以使用由移位寄存器、锁存器和选择器组成的电路来实现。经过串/并变换的信号由数字交换部件完成必要的交换后，还需要由并/串变换电路完成并/串转换，然后再经过 PCM 系统传送出去。并/串变换电路也可以由锁存器、移位寄存器和选择器等基本电路组合实现，如图 1-3-10 所示。其中输入信号的速率为 2 Mb/s，经过串/并变换以后在话音存储器进行交换的信号速率也是 2 Mb/s，但是信号的排列却完全不同了。

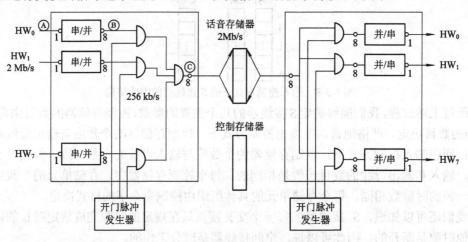

图 1-3-10　串/并变换、并/串变换的示意图

1. 时钟和定时脉冲

设串/并变换电路的输入端接的是 8 条母线(HW)，所需的定时脉冲($A_0 \sim A_7$)和位脉冲($TD_0 \sim TD_7$)如图 1-3-11 所示。从图中可见，CP 的脉冲和间隔宽度各为 244 ns，与 32 路 PCM 每时隙的一位脉冲宽度(488 ns)相同。这样定时脉冲 $A_0 \sim A_7$ 的不同组合就形成了位脉冲 $TD_0 \sim TD_7$，而且位脉冲 $TD_0 \sim TD_7$ 的脉冲宽度为 488 ns，间隔 7 个脉冲宽度，因此它标志了每一时隙中的某一位。

定时脉冲 $A_0 \sim A_7$ 也就是前面所说的循环计数器所产生的循环地址(0～7)。

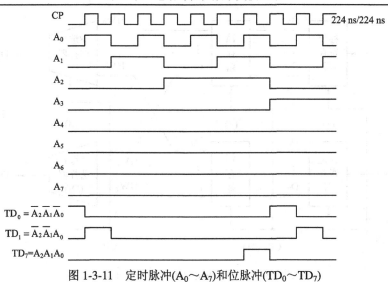

图 1-3-11 定时脉冲($A_0 \sim A_7$)和位脉冲($TD_0 \sim TD_7$)

2. 串/并变换电路

串/并变换电路的波形图如图 1-3-12 所示。其电路的原理示意图如图 1-3-13 所示，图中移位寄存器是 8 位串入并出的移位寄存器，它在 CP 控制下将每个时隙中的 8 位串码变成 8 位并行码。因此移位寄存器的输出端有 $D_0 \sim D_7$，共 8 条线。但是在移位寄存器输出端 $D_0 \sim D_7$ 的 8 位码不是同时出现的，而是在 CP 控制下一位一位地出现的。因此在下一级加一个锁存器，由 $\overline{CP} \wedge TD_7$ 控制。也就是说在时隙的最后一位(D_7)的 CP 后半周期($\overline{CP}$)时才能把已经变换就绪的 8 位并行码送入锁存器。

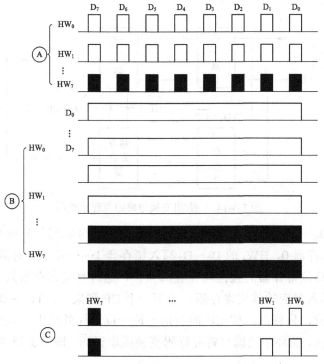

图 1-3-12 串/并变换电路的波形图

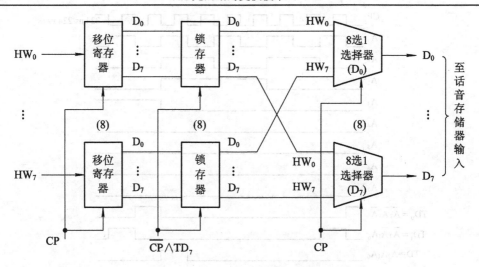

图 1-3-13　串/并变换电路的原理示意图

　　锁存器中的数据和输入端串行脉冲的数据在时间上已经延迟了一帧的时间。当下一个 CP 脉冲来到时，8 位并行码即可经 8 选 1 选择器输出送至话音存储器。8 选 1 选择器的功能是把 8 个 HW 的 8 位并行码按一定次序进行排列、合并。

3. 并/串变换电路

　　图 1-3-14 给出了并/串变换电路的原理示意图。并/串变换电路由锁存器和 8 位并入串出的移位寄存器组成。

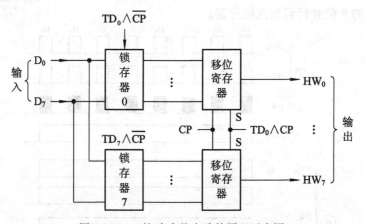

图 1-3-14　并/串变换电路的原理示意图

　　在位脉冲 $TD_0 \sim TD_7$ 控制下，将 8 个 HW 的 $D_0 \sim D_7$ 分别写入到锁存器 0～7。即 HW_0 的 $D_0 \sim D_7$ 写入锁存器 0，HW_1 的 $D_0 \sim D_7$ 写入锁存器 1……在下一时隙的 TD_0 时，CP 脉冲的前半周期将移位寄存器的置位端 S 置成 "1"，这时移位寄存器只置位，不移位，于是就将 $D_0 \sim D_7$ 送入对应的移位寄存器。当下一个 CP 到来时，$TD_0 = 0$，因此 S 端为 0，移位寄存器不置位，只移位，按 CP 的节拍一位一位地往外送出。直到下一个时隙 TD_0 出现时再置位一次，循环下去就可将并行码变换成串行码。图 1-3-15 为并/串变换电路的波形图。

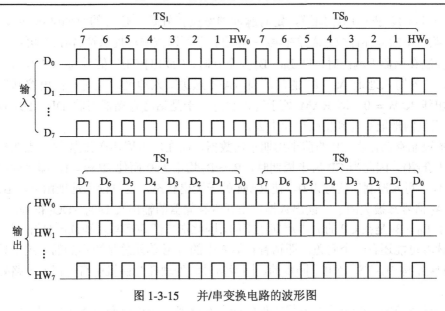

图 1-3-15　并/串变换电路的波形图

1.4　T 接线器和 S 接线器的电路实现

1.4.1　T 接线器的组成和电路实现

1. 话音存储器

图 1-4-1 为 T 接线器中话音存储器的结构。图中画出的是输出控制方式，即话音存储器的写入由定时脉冲控制，按顺序写入；而其读出则在控制存储器读出数据 $B_0 \sim B_7$ 的控制下进行。

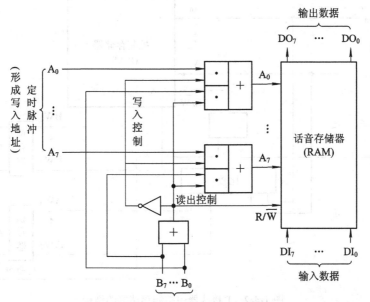

图 1-4-1　T 接线器中话音存储器的结构

　　从图 1-3-11 我们已经知道,定时脉冲的宽度正好是一位码的时间(488 ns),而且按 $A_0 \sim A_7$ 顺序不断循环计数。这样在 $A_0 \sim A_7$ 控制下可以按顺序提供话音存储器的写入地址。

　　当控制存储器无输出时,即 $B_0 \sim B_7$ 为全 0 时,"读出控制"信号为 0,"写入控制"信号为 1,打开写入地址 $A_0 \sim A_7$ 的门,向 RAM 送进写入地址。此时"读出控制"信号又提供读出线 $R/\overline{W} = 0$,即 RAM 处于写入状态,于是话音存储器可将 $DI_0 \sim DI_7$ 的内容按 $A_0 \sim A_7$ 提供的地址写入到相应单元中去。

　　一般控制存储器在 CP 的前半周期不送数据,而在后半周期送数据(这一点在控制存储器部分再介绍)。因此当 CP 后半周期时,$B_0 \sim B_7$ 均不为 0 而使 $R/\overline{W} = 1$,即"读出控制"信号为 1,"写入控制"信号为 0。使 RAM 处于读出状态,这时读出地址由 $B_0 \sim B_7$ 提供,而 $A_0 \sim A_7$ 信号却被关闭了。读出数据可由话音存储器的输出端 $DO_0 \sim DO_7$ 得到。

　　由于 $B_0 \sim B_7$ 是在 CP 的后半周期送来的,因此很自然地把写入和读出分开,互不干扰。细心的读者可能还有一个问题,即话音存储器中的 0 号单元总是读不到的。这个只要想想在 PCM 帧结构中,TS_0 是用于同步的,同步信号的处理在交换机中有专门的电路处理就可以解决。

　　以上所讨论的是输出控制方式工作的话音存储器。如果要变为输入控制方式工作,只要把图 1-4-1 稍加改动就可以了。

2. 控制存储器

　　图 1-4-2 为 T 接线器中控制存储器的结构。控制存储器通过锁存器从 CPU 输入数据和地址。其中通过数据总线送来写入数据 $BW_0 \sim BW_7$。通过地址总线送来写入地址 $AW_0 \sim AW_7$。这里的例子是 8 条 HW,即控制存储器为 256 个单元,因此地址只用 8 位。

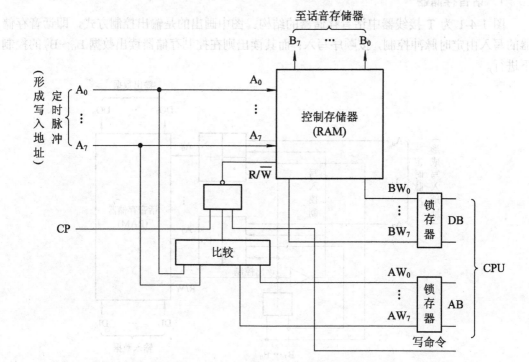

图 1-4-2　T 接线器中控制存储器的结构

在 CPU 选定路由以后，编制好控制字，便通过总线向控制存储器发送数据和地址，同时发出"写命令"。当定时脉冲 $A_0 \sim A_7$ 送来的循环地址和 $AW_0 \sim AW_7$ 相符合时 $R/\overline{W}=0$，即可将数据写入到相应地址。图中的 CP 信号是为了使控制存储器处于读出状态时，能在 CP 的前半周(高电平)按照定时脉冲 $A_0 \sim A_7$ 所指定地址，逐个单元地读出内容。读出信息通过 $B_0 \sim B_7$ 线送至话音存储器。图 1-4-2 未明确的是，这种控制存储器是适合于输入控制方式还是输出控制方式的话音存储器。这是因为从硬件上来看，它们没有区别，而区别的是 CPU 送来的地址和数据。因此图中电路对两种方式均适用。

1.4.2　S 接线器的组成和电路实现

前面已经说过，当交换网络的容量增大时，只是 T 接线器就不能满足要求了，必须用 S 接线器协同工作。下面以 8×8 矩阵为例来说明 S 接线器的工作原理。

S 接线器由交叉接点和控制存储器两部分组成。

1. 8×8 交叉接点矩阵

前面已经说过，时分交换网络中的 S 接线器是按时分工作的，即每隔 3.9 μs(一个时隙)改变一次接续。电磁接点是无论如何也达不到这个速度的，因此必须采用电子接点。

电子交叉接点矩阵由电子选择器(IC 电路)组成。8×8 矩阵可以采用 8 片 8 选 1 选择器芯片，其结构如图 1-4-3 所示。

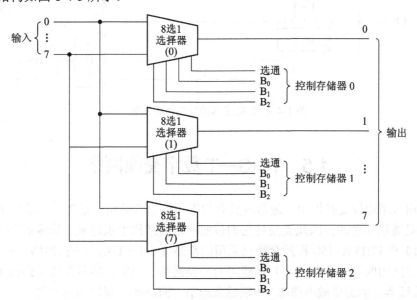

图 1-4-3　电子交叉接点矩阵的结构

8 片 8 选 1 选择器芯片各负责一个输出端，共有 8 个输出端，而每片的 8 个输入端按输入端号相互复接起来，形成 8 个输入端。

图中的结构实际上是只对 1 位码的。一般交换网络内是 8 位并行码，因此需要有 8 套这种电路。

控制存储器通过 $B_0 \sim B_2$ 送来选择数据，决定哪一个输入端要和输出端接通，同时又送来选通信号，来决定选通的是哪一片，即哪一个是输出端。

图中所表示的是输出控制方式，每一个控制存储器控制一片 8 选 1 选择器芯片，即控制一个输出端的所有 8 个交叉接点。读者可以自己考虑如何组成输入控制方式的矩阵。

2．控制存储器

S 接线器的控制存储器的结构如图 1-4-4 所示。S 接线器的控制存储器和图 1-4-2 给出的 T 接线器的控制存储器结构相差不多。只是在图 1-4-3 中由于只控制 8 个输入端，因此数据线只有 3 条($B_0 \sim B_2$)，再就是多了一条选通线。使得控制存储器的字长为 4 位。其他则和 T 接线器的控制存储器一样，因此工作原理也是一样的，这里就不再赘述。

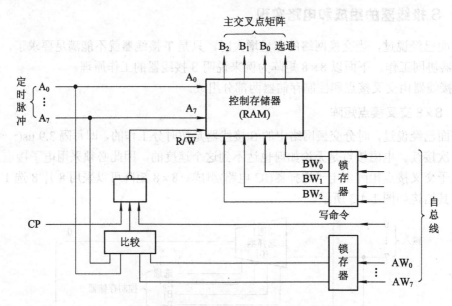

图 1-4-4　S 接线器的控制存储器的结构

1.5　T—S—T 数字交换网络

在局用大型程控交换机中，通常应具有数千条以上的话路。这样单纯依靠 T 接线器或 S 接线器是难以实现的，因此需要将它们按照一定的结构组织起来，构成数字交换网络，如 AXE-10 和 FETEX-150 程控交换机采用的都是 T—S—T 组合交换网络，而 NEAX-61 程控交换机采用的是 T—S—S—T 四级组合交换网络。当然，随着集成电路技术的进步，实现 T 接线器功能的集成电路(IC)体积越来越小，而交换的容量却越来越大，因此现代的交换机，尤其是国产的一些程控交换机，将 T 接线器按照一定方式排列组合起来，而不再使用 S 接线器。本节将以 T—S—T 三级交换网络为例讲述数字交换网络的基本原理。

1.5.1　T—S—T 数字交换网络结构

典型的 T—S—T 数字交换网络的结构如图 1-5-1 所示。

整个交换网络以 S 接线器为核心。对于一个有 N 条输入母线和 N 条输出母线的交换网络而言，需要配置 2N 套 T 接线器，其中 N 套在输入侧，为初级 T 接线器，完成用户的发送时隙到交换网络内部的公共时隙的交换；N 套在输出侧，称为次级 T 接线器，完成将交换网络内部的公共时隙上的数据传送到另一用户的接收时隙上。因此，交换网络内部提供的公共时隙的数量就决定了交换网络中能够形成的话音通路的数量。中间的 S 接线器主要由一个 $N \times N$ 的交叉接点矩阵和具有 N 个存储器的控制存储器组来组成，用来完成将交换网络内部的公共时隙运载的用户信息从一条输入母线上交换到规定的一条输出母线上。

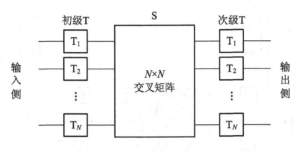

图 1-5-1　T—S—T 数字交换网络的结构

1.5.2　T—S—T 数字交换网络的工作原理

T—S—T 数字交换网络的工作原理如图 1-5-2 所示。由图可见，交换系统中通常包括若干条 PCM 母线，用 HW 来表示；每条母线上又可以有若干个串行通信的时隙，用 TS 表示。假设主叫用户 A，占用了 HW1 上的 TS2；被叫用户 B，占用了 HW3 上的 TS31。由于用户话音在用户线上以二线双向形式传送，而经过用户接口电路后，将上、下行通路分开。这里我们将从用户模块进入数字交换网络的通路称为上行通路，而将数字交换网络中出来到达用户模块的通路称为下行通路。为便于区分，其复用线分别用 HW 和 HW′ 来表示。那么，两个用户的通话过程就可以表示为：将 A 用户的话音从上行通路的 $HW_1 TS_2$ 经过数字交换网络后传送到 B 用户的下行通路 $HW_3 TS_{31}$ 上。同时，将 B 用户的话音从上行通路的 $HW_3 TS_{31}$ 经过数字交换网络后，传送到 A 用户的下行通路 $HW_1 TS_2$ 上。在这样的交换过程中，既有时隙间的转移，又有复用线间的转移，我们分别称为时间交换和空间交换。有时又被称为时隙交换。这里的时隙交换，实际上是时隙中的内容进行了交换。

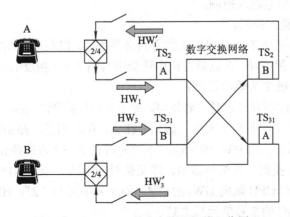

图 1-5-2　T—S—T 数字交换网络的工作原理

在数字交换网络中，将一定数量的 T 接线器和 S 接线器按照一定的结构组织起来，就可以构成具有足够容量的数字交换网络。

T—S—T 网络的结构如图 1-5-3 所示。图中假设有 3 条母线(HW)，每条母线有 32 个时隙。因此 A，B 两级话音存储器各有 32 个单元，各级控制存储器也各有 32 个单元。

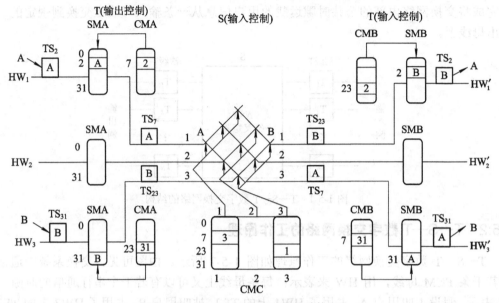

图 1-5-3　T—S—T 网络的结构

各级的分工是这样的：

(1) A 级 T 接线器负责输入母线内的时隙交换。

(2) S 接线器负责母线之间的空间交换。

(3) B 级 T 接线器负责输出母线内的时隙交换。

因此 3 条输入母线就需要有 3 个 A 级 T 接线器；3 条输出母线就需要有 3 个 B 级 T 接线器；而负责母线之间交换的 S 接线器矩阵就必然是 3×3。因而也有 3 个控制存储器。

各级的工作方式为：

(1) A 级 T 接线器为输出控制。

(2) B 级 T 接线器为输入控制。

(3) S 接线器为输入控制。

这里要指出的是两级 T 接线器的工作方式必须不同，以利于控制。至于谁是输入控制，谁是输出控制原则上都可以。在以后讨论中还会用与图 1-5-3 相反的控制方式(即 A 级 T 接线器为输入控制，B 级 T 为输出控制)。

S 接线器用什么控制方式也是二者均可，图 1-5-3 中采用输入控制，即每一个控制存储器控制 1 条输入 HW 上的所有交叉点。假如要在 A，B 之间进行路由接续，其中 A 话音占用 HW₁ 的 TS₂；B 话音占用 HW₃ 的 TS₃₁。下面先讨论 A→B 方向路由的接续。

CPU 在存储器中找到一条空闲路由，即交换网络中的一个空闲内部时隙，假设此空闲内部时隙为 TS₇。这时 CPU 就向 HW₁ 的 CMA 的 7 号单元写"2"；HW₃ 的 CMB 的 7 号单元写"31"；1 号 CMC 的 7 号单元写"3"。

SMA 按顺序写入，在 TS$_2$ 时将 A 的 8 位数字话音信号写入到 HW$_1$ 的 SMA 2 号单元中去。在 TS$_7$ 时，顺序读出 CMA 的 7 号单元中的内容"2"作为 SMA 的读出地址。于是就把原来在 TS$_2$ 的 A 话音信号转移到了 TS$_7$。在 S 接线器中，HW$_1$ 的 TS$_7$ 到来时，顺序从 1 号 CMC 的 7 号单元读出 3，它就控制第一条输入母线上的 3 号接点接通一个时隙，即 1 号输入母线和 3 号输出母线在 TS$_7$ 时接通，这样就把 A 的话音信号通过 HW$_3'$ 送至 B 级 T 接线器。

HW$_3'$ 母线上的 TS7 到来时，在 CMB 控制下将 TS$_7$ 中 A 的 8 位数字话音信号写入到 SMB 的 31 号单元中。在 SMB 顺序读出时，从 31 号单元读出 A 的话音信号并送给 B。

交换网络必须建立双向通路，即除了上述 A→B 方向之外，还要建立 B→A 方向的路由。B→A 方向的路由选择通常采用"反相法"，即两个方向相差半帧。本例中一帧为 32 个时隙，半帧为 16 个时隙，A→B 方向选定 TS7，则 B→A 方向就选定了 16＋7＝23，即 TS$_{23}$。这样做使得 CPU 可以一次选择两个方向的路由，从而减轻了 CPU 的负担。

B→A 方向的话音传输同 A→B 方向相似，只是内部时隙改为 TS$_{23}$ 了。

在话终拆线时，CPU 只要把控制存储器相应单元的内容清除即可。

1.5.3　关于 T—S—T 网络几个问题的讨论

1. 控制方式

图 1-5-3 中的 T 级接线器分别为：A 级 T 采用输出控制方式；B 级 T 则采用输入控制方式。在应用中可以采用相反的结构：即在 A 级 T 采用输入控制方式；在 B 级 T 采用输出控制方式，T—S—T 网络的这种结构如图 1-5-4 所示。对于 S 接线器，在这两个图中都采用了输入控制方式。其实，它们也可以采用输出控制方式，不会有本质差别。不管是哪一级，控制方式改变都意味着 CPU 向控制存储器写入的数据要有所改变。这从两个图中也可以看出来。当然，它们还具有某些性能上的差别。

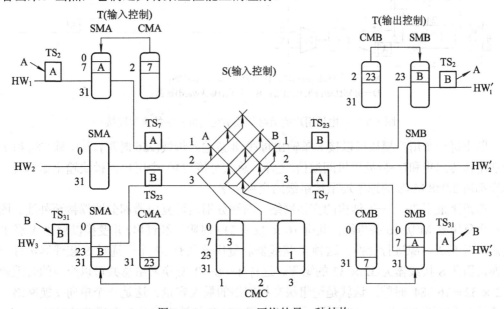

图 1-5-4　T—S—T 网络的另一种结构

2. 网络的阻塞问题

在一般情况下，T—S—T 网络存在内部阻塞。至于具体内部阻塞是如何形成的，阻塞率有多大，在什么情况下才能变成无阻塞网络，将在第 4 章"交换技术的数学基础和交换机的主要性能指标"中进行详细介绍。一般这种网络的阻塞概率是很小的，大概是 10^{-6} 数量级。即可以近似为无阻塞网络。

除了三级网络结构之外，还存在多级网络结构。例如，有 T—S—S—T 结构的四级网络；有 T—S—S—S—T 和 S—S—T—S—S 等结构的五级网络等，这里不再一一列举。

1.6　数字交换机中话路的连接

前面已经介绍了数字接线器(包括 T 和 S 接线器)及由它们组成的数字交换网络。下面将介绍电话用户的话路是如何与数字交换网络相连的。电话用户的话路与数字交换网络的典型连接如图 1-6-1 所示。图中的 M 和 D 分别表示复用器和分路器。它们相当于前面所讲的串/并和并/串变换电路。F 和 B 分别代表前向和后向通路，即发送和接收通路。

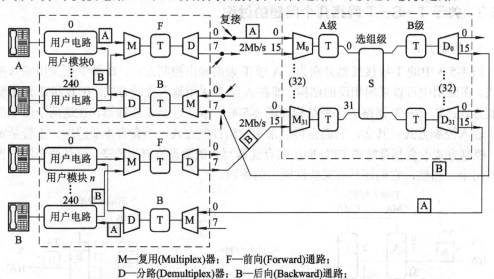

M—复用(Multiplex)器；　F—前向(Forward)通路；
D—分路(Demultiplex)器；　B—后向(Backward)通路；

图 1-6-1　电话用户的话路与数字交换机网络的典型连接

图中每一个用户模块可以接 8 条输出母线，8 条输入母线(256 时隙)。其中除 TS_0 和 TS_{16} 分别用作传送同步和信令(处理机间通信)之外，总共可接 240 个用户。模块输出端的每一条母线都用 2.048 Mb/s 的速率连至选组级的交换网络。

选组级采用 T—S—T 结构的交换网络。两端分别通过复用器和分路器接至外线。图中每一个复用器 M 接 16 条母线，共有 $16 \times 32 = 512$ 时隙。经过串/并变换以后在 A 级 T 接线器中对 512 时隙进行交换。这种 T 接线器和复用器共有 32 个，通过 S 接线器进行空间交换。因此 S 接线器为 32×32 的矩阵。这样 T—S—T 交换网络总共可以交换的时隙数为 $512 \times 32 = 16\,384$ 时隙，这就是选组级交换网络的最大容量。这是一个单向交换网络，双向通话要占用两个时隙。可以采用前面所介绍的"反相法"选择反向通路的时隙。

用户模块也有交换功能，分为前向(F)和后向(B)两种。各由一级 T 接线器组成，其容量为 256 × 256 时隙。图中还标出"复接"，意思是图中所画出的每一个用户模块不完全，只画出了 1 个 240 用户组，其实 1 个用户模块可连接不止一个组。例如，连接 2 个 240 用户组，这样 1 个用户模块可以连接 480 个用户电路，而它们在送至选组级的输出端上复接起来，合成 240 条话路(8 条母线)，实现了话务量集中。

图中只画了两个用户模块，用户模块 0 和用户模块 n，实际上可能不止两个，分别接入选组级的复用器 M_0 和 M_{31} 中的 16 条母线上。能够接入选组级交换网络的不光是用户模块，还可能有中继线、信号设备等。具体要根据该交换局的设计和配置来定。

图中举出了 A 和 B 两个用户间的通话话路。它们分别用 A 和 B 的小方块标明。图中 A 用户的话音信号是首先进入模块 0 前向通路的交换网络(T 接线器)的，经过交换以后通过前向通路 F 的输出母线送至选组级。

选组级将 A 的话音信号进行时间和空间的交换，送至 B 用户所在模块 n 的 8 条母线中的某一条上的某一个空闲时隙。模块 n 的后向通路将 A 用户的话音信号通过 T 接线器进行交换，使其进入 B 用户的时隙，这样 B 用户就能收到 A 用户的话音信号了。相反方向，用户 B 的话音信号经过用户模块 n 的前向通路送至选组级，经过交换以后送至用户模块 0 的后向通路，由 A 用户接收。

1.7　数字接线器的集成化和交换网络的组成

随着数字交换机的发展，一些厂家推出了各种用于组成数字交换网络的集成芯片。芯片的容量也逐渐增大。从最早的容量较小的(如 128 时隙×128 时隙、256 时隙×256 时隙)的数字接线器芯片一直发展到今天的较大容量的(如 16k×16k 乃至 32k×32k)或者更大的数字接线器芯片。从交换网络的结构来看，由于 S 接线器集成度较低，并且比起 T 接线器来，S 接线器进一步提高集成度的难度较大。因此，当前人们主要用 T 接线器集成芯片组成数字交换网络。不过上面所讨论的关于 S、T 接线器以及由它们所组成的交换网络对于了解数字接线器和数字交换网络的原理是有帮助的，并且，目前还有交换机仍采用这种结构。

下面作为例子让我们来看看一个小容量的(256 × 256)数字接线器芯片的内部结构原理。图 1-7-1 给出了这种芯片的结构。从图中可见，在输入端由串/并变换电路将串行信号变成并行信号，然后进入话音存储器进行交换；在输出端也由并/串变换电路将其变换成串行码，然后输出。话音存储器由控制存储器控制。图中的 2 选 1 电路用于选择输出端输出的是话音存储器内容或是控制存储器内容。话音存储器和控制存储器所需要的定时信号由时基电路产生。后者由时钟信号产生，并受同步信号控制。

CPU 通过数据线 $D_0 \sim D_7$ 来控制芯片工作。它可以通过各种指令使得芯片 8 条 PCM 总线的每个"交叉接点"接通或释放。256×256 的交换网络芯片的交换速率为 2 Mb/s。

图 1-7-2 是由上述芯片组成的容量为 1024×1024 的交换网络的结构。这种结构方式仅仅是一个例子，还可以有其他的结构方式。当然，还可以有更大容量的数字接线器芯片组成规模更大的数字交换网络。但是，这种方式是人们所喜欢采用的一种结构方式。

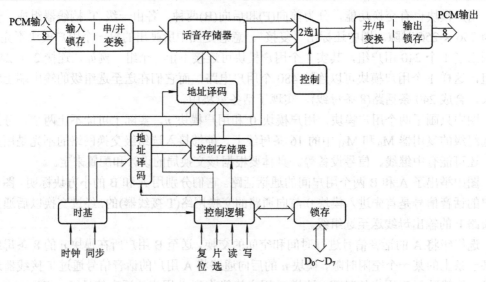

图 1-7-1　256×256 数字接线器芯片结构原理图

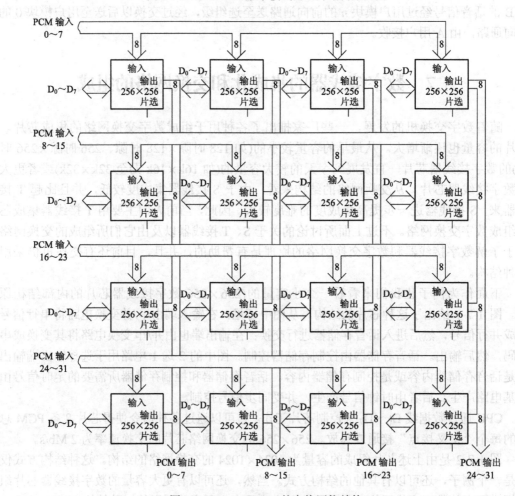

图 1-7-2　1024×1024 的交换网络结构

1.8　在数字交换网络上进行会议电话汇接

在模拟交换网络上进行会议电话汇接比较简单，主要任务是阻抗匹配和增益，但在数字交换网络上进行会议电话汇接却比较麻烦。因为要"相加"两个或多个非线性编码后的 PCM 话音信号是不可行的。人们想出各种办法来解决这一问题。在这里只介绍两种常用的办法。假设图 1-8-1 中 A、B、C 三个用户要进行会议电话。这三个用户分别将其 PCM 信号 D/A 变换后，再两两相加。相加后的模拟信号再进行 PCM 编码，变成数字信号送至相应用户。图中两两相加的原因是自己不需要听到自己的话音信号。

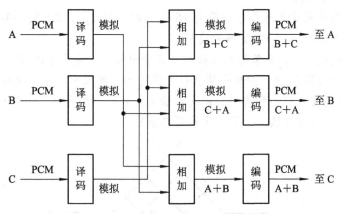

图 1-8-1　PCM 信号变成模拟信号后相加

图 1-8-2 所示的方法是把 A 律 PCM 数字信号变成线性编码信号，然后将这种线性编码信号相加，合在一起后再变回 A 律 PCM 数字信号。

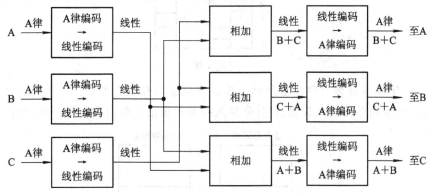

图 1-8-2　A 律 PCM 信号变成线性编码信号后相加

目前，已有商用的会议电话芯片出售，不需要人们去拼搭上述电路。

习　　题

1. 试说明电话机中，用户线的 2 条线是如何传输双向的通话信号的。
2. 简述时分复用的基本原理。

3. 采样、量化、编码以及压扩法的基本原理。

4. HDB3 码的形成方法。

5. 时隙、帧、复帧的概念。

6. 32 路 PCM 的帧结构。

7. 什么是 PCM 的高次群。

8. 设有一信号，其速率为 64 kb/s。若为二电平信号，试问信元宽度是多少？若为四电平信号，则信元宽度又是多少？

9. 画出 10000 0000 11 00001000011 的 HDB3 码波形图。

10. 为什么要采用数字交换网络来交换数字信号？采用模拟网络是否可以交换数字信号？二者有何本质区别？

11. 图 1-3-10 中若输入母线条数改为 16 条(HW$_0$～HW$_{15}$)，那么图 1-3-11 中的波形图应如何修改？请画出串/并和并/串变换的波形图。

12. 一个 S 接线器，有 8 条输入母线和 8 条输出母线，编号为 0～7。如习题 1 图所示。每条输出母线上有 128 时隙。控制存储器也如图所示。现在要求在时隙 6 接通 A 点，时隙 12 接通 B 点，试就输入控制和输出控制两种情况，分别把图画全，并在控制存储器的问号处填上相应数字(根据需要填写，不一定都要填满)。

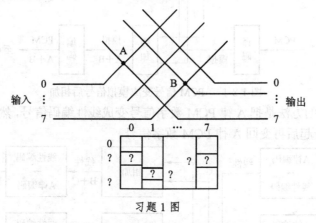

习题 1 图

13. 有一 T 接线器如习题图 2 所示。设话音存储器有 512 个单元，现要进行时隙交换 TS$_5$→TS$_{20}$。试在问号处填入适当数字(分输入控制和输出控制两种情况分别进行)。

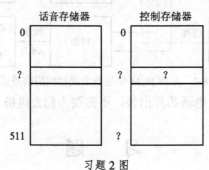

习题 2 图

14. 如果图 1-4-2 的话音存储器为输出控制方式，若要变为输入控制方式，则图应该变为怎样的？

15. 图 1-4-3 中，交叉矩阵为输出控制方式，若要变为输入控制方式，则图应该变为怎样的？

16. 请说明 T—S—T 三级数字交换网络中，采用反相法由正向通路的内部时隙确定反向通路的内部时隙原理。为什么说只要初级 T 和次级 T 接线器采用不同的控制方式，就可以实现共用控制存储器？

17. 如图 1-5-3 所示 T—S—T 交换网络，有 3 条输入母线和 3 条输出母线，每条母线有 1 024 时隙，现要进行以下交换：输入母线 3 中的 TS_{12}→内部 TS_{38}→输出母线 2 的 TS_5。

问：(1) SMA、SMB、CMA、CMB 和 CMC 各需多少单元？

(2) 分以下两种情况，把图画全，试分别在上述存储器中相应单元填上有关数字或符号？

	SMA	SMB	S 接线器
情况一：	输入控制	输出控制	输入控制
情况二：	输出控制	输入控制	输出控制

(3) 用反相法画出相反方向路由和各存储器内容(包括以上各种情况)。

18. 试分析图 1-5-3、图 1-5-4 的 A 级 T 接线器和 B 级 T 接线器采用不同控制方式时，会有哪些结果？

第2章 程控交换机的外围接口和软件概况

2.1 用户模块

2.1.1 用户模块

在程控数字交换机中，话路系统以数字交换网络为核心，连接各种外围接口电路，如用户模块、中继器、信令设备及中央处理机等。其基本结构如图 2-1-1 所示。这里我们把中央处理机等控制部分都纳入交换机的外围接口电路。

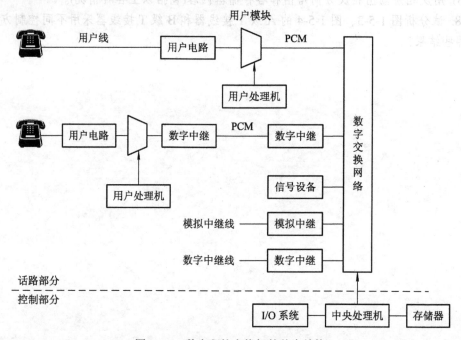

图 2-1-1　数字程控交换机的基本结构

用户模块用来连接用户回路，提供用户终端设备的接口电路，完成用户话务的集中和扩散，并且辅助完成用户话路的通话控制。

1. 用户模块的典型结构

用户模块的典型结构如图 2-1-2 所示。在图中，除了完成主要模数转换等功能的用户接口电路外，还包括一个由一级 T 接线器组成的交换网络。它负责用户线上的话务量的集中(反向为扩散)。为了配合用户级 T 接线器的工作，其周边还需要有串/并变换电路、用户级处理机通信信息的提取和插入电路，用户线信号的提取和插入电路，以及与数字交换网络的接口电路等。

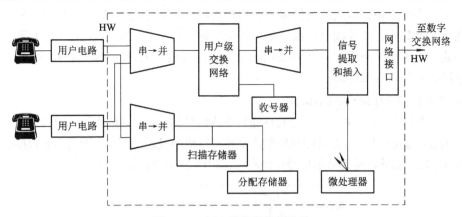

图 2-1-2　用户模块的典型结构

用户模块的处理机为完成用户话路的控制，还需要有存储器——包括暂存扫描信息的扫描存储器和暂存处理机发往用户电路的命令信息的分配存储器等。

2. 模拟用户接口电路

用户接口电路(即图中的用户电路)在用户模块中是一个重要的组成部分。按照连接的用户话机不同，需要有不同的用户接口电路。现在在公网上普遍使用的电话机收、发的是模拟信号，在信号进入到交换机内部进行交换时，需要以数字信号的形式来传输，这种 A/D 转换由用户电路来完成。此外，公网上已越来越多地采用数字电话机，需要由数字用户接口电路来完成适配。

下面我们将主要介绍模拟用户电路的功能——常用"BORSCHT"七个字母表示七项功能，具体是：

1) 馈电 B(Battery Feeding)

交换机通过馈电电路来完成向用户话机发送符合规定的电压和电流。程控交换机的电压为 $-48\,V$，在通话时，馈电电流在 $20\sim100\,mA$ 之间。

用户馈电电路如图 2-1-3 所示。馈电线圈应该对话音信号呈高感抗，而对直流的馈电电流呈低感抗，这样在向用户话机馈电时，能够尽量减少话音的传输衰减。目前馈电功能已经能够由集成电路来实现。

2) 过压保护 O(Overvoltage Protection)

过压保护电路的功能是防止交换机以外的高压(如雷电)进入到程控交换机的内部，烧毁交换机内部的电路板。通常在交换机的总配线架上对每一条用户线装有保安器(气体放电管或半导体二极管)来保护交换机避免受到高电压袭击，但是高压经过保安器之后仍可能有上百伏之高的电压，因此需要在用户接口电路上设置过压保护电路，进行二次保护。用户电路的过压保护常采用由四个二极管构成的钳位电路方式，如图 2-1-4 所示。

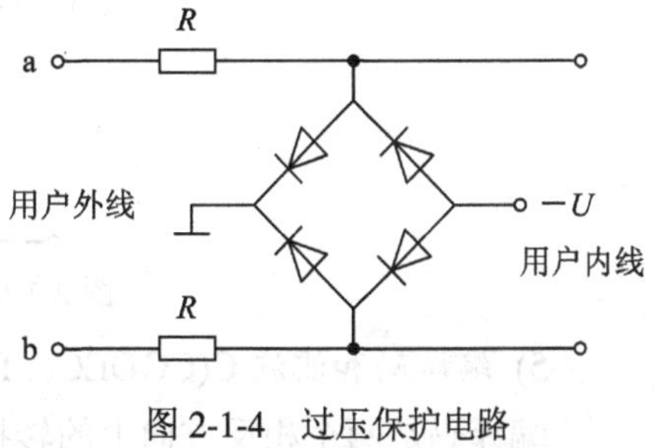

图 2-1-3　用户馈电电路

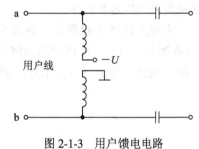

图 2-1-4　过压保护电路

图中的钳位二极管组成的电桥能够使用户内线保持为限定的负压，如 −48 V。如外线电压低于这个数值，或外线电压高于某一正电压时，则都会在电阻 R 上产生压降，而内线电压仍被钳住不变。必要时 R 可以采用热敏电阻，当电流大时，电阻也随之增大，甚至能够自行烧毁以保护内线电路。

3) 振铃控制 R(Ringing Control)

程控交换机向用户话机发出的 20 Hz 振铃交流信号具有比较高的电压，国内规定为 90 V ± 15 V。用普通的低压半导体芯片组成的数字交换网络集中发送有困难，因此很多程控交换机采用振铃继电器的方式，通过低压信号控制高压，如图 2-1-5 所示。

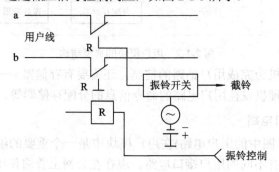

图 2-1-5 由继电器控制的振铃原理

其中截铃信号是：在被叫用户振铃期间，当被叫摘机时，其叉簧接点接通了用户回路中的直流通路，此时截铃信号输出一个直流的跳变信号，供交换机识别"被叫摘机"。有些交换机通过高压电子器件实现振铃交流信号的发送，从而取消了振铃继电器。

4) 监视 S(Supervision)

监视功能是通过用户回路电流来判定用户线回路的接通和断开状态，呼叫处理程序通过识别到的状态变化来进一步地识别用户线上发生的事件，如用户的摘、挂机事件，脉冲话机发出的拨号脉冲等。

实现上述状态检测的一种简单的方法是在直流的馈电电路中串联一个小电阻，如图 2-1-6 所示。通过电阻两端的压降来判定用户回路的通、断状态。此外，也可以将过压保护电阻 R 的内、外侧各引出信号，通过比较器进行比较，从而得到用户的状态。

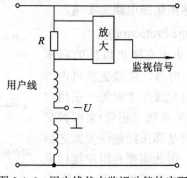

图 2-1-6 用户线状态监视功能的实现

5) 编译码和滤波 C(CODEC& filter)

编译码是两个相反方向上的转换,编码器将用户线上送来的模拟信号转换为数字信号,译码器则完成相反的数/模转换。编译码和滤波功能是不可分的，一般应该在编码之前用带通 300～3400 Hz 滤波，而在译码之后进行低通滤波。编译码和滤波功能可以由集成电路来实现，结合前述的混合功能实现的示意图如图 2-1-7 所示。

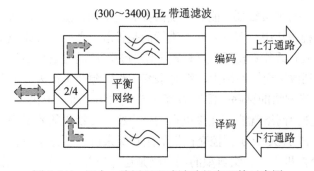

图 2-1-7　混合、编译码和滤波功能实现的示意图

6) 混合电路 H(Hybrid Circuit)

用户线上的信号是以二线双向的形式传送的。进入交换机内部后，需要将用户的收发通路分开，以两对线传输，即四线单向的形式。通常，这项功能是在话音信号编码之前和反向通路的译码之后进行的，以前由混合线圈(2/4 线变换器)来实现。现代交换机中已经采用具有更好功能特性的集成电路来实现。

7) 测试控制 T(Test)

图 2-1-8 为测试功能实现的示意图。由测试开关控制，能够将用户的内线、外线连接到测试设备上，对用户线的故障，如混线、断线、接地、串音、与电力线碰接以及元器件损坏等情况进行有效地测试，以便及时发现和排除故障。图中的开关可以是电子开关，也可以是继电器，它们的动作由处理机发来的驱动信息控制。

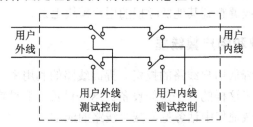

图 2-1-8　测试功能实现的示意图

上述各功能在用户接口电路中实现的示意图如图 2-1-9 所示。目前这种用户接口电路已经由厚膜集成电路实现。

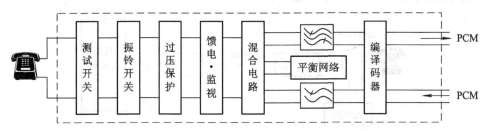

图 2-1-9　用户接口电路中各项功能实现的示意图

除了上述七项基本功能外，现代程控交换机的用户接口电路还应该完成衰减控制、极性转换、发送计费脉冲和投币电话硬币集中控制等功能。

3. 用户话务的集中和扩散

通过用户模块中的 T 接线器，能够实现话务的集中和扩散。用户话音通过用户模块进入用户 T 接线器的过程是集中，而反方向上进行的是扩散。之所以要完成话务集中和扩散，是因为普通的用户线上的话务量较低，只有较小比例的用户同时进行通话。因此，如果直接把每条用户线都连接到数字交换网络上，将对系统话路资源产生很大的浪费。话务集中的思想就是将 M 条数字交换网络的话路分配给 N 条用户线共用，而集中比 $N:M$ 通常是大于 1 的。这样，一定容量的交换网络就能够连接更多的用户线，交换机的容量也得到了明显提高。

下面我们通过 FETEX-150 程控交换机的用户级来讲述话务集中和扩散的实现原理。在 FETEX-150 程控交换机中，一组典型的用户级是这样配置的：每一对用户处理机 LPR 能够对 16 个用户机框进行控制，每个用户机框中安装了 15 块用户电路板和 1 块选择板，而每块用户电路板上能够连接 8 条用户线。因此，每一对用户处理机能够对最多 $16 \times 15 \times 8 = 1920$ 条用户线进行控制；而这 16 个用户机框通过 4 条 PCM30/32 的复用线(母线)连接到选组级上，因此这组典型的用户级中，所有的最多的 1920 个用户只能共用最多 $4 \times 30 = 120$ 条话路接入到选组级上，可以达到的集中比最大为 $1920:120 = 16:1$。

集中的过程是通过用户级的 T 接线器来完成的。每个用户机框中都有 1 个话音存储器，能够存储用户机框中的 120 个话路信息。16 个话音存储器都是由配置在用户处理机中的控制存储器进行控制，各机框内的某个话路能够连接到机框外的 120 个共用话路时隙的哪一个，是由控制命令字来决定的。

如果所有的共用时隙全忙，那么呼叫就会因无法接入选组级而损失掉。而当经常发生用户级的呼损时，就要考虑调整用户级上用户线的分布情况，最简单的办法就是减小集中比，将话务量高的用户线调整到其他低呼损的用户模块上去。

2.1.2 远端用户模块和用户集线器

在本地网上，为了降低用户线路的投资，提高线路的利用率，常采用远端用户模块、用户集线器和用户交换机这样的一些延伸设备。这些设备一般设置在离交换局较远、用户集中的区域中，用来有效地集中话务量，减少线路的成本。

1. 远端用户模块

现代的电话通信网中，几乎所有的局用程控交换机都可以连接远端用户模块，它设置在远离交换机的用户集中区域中，如图 2-1-10 所示。

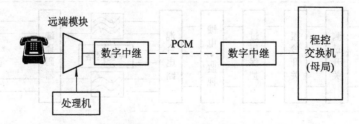

图 2-1-10　远端用户模块和局用程控交换机的连接

从功能上讲，远端用户模块与前面讲的用户模块并无区别，只是与用户模块相比，它距离母局更远一些。它的设置主要是为了节约线路投资。因为远端用户模块具有简单的交换功能，可用来集中用户线的话务量。通过共用的数字中继线连接到母局上，一条 PCM 的数字中继能同时传输多路话音信号，这就大大提高了线路的利用率；同时由于采用数字传输，能够提供比模拟的用户线更高的传输质量。

远端用户模块和母局之间的信令接口一般是各交换机生产厂家规定的内部接口，因此通常只有同一个厂家的特定设备之间才能配合，这就限制了整个通信网的规范化。现在，随着接入网的普及应用，原来的远端用户模块开始被具有更完善功能和标准的 V5 接口设备所替代，而接入网也成为本地网建设中的一个热点。

2. 用户集线器

用户集线器成对设置，在交换局的称为近端(局端)，在远离交换局的用户集中区的称为远端，通过它们的配合工作来提高传输线路的利用率，如图 2-1-11 所示。

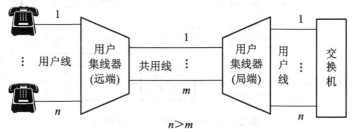

图 2-1-11　用户集线器的连接

图中，一对用户集线器之间的线路称为共用线，它可以是实线、载波或 PCM 中继线。共用线的数量可以大大少于实际的用户线数目，这是因为普遍用户线上的话务量较小，因此可以通过少量的共用线来承受多条用户线的话务量。我们将用户线和共用线的数目的比值称为集中比，这个数值通常在 3：1 到 5：1 之间，视具体应用环境而定。

用户集线器的引入基本上不需要修改交换机的硬件和软件，可以认为用户集线器对用户和交换机来讲是"透明"的。

2.2　中　继　器

如前所述，中继器可分成模拟中继器和数字中继器两大类。

2.2.1　模拟中继器

由于模拟中继线和模拟用户线具有相似的特性，因此模拟中继器的功能和模拟用户线接口的功能有很多的相同之处。图 2-2-1 为模拟中继器的功能框图。可以发现，模拟中继器也具有过压保护电路、编译码器、混合电路，但是少了振铃控制和馈电电路，增加了一个忙/闲指示功能，同时将用户的状态监视改变为对中继线上的线路信号的监视。

随着整个公用电话网的数字化，模拟中继线已变得相当少了，很多的程控交换机已不再安装模拟中继器，而是被数字中继器所替代。

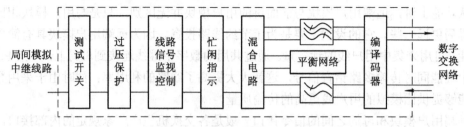

图 2-2-1　模拟中继器的功能框图

2.2.2　数字中继器

数字中继器是程控交换机与局间数字中继线的接口电路，它的入/出端都是数字信号。图 2-2-2 为数字中继器的功能框图。

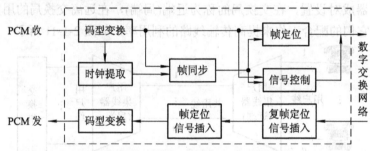

图 2-2-2　数字中继器的功能框图

数字中继器的主要功能有：

1. 码型变换和反变换

在局间数字中继线上，为实现更高的传输质量，要求传送的信号中包含有时钟信息，具有连零抑制等功能，不具有直流分量。如常用的 HDB_3 码，能够保证数字信号在经过 PCM 传输到达接收端时，便于准确地接收。而在程控交换机内部，我们关心的是传输信号应该简单和高效，所以通常采用 NRZ 码。交换机内、外这两种不同码型的转换就由中继接口来实现。

2. 时钟提取和帧同步

局间 PCM 中继线上普遍采用以 HDB_3 码为代表的码型，码元含有时钟成分。在数字中继器中有时钟提取电路，能够提取出码元中的时钟成分，进行同步接收。

PCM 帧结构中有帧同步机制。以 PCM30/32 路系统为例，TS_0 为帧同步时隙，帧同步电路要从收到的码流中，检出偶数帧的 TS_0 中所发来的帧同步码 "0011011"，经过比较、鉴别，确认其为同步信号时，发出帧定位的控制信号；对奇数帧 TS_0 中送来的帧失步告警信号，在判别真、伪，确认其失步时，应通知控制系统和维护管理系统，以便采取措施恢复同步。

此外，在随路信令系统中还采用复帧同步机制来确定信令信道与话音通路的对应关系。

3. 信令的提取和插入

在局间采用随路信令，由接口电路完成数字型线路信令的提取和插入。如在 PCM30/32 系统中，由 TS_{16} 来传送表示各话路状态的线路信令。电路在每帧的 TS_{16} 时，自动取出输入 PCM 链路上的码串，写入到接收存储器中；同时取出发送存储器中的内容送到输出 PCM 链路的 TS_{16} 上。

2.3　信　令　设　备

信令设备是交换机的一个基本组成部分，通常连接到数字交换网络上，通过交换机内部的 PCM 链路和数字交换网络来完成信令的接收和发送。它的功能主要包括：

(1) 提供各种数字化的信号音，如拨号音、回铃音和忙音等。

(2) DTMF 话机的双音频信号的接收。

(3) 当局间采用随路信令时，多频记发器信号的接收和发送。

(4) 当局间采用 No.7 信令时，实现信令终端的所有功能。

2.3.1　数字化信号音的产生

公用电话网中使用的信号音种类繁多，具体来讲，可包括单频信号和多频信号两大类，单频信号如用户线上传送的拨号音、忙音和回铃音等。我国多采用 450 Hz 的频率，通过不同的断续方式来定义。在局间中继线上传送的多频记发器信号 MFC 是多频信号。如中国 1 号信令规定，前向记发器信号采用在高频组(1380 Hz，1500 Hz，1620 Hz，1740 Hz，1860 Hz，1980 Hz)中六中取二进行编码，共有 15 种组合；而后向信号采用的是在低频组(1140 Hz，1020 Hz，900 Hz，780 Hz)中四中取二进行编码，共有 6 种组合。

在数字程控交换机中，上述的音频信号都是以数字信号的形式产生和发送的，下面我们将举例说明两种典型音频信号的产生原理。

1. 拨号音(450Hz 的连续音)的产生

拨号音是当程控交换机检测到用户摘机发出呼叫请求时，在进行必要的分析之后，如果判定用户可以呼出，向用户发出的通知音。

发送拨号音的过程，是将用户的接收通路连接到系统中的信号音发送通路的过程，通常通过数字交换网络完成。交换机将模拟的信号音信号进行抽样、量化和编码后，以数字形式存储在存储器中。播放的过程就是依次取出相应的信号音存储器中各单元的内容，通过 PCM 链路送到用户通路的过程。重复上述过程就完成了向用户送出拨号音的任务。

为简单起见，我们先来讨论 500 Hz 音频信号的产生原理。图 2-3-1 为 500 Hz 音频信号产生的原理示意图，其产生的方法是这样的：

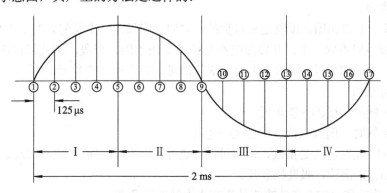

图 2-3-1　500 Hz 音频信号产生的原理示意图

把信号音按 125 μs 间隔抽样(这和 8000 Hz 的 PCM 抽样频率一致)、量化和进行编码运算，得到各抽样点的 PCM 信号，然后送入 ROM 中。图中信号周期为 2 ms，抽样 16 次就够了，因此占用 ROM 的 16 个单元。在对 ROM 进行一般 PCM 信号读出时就是 500 Hz 的音频信号(数字化的)。

图 2-3-2 为信号发生器的硬件结构示意图。这是一个简单例子。如果要采用其他频率，如 450 Hz，则可能要占 ROM 容量多一些。在存储器中，原则上我们只要存储整数个音频信号周期的数字信号就可以，而抽样的过程是采用 8000 Hz 的采样脉冲完成的。所以我们只要求出采样脉冲周期(1/8000 s)和信号周期(1/500)的最小公倍数，就可以确定需要存储的音频信号的周期数了，用算式可以表示为

$$\frac{m}{f_{\mathrm{m}}} = \frac{l}{f_{\mathrm{s}}} = T \tag{2-3-1}$$

式中，T 是采样脉冲和音频信号周期的最小公倍数。在 T 这段时间中，频率为 f_{m} 的音频信号发生了 m 次，而频率为 f_{s} 的采样脉冲发生了 l 次。我们只需存储下所有的 l 次采样数值并且依次发出，就产生了需要的 500 Hz 连续的信号音了。

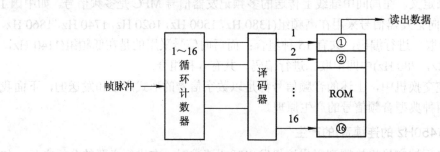

图 2-3-2 信号发生器的硬件结构示意图

如果希望得到的是具有一定断续结构的信号音，如忙音，是每 0.35 s 断续一次的 450 Hz 的信号音。产生忙音的简单方法是通过一个控制电路，控制信号的发送与断开满足规定的断续规律就可以了。

下面介绍一种节省 ROM 容量的方法，为简单起见，仍以 500 Hz 信号为例，通过图 2-3-1 来进行分析。在这个图中，可将一个周期的音频信号分为 4 段，而这 4 段的波形有共同之处，如图中 Ⅰ 段和 Ⅱ 段是对称的，Ⅲ 和 Ⅳ 也是对称的。把 Ⅰ 段的编码信号翻转 180° 就变成了 Ⅱ 段的内容。

再者，Ⅰ、Ⅱ 段和 Ⅲ、Ⅳ 段是反对称的，它们之间只差一个符号，对于它们的 PCM 码来说仅仅是极性码不同。Ⅰ、Ⅱ 段改变符号位就变成了 Ⅲ、Ⅳ 段，因此只需在 ROM 中存放 Ⅰ 段(即①～⑤的编码信号)的 5 个编码信号即可，只占用 5 个单元。

读取的方法如下：
(1) 1～5 帧时，读①～⑤单元。
(2) 6～9 帧时，倒过来读，即读④～①单元。
(3) 10～13 帧时，又是正读，即再读①～⑤单元，但读出后极性码置反。
(4) 按(2)方法倒读，极性码置反。
图 2-3-3 为节省 ROM 容量的信号音产生方法的示意图。

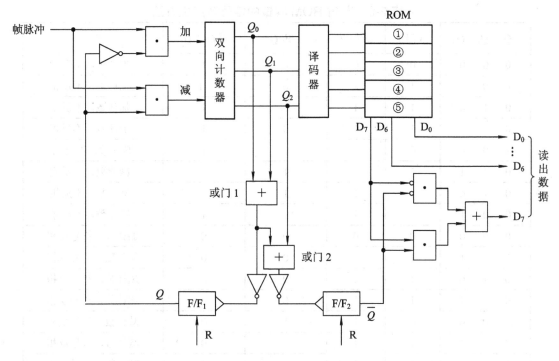

图 2-3-3　节省 ROM 容量的信号音产生方法的示意图

其中，F/F$_1$ 和 F/F$_2$ 两个触发器假设使用 J、K 触发器。J、K 触发器的真值表如表 2-1 所示。

表 2-1　J，K 触发器的真值表

Q_n	J、K	Q_n+1
0	0 0	0
1	0 0	1
0	1 1	1
1	1 1	0

由该真值表和图 2-3-3 不难得到下面的表 2-2。

由表 2-2 我们得到以下的工作过程：

(1) 开始时两个触发器 F/F$_1$、F/F$_2$ 均为 "0"。双向计数器进行加计数。同时 ROM 读出数据的 D$_7$ 位不倒相。

(2) 计数到 4(即 $Q_2Q_1Q_0 = 100$)时，这时 ROM 已读至单元⑤，使得 F/F$_1$ 翻转，变为 "1"。使双向计数器进入减计数。F/F$_2$ 不受影响。

(3) 计数至 0 时(读出①)，F/F$_1$ 又变为 "0"，使计数器又变为加计数。

(4) 这时因 Q_2 由 1 变 0，使 F/F$_2$ 变 "1"，$\overline{Q} = 0$，使得 ROM 输出数据的 D$_7$ 位倒相。

(5) 计数器再为 100 时，计数器进行减计数，D$_7$ 位仍倒相。

(6) 计数器再回到 000 时，一切重新开始。

表 2-2　节省 ROM 容量的信号音产生方法

Q_2 Q_1 Q_0	或门 1	或门 2	F/F$_1$ Q	F/F$_2$ $\bar{Q}$	结　果
0　0　0	0	0	0	1	加计数，不反相
0　0　1	1	1	0	1	加计数，不反相
0　1　0	1	1	0	1	加计数，不反相
0　1　1	1	1	0	1	加计数，不反相
1　0　0	0	0	1	1	减计数，不反相
0　1　1	1	1	1	1	减计数，不反相
0　1　0	1	1	1	1	减计数，不反相
0　0　1	1	1	1	1	减计数，不反相
0　0　0	0	0	0	0	加计数，符号反相
0　0　1	1	1	0	0	加计数，符号反相
0　1　0	1	1	0	0	加计数，符号反相
0　1　1	1	1	0	0	加计数，符号反相
1　0　0	0	0	1	0	减计数，符号反相
0　1　1	1	1	1	0	减计数，符号反相
0　1　0	1	1	1	0	减计数，符号反相
0　0　1	1	1	1	0	减计数，符号反相

图 2-3-3 并不比图 2-3-2 简单，节省的存储单元也不是很多。但是如果需要的存储单元很多时，例如，对于 450 Hz 的音频信号，节省的存储单元就多了，就会合算了。尤其在双音频信号产生时可以考虑采用。

2. MFC 的 A$_1$ 信号(1140 Hz + 1020 Hz 的双音频)的产生

MFC 的 A$_1$ 信号是指用于第 8 章中的多频记发器信令的后向信令 A$_1$，其频率编码为 1140 Hz + 1020 Hz 的双音频信号(参见表 5-12 中的后向信令编码表)。

为了产生后向信令 A$_1$，首先要找到一个重复周期，使得在这个周期内上述两个频率恰好成为整数循环，同时又要使 PCM 的抽样周期也成为整数循环。具有两个或多个频率成分的信号音的产生原理与单频信号音是类似的，所不同的是取样的时长应该是包括采样脉冲在内的所有频率成分的周期的公倍数。对于后向信令 A$_1$，我们可以计算出它的取样时长为

$$\frac{m}{f_m} = \frac{n}{f_n} = \frac{l}{f_s} = T$$

式中，$f_m = 1140$ Hz，$f_n = 1020$ Hz，$f_s = 8000$ Hz。取 1140 Hz、1020 Hz 和 8000 Hz 的最大公约数，应为 20 Hz，这就是重复频率。其周期为 50 ms，即在 50 ms 内，1140 Hz 重复 57 次，1020 Hz 重复 51 次，8000 Hz 重复 400 次。因此 ROM 需要 400 个单元。

如果采用上述节省存储单元的分段方法，则只需 100 个单元左右就可以了。以上是对模拟音频信号进行采样，获得数字化的音频信号的理论分析。在实际工程实现中，还可以利用信号本身结构上的特点，如奇偶对称、控制存储单元的读出顺序来减少存储单元的单元数目。详细方法读者可参见有关文献。

2.3.2　数字音频信号的发送

在数字交换机中，各种数字信号可以通过数字交换网络送出，和普通话音信号一样处理。也可以通过指定时隙(如时隙 0、时隙 16)传送。从 ROM 发出的信号，由于是 8 位并行码，还必须先变成串行码以后，才能由数字交换网络送往用户。

2.3.3　数字音频信号的接收

数字音频信号主要是指在局间中继线上传送的多频信令。在以中国 1 号信令为代表的随路信令系统中，局间记发器信令以双音频组合的形式编码，它们的接收是通过半固定连接到数字交换网络的数字多频接收器(多频收码器)完成的。多频发、收码器和局间数字中继的连接如图 2-3-4 所示。

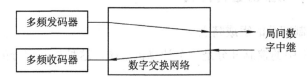

图 2-3-4　多频发、收码器和局间数字中继的连接

由于在局间数字中线上传送的是数字化的多频信号，因此可以使用多频信号的接收器直接接收，而不需要进行数/模变换。数字多频信号接收器的功能框图如图 2-3-5 所示。

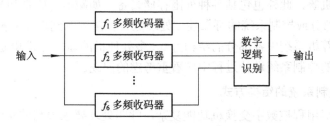

图 2-3-5　数字多频信号接收器的功能框图

此外，多频信号还包括双频音频话机发出的 DTMF 信号，其接收原理类似于局间多频信令。数字滤波器的工作原理请参见相关资料，这里不再赘述。

2.4　控　制　部　分

控制部分是一个计算机系统，由处理器、存储器和输入/输出设备组成，通过执行相应的软件，来完成规定的呼叫处理、维护和管理的功能。

2.4.1　程控交换机对控制系统的要求

程控交换机是计算机系统的一种特殊应用方式，因此对于控制系统的要求既有通用要求，也有专用的要求，主要包含：

(1) 呼叫处理能力。由于程控交换机的最基本的任务是完成呼叫处理。因此，单位时间内交换机能够处理的呼叫次数就成为衡量控制系统处理能力的一项重要指标。通常用"最大忙时呼叫尝试次数"(Maximum Number of Busy Hour Call Attempts，简称 BHCA)来表示。BHCA 和话务量(爱尔兰数)同样影响系统的能力，在衡量一台交换机的负荷能力时不仅要考虑话务量，同时要考虑其处理能力。这些内容将在第 6 章讨论。

(2) 可靠性。控制系统的故障可能会引起整个系统不正常工作，因此要求交换机的控制设备的故障率尽可能低；而一旦出现故障时，要求故障的排除时间尽可能短。

(3) 灵活性和适用性。要求控制系统在整个工作期间能够适应技术的进步，便于进行必要的升级和换代。

(4) 经济性。要求控制设备的成本尽量低。随着集成电路技术的迅速发展和成熟，器件的成本在不断降低，控制设备的成本在整个交换系统中所占的比例也在逐步减小。

2.4.2　交换机控制系统的结构方式

1. 交换机中控制部分的组成特点

由于程控交换机中的控制部分是一个计算机系统，这种控制部分的组成特点体现在如下两个方面：

首先，处理机是整个交换机的核心，其运算能力直接影响了整个系统的处理能力；存储器是保存程序和数据的设备，根据访问方式又可以分成只读存储器(ROM)和随机访问存储器(RAM)等；输入/输出设备(I/O 设备)指计算机系统中所有的外围部件，包括键盘、鼠标、显示设备和打印机等，此外也包括各种外围存储设备，如磁盘、磁带和光盘等。

其次，控制部分或控制系统的可靠性和处理能力直接影响到程控交换机的性能。因此，合理选择控制计算机系统中各部分的结构方式、多处理机的通信方式和处理机的冗余方式，都是程控交换机的控制系统设计过程中应着重考虑的问题。

2. 交换机控制系统的结构方式

由于现代的局用程控数字交换机功能复杂，呼叫处理要求很高的实时性和并发性，对处理机提出了很高的要求，采用单处理机结构是难以实现的。因此，控制部分普遍采用多处理机结构，也就是分散控制方式，即多台处理机系统协同工作，共同完成交换系统的功能。

根据各处理机的分布方式，控制部分的分散控制可分为分级控制和全分散控制两大类。

分级控制是指交换系统的处理机按照控制的范围和完成的功能分成不同的级别，有些处理机只完成外围模块如用户级的控制；而有些处理机负责整个系统的控制，如数字交换网络的控制、系统的维护和管理等。采用分级控制的程控交换机比较多，如 FETEX-150、NEAX-61 和 AXE-10 等。在采用分级控制的程控交换机中，通常中央处理机完成对数字交换网络和公用资源设备控制，完成呼叫处理控制以及系统的监视、故障处理、话务统计和计费处理等。外围处理机，如用户处理机完成用户线接口电路的控制、用户话务的集中和扩散、扫描用户线路上的各种信号，向呼叫处理程序报告、接收呼叫处理程序发来的指令、对用户电路进行控制、对中继线路和对信号设备的控制等。

全分散控制又称为全分布控制，典型的机型是 S12 和 UT30。这类交换机的特点是整个系统中所有的处理机都处在同一级别上，不同的处理机完成不同的功能，而系统中没有负责数字交换网络控制的中央处理机。采用这种方式，具有更为鲜明的模块化结构的特点，即使在发生故障时也能够将故障限制在局部，不会由于某一个(级)处理机的故障而造成整个系统的瘫痪，但是也会带来处理机间的通信开销增大、交互控制更加复杂的问题。

按照多处理机之间的协作关系，处理机的分担方式可以有按功能分担和按负荷分担两种方式。

(1) 功能分担方式。这是一种非常普遍的分布处理方式，多台处理机各有分工，各司其职，常见的功能分担包括：

① 控制用户模块(用户级)的用户处理机和控制数字交换网络(选组级)的中央处理机。

② 直接控制硬件工作的前台区域处理机和后台的中央处理机。

③ 专门负责系统的维护和管理的处理机。

④ 各种电话设备如各种中继器、信号设备，甚至用户等都可能有专用的处理机进行控制。

(2) 负荷分担方式。在程控交换系统中也称为话务分担方式。在这种方式下，每台处理机完成一部分话务的处理功能，多台处理机共同完成所有话务的控制，故称为负荷分担方式。系统中处理机的配置数量可以根据交换系统的话务量强度来决定。

在实际的程控交换机控制系统中，上述处理机的分担方式常常是结合工作的。如在 FETEX-150 程控交换机中，所有的处理机可以按照功能分成用户处理机 LPR、呼叫处理机 CPR 和主处理机 MPR，分别完成用户线的控制、交换网络的控制、系统的维护和管理等功能。而在同一功能的处理机中，如 LPR 和 CPR，也可以根据需要配置多个。如随着用户数量的增加，需要增加用户处理机 LPR；随着话务量的增加，可以配置多台呼叫处理机 CPR，各承担一部分的话务量；在用户处理机 LPR 中为提高可靠性，可采用 $1+1$ 的热备用方式。

2.4.3　处理机间的通信方式

通过上面的介绍，我们知道程控交换机普遍采用多处理机系统的分散控制方式。为了完成呼叫处理、维护和管理的任务，往往需要多台处理机协同工作，采用怎样的通信方式也会在很大程度上影响系统处理能力和控制系统的可靠性。因此选择一种合理、高效和可靠的多处理机通信方式是进行控制系统设计时必须考虑的问题。

程控交换机中的多处理机可以看成是一个能够互相通信的网络系统。因此多处理机间的通信既可以采用现有的通信信道，如 PCM 链路的方式，也可以采用通用的计算机网络通信方式，如多总线方式、局域网方式等。下面将简单介绍几种常用的方式。

1. 通过 PCM 信道进行通信

由于程控交换机中交换和传输的信息一般通过 PCM 信道完成，因此采用 PCM 信道来传送处理机之间的通信信息就是一种简便可行的方法。下面举两个例子来说明：

1) 利用 PCM30/32 和系统中的 TS_{16} 进行通信

当局间中继采用 PCM30/32 系统时，TS_{16} 通常是作为局间信令时隙的。如在随路信令中，该时隙传送局间线路信令，而在 No.7 信令系统中，这个时隙可作为信令链路使用。但是当进入到交换机内部后，TS_{16} 传送信令的任务就已完成，可以重新给它分配任务了，用它来传送处理机间的通信信息就是一种方法。

在 FETEX-150 程控交换机中，就是利用 TS_{16} 来传送用户处理机 LPR 和呼叫机 CPR 间的通信信息的。用户级的扫描和驱动信息，暂存于 LPR 和 CPR 中的发送信号存储器 SSM 和接收信号存储器 RSM 中。通过连接它们的 PCM 的上、下行通路的中的 TS_{16} 传送，从而完成处理机间的信息交互。

采用 TS_{16} 进行通信的优点在于几乎不需要附加硬件设备，软硬件的实现都比较简单，而且可以用来实现远端用户模块中用户处理机和呼叫处理机的通信。但是这样的单一信道结构限制了通信的速率，只能在通信量不大的情况下使用。

2) 通过数字交换网络的 PCM 信道直接传送

通过数字交换网络的 PCM 信道直接传送，不再限制特定的通信信道，通信信息和话音/数据信息一样要经过数字交换网络传送。如在 S12 程控交换机中，内部的 PCM30/32 系统中除了信道 CH_0 和信道 CH_{16} 有专门的用途外，其他的 30 个信道既可以传送话音/数据，也可以传送处理机(即控制单元)间的通信信息，只需通过不同格式的信道字标识就可以了。

与前一种方法比较，这种方法能够同时提供更多的处理机之间的通信信息的传送，每个信道的速率也更高一些(128 kb/s)。但是它占用了用户的通话信道且开销大，在一定程度上降低了交换网络的实际话路的交换能力。

2. 采用计算机网常用的通信结构方式

1) 多总线结构

多总线结构是多处理机系统中普遍采用的一种方式，此时，多台处理机、存储器和 I/O 设备都挂在总线上，通过总线来完成各种设备之间的信息交互。由于总线是被共享使用的，因此为防止总线占用冲突，需要相应的多总线协议以及一个决定总线控制权的判决电路。

在有些多处理机系统中，尤其是大型程控交换系统中，总线通信可能会降低处理机的效率，因此，可以采用多组总线的方法提高其效率。如对每一台处理机、每一个存储器接一组独立总线，形成互连结构，如横向连接存储器、纵向连接处理机，总线构成的交换矩阵由专用的处理机控制。

采用多总线结构，一般通信的各设备的物理距离有严格的要求，这对于整个系统的灵活性和可扩充性是不利的。

2) 其他结构

原则上讲来，计算机网络中常用的通信结构方式都可以用来实现交换机之间的通信。如令牌环(Token Ring)方式、以太网(Ethernet)方式等，这些方式的详细工作原理和方法将在后续章节中介绍。

2.5　交换机软件的特点和组成

2.5.1　交换机软件的特点

程控交换机是微电子技术和软件技术发展的产物，主要由硬件设备和软件系统两大部分组成。随着微电子技术的不断发展，硬件设备成本不断下降，而软件系统的情况正好相反。以电话交换为例，一个大型程控交换局的容量可达十万门以上，软件系统通常由数十万条甚至上百万条语句组成，其开发人员可达数百人。随着新业务的不断引入和功能的不断完善，软件工作量还有不断增加的趋势。可以预计，程控交换系统的成本和质量(包括可靠性、话务处理能力、过载保护和可维护性等)在很大程度上将取决于软件系统，而且，随着技术的发展，软件系统的这种支配地位会越来越明显。所以交换机软件最突出的特点是规模大、实时性和可靠性要求高。交换软件通常也是最难设计的软件系统之一。

1．规模大

交换机软件系统的规模很大，因此在一个大型交换系统中可以容纳几万门或更多的电话，另外还有大量其他类型的终端、协议和接口，它们之间的通信需要由软件系统来提供。交换机软件系统中包含有大量的数据，以及通过对这些数据的处理来完成交换机的各种功能的程序，包括呼叫处理的功能程序。一个大型交换机的软件系统可多达上百万条语句和大量的数据。

2．实时性

交换系统需要同时，或者说，需要在一个很短的时间间隔内处理成千上万个并发任务，因此对每个交换机都有一定的业务处理能力和服务质量的要求。

3．多道程序并行处理

程控交换机中处理机是以多道程序并行运行的方式工作的。也就是说"同时"进行许多任务。例如，一个一万用户的交换机，忙时平均同时可能有 1200～2000 个用户正在通话，再加上通话前、后的呼叫建立和释放用户数，就可能有 2000 多项处理任务。软件系统必须把这些与呼叫处理有关数据都保存起来，并且等待一个新的外部事件，以便呼叫处理往下进行。除此之外，还要同时处理维护、测试和管理任务。

4．可靠性要求

对一个交换机来说，即使在硬件或软件系统本身有故障的情况下，系统仍应能保证可靠运行，并能在不中断系统运行的前提下从硬件或软件故障中恢复正常。例如，许多交换机的可靠性指标是 99.98%的正确呼叫处理，且 40 年内系统中断运行时间不超过 2 h。

2.5.2　交换软件系统的组成

交换软件系统的组成如图 2-5-1 所示，交换软件系统分为两大部分，即运行软件系统和支援软件系统。

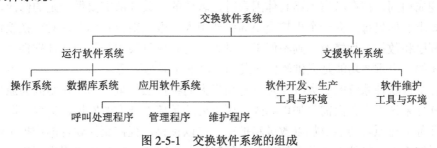

图 2-5-1　交换软件系统的组成

1．运行软件系统

运行软件又称联机软件，是指存放在交换机处理机系统中，对交换机的各种业务进行处理的那部分软件，其中的大部分业务具有比较强的实时性。根据功能不同，运行软件系统又可分为操作系统、数据库系统和应用软件系统这三个子系统。

操作系统用来对系统中的所有软、硬件资源进行管理，为其他的软件部分提供支持。合适的操作系统可方便整个软件系统的设计和实现，有助于提高软件系统的可靠性、可维护性和可移植性等。

数据库系统对软件系统中的大量数据进行集中管理，实现各部分软件对数据的共享访问，并提供数据保护等功能。数据库系统将在第 3 章中介绍。

应用软件系统通常包括呼叫处理程序、管理程序和维护程序三部分。其中呼叫处理程序主要用来完成交换机的呼叫处理功能。普通的呼叫处理过程从一方用户摘机开始，接收用户的拨号数字，经过对数字号码进行分析后接通通话双方，一直到双方用户全部挂机为止。管理程序的功能包括三个方面：一是协助实现交换机软、硬件系统的更新；二是进行计费管理；三是监督交换机的工作情况，确保交换机的服务质量。维护程序实现交换机故障检测、诊断和恢复功能，以保证交换机的可靠工作。运行软件系统的结构如图 2-5-2 所示。

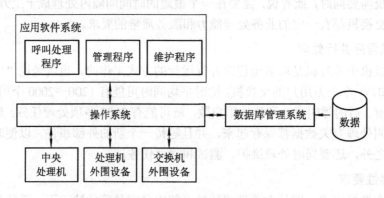

图 2-5-2　运行软件系统的结构

2. 支援软件系统

前面已经讲过，程控交换机的成本和质量在很大程度上取决于软件系统，因此，提高软件的开发、生产效率和质量是直接影响程控交换成本和质量的关键。

由于各个交换局的地理位置、所管辖区域的政治、历史和经济等情况不同，因此它们的用户组成、容量、话务量及其在整个网中所处的地位与作用各不相同。尽管各个局的主体软件构成相同，但在考虑上述具体因素时，软件的有关分部需要做一定的修改以适应各种具体要求。如果每建立一个程控交换局都要用人工方法根据具体要求对交换软件系统中的相应程序和数据进行修改，则不但工作量大，而且更重要的是不能保证软件质量。支援软件系统的一个重要功能是提供软件开发和生产的工具与环境。

程控交换软件系统的一大特点是具有相当大的维护工作量。这不仅是因为原来设计和实现的软件系统不完善而需要加以修改，更重要的是随着技术的发展，需要不断引入新的功能和业务，对原有功能要加以改进和扩充。可以预料，程控交换软件的维护工作量比一般软件系统更大。维护工作从系统投入运行开始，一直延续到交换机退出服役为止。一般软件总成本中有 50%～60%是用在维护上的，所以提高程控软件的维护水平(包括效率和质

量)对提高程控交换系统的质量和降低成本具有十
分重要的作用。支援软件系统的另一个重要功能就
是提供先进的软件维护工具和环境。

图 2-5-3　运行软件的比例分配

在交换软件系统中，呼叫处理程序是实现交换
机基本功能的主要组成部分，但在整个系统的运行
软件中，它只占一小部分，一般不超过三分之一，
而系统防御和维护管理程序大约为整个运行软件的
三分之二左右。各部分程序在运行软件中所占的大
致比例如图 2-5-3 所示。

2.5.3　各软件组成部分的实时性要求

在交换软件系统中，实时性和优先级是一个相似的概念。一般来说，软件模块的实时
性越强，其优先级也应该越高。实时性最强的是操作系统和维护软件中的系统防御程序。
而操作系统中又以外部中断(如不可屏蔽中断、外设中断等)的处理程序实时性最高。其次
是呼叫处理程序，呼叫处理程序各部分按其完成功能的不同以及各用户服务级别的不同又
可分为若干优先级。

2.6　程控交换机的操作系统

2.6.1　交换机操作系统的概念

交换机的操作系统直接覆盖在裸机上，为其他软件
模块提供一个虚拟的机器环境，所以操作系统有两个界
面，如图 2-6-1 所示。

第一个界面是操作系统与硬件(处理机系统和交换
机外设)之间的界面。通过此界面，操作系统对硬件资源
进行管理，对输入输出进行控制。在这个界面上还有一
组中断接口，负责所有外部中断进入操作系统。在较新
的交换机操作系统中，为了提高软件系统的可移植性和
可扩充性，交换机外设的控制和管理通常不再直接由操
作系统来完成，而是由一个专门的模块来完成，操作系
统为此模块提供支持。5ESS 中的外设控制模块和 S-1240
中的系统支持机(SSM)模块都属此类模块。

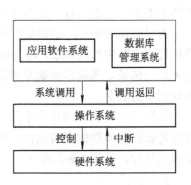

图 2-6-1　操作系统界面

第二个界面是操作系统与其他软件模块之间的接口，称为原语接口或系统调用接口，
操作系统通过此界面为它们提供服务和支持，实现对所有软件资源的管理。这两个接口统
称为操作系统接口，实际上由一组接口程序组成。

与分时系统相比较，交换机操作系统功能较少，构成也要简单一些。它主要完成内存
管理、程序调度、程序间的通信、处理机间的通信(在多处理机交换系统中)、时间服务和

出错处理等。

操作系统内部的模块划分基本上可按上述功能进行。除这些功能模块以外，还有操作系统接口和初始化程序等。下面我们仅对其中进程的概念和程序调度进行讨论。

2.6.2　程序的分级和调度

程序调度就是调度合适的程序占用处理机。在整个工作软件系统中，几乎所有的应用程序(进程)都必须经过操作系统调度才能占用处理机。所有程序的调度都由操作系统中的调度程序来完成。调度是实现系统并发处理的关键之一。

1．调度策略

调度可分为静态调度和动态调度。一种典型的静态调度是把处理机时间等分为一组连续的时间片。系统中所有程序都按其优先级在某一段时间内分配到若干块时间片。这种调度方法比较简单，缺点是难以掌握合适的调度时机，不能很好地反映系统中各任务的实时性情况，处理机时间的使用效率也不高。动态调度则完全按各程序的优先级来进行。所有要求占用处理机的程序都有其相应的优先权，由操作系统中相关部分预先向调度程序登记(如形成一些队列或表格等)，调度程序按登记的情况，根据优先级高低依次调度它们占用处理机。动态调度的优点是，调度能合理地反映各任务的实时性情况，处理机使用效率较高。但是算法稍微复杂一些。

2．程序的分级

程序应划分为若干个级别。总体来说，程序划分为故障级、时钟级(或周期级)和基本级。发生故障时产生故障中断调用故障处理进程，其级别最高。其次是时钟级，时钟级中执行实时性要求严格的进程或其他要求定时执行的进程，如各种扫描程序。基本级属定时性要求不太严格的进程，稍有延迟也没有什么影响，其级别最低。

为了确保时钟程序的周期性执行，由作为外围设备的时钟计数电路(如 CTC 芯片)向处理机发出定时中断的请求，称为时钟中断。时钟中断周期一般在 4～10 ms 之间。小交换机也可适当延长。其确定原则是能满足时钟级进程中最小执行的周期的要求而又不要无谓增加处理机的负荷。

故障级和时钟级都是在中断中执行的，但故障的发生是随机的，故在正常情况下，只有时钟级和基本级的交替执行。每当时钟中断到来，就执行时钟级进程，执行完毕转入基本级的执行，如图 2-6-2 所示。

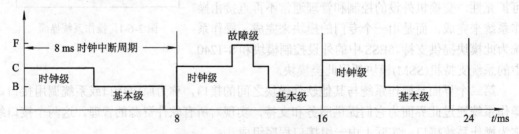

图 2-6-2　时钟级和基本级的执行

基本级执行完毕到下一次时钟中断到来，有时存在一小段空余时间。由于话务量的变化，空余时间的长短不是固定的。也可能出现基本级未执行完毕就发生时钟中断，空余时间不存在。但在正常负荷下，不应经常出现无空余时间的情况，否则说明处理机处理能力不够，经常超负荷。

在实际系统中，还可将故障级再分为高、中、低级，对应于严重程度不同的故障。时钟级分为高、低两级，高级的时间要求更为严格，如拨号脉冲扫描、信令发送和接收等，对话路和输入输出设备的控制可纳入低级。基本级也划分为三个队列，相当于三级。图 2-6-3 给出了执行中可能遇到的情况。

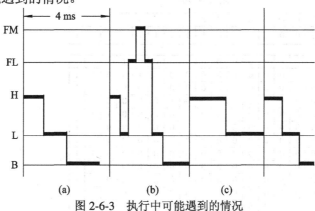

图 2-6-3　执行中可能遇到的情况

(a) 通常情况；(b) 时钟 L 级执行中相继发生了故障低级、故障中级中断；

(c) 时钟 L 级未执行完又发生时钟中断

3. 时钟级调度

时钟中断发生后，进入时钟调度管理程序。其任务是确定本次时钟中断应调度哪些时钟级进程，以满足各种时钟级进程的不同周期性要求。对于容量小的程控交换机，时钟级进程的类型不多，周期只有几种，可以设置几种不同周期的时钟中断。例如，设 10 ms 和 100 ms 中断，10 ms 中断用来执行拨号脉冲扫描，100 ms 中断用于摘挂机扫描。这样就基本上不需要调度管理，但灵活性和适应性较差。

交换机中通常都以一种时钟中断为时基，采用时间表作为调度依据。下面介绍由时间表启动的时钟级程序的例子。

时钟级程序由时间表启动。时间表由时间计数器、屏蔽表、时间表和转移表组成，如图 2-6-4 所示。

1) 时间计数器

时间计数器是一个时钟级中断的计数器。如果时钟级中断的周期是 8 ms，计数器就按每 8 ms 中断并将其内容加 1。计数器的数值即作为时间表要执行的单元号。初值为 0，每来一次周期中断就加 1，当增加到时间表的总行数的最大值时，计数器清零，重新开始计数。这样，随着时间计数器不断地增加 1 和清零，时间表就依次按单元地址号周而复始地执行各单元任务。

2) 时间表

时间表是一个执行调度表。它规定了时钟级程序的周期和执行时间，与转移表一起按规定调度各时钟级程序。在图 2-6-4 中有 12 行，表明时间表有 12 个单元，由侧面的单元地址所标记。每行有 16 列，即字长 16 位。表中填"1"的位表示要执行相应的程序，表中

填 "0" 或空白的表示不执行相应的程序。表中每一列对应一个程序，其对应的程序地址由转移表提供。这样， 我们可用填 "1" 的位置控制各个程序的执行周期。在每一行都有 "1" 的那一列所对应的程序即每隔 8 ms 执行一次。如果隔一行有 "1" 的，即为 16 ms 执行一次。如果每隔 11 行才有 "1" 的，即为经过 96 ms 执行一次。在图 2-6-4 中程序的最长执行周期为 96 ms，所以时间表需有 12 个单元。

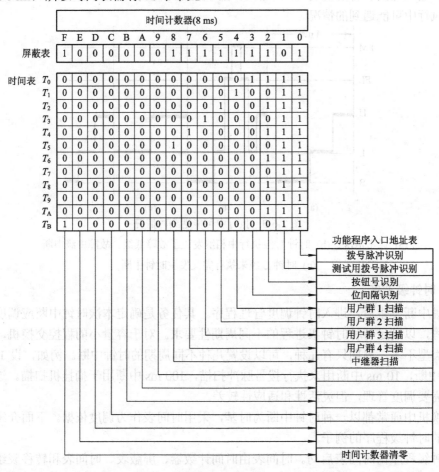

图 2-6-4　时间表

3) 屏蔽表

屏蔽表又称为活动位或有效位。屏蔽表表示某一位所对应的程序是否处于可执行的状态，它可以提供附加控制。当某一位所对应的程序要执行时，则在屏蔽表中的对应位写 1，当某一位所对应的暂不执行时，则在屏蔽表中的对应位写 0。在执行时，时间表中的每一位内容要与屏蔽表中相应位进行逻辑乘，如果逻辑乘的结果在该位是 1，则执行该程序，如果逻辑乘的结果在该位是 0，则不执行该程序。这样一来，在不改变时间表内容的前提下，可以灵活地改变屏蔽表来控制程序是否执行。例如，第 0 列对应的程序是拨号脉冲识别程序，在时间表中每一行第 0 列均写入 1，在屏蔽表中第 0 位也写 1，因此，每隔 8 ms 两者相 "与" 为 1，故每 8 ms 执行一次该程序；又如时间表的第 1 列对应的程序是测试用拨号脉冲识别程序，这个程序平时不用，只是在需要进行测试时才使用。因此，虽然在时间表中每一行的第 1 列均写入 1，但是由于屏蔽表中的第 1 位是置 0，两者相"与"为 0，故不执行。如果需要执行时，只需将屏蔽表第 1 位置 1，即可执行。这样就灵活多了。

4) 转移表

转移表也称为入口地址表。表中的内容是各个程序的入口地址。按照这个地址去调用相应的程序。

在图 2-6-4 时间表中，时钟级程序的启动周期为：

(1) 拨号脉冲识别程序，启动周期为 8 ms。

(2) 测试用拨号脉冲识别程序，启动周期为 8 ms。

(3) 按钮号码识别程序，启动周期为 16 ms。

(4) 位间隔识别程序，启动周期为 96 ms。

(5) 中断器扫描程序，启动周期为 96 ms。

(6) 用户群扫描程序，启动周期为 96 ms。

(7) 时间计数器清零，启动周期为 96 ms。

从所执行的程序看，最大周期为 96 ms，故时间表为 12 个单元，即 12 行即可。时间计数器是每 8 ms 加 1，也就是说，时钟级中断的周期为 8 ms。字长 16，即每一行有 16 位。

下面我们通过图 2-6-5 所示的时间表控制流程图来说明图 2-6-5 时间表的调用程序过程。

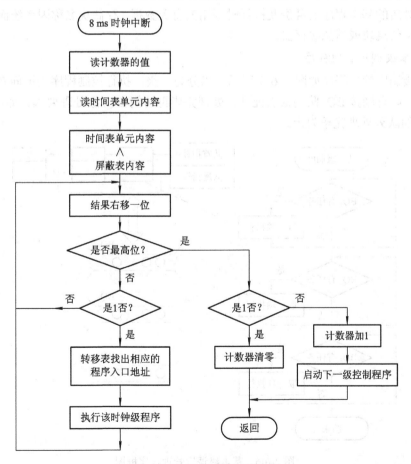

图 2-6-5　时间表控制流程图

其过程如下：

(1) 时间计数器最初置为"0"，每 8 ms 中断一次，每次中断到来，进入时间表程序。

(2) 读时间计数器的值，以其值为指针，读取时间表中该行的内容。例如，在计数器数值为"1"时，读时间表第一行的内容。

(3) 将时间表该行内容与屏蔽表相应的内容进行逻辑"与"。

(4) 逻辑"与"的结果右移一位。

(5) 判断是否是最高位。

(6) 不是最高位，则判断该逻辑"与"的结果是否为"1"，不是"1"，则转入(4)。若是"1"则转至转移表，找出相应的程序入口地址，执行完毕，即可转入(4)。

(7) 若在(5)处判断是最高位，则再判断该位是否为"1"，如果是"1"，则转至时间计数器清零，返回初始位置，等待下一个 8 ms 周期中断到来。若最高位不是"1"时，则时间计数器加 1，并启动下一级控制程序，返回至初始位置。

4. 基本级调度

基本级中的程序也可以有周期性(周期较长)，但大部分程序没有周期性，而是按需执行，有任务就激活。可将需要执行的任务排队，如划分级别则每级有一个队列，同一级按先到来先服务的原则调度执行。所谓将任务排队，实际上是将存储块排成队列，存储块中存有需要激活的基本程序的身份及执行时要用的有关数据。存储块名称因系统而异，例如，可称为事务信息块或消息缓存器。

1) **基本级调度管理程序**

基本级调度管理程序如图 2-6-6 所示。仍分为三级，执行控制程序先询问有无 BQ_1 级处理要求，如有则按 BQ_1 队列依次处理，处理完毕再访问 BQ_2 级处理要求，如此下去，直到 BQ_3 级的队列处理完毕为止。

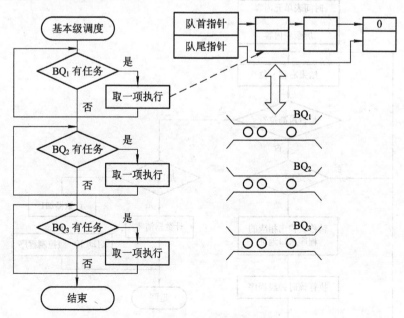

图 2-6-6　基本级调度管理程序框图

2) 基本级队列处理

基本级中的队列就是处理登记表的队列。处理登记表也称为处理细目，是在发现处理要求的进程中登记的，例如，用户扫描发现用户呼出，就登记呼出事件处理登记表，包括应激活的进程地址、要求处理的内容和必须处理的一些数据等。对应先到来先处理的原则，可将处理登记表构成先进先出的链形队列或称为 FIFO 链，如图 2-6-8 所示。

图 2-6-7 中表示了有 4 张登记表组成的链形队列，队首指示字 HP 指明排在最前的登记表的首地址(如 A)，据此可查到第一张表。每张登记表除去应登记必需的各种数据以外，还存在下一张表的首地址，故第一张表处理完毕可找到第二张表。依此类推，一直可找到最后一张表。最后一张表中对应于下一张表的地址内填入 0，表示链形队列到此为止。

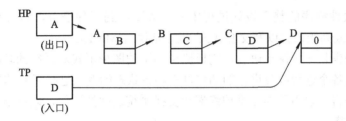

图 2-6-7　FIFO 链

在处理时应先取第一张表，依据是队首指示字。当新的表格进入链形队列时应排在队尾，故应另设队尾指示 TP，指明排在队尾的登记表的首地址，以便编队时使用。

FIFO 链的取出和编入操作如图 2-6-8 所示。在取出时，先读出队首指示字的内容，如为 0 表示是空链，即什么也没有，编入到链形队列中，就不进行处理。如果不是空链，根据队首指示字内容可找第一张表，取出链形队列进行处理。并判别该表的下一张表的地址指示栏内是否是为 0，如是 0 表示队列已取完，还要更改 TP 的内容，使它指向 HP，这是为了适应空链的编入。

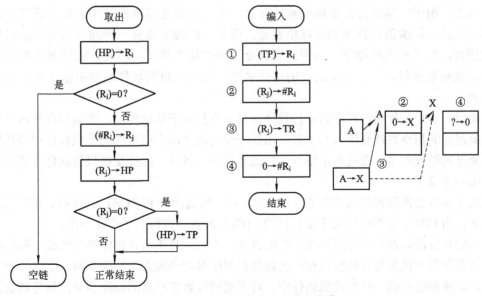

图 2-6-8　FIFO 链的取出和编入操作

在编入时，读出队尾指示字的内容，查到最后一张表的地址，把拟将新编入的表格的首地址填入。接着将新的队尾地址写入队尾指示字，最后将新编入的表格的相应栏内写入0，表示队尾。图 2-6-8 中的右方还说明原有队列中已有一张表时所进行的处理情况。

在编入时，如果本来是空链，在执行第②项操作时，由于队尾指示字指向 HP，所以就将新编入的第一张表格的首址写入了队首指示字中。这就是在取出处理中处理到成为空链时，要将队首指示字的地址写入队尾指示字中的原因。

2.7 程序设计语言

在交换机软件程序的整个设计过程中，一般要用到三种语言，这就是规范描述语言(SDL)、汇编和/或高级语言以及交互式人-机对话语言(MML)。

规范描述语言是一种图形语言，它以简单明了的图形形式对系统的功能和状态进行分块，并对每块的各个进程以及进程的动作过程和各状态的变化进行了具体的描述。

人机对话语言主要用于操作维护终端和交换系统之间的通信，以供维护人员输入运行维护指令(OAM 指令)。

由人-机对话语言编写的指令仅仅只是描述了这一条指令的功能，各条指令之间没有任何联系。而且，该语言本身只是按照所执行的功能来确定，与交换机的专门知识没有太多的联系，语句非常接近自然语言，语法的规则也非常简单，易于学习使用。

汇编语言和高级语言是直接用来编写软件程序的两种各具特色的语言。

汇编语言同机器语言非常接近，因此，利用汇编写的程序占用处理机时间少，占用存储器空间少。也就是说，用这种语言编写的程序运行效率高，能够较好地满足交换机软件实时性的要求。在早期的交换机和小容量的交换机中，由于受处理机能力和存储器容量的限制，一般都采用汇编语言编程。

然而，由于汇编语言高度地依赖处理器，不同的微处理器所使用的汇编语言又各不相同，因此，汇编语言程序的可移植性差。此外，汇编语言是一种面向微处理器动作过程的语言，要了解这些程序，必须熟悉微处理器的指令系统，因此，汇编语言程序可读性差，编写效率低。由于汇编语言的这些缺陷，在交换机的软件编制中很快就转向了高级语言。

高级语言是一种面向程序的软件设计语言，它独立于微处理器。在编写程序时不需要对微处理器的指令系统有深入的了解，而且一个用高级语言编写的交换机软件程序适用于不同类型的微处理器，而且便于编写、修改和移植。目前，程控交换机的软件主要用高级语言编写而成。

用于编写交换机软件的高级语言有多种，如一般通用的 PASCAL 语言和 C 语言等，近几年来，由 ITU-T 推荐的专用于交换机的 CHILL 高级语言得到了广泛使用。

尽管高级语言在许多方面都优于汇编语言，但是，高级语言程序必须经编译程序转换成目标程序后才能为处理器所执行，这就使得程序量相当庞大，从而影响了实时性要求。因此，即使在近代的一些交换机软件中，对于实时性要求严格的程序部分，如号码数据接收、中断服务等，一般仍然采用汇编语言编程。

习　题

1. 参照图 2-3-1、图 2-3-3 的原理设计出产生 1380 Hz + 1500 Hz 信号的发生器框图。

2. 要实现 1380 Hz 和 1620 Hz 的双音频信号发生器，需要用多少个 ROM 单元？请计算出重复频率、周期及其在这个周期内各频率的重复次数。

3. 程控交换机的外围接口是指哪些？用户模块和远端用户模块有何异同？

4. 程控交换机中用户模块主要功能有哪些？数字中继接口有哪些功能？

5. 试说明图 2-1-5 中截铃信号产生的原理。

6. 程控交换机中信号设备主要完成哪些功能？

7. 程控交换机常用的处理机间通信方式有哪些种？

8. 简述分级控制方式下的程控交换机的硬件系统结构。

9. 程控交换机软件的基本特点是什么？由哪几部分组成？

10. 简述程控交换机操作系统的基本功能有哪些？

11. 为什么交换机程序要划分若干级别？一般分为几种类型的级别？各采取什么方式调度？

12. 设某程控交换机需要 6 种时钟程序，它们的执行周期分别为：

A 程序　8 ms　　　　　D 程序　96 ms
B 程序　16 ms　　　　E 程序　96 ms
C 程序　16 ms　　　　F 程序　100 ms

假定处理机字长为 8 位，要求设计只用一个时间表控制这些时钟级程序进行执行管理的程序：

(1) 从能适应全部时钟级程序的周期出发，规定出该机采用的时钟中断周期。

(2) 设计出上述程序的全部启动控制表格。

(3) 画出该进程执行管理的详细流程框图。

13. 在图 2-6-5 的时间表中要加一上个执行周期为 192 ms 的程序，不扩展时间表容量，如何做到？若要加一个执行周期为 200 ms 的程序又该怎么办？

第 3 章　呼叫处理的基本原理

　　人们常讲的程控交换是泛指存储程序控制的信息交换，如程控电话交换、程控数据分组交换等。本章主要介绍了程控电话交换中的呼叫处理，同时简单地介绍了相关的数据结构。

　　呼叫处理是程控交换中最难以讨论的部分，它充分应用了最新的计算机技术。现已发展成为迄今最庞大、最复杂的实时控制系统。下面以局内呼叫为例，来讨论电话交换中的呼叫处理过程。

3.1　呼叫的处理过程

　　在说明存储程序控制(SPC)原理以前，有必要先概括地了解一下呼叫处理过程，从而掌握 SPC 交换机应具有的呼叫处理基本功能。

3.1.1　一个呼叫的处理过程

　　在开始时，用户处于空闲状态，交换机按 200 ms 的周期对所有用户进行扫描，监视用户线状态。用户摘机后即开始了以下的呼叫处理过程：

　　(1) 主叫用户 A 摘机呼叫。① 交换机检测到用户 A 摘机;② 交换机调查用户 A 的类别，弄清是同线电话、一般电话、投币电话机或小交换机等，并弄清是按钮话机还是号盘话机，以便接入相应的收号器; ③ 调查该用户的合法性，例如，是否允许呼出、是否欠话费等。

　　(2) 送拨号音和准备收号。如果通过了上述的调查，该用户可以呼出，交换机就：① 寻找一个空闲收号器以及该收号器与主叫用户间的空闲路由; ② 寻找主叫用户和信号音间的一条空闲路由，向主叫用户送拨号音; ③ 监视收号器的输入信号，准备收号。

　　(3) 收号。① 收号器接收用户所拨号码; ② 收到第一位号后，停拨号音; ③ 对收到的号码按位存储; ④ 对"应收位"、"已收位"进行计数; ⑤ 将号首送往分析程序进行分析(称为号首分析，即预译处理)。

　　(4) 号码分析。① 在预译处理中分析号首，以决定呼叫类别(如本局、出局、长途和特服等)，并决定应该收几位号; ② 检查被叫是否允许接通(是否限制用户等); ③ 检查被叫用户是否空闲，若不空闲，则予以示忙。

　　(5) 接至被叫。测试并预占空闲路由，其中包括：① 向主叫送回铃音的路由(这一条可能已经占用，尚未复原); ② 向被叫送振铃的路由(可能直接控制用户电路振铃，而不用另找路由); ③ 主、被叫用户通话路由的预占。

　　(6) 向被叫用户送振铃。① 向被叫用户 B 送振铃; ② 向主叫用户 A 送回铃音; ③ 监视主、被叫用户状态。

　　(7) 被叫应答通话。① 被叫摘机应答，交换机检测到以后，停振铃，停回铃音。② 建立 A、B 用户间通话路由，A、B 开始通话；③ 启动计费设备，开始计费；④ 监视主、被叫用户状态。

　　(8) 话终后主叫先挂机。① 主叫先挂机，交换机检测到以后，路由复原；② 停止计费；③ 向被叫用户送忙音。

　　(9) 被叫先挂机。① 被叫挂机，交换机检测后，路由复原；② 停止计费；③ 向主叫用户送忙音。

　　最后主叫挂机，线路复原。

3.1.2　用规范描述语言(SDL)图来描述呼叫处理的状态迁移图

　　从前一节我们可以看出整个呼叫处理过程就是处理机监视、识别输入信号(如用线状态、拨号号码等)，然后进行分析、执行任务和输出命令(如振铃、送拨号音等)，接着再进行监视、识别输入信号，再分析、再执行……循环下去。

　　但是，在不同情况下，对出现的请求以及处理的方法就各不相同。例如，识别到挂机信号，是用户听拨号音时的中途挂机，还是收号阶段的中途挂机，还是通话完毕的挂机？显然不同情况下的挂机，处理方法也不相同。为了描述这些复杂的功能和过程，人们采用规范描述语言(SDL)图来表示呼叫处理过程的状态迁移图。

1. 稳定状态和状态迁移图

　　SDL 图是 SDL 中的一种图形表示法。SDL 图是以有限状态机(FSM)为基础扩展起来的一种表示方法。平时机器处于某一个稳定状态等待输入；当接收到输入信号(激励)以后立即进行一系列处理动作，输出一个信号作为响应，并转移到一个新的稳定状态，等待下一输入；如此不断转移。因此用 SDL 图来描述呼叫处理过程是十分合适的。

　　图 3-1-1 表示了 SDL 图的几种典型符号。

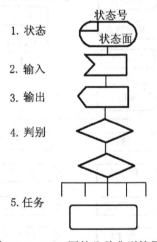

1. 状态
2. 输入
3. 输出
4. 判别
5. 任务

图 3-1-1　SDL 图的几种典型符号

　　为了利用 SDL 图描述呼叫处理过程，首先我们可以把整个接续过程分为若干阶段，例如，6 个阶段，每一阶段用一个稳定状态来标志。各个稳定状态之间由执行的各种处理来连接。图 3-1-2 是一个用 SDL 图表示的局内接续过程的状态迁移图。我们把接续过程分为空闲、等待信号、收号、振铃、通话和听忙音六种稳定状态。

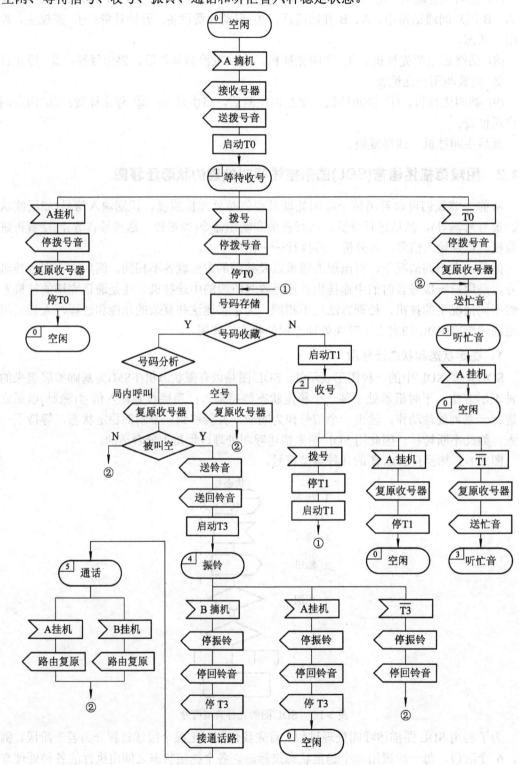

图 3-1-2　局内续接过程的状态迁移图

例如，用户摘机，从"空闲"状态转移到"等待收号"状态。它们之间由主叫摘机、接收号器、送拨号音等各种处理来连接。又如"振铃"状态到"通话"状态，中间要经过被叫摘机、停振铃、停回铃音和接通话路等处理来连接。

在一个稳定状态下，如果没有输入信号，即如果没有处理要求，则处理机是不会去理睬的。如在空闲状态时，只有当处理机检测到摘机信号以后，才开始处理，并进行状态转移。

在同一状态下，不同输入信号处理也不同，如在"振铃"状态下，收到主叫 A 挂机信号，则要进行中途挂机处理；收到被叫 B 摘机信号，则要进行通话接续处理。前者转向"空闲"状态，后者转向"通话"状态。

在同一状态下，输入同样信号，也可能因不同情况得出不同结果。如在空闲状态下主叫用户 A 摘机，则要进行收号器接续处理。如果遇到无空闲收号器，或者无空闲路由(收号路由或送拨号音路由)，则就要进行"送忙音"处理，转向"听忙音"状态。如能找到，则就要转向"等待收号"状态。

同样的输入信号在不同状态时会进行不同的处理，并会转移至不同的新状态。如同样检测到摘机信号，在空闲状态时，则认为是主叫摘机呼叫，要找寻空闲收号器和送拨号音，转向"等待收号"状态；在振铃状态时的摘机，则被认为是摘机应答，要进行通话接续处理，并转向"通话"状态等。

因此，用这种稳定状态转移的办法可以比较简明地反映交换系统呼叫处理中各种可能的状态，各种处理要求以及各种可能结果等一系列复杂过程。

根据这个状态迁移图就可以设计所需要的程序和数据。

2．一个局内呼叫的主要处理任务

从图 3-1-2 的描述，我们可以得到一个局内呼叫(也包括其他呼叫)过程包括以下三部分处理任务：

(1) 输入处理。这是数据采集部分。它接受并识别从外部输入的处理请求和其他有关信号。

(2) 内部处理。这是内部数据处理部分。它根据输入信号和现有状态进行分析、判别，然后决定下一步的任务。

(3) 输出处理。这是输出命令部分。根据分析结果，发布一系列控制命令。命令对象可能是内部某一些任务，也可能是外部硬件。

3.2 程控交换控制系统的逻辑结构

3.2.1 控制系统的一般逻辑结构

从上述的呼叫处理过程可得出程控交换控制系统的工作过程通常具有以下模式：

(1) 接收外界信息，如外部设备的状态变化、请求服务的命令等。

(2) 分析并处理信息。

(3) 输出处理结果，例如指导外设运行的状态信息或控制信号。

与一般控制系统相比，计算机控制系统的主要特点是外部设备输入的信号并不直接送入处理器，而是暂时存在存储器中，由处理器在某一适当的时刻读出和处理。同理可解释输出过程。图 3-2-1 给出了计算机控制系统的一般逻辑结构。接口数据写入存储器的过程常需要借助于处理器，这既可以由接口中独立的处理器完成，也可由控制系统的主处理器完成。当采用主处理器时，接口数据的转储过程与其他处理进程分时进行，因而在逻辑上仍可将接口与存储器之间的传输看成是一个独立的过程。

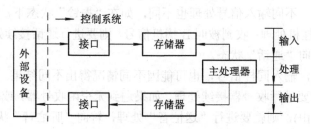

图 3-2-1　计算机控制系统的一般逻辑结构

当接口数据转储与信息处理共用一个处理器时，转储将在相应程序(通常称为接口驱动程序)的引导下进行。接口驱动程序可由操作系统周期地调用(查询方式)，或在接口的请求下强迫启动(中断方式)。

3.2.2　控制系统的电路结构形式

控制系统的处理器应由 CPU、程序和工作数据组成。CPU 在程序的引导下从指定的输入存储器读出外界输入的数据，结合当前的过程状态、变量值等工作数据对之进行处理。然后将结果写入输出存储器或改变当前的工作数据。与之相比，计算机控制系统的硬件常有固定的组成：接口(I/O)、存储器(MEM)和中央处理器(CPU)。

计算机控制系统的最大优点是信息的输入、输出与信息处理的相对分离。接口数据的存储速度应足以跟随外部信号的变化速度，而信息处理的速度只要求能及时地输出外设期待的状态或控制信号。由于对信息处理实时性要求的相对下降及微处理器速度的不断提高，计算机控制系统的功能可变得十分强大。

应当注意，图 3-2-1 中给出的仅是控制系统的逻辑结构。计算机控制系统也常以电路结构的形式给出，图 3-2-2 是与图 3-2-1 等价的电路结构。图中尽管所有电路都跨接在同一总线上，但由于 CPU 的控制作用，在任何时刻总线上只可能有一个信号传输，即系统中各器件间(如接口与存储器之间或存储器各单元之间)的信号传递是分时独立进行的。因此，通过适当的软件设计，系统可以在逻辑上实现任意电路之间的独立传输。

尽管控制系统的逻辑组成是简单的，但它的具体实现却是多样的，这就带来了问题的复杂性。实际控制系统的种种差别主要来自它们所使用的

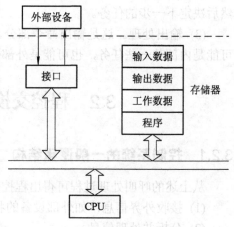

图 3-2-2　计算机控制系统的电路结构形成

CPU 不同。由图 3-2-2 可见，接口电路应能将各种外设输入的信号转变成适合 CPU 总线传输的信号，从而使 CPU 能如同读出存储器那样读写接口电路。但这要求接口电路的设计除外设的特性有关外，还必须与它所连接的总线有关。总线是 CPU 设计的一部分，而且各半导体制造商所生产的 CPU，其总线结构及控制方式、传输时序等没有统一标准，因而不同的 CPU 常要求使用不同的外设接口电路。

另一方面，为了增强适用性，许多接口电路也常设计成可连接多种总线，在具体应用中使用哪种总线连接方式可通过编程来选择，这又进一步带来接口电路使用时的困难。此外，实际程控交换机的控制系统可由多个 CPU 组成，它们使用着不同的总线。于是各 CPU 总线之间及外设与各 CPU 总线之间存在着大量的接口。如何设计或选择这些接口电路构成了控制系统硬件设计的一个重要内容。

用户接口提取的带外信令被直接送入控制系统，带内信令则通过交换网络接续。带外信令及振铃控制均是 0/1 开关信号，可用 1 个比特表示，因此控制系统中相应接口能将来自多个用户接口的监测信令合并为适合总线传输的 8 位或 16 位并行数据。带内信令当采用 PCM 编码时，控制系统的相应接口(PCM 信令 I/O)必须具有适当的传输速率，即当 PCM 信令为 TS$_{16}$ 单路信令时，I/O 应保证 64 kb/s 的传输速率。当带内信令采用多频(MF)编码时，控制系统接口(MF 信令 I/O)应能将相应的双音多频(DTMF)信号或多频互控(MFC)信号转换成若干位(通常是 4 位)的二进制码字，并提供相应的接口，当这些接口与控制系统总线相兼容(例如，交换器选用 MT8980，而控制系统 CPU 为 6802)，且两者空间距离较近时，交换器可直接跨接到 CPU 总线上。

维护接口提供给操作、维护人员访问系统软件的入口。大多数维护和计费接口除具有 RS-232 至 TTL 电平转换能力外，还能实现串并变换及速率适配。当适配器与控制总线相兼容时，同样可免去维护和计费 I/O，使接口直接与总线相连。

3.3　输　入　处　理

输入处理程序的主要任务是对用户线、中继线等进行监视、检测并进行识别，然后把结果放入队列或相应存储区，以便其他程序取用。

输入处理可分为：

(1) 用户线的扫描监视用户线的状态变化。

(2) 中继线的线路信号扫描监视中继器的线路信号。

(3) 接收数字信号，包括拨号脉冲、按钮拨号信号和多频信号等。

(4) 接收公共信道信号方式的电话信号。

(5) 接收操作台的各种信号。

在这一节中，只对一些必要的、常用的输入处理程序做一些说明，并介绍一些典型信号的识别方法。

3.3.1　用户线扫描监视

用户线扫描监视程序是负责检测用户线的状态和识别用户线状态的变化。这是输入处理软件的一部分。

在第 3 章中已经介绍过，用户线有各种不同状态。它们有：

(1) 用户话机的摘、挂机状态。

(2) 号盘话机的拨号信号(含拨号脉冲的识别)。

(3) 投币话机的输入信号。

(4) 用户通话时的环路状态。

1．用户线状态信号的特点

用户线状态信号具有以下特点：

(1) 它们在用户线上表现为两种状态：形成直流回路(续)和断开直流回路(断)。

如果上述用户挂机时，用户线为"断"状态，摘机时则变为"续"状态；同样在拨号时，送脉冲为"断"状态，脉冲间隔为"续"状态等。用一个二进制位来表示。例如，"0"表示"续"状态；"1"表示"断"状态。

(2) 用户线的状态变化是随机的，而程控交换机中的处理机工作是"串行"的，因此在程控交换机中对用户线状态只能进行定期、周期性监视。这就称为"扫描监视"。一般用户摘、挂机识别的扫描周期为 100～200 ms；拨号脉冲识别的扫描周期为 8～10 ms。

2．用户摘、挂机识别

设用户在挂机状态时扫描点输出为"1"，摘机状态时扫描点输出为"0"。则用户摘、挂机识别程序的任务就是识别出用户线状态从"1"变为"0"或者从"0"变为"1"的状态变化。其原理如图 3-3-1 所示。

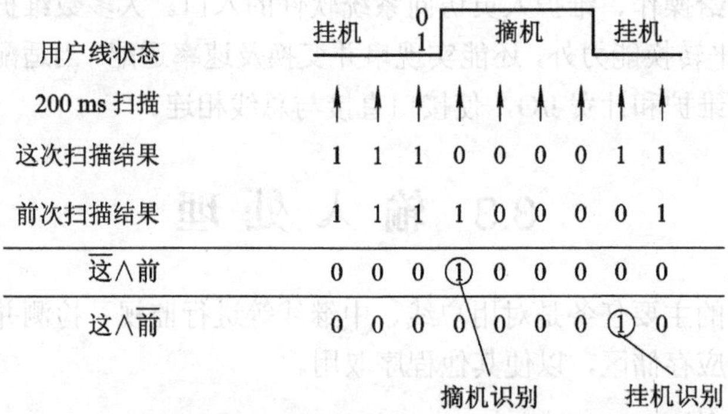

用户线状态	挂机	摘机	挂机

200 ms 扫描			
这次扫描结果	1 1 1	0 0 0 0	1 1
前次扫描结果	1 1 1	1 0 0 0	0 1
这∧前	0 0 0	①0 0 0	0 0
这∧前̄	0 0 0	0 0 0 0	①0

摘机识别　　挂机识别

图 3-3-1　用户摘、挂机识别原理

假设处理机每隔 200 ms 对每一用户线扫描一次，读出用户线的状态，得到图中的"这次扫描结果"。图中的"前次扫描结果"是在 200 ms 前扫描所得的信息。它是前一次扫描(200 ms 以前)时将"这次扫描结果"存入存储器，供这次读用。从图中可以看出，从挂机状态变为摘机状态或者从摘机状态变为挂机状态时，状态变化了。将"这次扫描结果"来"取反"和"前次扫描结果"相"与"可得到一个"1"。这代表用户从挂机变为摘机的状态变换，称为"摘机识别"；如果将"前次扫描结果""取反"和"这次扫描结果"相"与"也可得到一个"1"，这代表用户从摘机状态变为挂机状态，称为"挂机识别"。为什么要进行这么复杂的运算？能否直接用"这次扫描结果"进行识别，是"1"即为挂机状态；是"0"即为摘机状态。这不是更简单吗？实际上这样是不行的。因为在识别摘、挂机以后要进行处理，如果每次摘机或挂机状态都要进行处理(200 ms 一次)既不可能，也没有必要，最后还可能将呼叫处理数据弄乱了。因此利用图 3-3-1 所示的用户摘、挂机识别原理进行运算，就可以实现对摘机或挂机只在状态变化时识别一次。

从上面的讨论可以发现，每个用户的扫描状态数据每次只占一个二进制位。每次只对一个二进制位进行检测，这样效率就太低了。因此在实际处理中常采用群处理扫描的方法，即每次对一群用户(如 8 位处理机每次对 8 个用户)进行检测，如果字长为 32，则每次可对32 个用户进行检测。这样既节省机时又提高了扫描速度。用群处理扫描的方法对用户组进行扫描的流程图如图 3-3-2 所示。

图 3-3-3 是采用群处理扫描方法的示例。图中是 8 个用户一群进行扫描。我们看到，根据运算结果：

(1) $\overline{这} \wedge 前 = 00100001$ 代表第 0 号用户和第 6 号用户摘机。

(2) 这 $\wedge \overline{前} = 10000000$ 代表第 7 号用户挂机。

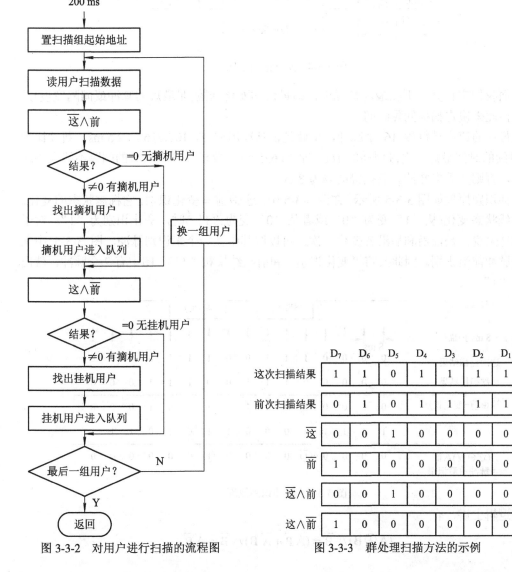

图 3-3-2　对用户进行扫描的流程图　　　　图 3-3-3　群处理扫描方法的示例

3.3.2 号盘话机拨号号码的接收

号盘话机送来的是脉冲，相当于用户线的断、续状态。因此也可以用判别用户线状态变化的办法来识别。此外，我们还必须区分每一串脉冲，即要识别出二位号码之间的间隔，即“位间隔”，以便正确接收号码。因此我们将分脉冲识别和位间隔识别两部分来讨论拨号号码识别的原理。

1．脉冲识别

我国规定的拨号脉冲的参数为：

(1) 脉冲速度：即每秒送出的脉冲个数，规定每秒送出 8～16 个脉冲。

(2) 脉冲断续比：即脉冲的宽度(断)和间隔的宽度(续)之比，如图 3-3-4 所示。规定脉冲断续比的范围为 1∶1～3∶1。

图 3-3-4　脉冲的断续比

下面我们来计算一下在最坏情况下，即最快的变化间隔(即最短的脉冲或间隔宽度)是多少，由此来决定扫描间隔时间。

取最快的速度是每秒 16 个脉冲，也就是说脉冲周期 $T = 1000/16 = 62.5$ ms。断续比为 3∶1 时续的时间最短。它占周期的 1/4，即 15.625 ms。要求扫描最长时的间隔不能大于这个时间，否则要丢失脉冲。取扫描间隔为 8 ms。

脉冲识别原理如图 3-3-5 所示。在图 3-3-5 中，这⊕前 = 变化识别，它标志状态的变化。当用户线状态变化(从“1”变为“0”或者从“0”变为“1”)时，变化识别为“1”。对于一个脉冲来说，是前沿和后沿各变化一次。可以取其中任一个来识别脉冲。图 3-3-5 中采用的是脉冲前沿识别。因此又将“变化识别”和前次结果相“与”。图中有 2 个脉冲，就出现 2 个“1”。

这次扫描结果	0	0	0	0	1	1	1	0	0	1	1	1	0	0	0	0
前次扫描结果	0	0	0	0	0	1	1	1	0	0	1	1	1	0	0	0
这⊕前=变化识别	0	0	0	0	1	0	0	1	0	1	0	0	1	0	0	0
$\overline{前}$	1	1	1	1	1	0	0	0	1	1	0	0	0	1	1	1
(这⊕前)∧$\overline{前}$ =脉冲前沿识别	0	0	0	0	①	0	0	0	0	①	0	0	0	0	0	0

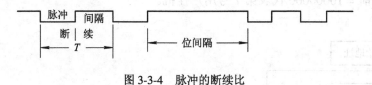

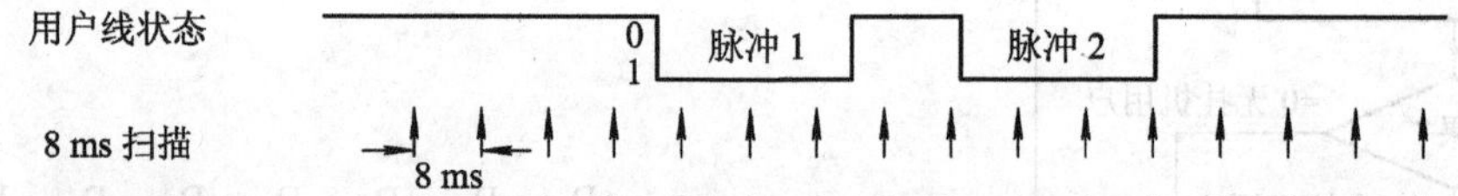

图 3-3-5　脉冲识别原理

从逻辑上讲，有

$$(A \oplus B) \wedge \overline{B} = (A\overline{B} + \overline{A}B) \wedge \overline{B} = A\overline{B}$$

也就是说，有

$$（这\oplus 前）\wedge \overline{前} = 这\wedge \overline{前}$$

相当于前面所说的挂机识别，同样

$$（这\oplus 前）\wedge 前 = \overline{这} \wedge 前$$

相当于摘机识别。

在这里采用比较麻烦的逻辑运算的原因是后面在位间隔识别中还要用到"变化识别"这个结果。

2. 位间隔识别

位间隔识别原理如图 3-3-6 所示。位间隔识别的目的是要识别两位号码之间的间隔，从而区分各位号码。按规定号盘话机的位间隔不小于 250 ms。

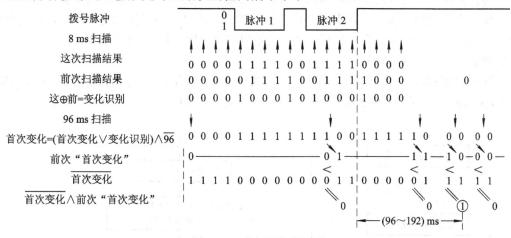

图 3-3-6 位间隔识别原理

另外，还要算出最长脉冲或脉冲间隔为多少毫秒。最慢的脉冲速度为每秒 8 个脉冲，这就是说最长的脉冲周期 $T=1000/8=125$ ms。当断续比为 3∶1 时，最长的脉冲(断)时间应为

$$125\times \frac{3}{4} = 93.75 \text{ ms}$$

所以位间隔识别程序要能鉴别 93.75 ms 和 250 ms 间的间隔。我们采用了 96 ms 扫描程序来识别。在图 3-3-6 中，"变化识别"以前的数据和图 3-3-5 中的脉冲识别完全一样。以后就要由 96 ms 程序和 8 ms 程序协同工作。位间隔识别要讨论的主要也是这段工作过程。位间隔识别的基本原理是要识别以下两个关键点：

(1) 识别在前 96 ms 周期内没有发生过脉冲变化。这就排除了脉冲变化的因素。因为脉冲最长间隔如前面所计算的那样，为 93.75 ms，小于 96 ms。

(2) 在再前面 96 ms 内发生过脉冲变化，即在此以前的最后一次变化是在 96 ms 以前的那个周期内(即前 96～192 ms 期间)，这一条件可以保证在位间隔开始 96 ms 后的第一个周期就能识别到。

为此引入了"首次变化"这个变量，它标志着首次碰到了"变化"。由以下的逻辑运算实现，有

$$首次变化 =（首次变化 \vee 变化识别）\wedge \overline{96}$$

首次变化等于首次变化本身与变化识别相"或"，而且每 96 ms 清零一次。

由此可以看出，当首次变化＝0 时，只要变化识别＝0，则首次变化就总是为"0"。一旦出现"变化"，即变化识别＝1，首次变化就变为"1"，而且以后不管变化识别如何改变都不能改变首次变化的"1"的值。

让 96 ms 程序每次都将它清"0"。就可以保证上述的"首次变化"每次在 96 ms 的开始就为"0"这一点。在图 3-3-6 中，当每次执行 96 ms 程序时，做以下三件事：

(1) 将首次变化的非和前次首次变化相"与"，结果如果为 1，则此处可能为位间隔；如果为 0，则不是位间隔。

(2) 当不是位间隔时，将首次变化放到"前次首次变化"中去。

(3) 当不是位间隔时，将首次变化清零。

为什么说可能是位间隔呢？从图 3-3-6 可以看出，当用户拨号以后马上就挂机时，也会出现首次变化的非和前次首次变化相"与"的结果为 1。为了排除这种可能，这时只要读一下此时的前次扫描结果，如果为 1，则是用户"中途挂机"；如果为 0，说明用户正处于摘机状态，此时就是位间隔。

脉冲识别和位间隔识别往往是协同工作的，图 3-3-7 给出了它们的流程图，图 3-3-7(a) 为 8 ms 脉冲识别程序，图 3-3-7(b)为 96 ms 位间隔识别程序。

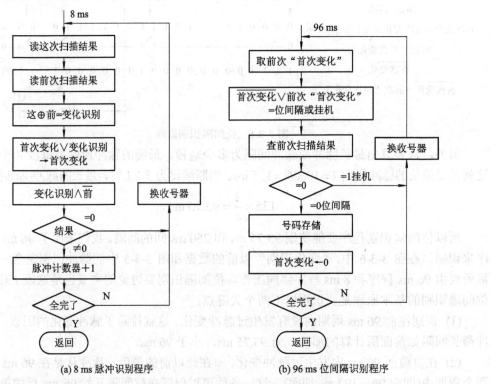

图 3-3-7　脉冲识别和位间隔识别的流程图

3.3.3　按钮话机拨号号码的接收

按钮话机送出的拨号号码由两个音频信号组成。这两个音频信号分别属于高频组和低频组。每组各有 4 个频率。每一个号码取每一组中一个频率(四中取一)同时送出。按钮话机的按键和相应频率的关系如表 1.1 所示。按钮收号器的基本结构如图 3-3-8 所示。

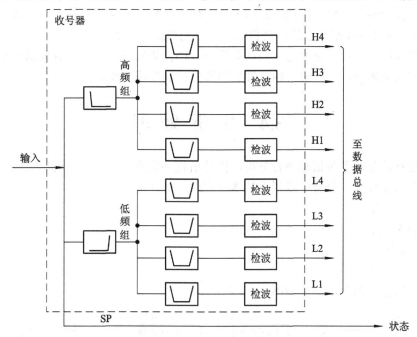

图 3-3-8　按钮收号器的基本结构

系统通过检波得到包络 SP。CPU 从按钮收号器读取号码信息采用"查询"方式。即首先读取包络信息 SP。若 SP = 0，表明有信息送来，可以读取号码信息。若 SP = 1，则不读。读 SP 后也要进行逻辑运算，识别出 SP 脉冲的前沿，然后 CPU 就读出数据。按钮号码 SP 脉冲前沿的识别方法如图 3-3-9 所示。这个方法和前面所述脉冲前沿识别一样，这里不再赘述。一般按钮信号传送时间大于 40 ms，因此用 16 ms 扫描周期已能识别。

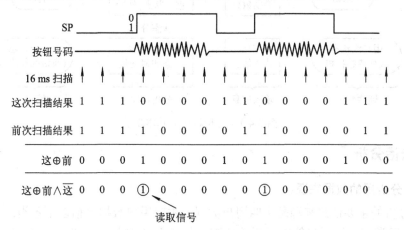

图 3-3-9　按钮号码 SP 脉冲前沿的识别方法

3.3.4　其他信号的接收

其他信号的接收还有多频信号、中继器监视扫描和处理机间的通信信息的接收。其中多频信号用于局间记发器信号，它是六中取二或四中取二的信号，也是接收两个频率的音频信号，其原理和按钮话机的拨号信号的接收一样。

　　中继器监视扫描主要是检测线路信号，一般线路信号在交换机输入端表现为电位的变化(或脉冲)。因此对线路信号的识别和用户线监视扫描的方法相同。

　　处理机间的通信信息是通过专用的时隙(如 TS$_{16}$)来实现的。它和其他输入信息一样，也可能引起状态的转移。一般它由处理机间通信控制程序控制。

3.4　分析处理

　　分析处理就是对各种信息进行分析，由分析程序负责执行，分析的结果就决定了交换机下一步应该干什么。分析处理属于基本级程序，可分为：

(1) 去话分析。

(2) 号码分析。

(3) 来话分析。

(4) 状态分析。

各种分析程序的基本功能如图 3-4-1 所示。

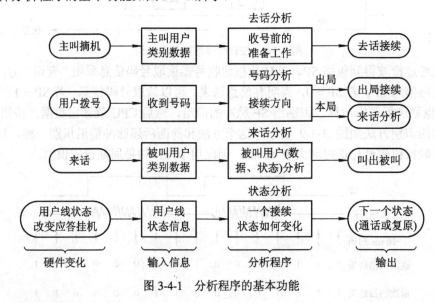

图 3-4-1　分析程序的基本功能

3.4.1　去话分析

1. 供分析用的数据来源

　　去话分析的主要信息来源是主叫用户数据，主叫用户数据包括以下各类：

(1) 出局类别：指用户能够呼叫的范围，如是否允许本区内部、市内、国内长途或国际呼叫等。

(2) 用户类别：包括单线用户、投币话机、测试用户、集团用户和数据传真等；对投币话机可以按计费方法分为单式计费、复式计费等；对用户电路有普通用户电路、带极性倒换的用户电路、带直流脉冲计数的用户电路、带交流脉冲计数的用户电路、投币话机专用用户电路等用户类别。

(3) 话机类别：是按钮话机还是号盘话机。

(4) 用户状态：指该用户现在的状态，如去话拒绝、来话拒绝、去话和来话均拒绝、临时接通等。

(5) 用户的专用情况类别：例如，是否为热线电话、优先用户、优先几级？能否进行国际呼出等。

(6) 用户服务类别和服务状态：包括用户是否有缩位拨号、呼叫转移、电话暂停、缺席服务、呼叫等待、三方呼叫、叫醒服务、遇忙暂停或密码服务等服务类别。

(7) 用户计费类别：指是否为自动计费、专用计数器计次或免费等。

(8) 各种号码：包括用户电话簿号、用户内部号、用户所在局号、呼叫转移电话簿号、热线电话簿号和呼叫密码等。

2．分析程序流程图

去话分析程序要对上述有关主叫用户情况进行逐一分析，然后做出判断，其程序的流程图如图 3-4-2 所示。

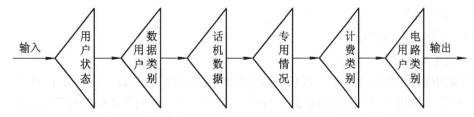

图 3-4-2　去话分析程序的流程图

3．分析方法

分析方法多采用逐次展开分析法，该方法如图 3-4-3 所示。

各类相关数据装入一个表中，各表组成一个链形队列，然后根据每级分析结果逐步进入下一表格。图中 F 为标志位。F = 1 表明存在下级表；F = 0 表示不存在下级表。

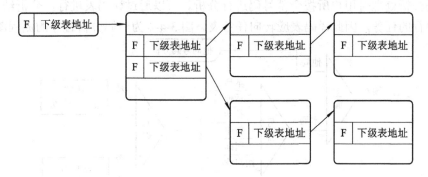

图 3-4-3　逐次展开分析法

4．分析结果处理

分析后要将结果转入输出处理程序，执行相应任务。例如，分析结果表明允许呼叫，则向其送拨号音，并根据话机类别接上相应收号器；若分析结果表明不允许呼出，则向其送忙音；若分析结果表明为热线用户，则立即查出被叫号码，转入来话分析处理程序。

3.4.2　号码分析

1．分析数据来源

号码分析的数据来源是用户所拨的号码，它可能来自用户所拨号码，也可能来自局间信令。

号码分析的方法主要是根据上述号码查找译码表。译码表是根据电话簿号编排的，可以包括以下内容：

(1) 号码类型：包括市内号、特服号和国际号等。

(2) 剩余号长：即还要收几位号。

(3) 电话簿号：局号、规定的用户数据区号和录音通知机号。

(4) 重发号码：包括在选到出局线以后重发号码，或者在译码以后重发号码。

(5) 特服号码索引：包括缩位拨号登记、缩位拨号使用、缩位拨号撤消；呼叫转移登记、呼叫转移撤消；叫醒业务登记、叫醒业务撤消；热线服务登记、热线服务撤消；缺席服务登记、缺席服务撤消等。

2．分析步骤

分析步骤可分为两步：

1) 预译处理

在收到用户所拨的"号首"以后，首先进行预译处理。"号首"一般为 1～3 位号。例如，用户第一位拨"0"，表明为长途全自动接续；第一位拨"1"表明为特服务接续；第一位号为其他号码，则根据不同局号可能是本局接续，也可能是出局接续。

如果"号首"为用户服务的业务号(如叫醒登记、缩位拨号登记)，则就要按用户服务项目处理。

分析方法和业务的识别也可以采用逐步展开法，利用多级表格来实现。

2) 号码分析处理

号码分析处理对用户所拨全部号码进行分析。可以通过译码表进行，分析结果决定下一个要执行的任务，因此译码表应转向任务表。图 3-4-4 为号码分析程序的流程图。

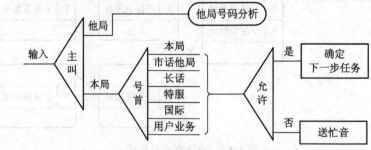

图 3-4-4　号码分析程序的流程图

3.4.3　来话分析

来话分析的数据来源是被叫方面的用户数据以及被叫用户的忙闲状态数据。此外，对于被叫用户还有专门的类别数据，这些数据按照电话簿号码寻址。用户类别数据有：

(1) 用户类别：如去话拒绝、来话拒绝、去话来话均拒绝和临时接通等。

(2) 用户设备号：包括模块号、机架号、板号和用户电路号。

(3) 截取呼叫号码。

(4) 恶意呼叫跟踪。

(5) 辅助存储区地址。

(6) 用户设备号存储区地址等。

用户忙闲状态数据包括：

(1) 被叫用户空。

(2) 被叫用户忙，正在作主叫。

(3) 被叫用户忙，正在作被叫。

(4) 被叫用户处于锁定状态。

(5) 被叫用户正在测试。

(6) 被叫用户线正在作检查等。

在来话分析时还要采用用户其他数据，如计费类别数据、服务类别和服务状态数据等。来话分析程序的流程图如图 3-4-5 所示。来话分析也可采用逐次展开法。

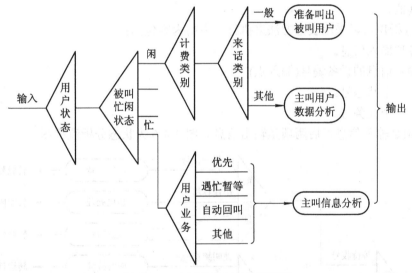

图 3-4-5 来话分析程序的流程图

3.4.4 状态分析

状态分析的数据来源是用户所处的稳定状态和输入信息。在 SDL 图中可见到，用户处于某一稳定状态时，CPU 一般是不予理睬的，它等待外部输入信息。CPU 根据现在的稳定状态，以及根据外部输入信息的处理要求，来决定下一步应该干什么，然后应该转移到哪一个新状态去。因此，状态分析的依据包括：

(1) 现在的稳定状态(如空闲状态、收号状态等)。

(2) 输入信息，包括用户的输入信息或处理要求。如用户摘机、挂机等。

(3) 提出处理要求的设备，如在通话状态下，是主叫用户还是被叫用户挂机等。

　　状态分析程序对上述信息经过分析以后，确定下一步任务。例如，在用户空闲状态时，从用户电路输入摘机信息(从扫描点检测到摘机信号)，则经过分析以后，下一步任务应该是去话分析。于是就要转向去话分析程序。

　　输入信息也可能来自某一"任务"。所谓任务，就是内部处理的一些"程序"或"作业"，与电话外设无直接关系。如忙闲测试(用户忙闲测试、中继线忙闲测试和空闲路由忙闲测试与选择等)。

　　CPU 只和存储器打交道，与电话用户等外设不直接打交道。CPU 可以调用程序，即任务。这些任务也会有处理结果，这些结果也影响状态转移。例如，在收号状态时，用户久不拨号，计时程序送来超时信息，导致输出送忙音命令，使下一状态转移到"送忙音"状态。

　　状态分析程序的输入信息大致包括：

　　(1) 各种挂机信息，包括中途挂机和话毕挂机。

　　(2) 被叫摘机应答信息。

　　(3) 计时器计时到信息。

　　(4) 话路测试遇忙信息。

　　(5) 号码分析结果发现错号。

　　(6) 收到第一个脉冲(或第一位号)。

　　(7) 其他。

　　状态分析也可以采用表格方法来执行，表格内容包括：

　　(1) 各种输入信息。

　　(2) 输入信息的设备编号(输入点)。

　　(3) 下一个状态号。

　　(4) 下一个任务号。

前两项是输入信息，后两项是输出信息。图 3-4-6 为状态分析流程图。

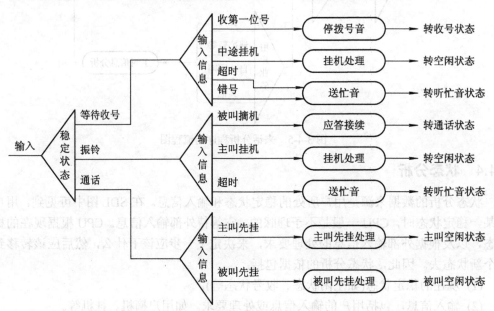

图 3-4-6　状态分析流程图

3.5　执行任务和输出处理

分析程序给出结果，并决定下一步要执行的任务编号。任务的信息来源还是输入信息；任务的执行就是要完成一个交换动作。

3.5.1　执行任务

执行任务分为三个步骤：

(1) 动作准备。首先要准备硬件资源，即要启动的硬件和要复原的硬件设备。启动硬件设备以前在对应的忙闲表上示忙。编制要启动或复原硬件设备的控制字和控制数据，准备状态转移。所有这些均在存储器内进行。

(2) 输出命令。输出编制好的命令，也即进行输出处理。

(3) 后处理。转移至新状态，硬件动作以后，软件又开始新一轮的监视。对已复原设备要在忙闲表中示闲。任务执行也可采用表格方法，组成若干任务表。任务表中列出各项具体任务，如话路管理任务、控制字编辑任务等，按顺序一一调用。由分析处理程序的执行结果来选择相应任务表。

3.5.2　输出处理

任务的执行、输出硬件控制命令都属于输出处理。输出处理包括：

(1) 通话话路的驱动、复原。

(2) 对用户电路发送分配信号(如振铃控制、测试控制等信号)。

(3) 发送局间线路信号和局间记发器信号。

(4) 发送计费脉冲。

(5) 发送处理机之间的通信信息。

(6) 发送测试码。

(7) 其他。

1. 路由驱动和路由复原

路由驱动是指数字交换网络接线器(包括 T 线接和 S 接线器)驱动命令的编辑，控制字的编制，写控制存储器。控制字还要反映电话双向通话的交换网络和双向通话时该网络与 CPU 之间的关系。要驱动的路由包括通话话路、信号音发送路由和信号接收路由(包括拨号信号和其他信号)。

路由复原是指向控制存储器的相应单元填入初始化内容(全 1 或全 0)。

2. 发送分配信号

分配信号驱动的对象有电子设备，也有用户电路中的有关继电器(振铃继电器、测试继电器等)。这两者的驱动方法不同，电子设备动作速度较快，不需 CPU 等待；而继电器动作较慢，可能是毫秒，甚至十几毫秒的时间。因此，CPU 在执行下一任务之前要做适当"等待"。例如，等待 20 ms 以后，确认继电器已动作完毕，才能转向下一任务。

分配信息也要事先编制。例如，向用户振铃，则要编制用户设备号，并参考用户组原先状态，以免出现混乱。

3. 多频信号和线路信号的发送

多频信号的发送和接收采用"互控"方式，分为四个节拍，具体方法将在第 8 章信令系统中介绍。

线路信号的发送可由硬件实现，处理机只发出有关控制信号。其他公共信道信号的处理，ITU-T No.7 信号的传送，将在信令系统的相关章节中专门讨论。处理机间通信可采用内部总线或者 TS_{16} 等专用时隙来完成。

3.6　数据和数据库的概念

3.6.1　数据类型

存储程序控制的实现离不开存储器中的大量数据。软件包括程序与数据，数据是程序执行的环境和依据。尤其是呼叫处理过程中涉及大量的表格和数据，要存储何种数据以及确定数据结构是一个重要问题。所以我们把数据结构放在本章讨论。数据基本上可分为两大类：动态数据和半固定数据。

1. 动态数据

呼叫过程中有许多数据需要暂存，而且不断地变化。这些数据称为动态数据。各种忙闲表为反映相关设备的忙闲状况要不断修改，也是动态数据。对动态数据应合理地组织，使得能快速存取而又节省内存。

2. 半固定数据

相对于动态数据而言，半固定数据是基本上固定的数据，但在需要时也可以改变。半固定数据分为用户数据和局数据，也可统称为局数据。

用户数据与各个用户有关，主要是用户的线路类别、服务类别，如用户线的类型可以有独用线、同线或小交换机中继线等；话机可以是投币电话、也可以是号盘话机、按键话机或兼具号盘脉冲和双音信号发送功能的话机；服务类别则反映目前使用权限，如是否呼出禁止，是否长途有权、是否国际有权，一些新服务性能是否有权以及登记使用情况等。用户设备码也是用户数据。

局数据是与整机有关的数据，如出局路由数，各路由的中继线数，迂回路由方案，编号方法等。与控制接续有关的参数，如各种规定的时限值也是局数据。

呼叫处理程序只是读取半固定数据而不改写半固定数据。如需修改固定数据，可由人机通信输入命令。命令有一定格式，并先要输入口令(Password)。口令用来保证人机命令的使用权限，只有口令格式都符合规定时，才执行命令，修改半固定数据。例如，用户电话的装拆、电话号码或设备码的改变、用户的改变、中继线数或中继路由的变化等，都可以通过有关人员输入命令而修改相关数据。

局数据的新近更改可称为近期变更(Recent Change)，具有专门管理程序，由人机命令更改后应证实其运行正常，然后复制到后备存储器。

3.6.2　动态数据的表格结构

各种动态数据要按照其性质组成紧凑的表格结构。各种交换系统的表格结构，因容量、性能、内存容量、存取方法等因素而异。为获得较具体的概念，下面说明一个小容量程控用户交换机的表格类型以及与一些新业务有关的表格。

1．小容量交换机的表格类型

(1) 忙闲表。反映用户和话路设备的忙闲状态，可包括用户忙闲表，各级链路忙闲表，中继器忙闲表等。

(2) 事件登记表。在输入处理中发现的各种事件应记录在事件登记表中，以作为内部处理的依据。

(3) 呼叫记录或设备信息表。呼叫建立过程有关的数据(如收到的被叫号码)可存放在各呼叫记录表中。呼叫记录表是着眼于呼叫，每个呼叫分配一张；也可以着眼于各种公用的话路设备。每个公用的话路设备(如中继器、收号器等)各有一张信息表，当该设备占用后可陆续存入相关数据。

(4) 各种分析、译码表。如数字分析表，将用户号码译成设备码的译码表等。

(5) 各种监视表。用来暂存扫描输入的有关信息。

(6) 输出登记表。作为输出排队的缓冲区，用来暂存驱动输出信息或其他输出信息。

(7) 服务性能登记表。用来存放登记新服务性能的有关信息。

2．新服务性能登记表

前面我们说明了一般呼叫的程控原理，对于使用新服务性能的呼叫，还有一些特殊处理程序离不开数据，只要了解新服务性能有关的表格结构，就可推想程序的处理过程。以下说明几种较简单的新服务性能的表格及有关处理。

1) 缩位拨号登记表

缩位拨号是指用较少位数的号码来代替原有的一串号码。需要缩位拨号时要先登记，登记应按规定的拨号方式，通常包括以下内容：

(1) 前缀和缩位拨号登记的代码。

(2) 缩位代码：1 位或 2 位，相当于每个用户最多可登记 10 个或 100 个缩位代码(当首位不能用 0 或 1 时，数量要减少)。

(3) 所代表的号码。

(4) 后缀。

通常应使用按键话机，话机上的*和#要用于前缀和后缀中或各段内容的分隔。程控交换机收到用户的登记要求后，在该用户的缩位拨号登记表对应于缩位代码的单元内写入所代表的整个号码，如图 3-6-1 所示。

设以 45 代替 2352769 七位号码，交换机收到使用缩位拨号的前缀及代码 45 后，用 45 检索缩位拨号登记表，即可得到 2352769。下一步的处理如同用户拨完整个号码

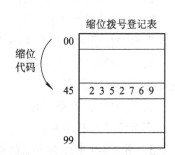

图 3-6-1　缩位拨号登记表

一样，进行数字分析和路由选择工作。

2) 热线登记表

热线是指用户摘机后可不拨号而直接接通所需的某一用户。用户所登记的热线号码存放在热线登记表中。当用户摘机呼出，查明已登记热线，即直接接通登记的热线用户。通常使用延迟热线，即主叫在摘机后几秒内不拨号，即认为要求热线接续。故在处理时，应进行时限监视，只有在规定时间内未拨号才接至热线用户。

3) 呼叫转移登记表

呼叫转移是指呼入的电话自动转移到用户目前临时所在处的电话。呼叫转移登记表如图 3-6-2 所示。每个用户有其登记区，登记转移，即接到表中所登记的转移用户坐标码。为便于程序判别，登记表每行的最高位可作为标志位，表示是否已进行转移登记。

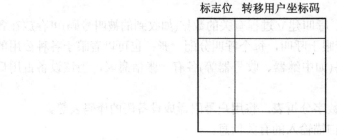

图 3-6-2　呼叫转移登记表

4) 叫醒服务登记表

叫醒服务是指在某一指定时刻对用户话机振铃。用户在叫醒登记时，应送出表示叫醒时间的代码如 0430 表示 4 点 30 分，2350 表示晚上 11 点 50 分。交换机应将叫醒时间及主叫身份写入叫醒登记表。如采用时限控制块(TCB)，则 TCB 就相当于一张叫醒登记表。对 TCB 不断进行监视，如到达叫醒时间就对用户振铃。

其他服务如会议电话、代答、遇忙或久不应答的转移都可以使用相应的登记表。有些性能只要 1 个比特指示位，如免干扰服务、呼出限制等。

习　　题

1．一个呼叫的处理过程分几个大步骤？

2．画出对用户线扫描的流程图，要区别它们的摘、挂机状态变化，并分别送入"摘机队列"和"挂机队列"中去(采用群处理扫描方法)。

3．是否可以用图 3-3-1 原理来进行脉冲识别？若可以，则参照图 3-3-5 画出识别原理。这时会产生什么问题？

4．上题中，若是倒过来，用图 3-3-5 原理来识别摘、挂机是否可以？对此有何评价？可以利用哪些有利条件？

5．图 3-3-9 中按钮号码的接收采用什么方法？为什么还要进行"这⊕前"的运算，没有它将会产生什么问题？

6．试利用逐次展开法设计图 3-4-1 中各项分析程序的任务表。

7．若图 3-3-6 中的位间隔识别程序放在用户群扫描程序以后，会有什么不同？哪一种更好一些(从识别的正确性方面考虑)？

8．简述程控交换建立本局通话时的呼叫处理过程，并用 SDL 图给出振铃状态以后的各可能情况的进程图。

9．呼叫处理过程中从一个状态转移至另一状态包括哪三种处理及其处理内容？

第4章　交换技术的数学基础和交换机的主要性能指标

技术只有建立在严密的数学基础之上，才能成为一门学科。爱尔兰(A.K.Erlang)的话务理论和后来的排队论为现代交换技术奠定了坚实的理论基础。本章将介绍话务理论、网络阻塞概率以及交换机的主要性能指标。

4.1　话务量的定义和基本性质

人们通过长期的研究发现，在一个交换机内部，设备数量的配置(即交换机机键的多少和中继线的多少)、业务量的大小(即话务量的多少)和服务质量(呼损)这三者之间存在固定的关系。也即设备数量、话务量和呼损这三者之间存在固定的关系。这个关系就是我们下面将要介绍的爱尔兰(Erlang)公式。围绕这个公式再加上下面还要介绍的其他的一些理论，就构成了我们交换技术的数学基础。首先，我们介绍话务量的定义及其性质。

4.1.1　话务量的定义

在时间 T 内，各终端流入交换系统的话务量为

$$\sum_i n_i h_i \tag{4-1-1}$$

话务量强度 Y，即单位时间内流过的话务量定义为

$$Y = \frac{\sum_i n_i h_i}{T} \tag{4-1-2}$$

式中，Y 又称为话务流量。

4.1.2　话务量强度的性质

1. 性质1

当在 T 时间内，每个用户发生的呼叫次数 n_i 都相同，每个用户每次呼叫的占用时长都相同，则(6.2)式可以简化为

$$Y = \left(\frac{n}{T}\right) \cdot h \cdot N \tag{4-1-3}$$

此式告诉我们话务量强度的第一个性质：话务量强度 Y 等于每个用户终端的呼叫率与平均占用时长及用户总数三者的连乘积。

2. 性质 2

话务量强度 Y 等于平均、同时占用数。性质 2 可以证明如下：

设 P_k 为有 k 个终端同时占用的概率，则

$$P_k = \left(\frac{nh}{T}\right)^k \cdot \left(1 - \frac{nh}{T}\right)^{N-k} \cdot \frac{N!}{k!(N-k)!} \tag{4-1-4}$$

由于 nh/T 为一个给定终端忙的概率，k 个终端忙共有 $N!/k!(N-k)!$ 个情况(N 中取 k 的组合)。考虑到 $Y=(n/T) \cdot h \cdot N$，因而

$$P_k = \left(\frac{Y}{N}\right)^k \cdot \left(1 - \frac{Y}{N}\right)^{N-k} \cdot \frac{N!}{k!(N-k)!} \tag{4-1-5}$$

同时占用数 k 的可能范围为从 0 到 N，因而同时占用数的平均值(即数学期望)$\bar{k}$ 为

$$
\begin{aligned}
\bar{k} &= \sum_{k=0}^{N} k \cdot P_k = 0 \cdot P_0 + \sum_{k=1}^{N} k \cdot P_k = \sum_{k=1}^{N} k \cdot \left(\frac{Y}{N}\right)^k \cdot \left(1 - \frac{Y}{N}\right)^{N-k} \cdot \frac{N!}{k!(N-k)!} \\
&= \sum_{k=1}^{N} k \cdot \left(\frac{Y}{N}\right)^{k-1} \cdot \left(\frac{Y}{N}\right) \cdot \left(1 - \frac{Y}{N}\right)^{N-1-(k-1)} \cdot \frac{N \cdot (N-1)!}{k(k-1)!(N-1-(k-1))!} \\
&= N \cdot \frac{Y}{N} \sum_{k=1}^{N} \left(\frac{Y}{N}\right)^{k-1} \cdot \left(1 - \frac{Y}{N}\right)^{N-1-(k-1)} \cdot \frac{(N-1)!}{(k-1)!(N-1-(k-1))!} \\
&= Y \cdot \sum_{k=0}^{N-1} \left(\frac{Y}{N}\right)^k \cdot \left(1 - \frac{Y}{N}\right)^{(N-1)-k} \cdot \frac{(N-1)!}{k!((N-1)-k)!}
\end{aligned}
$$

利用二项式定理，上式等于

$$\bar{k} = Y \cdot 1 = Y \tag{4-1-6}$$

3. 性质 3

话务量强度 Y 等于在一个平均占用时长内，系统产生的总的平均呼叫次数。这个性质也可以简单地证明如下：

根据性质 1，话务量强度 Y 等于每个用户终端的呼叫率与平均占用时长及用户总数三者的连乘积，即

$$Y = \left(\frac{n}{T}\right) \cdot h \cdot N = \left(\frac{n}{T}\right) \cdot N \cdot h = c \cdot h \tag{4-1-7}$$

式中，$c = \left(\frac{n}{T}\right) \cdot N$ 可以解释为单位时间内所有用户产生的总平均呼叫次数。换句话说，每小时内产生的平均呼叫次数为 c，h 小时内产生的平均呼叫次数为 $c \cdot h = Y$。

这三个性质从三个不同的角度解释了话务量强度的物理含义。

4.1.3　计量单位

话务量用呼叫次数与每次呼叫占用时长的乘积作为计量单位，有小时呼，即一次呼叫占用了 1 h；分钟呼，即一次呼叫占用了 1 min。

话务量强度，是单位时间内的话务量，实际上它是一个无量纲的量，其计量单位为爱尔兰(Erlang)，以纪念话务理论的主要创始人 Erlang。例如，一个系统在 1 h 内有 6 个 10 min 占用时长的呼叫，或有 4 个 15 min 占用时长的呼叫，我们说这个系统的话务量强度是一个爱尔兰。

实际测量表明，一个交换机或一组用户的话务量强度在一天 24 h 内是变化的，而且变化的幅度是很大的。图 4-1-1 是对一组用户(如 100 个用户)的测量的结果，其中 $\bar{k}$ 表示平均同时占用数。从图中可以看出，这 100 个用户在凌晨前的几个小时话务量强度最低；天亮以后，话务量强度开始上升，8 点以后话务量强度猛增，9 点到 10 点之间出现高峰，平均有 8 个用户同时占用；中午话务量强度下降，下午上班后话务量强度又出现一次高峰，然后逐渐下降。整个一昼夜时间内最繁忙的一小时(如 9 点到 10 点)，我们称为"忙时"。

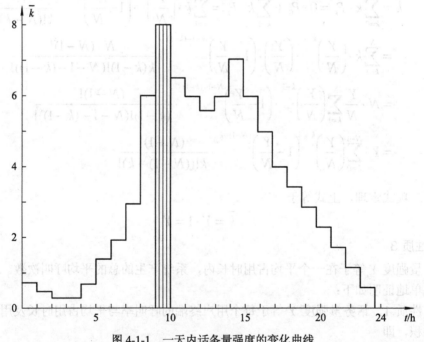

图 4-1-1　一天内话务量强度的变化曲线

图 4-1-1 是按每小时的平均同时占用数绘制的，实际上在每一个小时内，各相等时间区段内的同时占用数相差也很大。图 4-1-2 给出了忙时内这 100 个用户的平均同时占用数每隔 2 min 的变化曲线(图中 k 表示平均同时占用数)。从图中可以看出，这 100 个用户中最多时有 24 个用户同时呼叫占用，最少时只有 3 个用户同时呼叫占用，平均同时占用数为 8。即这 100 个用户的忙时话务量为 8 小时呼，忙时话务量强度为 8 爱尔兰；平均每个用户的忙时话务量为 0.08 小时呼，忙时话务量强度为 0.08 爱尔兰。

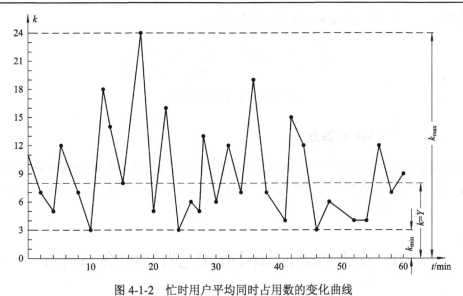

图 4-1-2　忙时用户平均同时占用数的变化曲线

4.2　时分网络和空分网络的等效

在现代时分交换网络出现以前的近百年时间内，人们对空分交换网络的各种特性，如内部阻塞概率等，已经进行了详细的研究。现代时分交换网络出现以后，人们自然就会设想，如果能把时分网络等效为我们熟知的空分交换网络，那么以前研究所得到的关于空分网络内部阻塞概率的计算方法，就可以套用了。为此，我们先进行时分网络到空分网络的等效。

4.2.1　S 接线器的等效

由于在 S 接线器中，每一条输入总线上的任一时隙，都可以访问任何一条输出总线上的对应时隙，因此可以进行如图 4-2-1 的等效。即每一个时隙，都有一个 $l \times m$ 的交换矩阵与之对应。总线中每一帧有 n 个时隙，所以一个 S 接线器，就等效为 n 个 $l \times m$ 的交换矩阵。对于多级 S 接线器串联，也可以等效为图 4-2-2。

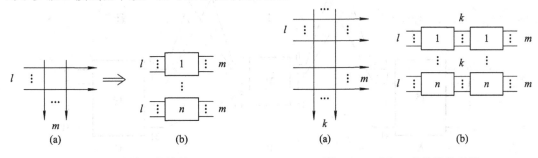

图 4-2-1　S 接线器的等效　　　　　　　　图 4-2-2　多级 S 接线器的等效

4.2.2　T 接线器的等效

T 接线器可以实现一条母线内任意时隙之间的时隙交换，所以，一个 T 接线器就可以等效为图 4-2-3 所示的一个 $n \times n$ 的空分交换网络。

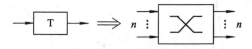

图 4-2-3　T 接线器的等效

4.2.3　T—S—T 网络的等效

对于图 1-5-4 的 T—S—T 交换网络，当我们分别利用 S 接线器和 T 接线器的等效方法后，就可以等效为图 4-2-4 所示的三级空分交换网络了。这里假设输入、输出各有 16 条总线。

4.3　交换机的内部阻塞和无阻塞网络的概念

4.3.1　交换机的内部阻塞的计算

对于图 4-2-4 的等效空分交换网络，下面我们来推导其内部阻塞概率的计算公式。

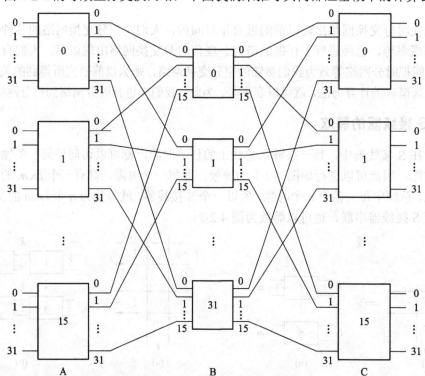

图 4-2-4　图 1-5-4 的等效空分交换网络

设 T 为输入或输出总线的个数，L 为中间链路的个数(即每条母线上的时隙个数) Y_1 为每个用户(即每条入线)的话务流量。

如果每条入线的话务量强度为 Y_1，即每条入线的占概率为 Y_1，由于各级间的链路数与入线数相等，故每条链路的占用概率也为 Y_1，则每条链路空闲的概率为 $(1-Y_1)$。

为使有呼叫到来的入线能与所要求的出线接通，则必须至少有一条连接 A 级、B 级的链路和一条相应的 BC 级间的链路同时空闲形成一条空闲通路才行。这条通路空闲的概率为 $(1-Y_1)^{k-1}$，这里 k 为交换网络的级数，图 4-2-4 中的 $k=3$，因而一条通路空闲的概率为 $(1-Y_1)^2$，所以一条通路忙的概率为 $[1-(1-Y_1)^2]$。

从一条入线到一条出线之间，最多可以有 L 条通路能完成连接，对于图 4-2-4 而言，$L=32$。当这 L 条通路全忙时，则无法完成连接，因而交换网络发生阻塞的概率为 $[1-(1-Y_1)^2]^L$。

在空分模拟交换网络中，只要一条连接通路就可以完成主叫到被叫和被叫到主叫的双向话音传输。而数字交换网络中由于数字信号传输的单向特性，一条通路只能完成主叫到被叫或被叫到主叫的单向数字的话音传输，要完成双向传输，必须同时有主叫到被叫方向及被叫到主叫方向的两条通路才行。因而必须对上述阻塞概率进行修正：两条通路同时空闲的概率应为 $[(1-Y_1)^2]^2=(1-Y_1)^4$，所以两条通路同时忙的概率为 $[1-(1-Y_1)^4]$。

另外，当两条通路都处在同一个 T 型接线器中时(即同一条输入母线中时)，则通路的阻塞概率为 $[1-(1-Y_1)^4]L/2$，当两条通路处在不同的 T 接线器中时，则阻塞概率为 $[1-(1-Y_1)^4]^L$。综上所述，交换网络的阻塞概率为

$$P = \frac{1}{T} \cdot [1-(1-Y_1)^4]^{L/2} + \frac{T-1}{T} \cdot [1-(1-Y_1)^4]^L \qquad (4\text{-}3\text{-}1)$$

利用这个公式，就可以对图 4-2-4 所示的网络的阻塞概率进行计算，如果 $T=16$，$L=32$，并且：

$Y_1 = 0.40$ 爱尔兰时，可以求得 $P = 1.78\%$。

$Y_1 = 0.65$ 爱尔兰时，可以求得 $P = 62.7\%$。

4.3.2 无阻塞网络的概念

由上述两个简单的例子可以看出，图 4-2-4 所示的网络是有阻塞的，就是说当被叫用户空闲时，由于网络的结构，或者交换机内部的链路数有限，而不能连通主叫和被叫，不能满足用户的通话要求。当 $Y_1 = 0.40$ 时，每 100 次呼叫平均有 1.78 次被阻塞而不能接通，一般说来这还是可以接受的；但是当 $Y_1 = 0.65$ 爱尔兰(即话务量强度仅仅增加 0.25 爱尔兰)时，阻塞概率为 62.7%，即每 100 次呼叫平均会有 62.7 次呼叫不能接通，对于这么高的阻塞概率，用户是绝对不能接受的。

那么有什么办法能使阻塞概率减少呢？办法是有的，这就是想办法增加中间链路的个数，即采用 A 级扩散、C 级集中的交换网络。例如，当 A 级的入线与其出线之比为 1:1.2 时，则 A 级每条输出链路上的话务量强度 $Y_1 = 0.65/1.2 = 0.542$，此时 $L = 32 \times 1.2 = 38.4$，利用公式(4-3-1)可以求得阻塞概率 $P = 19.29\%$；当 A 级的入线与其出线之比为 1:1.5 时，则 A 级每条输出链路上的话务量强度 $Y_1 = 0.65/1.5 = 0.433$，此时 $L = 32 \times 1.5 = 48$，利用公式(4-3-1)可以求得阻塞概率 $P = 9.52 \times 10^{-3}$。

阻塞概率大大地减少了。那么，我们再进一步问，当中间链路数增加到什么程度时，网络实际上阻塞概率为零呢？即网络变为一个无阻塞的网络呢？理论证明，当中间链路数 L 增加到大于或等于输入线数 n 的 $2n-1$ 倍时，即 $L \geq 2n-1$ 时，网络就变为无阻塞网络了。

在证明这一命题以前，让我们先直观地看一看一个有阻塞的网络是什么样子的。

图 4-3-1 所示的三级交换网络就是一个有阻塞的网络。

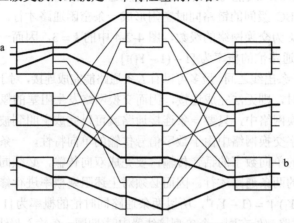

图 4-3-1　　一个有阻塞的网络

在图 4-3-1 中，一个呼叫到来，它碰到的最不利的情况是：网络中第一级除 a 以外的两个用户已经在通话，使用了图中所示的两条通路；第三级除 b 以外的两个用户也在通话，交换机选用了图中的另外两条通路。如图中粗实线所示。这时用户 b 明明是空闲的，但是用户 a 无法与用户 b 连通，因为此时网络已无法提供连接 a 与 b 的空闲通路了。

而图 4-3-2 所示的就不一样，由于该图中多了一条中间链路，当同样发生如图 4-3-1 所示的情况时，还有一条中间通路是空闲的，所以还能提供 a 与 b 之间的通信通路。所以图 4-3-2 为一个无阻塞的网络。图 4-3-2 所示的输入、输出都是三个用户，而中间链路数 5 条，满足 $L \geqslant 2n - 1$ 的关系式。

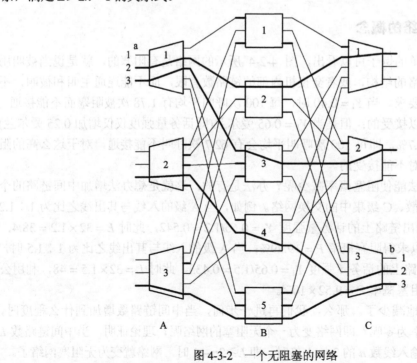

图 4-3-2　　一个无阻塞的网络

利用上述思路就可以证明：当网络中的中间链路数 $L \geqslant 2n - 1$ 时，该网络为一个无阻塞网络。

4.4　增消随机过程和爱尔兰(Erlang)公式

4.4.1　增消随机过程

我们观察一个电话交换系统，其中不断地有新的呼叫产生，也不断地有呼叫结束，那么有没有一种数学模型可以用来描述交换系统中这种不断产生和不断结束的物理过程呢？回答是肯定的。

假定在 t 时刻系统内已有 k 个呼叫存在，而该系统单位时间内发生的平均呼叫数为 λ_k，单位时间内结束的平均呼叫数为 μ_k，则在时间 dt 内增加一个新呼叫的概率为 $\lambda_k dt$，消失一个呼叫的概率为 $\mu_k dt$，因而在时刻 $t + dt$ 系统中有 k 个呼叫的事件是由如下几种事件组成的：在 dt 这个时间段中一个呼叫不产生、一个呼叫也不结束，其概率为 $P_k(t)[(1 - \mu_k dt)(1 - \lambda_k dt)]$；或者在 t 时刻有 $k - 1$ 个呼叫发生，在 dt 时间段中又产生了一个新的呼叫，其概率为 $P_{k-1}(t)\lambda_{k-1} dt$；或在 t 时刻有 $k + 1$ 个呼叫发生，在 dt 时间段中又消失了一个新的呼叫，其概率为 $P_{k+1}(t)\mu_{k+1} dt$。

综合上述三种情况，在时刻 $t + dt$ 系统中有 k 个呼叫发生的概率为

$$P_k(t + dt) = P_k(t)[(1 - \mu_k dt)(1 - \lambda_k dt)] + P_{k-1}(t)\lambda_{k-1} dt + P_{k+1}(t)\mu_{k+1} dt \tag{4-4-1}$$

这个公式所表示的物理过程就是著名的增消随机过程。

4.4.2　爱尔兰(Erlang)公式

在式(4-4-1)中，忽略右边第一式中的高阶无穷小，则该式可以表示为

$$P_k(t + dt) = P_k(t)(1 - \mu_k dt - \lambda_k dt) + P_{k-1}(t)\lambda_{k-1} dt + P_{k+1}(t)\mu_{k+1} dt \tag{4-4-2}$$

将上式中的 $P_k(t)$ 从等号的右边移到等号的左边，两边同时除以 dt，然后取 $dt \to 0$ 的极限，得到以下的微分方程，有

$$\frac{d p_k(t)}{dt} = -(\mu_k + \lambda_k)P_k(t) + \lambda_{k-1}P_{k-1}(t) + \mu_{k+1}P_{k+1}(t)$$

在系统进入稳定状态以后，系统内有 k 个呼叫的概率也将稳定下来而不会随时间而变化，因而可以把概率 $P_k(t)$ 看成是一个不随时间变化的常数 P_k。即 $\dfrac{d p_k(t)}{dt} = 0$，并把等式两边的 t 去掉，因此有

$$(\mu_k + \lambda_k)P_k = \lambda_{k-1}P_{k-1} + \mu_{k+1} P_{k+1}$$

即

$$\mu_k P_k + \lambda_k P_k = \lambda_{k-1}P_{k-1} + \mu_{k+1}P_{k+1} \tag{4-4-3}$$

假设交换系统能提供 M 条通话路由，则系统能容纳的同时呼叫数 k 的范围为 $0 \sim M$。

当 $k = 0$ 时，由式(4-4-3)得到

$$\mu_0 P_0 + \lambda_0 P_0 = \lambda_{-1} P_{-1} + \mu_1 P_1$$

由于 $\mu_0 = 0$，即没有呼叫存在时，也就不可能有呼叫结束；而且 λ_{-1} 也为零，这是因为有 -1 个呼叫发生的情况是不可能发生的。故上式可以写成

$$\lambda_0 P_0 = \mu_1 P_1 \tag{4-4-4}$$

即

$$p_1 = \frac{\lambda_0}{\mu_1} \cdot p_0 \tag{4-4-5}$$

当 $k = 1$ 时，由式(4-4-3)有

$$\mu_1 P_1 + \lambda_1 P_1 = \lambda_0 P_0 + \mu_2 P_2$$

将等式(4-4-4)代入上式得到

$$\lambda_1 P_1 = \mu_2 P_2 \tag{4-4-6}$$

即

$$P_2 = \frac{\lambda_0 \cdot \lambda_1}{\mu_1 \cdot \mu_2} \cdot P_0 \tag{4-4-7}$$

当 $k = 2$ 时，由式(4-4-3)有

$$\mu_2 P_2 + \lambda_2 P_2 = \lambda_1 P_1 + \mu_3 P_3$$

将式(4-4-6)代入上式可得

$$\lambda_2 P_2 = \mu_3 P_3 \tag{4-4-8}$$

即

$$P_3 = \frac{\lambda_2}{\mu_3} \cdot P_2 = \frac{\lambda_0 \cdot \lambda_1 \cdot \lambda_2}{\mu_1 \cdot \mu_2 \cdot \mu_3} \cdot P_0 \tag{4-4-9}$$

依此类推有

$$P_k = \frac{\lambda_0 \lambda_1 \lambda_2 \cdots \lambda_{k-1}}{\mu_1 \mu_2 \cdots \mu_k} P_0 \tag{4-4-10}$$

式中，k 从 0 到 M。

式(4-4-10)还可以写成一般的形式

$$P_k = \frac{\prod\limits_{i=0}^{k-1} \lambda_i}{\prod\limits_{i=1}^{k} \mu_i} \cdot P_0 \qquad k \text{ 从 } 0 \text{ 到 } M \tag{4-4-11}$$

下面的问题是要确定 P_0 的值。

由于交换机的话路容量为 M，不可能容纳多于 M 个的呼叫，因此当 k 大于 M 时，$p_k = 0$。而且当 k 从 0 取到 M 时，其概率的和必然等于 1。即

$$P_0 + P_0 \sum_{k=1}^{M} \left(\prod_{i=0}^{k-1} \lambda_i \bigg/ \prod_{i=1}^{k} \mu_i \right) = 1 \tag{4-4-12}`$$

当用户数很大时，我们做两点假设：

(1) 假设 λ_k 为常数 $\lambda(k$ 从 0 到 $M)$，即单位时间内发生的平均呼叫数 λ 与在交换系统内已经存在的呼叫数 k 无关。这对于话源数 N 大大超过交换系统所能提供的话路数 M 时是正确的。即当 $N \gg M$ 时，系统中已经存在的呼叫实际上并不影响呼叫到来的概率。

(2) 假设 $\mu_k = k\mu = \dfrac{k}{h}$(这里 $\mu = \dfrac{1}{h}$)。即单位时间内结束的平均呼叫数与系统内已经存在的呼叫数 k 成正比，与每次呼叫的平均占用时长 h 成反比。这就是说，已经存在的呼叫数越多，则消失一个呼叫的可能性就越大；每次呼叫的平均占用时长越长，则消失一个呼叫的可能性就越小。这样式(4-4-11)可写成如下的形式

$$P_k = \frac{\lambda^k}{\dfrac{1}{h} \cdot \dfrac{2}{h} \cdot \dfrac{3}{h} \cdots \dfrac{k}{h}} \cdot P_0 = \frac{(\lambda \cdot h)^k}{k!} \cdot P_0$$

由于 $\lambda h = Y$ (Y 等于在一个平均占用时长 h 内发生的平均呼叫数)故上式可以写成

$$P_k = P_0 \frac{Y^k}{k!} \tag{4-4-13}$$

所以式(4-4-12)可以写成

$$1 = P_0 \left(1 + \sum_{k=1}^{M} \frac{Y^k}{k!} \right)$$

由此式可以得到

$$P_0 = \frac{1}{1 + \displaystyle\sum_{k=1}^{M} \frac{Y^k}{k!}} = \frac{1}{\displaystyle\sum_{k=0}^{M} \frac{Y^k}{k!}} \tag{4-4-14}$$

把式(4-4-14)代入式(4-4-13)得到出现 k 个呼叫的概率为

$$P_k = \frac{\dfrac{Y^k}{k!}}{\displaystyle\sum_{i=0}^{M} \frac{Y^i}{i!}} \tag{4-4-15}$$

式(4-4-15)就是著名的爱尔兰公式。这个公式的物理意义是十分明显的，它给出了当系统的话务量强度 Y，交换机所能提供的话路数 M 已知时，系统发生 k 个呼叫的概率。我们可以设想，当系统已经发生了 M 个呼叫时，如果再来一个呼叫，由于系统再也无力提供话路让这个呼叫使用，那么这个呼叫肯定要被阻塞而损失掉。电话交换系统就是这样一种对电话业务采用明显损失制的服务系统。所以交换系统的呼损为

$$E(M,Y) = \frac{\dfrac{Y^M}{M!}}{\displaystyle\sum_{i=0}^{M} \frac{Y^i}{i!}} \tag{4-4-16}$$

利用这个公式，人们制成了表，也绘出了图，供大家查用，如图 4-4-1 和图 4-4-2 所示，都是其中的一部分。

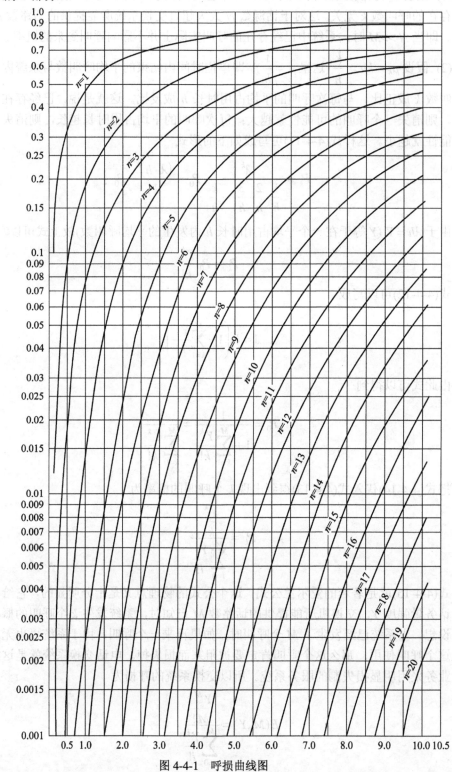

图 4-4-1　呼损曲线图

A \ n	21	22	A $20.0\sim100.0$ 23	24	25	26	27	n $21\sim30$ 28	29	30
20.0	131436	106734	084930	066097	050222	037195	026813	018792	012794	008457
20.5	143420	117887	095082	075115	058021	043746	032147	022995*	015995*	010812
21.0	155485*	129236	105544	084544	066308	050834	038034	027734	019688	013504
21.5	167579	140724	116253	094321	075030	058419	044451	033006	023885	016830
22.0	179656	152295	127551	104388	084133	066458	051370	038796	028590	020535
22.5	191677	163903	138183	114680	093563	074903	058752	045083	033790	024720
23.0	203607	175504	149301	125171	103265	083704	066557	051838	039489	029386
23.5	215419	187002	160460	135783	113189	092811	074742	059027	045649	034524
24.0	227088	198546	171622	146463*	123286	102175*	083260	066612	052247	040121
24.5	238596	209929	182753	157228	133511	111750*	092067	074553	050252	046156
25.0	249926	221188	193823	167983	143823	121400*	101116	082807	066629	052603
25.5	261007	232305	204807	178717	154185*	131356	110367	091332	074339	059433
26.0	272009	243264	215683	189402	164562	141308	119776	100089	082346	066612
26.5	282745*	254054	226134	200013	174927	151313	129307	100036	000609	074106
27.0	293270	264664	237044	210531	185252	161339	138925	118138	000091	081880
27.5	303580	275067	247502	220939	195516	171259	148598	127357	107756	089897
28.0	313675*	265317	257798	231222	205699	181349	158296	136663	116569	098122
28.5	323553	295352	287925*	241367	215784	191287	167594	146024	125497	106523
29.0	333216	305189	277876	251366	225757	201154	177669	155415	134510	115065
29.5	342665	314826	287647	261211	235608	210936	187300	164811	143581	123720
30.0	351903	324264	297236	270895	245325	220618	196872	174191	152681	132460
31.0	369754	342545	315861	289766	264333	239640	215774	192827	170899	150090
32.0	386798	360047	333749	307958	282736	258150	234277	211198	180000	167777
33.0	403067	376792	350908	325463	300509	276105*	252315*	229211	206869	185373
34.0	418507	392807	367357	342288	317645*	293477	269840	246797	224414	202768
35.0	433423	408122	383116	358445	334143	310253	286825	263911	241570	219868
36.0	447581	422768	398215	373952	350013	326433	303254	280523	258290	236611
37.0	461108	436778	412678	388832	365269	342021	319124	296616	274543	252953
38.0	474037	450184	426534	403108	379931	357031	334437	312185	290312	268861
39.0	486402	463018	439813	416806	394013	371476	349203	327229	305587	284315
40.0	498235	475309	452542	429951	407556	385375	363433	341754	320368	299307
41.0	509565	487086	464749	442570	420563	398748	377144	355772	334659	313831
42.0	520421	498378	476462	454687	433066	411615	390352	369295	348467	327891
43.0	530829	509210	487705	466327	445086	423998	403076	382339	361804	341492
44.0	540814	519607	498503	477513	450647	435916	415335	394918	374682	354645*
45.0	550400	529593	508880	488268	467769	447392	427148	407052	387117	367359
46.0	559600	539190	518856	498615*	478474	458444	438534	418756	399123	379648
47.0	568460	548418	528453	508572	488783	469093	449512	430049	410717	391528
48.0	576974	557297	537691	518101	498714	479357	460099	440947	421913	403007
49.0	585169	565846	546588	527309	508286	489255*	470313	451468	432729	414105*
50.0	593061	574081	555161	536304	517516	498803	480171	461627	443179	421835
52.0	607998	589674	571400	553179	535016	516916	498883	480923	463043	445248
56.0	634871	617742	600650*	583596	566585*	549618	532699	515832	499020	482269
60.0	658352	642283	826241	610228	594246	578297	562383	546507	530672	514879
64.0	679034	663908	648802	633718	618658	603623	588615*	573634	558684	543786
68.0	697382	683097	668829	654579	640347	626134	611941	597771	583623	569500*
72.0	713763	700236	666721	673220	659734	646262	632807	619369	605949	592548
76.0	728476	715631	702796	689973	677161	664361	651574	638801	626042	613299
80.0	741760	729533	717315*	705106	692907	680717	668538	656370	644214	632069
84.0	753812	742148	730491	718842	707201	695568	683943	672328	660722	649125
88.0	764794	753645*	742501	731364	720233	709109	697992	666882	675781	664687
92.0	774844	764165	753492	742824	732161	721505*	710854	700210	689752	978940
96.0	784073	773828	763587	753351	743120	732894	722672	712456	702246	692041
100.0	792577	782733	772692	763055*	753222	743393	733568	723748	713933	704122
A \ n	21	22	23	24	25	26	27	28	29	30

图 4-4-2 呼损表

4.4.3　爱尔兰(Erlang)公式的应用

通常，接到一部交换机的用户总数是远远超过交换机所能提供的话路数的。因此呼损是不可避免的。用爱尔兰公式可以计算出呼损。下面我们举两个应用的例子。

例 1　一交换机接有 2100 个用户终端，每个用户的忙时话务量强度为 0.1 爱尔兰，该交换机能提供 240 条话路同时接受 240 个呼叫，求该交换机的呼损和每条话路的利用率。

解：因 $Y = 0.1 \times 2100 = 210$(爱尔兰)，$M = 240$，利用 Y 和 M 的值，代入呼损公式(4-4-16)或查表可以求得呼损为

$$E(240, 210) = 0.0034 = 3.4‰$$

由于有 3.4‰ 的话务量损失，即有 0.714 爱尔兰的话务量被损失，因此每条话路的利用率为

$$\frac{210 - 0.714}{240} = 0.872 \text{(爱尔兰)}$$

例 2　如果有 10 个用户终端共用一交换机内的 2 条话路，即同时能接受 2 个呼叫，每个用户的忙时话务量强度为 0.1 爱尔兰，求该交换机的呼损和每条话路的利用率。

解：因 $Y = 0.1 \times 10 = 1$(爱尔兰)，$M = 2$，利用 Y 和 M 的值，代入呼损公式(4-4-16)或查表可以求得呼损为

$$E(2, 1) = 0.2 = 20\%$$

由于有 20% 的话务量损失，即有 0.2 爱尔兰的话务量被损失，那么每条话路的利用率为

$$\frac{1 - 0.2}{2} = 0.4 \text{(爱尔兰)}$$

从上述两个例子可以看出：当交换机内部的话路数很少时，其话路的利用率就很低，呼损高；当交换机内部话路多时，其利用率就很高，呼损小。所以现代交换机只要可能，都会把交换机的容量，即内部的话路数都尽量做大。对于小容量的交换机，如例 2，要想使其呼损小于、等于 10%，则总话务量强度必须小于 0.6 爱尔兰。如果每个用户的话务量强度还是 0.1 爱尔兰，那么就只能外接 6 个用户，此时话路的利用率为

$$\frac{0.6 \times (100 - 10)\%}{2} = 27\%$$

但是对于利用率高的大容量交换机，当流入到交换机的话务量增加时，很容易引起交换机过负荷；而利用率低的小容量的交换机，则对于过负荷不敏感。

4.5　交换机的主要性能指标

对于一个交换机的设计师和用户来说，了解与交换机有关的主要性能指标是十分必要的。其中包括系统提供给交换机的话务量强度和交换机系统的内部阻塞概率，这两个性能指标我们在前面已经做了较为详细的讨论，这里不再赘述。除此以外，还有交换机向公众交换电话网 PSTN 用户提供的业务种类、基本的呼叫处理功能、交换机的容量指标、可靠性和可维护性等。我们在此一并予以介绍。

4.5.1　交换机的主要业务性能指标

根据 1997 年 12 月我国原邮电部发布的《邮电部电话交换设备总技术规范书》的规定，业务性能指的是交换机能够向用户提供的业务种类和方式，下面我们将简要介绍向公众交换电话网 PSTN 用户提供的业务种类。

1．基本电话业务

程控交换机能够向用户提供的基本电话业务包括：

(1) 提供本地网用户相互间电话呼叫，包括与远端模块用户、同一用户集中器中的用户相互间的呼叫。

(2) 提供国内和国际长途自动直拨的来、去话业务。

(3) 提供人工挂号的迟接制和立接制的国内和国际长途去话业务，并通过长途交换设备和话务员坐席向用户提供各类查询、申告业务。

(4) 提供人工挂号的迟接制的郊县和农村的去话业务。

(5) 提供关于用户交换机的业务，包括直拨呼叫用户交换机的分机用户、呼叫用户交换机人工台的业务和用户交换机的直接拨出业务。

(6) 提供各种特种服务呼叫，包括各类查询和申告。

(7) 提供与公用网中移动用户间的呼叫和呼叫无线寻呼用户的业务。

(8) 能向维护操作人员提供维护操作呼叫。

2．补充业务

程控交换机能够向公众交换电话网——PSTN 用户提供的补充业务(新业务)主要有以下几种：

(1) 缩位拨号(Abbreviated Dialling)。采用 1～2 位代码来代替一个完整的电话号码，我国统一采用 2 位代码。

(2) 热线服务(Hot Line Service With Time Out)。当用户摘机后在规定的时间内没有拨号时，此业务能够将呼叫自动接至一个预先登记的被叫用户。

(3) 呼出限制(Out-going Call Barring)。该业务是向发话用户提供的限制功能，包括国际自动长话限制、国内和国际自动长话限制和全部限制等三种类别。在用户只有知道呼出密码时才可以进行相应权限的呼出，但不会影响来话接入。

(4) 免打扰服务(Don't Disturb Service)。用户申请该业务时，所有来话将由电话局代答，但用户呼出不受限制。

(5) 查找恶意呼叫(Malicious Call)。申请该业务的用户可以在遇到恶意呼叫时，通过特定的操作，由交换机自动记录下关于该呼叫的包括主叫用户号码在内的必要信息。

(6) 闹钟服务(Alarm Call Service)。按用户的要求在预定时间向用户发出振铃提示。

(7) 截接服务(Interception of Calls)。该业务是由交换机自动提供的一项业务。当用户呼叫遇到空号、改号、某路由临时闭塞或用户使用不当等情况时，自动截住这类呼叫，改接到录音代答设备上，给予答复，从而减少交换设备的虚假接续。

(8) 无应答呼叫前转(Call Forwarding on no Reply)。登记该业务的用户可以将在规定时间内不进行应答的所有来话自动转移到预定的电话号码上。

(9) 无条件呼叫前转(Call Forwarding on no Reply)。登记该业务的用户的所有来话都会自动地转移到一个预定的其他号码上去。

(10) 遇忙回叫(Call Back)。当用户拨叫对方电话遇忙时，使用此项服务时用户可不再拨号，在对方空闲时即能自动回叫接通。

(11) 遇忙呼叫前转(Call Forwarding on Busy)。当呼叫到登记此业务的用户时，如果发现当前被叫用户状态忙时，将自动地将呼叫转移到一个预定的其他号码上。

(12) 缺席用户服务(Absent-subscriber Service)。如果用户外出，当有电话呼入时，可由电话局提供代答。

(13) 呼叫等待(Call Waiting)。当 A 用户正与 B 用户通话，C 用户试图与 A 用户建立通话连接，此时应该给 A 用户一个呼叫等待的提示，表示另有用户等待与之通话。

(14) 三方通话(Tree Party Services)。当用户与某对方通话时，如需要另一方加入通话，可在不中断与对方通话的情况下，拨叫出另一方，实现三方共同通话或分别与两方通话。

(15) 会议电话(Conference Service)。提供三方以上的，最多五方的共同通话。

(16) 主叫号码显示(Calling Identity Delivery)。交换机向被叫用户发送出主叫号码，并通过被叫话机或其他终端设备进行显示。

(17) 主叫号码显示限制。登记此服务的主叫用户可以要求交换设备不将自己的号码标识发送给被叫用户。

(18) 话音邮箱(Voice Mailbox Service)。可以向租用者提供一个电子邮箱，通过对应的电话号码可以提取邮箱内容或留言。

以上是 PSTN 规定的一些补充业务。要求每一个连入公网的程控交换设备都能够提供这些业务，但是不同业务开放的范围和比例有所不同。一般地，如果某项新业务有明显的系统开销要求，那么对开放的比例就会有所限制。如缩位拨号功能，由于系统要为每个申请此业务的用户提供一个最多 100 个缩位号码，这样就增加了此用户的用户数据容量，增加了对交换机的数据存储访问要求，同时也会增加呼叫处理的操作，因此，只允许向占总容量的 1% 的用户提供；而各种呼叫前转功能，由于只是增加了处理的操作，但对数据资源的要求并不高，而且能够提高电话业务量，增加电信收入，因此可以对全部用户开放。此外，由于信令、计费等体制上的原因，有些业务的使用范围只能限制在本地网呼叫中。

4.5.2　基本呼叫处理功能

程控交换机按照服务范围可以分成本地网内的交换机和长途交换机。我国《邮电部电话交换设备总技术规范书》对它们有不同的呼叫处理功能的要求。下面是本地网内交换机应具有的呼叫处理功能：

(1) 具有本局、出局及入局，汇接本地、特服、国内及国外长途呼叫的功能。

(2) 具有国内和国际长途自动、半自动、人工呼叫，呼叫农话人工台和郊区人工台的功能。

(3) 应能与所连接的远端交换单元配合工作，并且当它们之间的连接设备损坏后，能继续提供 119、110、120 和 122 等特服业务。

(4) 能够与投币话机、磁卡话机、IC 卡话机、带有计费设备的话机等终端配合工作，向这些终端发送被叫应答信号。如有条件可向用户提供采用不同用户号码的同线电话，并能根据同线用户的号码提供不同的振铃。

(5) 应具有与用户交换机配合工作的能力，包括号码连选和自动呼入和呼出的能力。应能与用户集中器配合工作，通过用户集中器转发话务员应答信号和话务员拆线信号。

(6) 能够对用户发出的呼叫进行鉴权，判断用户是否有能力发出国际、国内长途和某些业务如智能网、信息服务台的呼叫。

(7) 在长途自动和半自动接续中，能够向长途局提供主叫用户类别和主叫用户号码。

(8) 应具有识别用户数据通信、用户传真等非话务终端号码的能力，并保证不被其他呼叫插入或强拆。

(9) 交换设备应配备录音通知设备，在接续过程中，如遇空号、改号、临时闭塞或用户使用不当时，能自动接到录音通知设备或信号音，但不应回送应答信号。

(10) 具有建立测试呼叫的功能，并能与自动传输测量设备配合工作，能够处理由测试设备或其他特殊设备产生的维护操作呼叫，经特殊入口接到交换机内。

(11) 程控交换设备应有时间监视装置，当监视的时限超时后，应按各种接续状态要求，或立即强迫释放用户电路(中继电路)并向相关用户送忙音，或者建立相应的连接。监视时间为市话 60 s，长话 90 s，国际接续 12 s；超时后应向主叫用户发送忙音。

(12) 在长途呼叫到达被叫用户，发现被叫用户处于市话忙时，允许强拆市话呼叫，长途呼叫自动插入用户回路，同时应向双方用户送通知音；被叫挂机后，由终端本地局自动送振铃信号，或由话务员按键启动送出振铃信号。

(13) 程控交换设备作为发端本地局时，应能向各用户送出带有长途区号和不带长途区号的主叫号码的能力。

4.5.3　交换机的容量指标

程控交换机的容量指标主要包括交换机能够承受的话务量、交换机能够接入的用户级和中继线的最大数量、呼叫处理能力以及过负荷控制能力等。前两个指标在以上几节已经讲得很清楚了，这里主要介绍后面两个指标。

1．交换机的呼叫处理能力

对于一般的数字交换机来说，其内部阻塞概率是比较低的，因此交换机能够通过的话务量就比较大，那么交换机最终的话务能力就往往受到交换机中控制部件的呼叫处理能力的限制。

交换机中控制部件的呼叫处理能力通常以忙时呼叫尝试数(BHCA，Busy Hour Call Attempts)来衡量。因此 BHCA 是交换机的一个十分重要的性能指标，也是评价交换系统设计水平和服务质量的一个重要的指标。

计算 BHCA 通常采用简化的线性模型，有

$$t = a + bN \tag{4-5-1}$$

式中，t 为单位时间内处理机用于呼叫处理的时间开销，即在充分长的时间内，处理机用于运行处理软件的时间和统计时长之比。有时称为系统开销或时间占用率；a 为系统软件中用于与呼叫处理次数(话务量)无关的固有开销，例如各种扫描的开销；b 为处理一次呼叫的平均开销，很显然，这是非固有开销。不同呼叫所执行的指令数是不相同的；它和呼叫的

结果(如中途挂机、被叫忙和完成一次成功的呼叫等)有关;也和呼叫的类别(如局内呼叫、出局呼叫、入局呼叫和汇接呼叫等)有关。这里取的是平均值。

N 为单位时间内所处理的呼叫总数,即交换机呼叫处理能力的值(BHCA)。

例 3 某处理机忙时用于呼叫处理的时间开销平均为 0.85(即系统开销),固有开销 $a = 0.29$,处理一个呼叫平均需要 32 ms。根据式(4-5-1)可以得到

$$0.85 = 0.29 + \frac{32 \times 10^{-3}}{3600} \cdot N$$

由此得到

$$N = \frac{(0.85 - 0.29) \times 3600}{32 \times 10^{-3}} = 63\ 000\ (次/小时)$$

这就是该处理机的忙时呼叫处理能力(BHCA)。

那么我们进一步问,BHCA 与哪些因素有关呢?

首先是时间,时间是一种资源,在程控交换机这类实时系统中时间更是一种重要的资源,在交换机的软件设计中不得不精打细算。

在交换机的运行期间,控制系统所占用的时间资源又主要由操作系统和呼叫处理软件所占用。因此我们在讨论时间开销时,主要也是讨论这两部分的开销。

操作系统中的任务调度,如时间表的运行,是要占用一定的时间开销的,但这部分开销不随话务负荷的大小而变化,因此属于固有开销;其他如通信控制、存储器管理、处理机管理、进程管理和文件管理等各项开销,都和话务量有关,话务负荷越大,时间开销也就越大,因此属于非固有开销。

呼叫处理软件中的周期级程序,如各种扫描的开销,也是不随话务负荷的大小而变化的,属于固有开销;而基本级程序,如各种分析处理程序,输入、输出程序等是与话务负荷有关的,属于非固有开销。

除此以外,处理机的系统开销或时间占用率通常并不设计成 100%,而是留有一定的余量以备必要时利用(如过负荷时),这部分开销称为余量开销。

综上所述,可以得到如图 4-5-1 所示的 BHCA 与各种开销的关系曲线图。

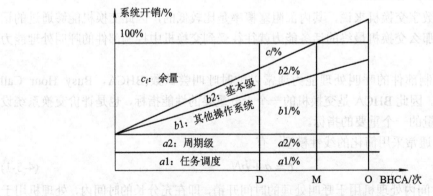

图 4-5-1　BHCA 与各种开销的关系曲线图

图中横坐标为 BHCA 值,单位为"次/小时"。纵坐标为系统开销,以百分比表示。a1、a2、b1、b2 分别表示上面所讲的操作系统和呼叫处理软件中的固有开销和非固有开销。因

为固有开销与话务负荷无关，所以是两条平行于横轴的直线；非固有开销与话务负荷有关，由于我们采用简单的线性模型，因此它们与 BHCA 关系为线性关系；还有一个余量开销 c，它是 100%的开销减去上述 4 项开销以后的余量值。

图中横轴上的 M 点为系统能够达到的最大 BHCA 值，这时余量开销 c%=0；设计当然应留有余量，如图中的 D 点；当 BHCA 值达到横轴上的"O"点时，就产生过负荷。

2. 交换机的过负荷处理能力

前面介绍的 BHCA 的线性模型，是一种简单化的计算模型。但是实际情况太复杂，首先不同类型的呼叫其处理繁简程度不一样；另外在试呼过程中会遇到各种不同情况，例如拨号超时、拨号为无效地址、拨号错误等，使得试呼成功或者失败，这时处理机的开销也不一样。这样要计算一台交换机最终的 BHCA 的值是十分困难的。因此一台交换机的 BHCA 值在出厂前是要通过实际测量来最后认定的。

测量交换机的处理能力(BHCA)一般是采用模拟呼叫器来进行的，利用大话务量进行测试，测试时有以下简化规定：

(1) 一次试呼处理指一次完整的呼叫接续，即从摘机开始到通话、到挂机为止的一次成功呼叫，其他不成功呼叫不考虑。

(2) 仅考虑最大始发话务量。如我国规定用户最大话务量为 0.20 爱尔兰/用户，中继器最大话务量为 0.70 爱尔兰/中继线。其中用户线话务量为双向话务量，而且规定用户的发话与收话话务量相等，即用户的始发话务量为 0.1 爱尔兰。

(3) 每次呼叫的平均占用时长为对用户为 60 s，对中继线为 90 s。

这样我们可以得到 BHCA 值的计算公式为

$$\text{BHCA} = \frac{\text{用户话务量} \times \text{用户数}}{\text{每次呼叫平均占用时长}} + \frac{\text{入中继线话务量} \times \text{入中继线数}}{\text{每次呼叫占用时长}} \tag{4-5-2}$$

对每一个用户来说有

$$\text{BHCA} / \text{用户} = \frac{0.1 \times 1}{60 / 3600} = 6(\text{次} / \text{小时})$$

对每一条中继线来说有

$$\text{BHCA} / \text{中继线} = \frac{0.7 \times 1}{90 / 3600} = 28(\text{次} / \text{小时})$$

这就是要测量的标准值，交换机达到该值就算达到指标。

根据以上公式可以得到如图 4-5-2 所示的呼叫处理能力的特性曲线。图中的横坐标为系统提供的 BHCA 值。

由于规定只考虑完成的试呼，曲线的前半部分是一条斜率为 1 的直线。图中假定该交换机提供的处理能力为每小时 10 万次。在正常情况下这 10 万次呼叫应该全部完成，即完成的 BHCA 值为 10 万次。但随着提供的试呼次数增加，系统将达到过负荷状态，此时要进行过负荷控制，当过负荷达到设计值的 50%时(即 15 万次)，规定这时系统完成的 BHCA 值不能低于 9 万次(即设计值的 90%)。横坐标上 10 万和 15 万两个数所包围的区域为不可接受区。即在过负荷控制下，系统的处理能力应满足图 4-5-2 中实线所表示的处理能力。

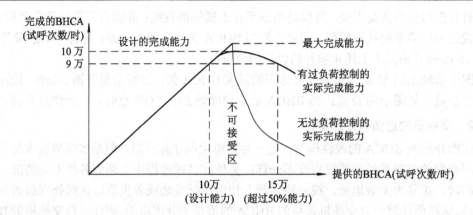

图 4-5-2　呼叫处理能力的特性曲线

图 4-5-2 中还表示了有过负荷控制和无过负荷控制时的对比。从图中可以看出，没有过负荷控制的交换机在发生过负荷时，其实际完成的呼叫处理数将急剧下降，系统的过负荷控制能够大大地改善过负荷状态下的呼叫处理能力。这一点对于在突发大的自然的、社会的灾害而话务量突然猛增时，交换机仍然能够保持最低通话能力是十分重要的，所以在现代程控交换机中，过负荷控制是一个重要的指标。

由于过负荷控制是一个重要的指标，那么在实际交换机的设计中是怎么样来实现过负荷控制的呢？一般说来，过负荷控制可以采用以下的一些原则：

(1) 对终结的呼叫处理优先。

(2) 对有优先指示码的呼叫优先(当采用 7 号信令方式时)。

(3) 暂停某些非基本的话务处理操作，如管理和维护功能的操作等。

在交换机的设计时，充分提高系统结构的合理性，尽量采用高速率的处理器，合理设计软件系统，提高软件设计水平，甚至设计高效率的操作系统，合理地选用编程语言等。

4.5.4　交换系统的可靠性

程控交换系统的可靠性通常用可用度和不可用度来衡量。为此定义了两个时间参数——平均故障间隔时间(MTBF，Mean Time between Failure)和平均故障修复时间(MTTR，Mean Time to Repair)，前者是系统的正常运行时间，后者是系统因故障而停止运行的时间。因此，可用度 A 可表示为

$$A = \frac{\text{MTBF}}{\text{MTBF} + \text{MTTR}} \tag{4-5-3}$$

而不可用度 U 则表示为

$$U = 1 - A = \frac{\text{MTTR}}{\text{MTBF} + \text{MTTR}} \tag{4-5-4}$$

对于常采用的双处理机系统，其平均故障间隔时间 MTBF_D 可近似表示为

$$\text{MTBF}_D = \frac{\text{MTBF}^2}{2\text{MTTR}} \tag{4-5-5}$$

相应地，双处理机系统的可用度 A_D 近似表示为

$$A_D = \frac{\text{MTBF}^2}{\text{MTBF}^2 + 2\text{MTTR}^2} \tag{4-5-6}$$

一般要求局用程控交换机的系统中断时间在 40 年中不超过 2 h，相当于可用度 A 不小于 99.9994%。要提高可靠性，就要提高 MTBF 或降低 MTTR，这样就对件系统的可靠性和软件的可维护性提出了很高的要求。

4.5.5　交换系统的可维护性

程控交换系统的可维护性可以通过下列各种指标来描述：

1．故障定位准确度

显然，在发生故障后，故障诊断程序对于故障的定位越准确越有利于尽快地排除故障。现代程控交换机一般可以将故障可能发生的位置按照概率大小依次输出，有些简单的故障可以准确地定位到电路板甚至芯片一级。

2．再启动次数

再启动是指当系统运行异常时，程序和数据能恢复到某个起点重新开始运行。这对于软件故障的恢复是一种有效的措施。再启动会影响交换系统的稳定运行，按照对于系统的影响程度，可以将再启动分成若干级别，影响最小的再启动可能使系统只中断运行数百毫秒，对呼叫处理基本没有什么影响；而较高级别的再启动会将所有的呼叫全部损失掉，所有的数据恢复为初始值，全部硬件设备恢复为初始状态。

再启动次数是衡量程控交换机工作质量的一个重要指标。一般要求每月再启动次数在 10 次以下；尤其是高级别的再启动，由于其破坏性大，因此应越少越好。

4.5.6　交换机的服务质量标准

程控交换系统的服务质量标准主要用下面的两个指标来衡量：

1．呼损率

呼损率是指被叫空闲的条件下，交换设备未能完成的电话呼叫数量和用户发出的电话呼叫数量的比值，简称呼损。呼损越小，为用户提供的服务质量就越高。

实际考察呼损的时候，要考虑到在用户满意的前提下，使交换系统有较高的使用率，这是相互矛盾的两个因素。因为若让用户满意，呼损就不能太大；而呼损小了，设备的利用率就要降低。因此要进行权衡，将呼损稳定在一个合理的范围内。一般认为，在本地电话网中，总呼损在 2%～5% 范围内是比较合适的。

2．接续时延

接续时延包括用户摘机后听到拨号音的时延和用户拨号完毕至听到回铃音的时延。

前一个时延反映了交换系统对于用户线路的状态变化的反应速度，以及进行必要的去话分析所需要的时间。当该时延不超过 400 ms 时，用户不会有明显的等待感觉。

后一个时延反映了交换系统进行数字分析、通路选择、局间信令配合，以及对被叫用户发送振铃交流信号所需要的时间，一般规定平均时延应小于 650 ms。

4.5.7　交换机提供的接口和信令方式

现代的局用程控交换机能够提供多种接口和信令方式。对于普通的模拟用户线，能够提供的用户线接口包括普通模拟单线用户、同线用户、投币电话用户线、PABX 用户线等。

对于 ISDN 用户，能够提供数字型的用户信令，可以支持 2B + D 的基本方式和 30B + D 或 23B + D 基群速率接入方式。

对于接入网设备，交换设备应能够提供 V5 接口，包括 V5.1 和 V5.2 接口协议。

在局间中继线上普遍采用数字中继，如采用 2048 kb/s 的 E1 或 1544 kb/s 的 T_1 速率接口，可以使用随路信令方式，如中国 1 号信令、国际上使用的 R_1 和 R_2 信令等。现在更多使用的是以 No.7 信令方式为代表的公共信道信令方式。在 E_1 接口中，优先选择时隙 16 作为信令链路，同时也允许其他时隙(时隙 0 除外)作为信令链路。

此外，在一些程控交换机上，还能够支持 8448 kb/s 的 PCM 二次群的数字中继接口。

习　题

1. 设忙时从甲局流到乙局的话务流量为 10 爱尔兰，若每次通话的平均占用时长为 5 min，问：① 在 5 min 内甲局向乙局平均要发出几次呼叫？② 忙时内甲局向乙局共要发出几次呼叫？③ 忙时话务量等于多少分钟呼，合多少小时呼？忙时平均有几条中继线同时被占用？

2. 有一个交换机，平均每小时完成 300 次通话连接，每次占用时长平均为 5 min，试问：该交换机的完成话务量；平均占用时长内发生的平均占用次数；在 1 h 内交换机被通话所占用的时间总和；平均同时通话的机键数。

3. 习题 3 图(a)构成了一个 100×15 的交叉节点的交换矩阵，图中表示 100 条入线可以到达 15 条出线中的任意一条，这个 15 就称为线束的容量，记为容量 $M = 15$，我们把每一条入线能够到达的出线范围称为利用度 D，所以习题 3 图(a)的利用度为 $D = 15$。我们问，习题 3 图(b)中前后 50 条入线的利用度分别是多少(一共 15 条出线)？

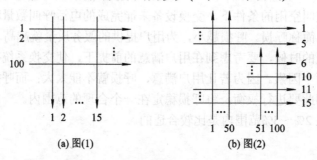

(a) 图(1)　　　　　　　(b) 图(2)

习题 3

4. 某市话局中，甲局流向乙局的话务流量为 20 爱尔兰，乙局流向甲局的话务流量为 30 爱尔兰，若要求呼损不大于 1%，试分别计算甲乙局间的单向全利用度中级线数。

5. 设有一个移动基站，用于通话的频道数为 13 个，流入这个基站的话务流量为 6 个爱尔兰，若由于故障使这个基站中可用通话的频道数减少了 2 个，试计算对服务质量的影响。

附表 1　爱尔兰表

M＼Y＼E	0.01	M＼Y＼E	0.01
28	18.64	39	28.4
29	19.49	40	29.01
30	20.34	41	28.89
31	21.20	42	30.77

附表 2　爱尔兰表

Y＼M＼E	11	12	13	14
4.7	0.0057	0.0022	0.0008	0.0003
5.0	0.0083	0.0034	0.0013	0.0005
5.5	0.0144	0.0066	0.0028	0.0011
6.0	0.0230	0.0114	0.0052	0.0022
6.5	0.0341	0.0181	0.0090	0.0042

6. 有一个无集中无扩散的 T—S—T 数字交换网络，输入输出总线分别为 16 条，当每条总线上的时隙数 L 及每个时隙的话务流量 Y_1(单位为爱尔兰)分别为以下数值时，计算其内部阻塞概率：(1) $L=512$，$Y_1=0.8$；(2) $L=1024$，$Y_1=0.8$；(3) $L=512$，$Y_1=0.6$；(4) $L=1024$，$Y_1=0.6$。

7. 交换理论中有一个 N^2(N 平方问题)，说的是如习题 7 图中一个 2×2 的交换网络，它有 4 个(即 N^2 个)交叉节点，网络的节点越多，其造价越高。图 4-2-4 的三级等效网络中，如果 $L=512$，$T=16$，这个等效网络将有多少个交叉节点？如果 512×16 条输入输出线组成一个$(512\times16)\times(512\times16)$的一级的交换网络，它又会有多少个交叉节点？

习题 7 图

8. 有一交换机的用户处理机，专门执行用户扫描任务，采用 12 MHz 时钟，这相当于机器周期为 1 μs，设每条指令平均需要 1.5 个机器周期。系统设计要求：时钟中断周期为 8 ms，处理机的系统开销(占用率)为 85%，任务调度等固有开销为 20%，每 8 个用户为一组进行扫描，每个用户处理机要负责 400 个用户的扫描任务，试问扫描程序最多由多少条指令组成？

9. 如果 4.4.3 小节的例 1、例 2 中，交换机的用户数都为 100 个，例 1 中每个用户的话务流量为 0.15 爱尔兰，例 2 中每个用户的话务流量为 0.2 爱尔兰，试想办法查表计算，这两种情况下，呼损分别是多少？

10. 有 12 条中继线，要求呼损为 1%，如果每个话源的话务量为 0.05 爱尔兰，试计算这 12 条中继线能容纳多少入线。

11. 交换机的主要业务性能指标有哪些？程控交换机的主要容量指标有哪些？

12. 程控交换机的可靠性如何衡量？交换系统的可维护性指标有哪些？

13. 如何衡量程控交换机的服务质量？

第 5 章　电话网络及其信令系统

按照 ITU 的定义，通信(Communication)指按照一致同意的协定传递消息。当然这是一个十分严格，含义非常广泛的定义。人们通常把其中"带电的"通信方式称为电讯(Telecommunication)。按照 ITU 的定义，电讯是利用有线的(或无线的、光的、其他电磁)系统传递由符号(或书写件、影像、声音和其他媒体)承载消息信号的通信方式。而多媒体通信(Multi-media Communication)是利用多种媒体同时传递一种消息的电讯。当然现在电讯和电信已经不分了，都称为电信。

百年来，电信技术的发展和成果的日积月累，导致了网络体制的变革，进而引起了上述电信基本概念的演变。

本章主要介绍电信网络中的电话网络的基本结构、选路原则、编号计划、性能参数、计费方式以及电话网络中的信令系统。

5.1　电信网络的基本结构

5.1.1　电信网络的基本结构

本章的主要内容之一是电信网络中的电话网络的结构。电话网络和一般的通信网络一样，是由传输线路、交换机和用户终端三大部分所组成的。在数学上我们可以用连线和节点来表示电话网络，而且可以用拓扑学来描述其结构特性。电话网络的基本结构形式有星形、网状、环形、树形和复合式等多种结构形式，如图 5-1-1 所示。

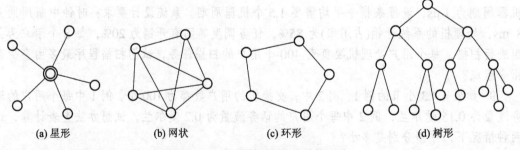

(a) 星形　　　　　　(b) 网状　　　　　　(c) 环形　　　　　　(d) 树形

图 5-1-1　电话网络的基本结构形式

图 5-1-1(a)为星形结构。我们可以把中心节点看成是一个交换局，把周围节点看成是用户终端；也可以把中心节点看成是一个汇接局，而把周围节点看成是交换局。这种星形网络结构的优点是节省传输线路和线路设备，缺点是可靠性差，如果中心结点的汇接局出现故障，那么全网就会瘫痪。

图 5-1-1(b)为网状结构，在电话网中又称为"个个相连"。这种结构的优点是可靠性高，图中不论那条线路出现故障，通过迂回总能保证电话的畅通；其缺点是需要的线路和线路设备多，尤其是当节点个数较多时，线路和线路设备将急剧增加，投资费用也急剧增加。

图 5-1-1(c)为环形结构，这种网络结构在光纤通信系统中用得较多，在电话网络中用得较少。

图 5-1-1(d)为树形结构，这种网络结构往往用在网络的分级结构中。

实际的电话网络往往不是单一的某一种结构形式，而是上述结构的组合，这就出现了复合式的网络结构，后面讨论的我国电话网络就是一些复合式的网络结构。

5.1.2　我国五级电话网络

我国电话网络分为 C1～C5 五级，其中，C1～C4 为长途电话网；C5 为终端局，所谓终端局是通过用户线直接与用户相连接的交换中心，也是本地网络中的基本交换中心。这里的本地网络，或本地电话网络，是指在同一个长途编号区范围内，由若干个端局(或若干个端局和汇接局)、局间中继线、长市中继线、用户线以及话机所组成的电话网络。

长途网中第一级交换中心 C1 为大区交换中心，我国有 6 个大区交换中心，大区交换中心之间是采用个个相连的网状结构；第二级为省级交换中心 C2，我国共有 30 个省级交换中心；第三级为地区级的交换中心 C3，我国共有 350 多个地区级的交换中心；第四级为县级交换中心 C4，我国共有 2200 多个县级交换中心。从第二级(即省中心)开始往下，都采用逐级汇接的树形结构，并在话务量大的线路上加以一定数量的直达路由。我国长途电话网络的结构如图 5-1-2 所示。

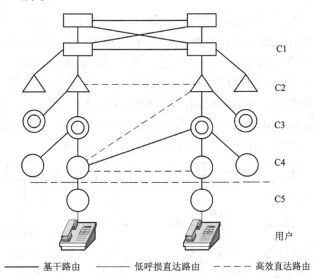

　　———— 基干路由　　———— 低呼损直达路由　　－－－－ 高效直达路由

图 5-1-2　我国长途电话网络的结构

5.1.3　长途路由的选路原则

1. 路由的分类

在介绍长途路由的选路原则前，还要介绍一下我国长途路由的分类。我国长途路由分为基干路由、直达路由和迂回路由。

基干路由是指连接 C1 级交换中心之间的电路群和同一交换大区内连接相邻级交换中心的电路群。基干路由上是不允许话务量溢出的。

直达路由分为两种：一种是低呼损的直达路由，它是根据业务的需要或地理位置的允许，在任意两级间加设的直达路由，以减少通话线路中的串接电路段数，用来旁路或部分旁路基干路由上的话务，由于这种直达路由呼损低、不允许溢出话务量，因此称为低呼损直达路由；另一种是高效直达路由，它也是根据业务的需要或地理位置的允许，在任意两级间加设直达路由，以减少通话线路中的串接电路段数，所以是高效率的，它也是用来旁路或部分旁路基干路由上的话务，但这种直达路由允许话务溢出到其他路由上去。

当高效直达路由忙时，它将要溢出话务量，它溢出的话务量就由迂回路由疏通。所谓迂回路由，就是指通过其他交换中心迂回的路由，它由部分基干路由和直达路由组成。

2. 长途路由的选路原则

长途路由的选路原则是指当两个交换中心之间的高效直达路由忙、话务量溢出时，需要选择迂回路由的选路顺序的原则。长途路由选路顺序的原则是：先选高效直达路由；当高效直达路由忙时，选迂回路由；最后选最终路由。最终路由可以是实际的最终路由(低呼损电路)，也可以是基干路由。其中，迂回路由的选择原则是："由远而近"，即先在被叫端"自下而上"选择，先选靠近终端局的下级局，后选上级局；然后在主叫端"自上而下"地选择，即先选远离发端局的上级局，后选下级局。

这样的选路顺序的原则是为了充分利用高效直达路由，尽量减少连接的转接次数和尽量减少占用的长途路由。

图 5-1-3 为按上述原则进行选路的示意图，其中图 5-1-3(a)为两个大区之间的用户发生呼叫时的路由选择顺序。这里假设交换中心 A 到交换中心 B 之间有高效直达路由 L1，并且交换中心 A 到对应的各级交换中心之间也有如图 5-1-3(a)所示的高效直达路由 L2、L3、L4、L5、L6 和 L7。当 A 局的用户要呼叫 B 局的用户时，应先选高效直达路由 L1，若 L1上的中继线全忙，则根据上述选路原则，应顺序选 L2、L3、L4、L5、L6、L7。

图 5-1-3(b)为 A 局和 B 局在同一个大区内时，A 局用户呼叫 B 局用户时的选路顺序。按照上述原则，应该"自上而下"，其选路顺序为 L1、L2、L3。

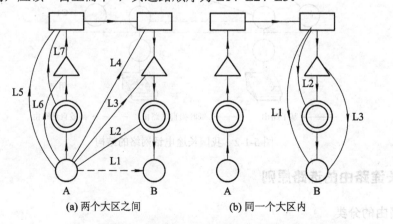

(a) 两个大区之间　　　　　　　　(b) 同一个大区内

图 5-1-3　长途路由选路原则示意图

5.2　本地电话网络

如前所述，本地电话网络是指在同一个长途编号区域的范围内，由若干个端局、汇接局，局间中继线，长、市中继线，用户线以及用户电话等用户终端组成的电话网络。

一个本地电话网络内的电话用户都共用同一个长途区号，本地电话网内部的用户互相通话时，都按照本地网的统一编号拨号，不需拨打长途区号。

本地电话网络和与其相关的一个或几个长途交换中心组成一个城市的电话网络。本地电话网络的范围有大也有小，但是其最大的服务范围一般不超过 70 000 km²，或最大的服务距离一般不超过 300 km。一般说来有以下几种类型：

(1) 县城及其农村范围组成的本地电话网络。

(2) 大、中、小城市的市区及其郊区组成的本地电话网络。

(3) 根据需要，在大、中、小城市的市区及其郊区组成的本地电话网的基础上进一步扩大到相邻的县城及其郊区组成的本地电话网络。

5.2.1　本地电话网络的常用结构

一个本地电话网络往往由几个到几十个交换中心(或端局)组成，这些交换中心之间的连接方式有多种，其中最简单的连接方式是"个个相连"，即任意一个交换中心通过中继线与其他所有的交换中心相连。设网上有 n 个端局，则该本地网的单向局间中继线群数共有 $N = n \times (n-1)$ 个。如果某本地网络有 10 个端局，则按此式可以求得中继线群数为 90 个。若是端局数继续增加，则中继线群数将增加得更快。这是不能接受的，因此要想别的办法来解决这个问题。

这个办法就是将本地网分区，分成若干个"汇接区"，在汇接区内设汇接局，每一个汇接局下设若干个端局。汇接局之间以及汇接局与端局之间都设置低呼损的直达中继线群。不同汇接局之间的呼叫通过这些汇接局之间的中继线群沟通。

根据汇接方式的不同，又可以分为集中汇接、去话汇接、来话汇接和来去话汇接等，而用得比较多的是去话汇接和来去话汇接。此处主要介绍这两种汇接方式和集中汇接方式，其余的读者可以参考有关文献。

1. 集中汇接

集中汇接是一种最简单的汇接方式，在一个汇接区内仅设一个汇接局，其基本结构如图 5-2-1 所示。

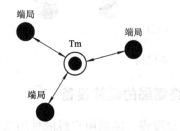

图 5-2-1　集中汇接的基本结构

在实际应用时，为了提高可靠性，常常使用一对汇接局来全面负责本地网络中各端局间的来去话汇接，如图 5-2-2 所示，这种方式我们称为对集中汇接。

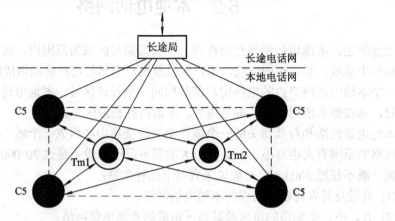

图 5-2-2　对集中汇接的本地网络结构

2. 去话汇接

去话汇接的基本结构如图 5-2-3 所示。图中本地网络分为汇接区 1 和汇接区 2 两个汇接区。每个区内的汇接局除了汇接本区内各个端局之间的话务以外，还汇接去往另一个汇接区的话务。

3. 来去话汇接

图 5-2-4 为来去话汇接的基本结构，其中每一个汇接区中的汇接局既汇接去往其他区的话务，也汇接从其他汇接区送过来的话务。

还有"对去话汇接"、"对来去话汇接"等方法，具体细节读者可以参考有关文献。

另外，在上述各种汇接方式中，根据需要和可能，可以在某些端局之间或某些端局与另一个汇接区的汇接局之间设置高效直达路由。

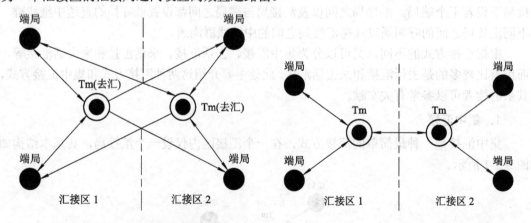

图 5-2-3　去话汇接的基本结构　　　　　　图 5-2-4　来去话汇接的基本结构

5.2.2　本地电话网络中终端局的延伸设备

为了降低本地网络的建设投资，提高用户线的使用效率，在本地网络中经常采取一些措施以延伸本地网络的功能。具体来讲有：用户集线器、远端模块、支局和用户交换机等。

由于现代交换机的容量往往都做得很大，有的可达十几万甚至几十万门，它所覆盖的地区面积也很大，因此用户线就很长。为了节约投资，减少用户线在整个网络成本中所占的比重，人们经常使用用户集线器和远端模块，这两种设备在第 3 章已经讲到，这里不再赘述。下面主要介绍支局和用户交换机等部分。

1．支局

把本来属于端局的一部分设备安装到离端局较远而居民又比较集中的地方，以达到缩短用户线的目的，这就是我们常说的支局。其在本地络中的位置如图 5-2-5 所示。从本质上讲，支局是一个小型的端局。装一个支局相当于在端局下再装一个端局。支局的任务是集中用户线的话务量，集中以后的话务量通过中继线与端局相连。由于中继线上能够承担较大的话务量，利用率高，少量的中继线就可以集中较多的用户话务量，因此可以降低线路设备的成本。

图 5-2-5 支局在本地网络中的位置

2．用户交换机接入本地网络的方法

用户交换机是一种小容量的交换机(用户数量在数千门不等)，虽然这种小容量交换机有被大交换机取代的趋势，但目前仍然使用十分广泛，主要用于宾馆、机关、企业和工矿等社会集团内部的通信，也就是说这种交换机处理的主要是内部用户之间的呼叫。用户交换机接入本地公用网络的方法主要有三种：半自动直拨接入方式、全自动直拨接入方式和混合接入方式。

1) 半自动直拨接入方式

半自动直拨接入方式如图 5-2-6 所示，这种方式下用户交换机的出/入中继线都接往本地公共交换机的用户线。这种入网方式称为 DOD2＋BID(Direct Outward Dialing-2，Board Inward Dialing)。DOD2 表示用户交换机的分机用户在呼出时可以直接拨号，但要听两次拨号音。

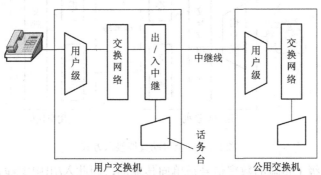

图 5-2-6 半自动直拨接入方式

第一次是分机用户拨 0 后，当出中继线空闲时，由用户交换机发出的；第二次拨号音是由公共交换机发出的。BID 表示外线用户(公共交换机用户)呼叫分机用户时，由话务台拨分机号叫出被叫分机用户。这种交换机有以下特点：

(1) 计费不准。用户交换机的每一条中继线接公共交换机的一条用户线，它们之间用的是用户线信号，信号种类少，不能向公共交换机送出主叫号码。由于一条中继线有一个本地网络的用户号，当外线用户拨打用户交换机时，公共交换机会自动扫描中继线，一旦选到空闲中继线，就认为"被叫用户空闲"并送出振铃信号。用户交换机的话务员听到铃声便接入这条中继线。公共交换机此时便认为"被叫摘机应答"，并认为已经完成通话接续，且开始计费。但是对于用户交换机来说，接续尚未到达分机，后面还需要话务员来完成到分机的接续，所以它计费不准。用户交换机分机的号码常常是"×××××××转×××"。"转"就是转分机号，由话务员完成。

(2) 用户交换机的出/入中继线可以是分开的，也可以是合用的，这要根据话务量大小来定，分开适用于大话务量。

(3) 出局的呼叫要听两次拨号音。

(4) 因为每一条中继线占用公共网络的一个号码，所以它占用公共网的号码资源少。这对号码资源少的公共网络来说是有利的。

2) 全自动直拨接入方式

全自动直拨接入方式如图 5-2-7 所示，在这种方式下，用户交换机的出/入中继线都通过公共交换机中的入中继和出中继直接接至公共交换机的选组级，称为 DOD1＋DID(Direct Outward Dialling-1＋Direct Inward Dialling)。即分机用户拨打外线时直接拨号，而且只听到一次由用户交换机发送的拨号音；外线拨打分机用户时，也是直接拨打分机号码，但并不知道被叫用户是通过了一个用户交换机的。用户交换机不设话务台。用户交换机有如下特点：

(1) 由于用户交换机的中继线直接接公共交换机的选组级，因此用户交换机相当于是公共交换机的延伸，相当于把一部分公共交换机的设备搬到了机关企业中去。因此它是全自动的，分机用户的号码与公共交换机用户的号码等长，中继线上的话务量比较大。

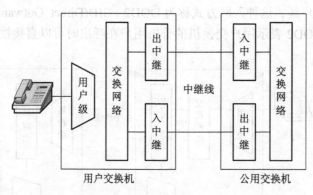

用户交换机　　　　　　　　　　　公用交换机

图 5-2-7　全自动直拨接入方式

(2) 由于选组级上传输的数字信号是单向传输的，因此入/出中继线是分开的。

(3) 出局呼叫只听一次拨号音。

(4) 由于每个分机都要占用一个公共网络的号码,因此占用号码资源较大。

(5) 用户交换机和公共交换机间采用局间信号,信号种类多,也可以送出主叫号码,可以对分机用户计费,但占用号码资源较大。

3) 混合接入方式

混合接入方式有两种,它们是 DOD2＋DID 和 DOD＋BID＋DID。

在 DOD2＋DID 方式中,用户交换机的出中继线接公共交换机的用户线;它的入中继线直接接入公共交换机的选组级。因此分机用户呼出时要听两次拨号音,外线拨打时是直接拨打分机用户号,无需话务员参与。

在 DOD＋BID＋DID 方式中,是将一部分中继线按全自动方式接入公共交换机的选组级,形成全自动的入网方式(DOD1＋DID);而将另一部分中继线接到用户级,形成半自动的入网方式(DOD2＋BID)。这样既可以解决重要用户的市内和长途直拨的要求,又可以减少用户交换机信号设备和号码资源的负担。

这两种混合接入方式的具体细节,读者可以参考有关文献,这里不再赘述。

5.2.3　虚拟用户交换机

所谓虚拟用户交换机,就是利用局用交换机的资源组成专用网,为这个专用网的用户提供用户交换机功能的一种新业务。或者说将用户交换机的功能集中到局用交换机中,由局用交换机代其维护和管理。其实现方法是局用交换机的一组用户划分成一个基本商用组(BBG,Basic Business Group)。若干个 BBG 组成一个复合商业组。同一个商业组用户可以是模拟用户,也可以是 ISDN 用户,可以是母局用户,也可以是远端模块的用户。

在同一个城市中同一种交换机的不同交换局之间的用户,可以组成一个虚拟网以实现虚拟用户交换机的功能。不同种交换机的用户之间,采用国标规定的广义虚拟用户交换机业务,也可以组成一个虚拟用户交换机。广义虚拟用户交换机业务实质是把分布在不同交换局中的虚拟用户交换机再组成一个虚拟专用网。同一个交换局同一个虚拟用户交换机用户之间的呼叫在该网中完成;同一虚拟网不同交换局用户之间的呼叫,通过本地网的业务交换点(SSP,Service Switching Point)和业务控制点(SCP,Service Control Point)来完成。

同样,对于全省甚至全国范围内的用户,也可以组成一个虚拟专用网。来完成一个大范围内的虚拟用户交换机。具体实现方法,就是电话网的增值业务和智能网的内容。

5.2.4　本地电话网络的选路原则

本地电话网络虽然只有汇接局和端局两级结构,但由于存在上述集中汇接、去话汇接和来去话汇接等多种汇接方式,并且实际的网络结构甚至比这些汇接方式还要复杂得多,这就需要约定一定的规则,规定本地网络中用户呼叫时,网络内部交换机选择路由的原则,有的地方称为路由选择计划。

本地网络的路由选路原则是:先选直达路由;当要选择两段或两段以上的路段时,先选路段次数少的路由,后选路段次数多的路由。下面我们通过两个例子来解释上述选路原则。

图 5-2-8 为一个来话汇接本地网络的选路顺序。

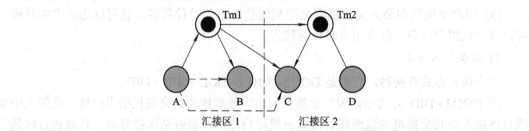

图 5-2-8　来话汇接本地网络的选路顺序

当端局 A 的用户呼叫端局 B 的用户时，交换机 A 的路由表中存放的选路顺序是：

① A—B；　② A—Tm1—B。

当端局 A 的用户呼叫端局 C 的用户时，交换机 A 的路由表中存放的选路顺序是：

② A—C；　② A—Tm1—C；　③ A—Tm1—Tm2—C。

图 5-2-9 为一个对来去话汇接的本地网络的选路顺序。当端局 A 的用户呼叫端局 B 的用户时，交换机 A 的路由表中存放的选路顺序是：

① A—Tm11—B；② A—Tm12—B。

或　① A—Tm12—B；② A—Tm11—B。

当端局 A 的用户呼叫端局 C 的用户时，交换机 A 的路由表中存放的选路顺序是：

① A—C；

② A—Tm11—Tm21—C；

③ A—Tm11—Tm22—C；

④ A—Tm12—Tm21—C；

⑤ A—Tm12—Tm22—C。

当端局 A 的用户呼叫端局 D 的用户时，交换机 A 的路由表中存放的选路顺序是：

① A—D；

② A—Tm12—D；

③ A—Tm12—Tm21—D；

④ A—Tm12—Tm22—D；

⑤ A—Tm11—Tm21—D；

⑥ A—Tm11—Tm22—D。

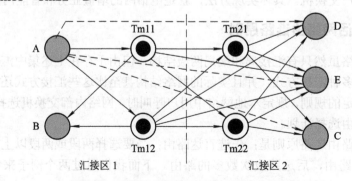

图 5-2-9　对来去话汇接的本地网络的选路顺序

5.3　长途电话网向无级动态网络的演变

由于数字技术和计算机技术的飞速发展，使得电信网络的结构也发生了根本性的变化。由数字传输、数字复接到数字交换技术全面取代原来的模拟技术。本地网的程控交换机在用户侧把模拟话音信号编码为 PCM 数字信号，在网络侧通过标准的数字接口与数字复接器、与数字传输系统或与核心网络相连，用数字信令取代了原来的模拟信号信令。由于两线双向数字传输技术还未推广，几乎占整个电信网络造价二分之一的用户环，即模拟市话电缆还不能废弃，即仍然采用模拟供电式电话机和模拟用户两线。

这么一个电信网络的格局，给后来的分组传递技术、计算机网络技术、低速数据业务、ISDN 技术、ATM 技术和 IP 技术等奠定了基础。而这些技术的发展又回过头来促进了电信网络本身结构的变革。具体表现在整个电信网络从分级结构向无级动态网络的演变。

前面所讲的等级结构的电信网络，如我国 5 级结构的长途电话网络，采用的是固定顺序选择路由的方法。这种路由选择方法速度慢，在这种网络中，要接通一次呼叫，往往要经过多次转接；当遇到直达路由忙时，只能通过固定的迂回路由或最后通过基干路由逐级汇接。5 级结构的长途电话网络费时且速度慢，给网络管理带来了困难。这种分级结构不灵活，不能适应网上业务量的变化，不能躲避由于地区时差引起的忙时话务量高峰；不能适应季节变化、各种政治、经济和文化等突发事件引起的话务量的巨大变化，不能根据这些变化合理调整网络资源。分级结构的网络可靠性差，如果在网上某一处出现故障，将会造成一部分网络的阻塞。

基于上述原因，电信网络的结构正在从原来的分级结构向无级动态结构演变。这里讲的"无级"是指整个电话网络中，各个节点，即交换机都处于同一等级，不分上下级，任意两台交换机都可以组成临时的"收发交换机对"；"动态"是指路由选择方式，或各个交换中心的路由表不是固定不变的，相反是随网上话务的变化、其他因素的变化而动态调整的。这种无级动态网络结构完全突破了原来的分级的概念，也打破了原来的路由选择原则。下面我们看看几种不同的无级动态选路方式。

5.3.1　动态自适应选路方式

图 5-3-1 为一个动态自适应路由选路方式的示意图。动态自适应选路通常是由一个被称为"路由处理机"部件来集中完成的，它与各个交换局之间通过数据链路相连。图中 A 和 B 分别为主叫局和被叫局，它们之间有直达路由，也可以通过 T1～T5 的迂回路由相连。平时路由处理机采集各个交换点的状态信息，了解各段线路的忙闲情况，根据全网线路的忙闲信息及选路原则寻找最佳路由送往各交换局。具体步骤为：

(1) 路由处理机不断向各交换局送出查询信号，了解全网有关的路由数据。

(2) 每个交换局收到查询信号后，向路由处理机应答各个出中继群中目前空闲的电路数；自上一次查询后，每个中继群的始发呼叫次数；自上一次查询后每个中继群的溢出呼叫次数和处理机的处理能力等信息。

(3) 路由处理机向每个主叫交换局回送一个建议的、可能的迂回路由。

(4) 各交换局根据上述信息更新自己的路由表。

每个交换局首先要承担好本局内的话务量，只有当具备剩余的处理能力时才能向全网提供路由。图中每段线路上都有一个等式，其中第一项表示本段所具有中继线的总数；第二项表示本段已用的中继线数；而等号的右边为此时可选用的中继线数。例如，图 5-3-1 中经过 T1 的 A—T1—B 路由，A—T1 段的等式为 12 − 2 = 10，这表示在这段线路中共有 12 条中继线，其中本段已用了 2 条，还剩 10 条可供全网选用。同样图中 T1—B 段有 14 条空闲中继线可供全网选用。

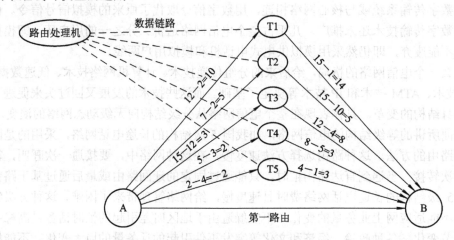

图 5-3-1　动态自适应路由选路方式的示意图

当 A 局用户呼叫 B 局用户时，首选直达路由，当直达路由于满负荷而话务溢出时，A 局将按表 5-1 所示的路由计算表选路。

表 5-1　A→B 局间的迂回路由计算表

A→B 局间呼叫迂回线路段	剩余中继线数	最小线数	路由选择概率
A—T1	12 − 2 = 10	10	10/20 = 50%
T1—B	15 − 1 = 14		
A—T2	7 − 2 = 5	5	5/20 = 25%
T2—B	15 − 10 = 5		
A—T3	15 − 12 = 3	3	3/20 = 15%
T3—B	12 − 4 = 8		
A—T4	5 − 3 = 2	2	2/20 = 10%
T4—B	8 − 5 = 3		
A—T5	2 − 4 = −2	0	0/20 = 0%
T5—B	4 − 1 = 3		
合　　计		20	

表中同一条路由的两段线路中，剩余中继线数都取最小值。然后算出它占总剩余中继线数的百分比，此即路由的选择概率。例如，在路由 A—T1—B 中，A—T1 和 T1—B 两段的剩余中继线数各为 10 条和 14 条，取其最小值 10，并与总剩余数 20 相除，得到路由选

择概率为 50%。同样可以算出其他迂回路由的路由选择概率。由表 5-1 可以看出，迂回路由 A—T1—B 的路由选择概率最大。

这种方法的主要特点是能根据网络路由占用状态的变化不断改变各个交换中心的路由表，来完成动态自适应选路。由于对全网的路由进行了实时的联机运算和选择，因此对网上的话务量有较好的适应性，并具有较高的网络资源利用率。

动态自适应路由选路方式由于需要各交换中心实时计算话务量、提供路由选择概率、及时检测网络状态和经常更新路由表，所以各对交换中心的处理机要额外增加一定的负荷。

5.3.2　动态时变选路方式

动态时变选路方式是根据不同地区之间存在"时差"，其话务的"忙时"不同时出现这一特点，事先编制出按时间区段划分的路由选择表，自动选择路由，以达到话务均衡，提高全网运行效率的目的。

图 5-3-2 为动态时变选路方式的示意图。其中有 A、B、C、D、E、F 和 G 这 7 个交换局，它们分别位于不同的时区。表 5-2 为按不同时段编出来的路由选择顺序表。表中安排的是 A 局用户呼叫 B 局用户时在上午、下午、晚上和周末的选路顺序。

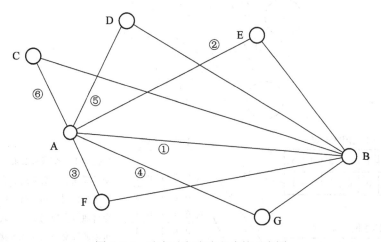

图 5-3-2　动态时变选路方式的示意图

表 5-2　动态实时路由选择顺序表

序号	路由选择顺序	路由变动时间			
		上午	下午	晚上	周末
1	①→②→③→④→⑤→⑥	√			
2	①→③→②→④→⑤→⑥		√		
3	①→④→③→②→⑤→⑥			√	
4	③→④→①→②→⑤→⑥				√

例如，在下午就按表 5-2 中序号 2 所示的顺序选择路由：

先选路由①，即 A—B 间的直达路由；

当路由①满负荷时，再选③，即 A—F—B 的迂回路由；

当路由③满负荷时，再选②，即 A—E—B 的迂回路由；

……

当路由⑤满负荷时，再选⑥，即 A—C—B 的迂回路由等。

这种选路方式增加了路由选择的灵活性，提高了电路的利用率。并且当网内某部分设备发生故障时，能够通过网络管理系统发出信号以绕过有故障的设备。

当然这种方式仍然是事先安排的顺序，不是自适应的，因此还不能做到完全适应网络话务的动态变化。

5.3.3 实时选路方式

实时选路方式是对每个交换局的中继路由忙闲状态表通过一定的算法，求出所选的路由。其示意图如图 5-3-3 所示。

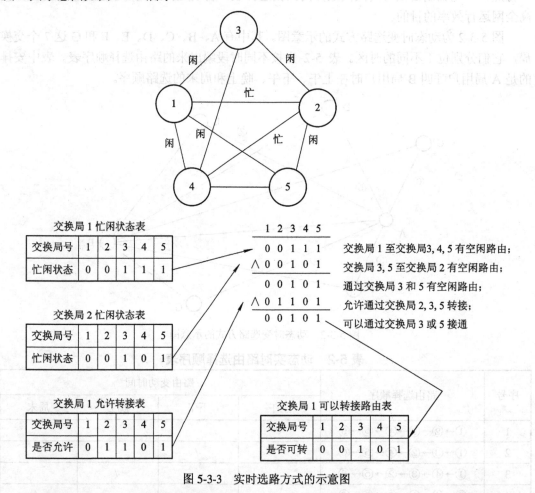

图 5-3-3 实时选路方式的示意图

在图 5-3-3 中，各交换局为网状连接。其中，每一个交换局都有一张中继路由忙闲状态表，以表明交换局之间中继路由的忙闲状况。以"0"代表忙；以"1"表示空闲。

当交换局 1 要呼叫交换局 2 时，应先选直达路由。由于交换局 1 的状态表中交换局 2 下面的数字为"0"，这表示没有直达路由或直达路由忙。接着交换局 1 通过 No.7 信令网调来交换局 2 的状态表,将其与交换局 1 的忙闲表相"与",得到交换局 1 到达交换局 2 可能利用的路由,分别为经过交换局 3、交换局 5 的路由。下面还要看看这些交换局是否允许交换局 1 使用。因此每个交换局还有一张"允许转接表"。从交换局 1 的允许转接表上可以看到该交换局可以使用经过交换局 2、交换局 3 或交换局 5 的路由。可能利用的路由和允许利用的路由要一致,所以两者还要相"与"一次,最后得到图中的"交换局 1 可以转接路由表",即交换局 1 可以经过交换局 3、交换局 5 或交换局 2 接通。

5.4　国际电话网络结构

打国际电话要通过国际电话局来完成。每个国家都设有国际电话局。这些国际电话局一起构成了国际电话网络。

国际电话网络分为 CT1、CT2 和 CT3 三级交换中心。其中,CT3 连接国际和国内电话网的中继线,CT2 和 CT3 连接国际电话网络的中继电路,如图 5-4-1 所示。

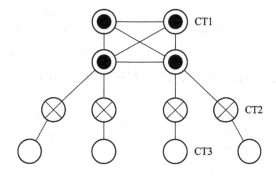

图 5-4-1　国际电话网络结构

在实际应用中,根据地理位置和业务的需要,往往在一些国际交换中心之间加设低呼损的直达中继电路群和高效直达中继电路群。实际的国际电话网络结构如图 5-4-2 所示。

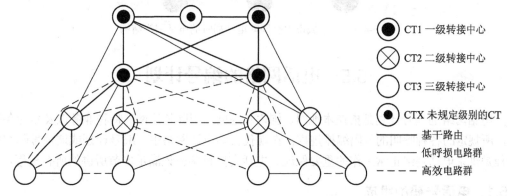

图 5-4-2　实际的国际电话网络结构

我国在北京和上海分别设置有国际电话局,在广州和南宁设立了两个边境局,以疏通与港澳和东南亚地区的话务量。

与国际局不在同一个城市的用户打国际电话,要通过国内长途网汇接至相应的国际局,如图 5-4-3 所示。

与国际局在同一个城市的电话局，与国际局构成的电话网络结构如图 5-4-4 所示。其中电话端局与国际局间可设置低呼损的直达电路群。

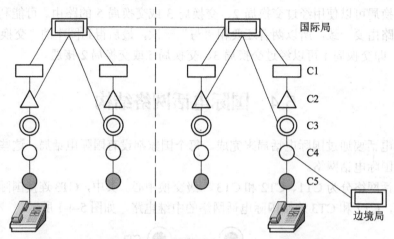

图 5-4-3　与国际电话局不在同一个城市的国际电话的连接

由图 5-4-2 可知，国际电路的最大串接中继电路数是 5 段，但是当遇到 CTX 时，国际电路的最大串接数限定为 6 段。包括国内电话网在内的国际电话网络最大转接电路数是 12，其中国内部分为 6 段。

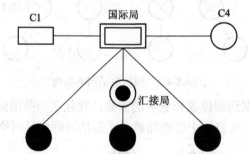

图 5-4-4　一个城市中有国际电话局时的电话网络结构

5.5　电话网络的编号计划

电话网络的编号计划是指在本地网、国内长途网、国际长途网、特种业务以及新业务等中，所规定的各种呼叫的号码编排规程。在现代自动电话网络中，编号计划或这种号码编排规程是维系电话网络正常工作的重要保证。电话交换设备应该满足本节所讲的所有规程。

5.5.1　电话号码的组成

1. 用户号码的组成

在一个本地电话网中，自动交换机的电话号码都是统一编号的，在一般情况下都采用等位编号，号长要根据本地电话用户数和长远规划的电话容量来确定。当本地电话网编号的号位长小于 7 位号码时，允许用户交换机的直拨号码比网中普通用户号码长一位。

在本地电话网中，一个用户电话的号码由两部分组成：局号和用户号。局号可以是 1 位(记为 P)、2 位(记为 PQ)或 3 位(记为 PQR)；用户号为 4 位(记为 ABCD)。本地电话网的号码长度最长为 8 位。

2. 特种业务号码的组成

我国规定首位为"1"的电话号码为特种业务的号码，如 114 为查号台、119 为火警报警号码。这类如表 5-3 所示。

表 5-3 我国首位为"1"的电话业务号码

号码	名　　称	号码	名　　称
111	市话线务员与测量台联系	1641	电子信箱业务网 CHINAMAIL
112	障碍申告	1642	电子数据互换业务网 CHINAEDI
113	国内人工长途挂号	1643	传真存储转发自动拨号入网
114	电话查号	1644	传真存储转发语音应答方式入网
115	国际人工长途挂号和查询	1645	传真存储转发 ASCII 字符方式入网
116	国内人工长途查询	1646	可视图文
117	报时	165	备用
118	郊区人工长途挂号(农话人工挂号)	166	语音信箱(166＋PQR)

3. 新业务号码的组成

我国规定 200、300、400、500、600、700 和 800 为新业务号码。例如，规定 200 号为中国电话卡业务(或称为 200 卡业务)。另外，用户新电话业务号码的编排规定如表 5-4 所示。

5.5.2 长途区号的分配

一个长途区号的服务范围为一个本地电话网。由于我国幅员辽阔，各地区电话业务发展很不平衡，为了充分利用号码资源，长途区号的分配采用不等位制，即由 2 位、3 位或 4 位三种长途区号组成，编排的原则是电话用户越多，长途区号越短；用户越少，区号越长。

(1) 首位为"1"的区号有两种用途：一种是长途区号；另一种是网络或特种业务的接入码。其中"10"为首都北京的区号，为 2 位码长的区号。

(2) 2 位区号为"$2X$"，其中 $X = 0 \sim 9$。分配给几个特大城市的本地电话网，这种以 2 开头的 2 位长的区号一共可以安排 10 个。

(3) 3 位区号为"$3X_1X \sim 9X_1X$"(第一位中的 6 除外)。其中 X_1 为 1，3，5……等奇数，$X = 0 \sim 9$。3 位区号总共可以约有 300 个，安排给大中城市的本地电话网。

(4) 4 位区号为"$3X_2XX \sim 9X_2XX$"(第一位中的 6 除外)，其中 X_2 为偶数，$X = 0 \sim 9$。4 位区号总共可以安排 3000 个，分配给中小城市和以县城为中心的，包括农村范围在内的县级本地电话网。

(5) 首位为"6"的长途区号除"60"和"61"留给台湾省作为 2 位的区号外，其余"$62X \sim 69X$"为 3 位区号。如 668 为广东茂名的区号。

应用不等位制长途区号可以覆盖我国所有本地网并还留有富余，同时国内长途号码的总长度不超过 10 位。

表 5-4　用户新电话业务号码的编排规定

序号	项目	按键话机用户				号盘话机用户		
		登记	撤消	验证	应用	登记 事先向电话局登记	撤消	应用
1	追查恶意呼叫				按 R 键*33#	事先向电话局登记		拨"3"以上的号码
2	缩位拨号	1) 新登记 *51*MN*PQABCD#（B号码） 2) "记新抹旧"同时完成 *51*MN*PQABCD#（本例为6位，最多16位）	单项撤消：#51*MN#		***MN （即全部采用2位制：MN编号方式）			
3	热线服务	*52*PQABCD#（B号码）（本例为6位，最多16位）	#52#		免拨号待5 s接通	152 PQABCD#（B号码）（本例为6位，最多16位）	151, 152	免拨号待5 s接通
4	呼出限制	*54*KSSSS#注1	#54*KSSSS#	*#54##		154KSSSS	151, 154KSSSS	
5	闹钟服务	*55*H₁H₂M₁M₂#	#55#	*#55#—H₁H₂M₁M₁#		155H₁H₂M₁M₂	151, 155	
6	免打扰服务	*56#	#56#			156	151, 156	
7	转移呼叫	*57*PQABCD#（B'号码）（本例为6位）	1. 在原登记处撤消#57# 2. 在程控局B'处撤消#57*PQABCD#（B号码）	*#57*PQABCD#（B'号码）	B号码是转移呼叫的被叫用户号码（也即登记本次转移呼叫的用户号码），B'号码是该用户临时去处的电话号码	157 PQABCD#（B'号码）（本例为6位）	151, 157 在原登记处撤消	
8	呼叫等待	*58#	#58#			158	151, 158	
9	遇忙回叫	*59#	#59#			159	151, 159	
10	缺席用户服务	*50#注2	#50#			150	151, 150	
11	遇忙寄存呼叫	(R)*53#	(R)53#			(R)153	151, 153	

注1：代号含义：$K=1$ 表示限制全部呼出；$K=2$ 表示限制国际和国内长途全自动呼出；$K=3$ 表示限制国际长途全自动呼出；SSSS 是密码。

注2：代替设备回答。

5.5.3　国家号码

拨打国际长途电话时，除在用户电话号码的前面加拨长途区号以外，在前面还要加拨国家号码，国家号码的长度为 $1\sim3$ 位。如果某国家的国家号码为 3 位 $I_1I_2I_3$，则拨打这个国家的某用户的电话时，应该拨 $00I_1I_2I_3X_1X_2X_3$PQABCD。其中，"00" 为全自动国际长途字冠；"$X_1X_2X_3$" 为电话的区号；"PQABCD" 为用户电话的号码。

国际长途全自动拨号的号码总长度不超过 15 位，其中，国际(即国家号码)加区号不超过 7 位，国内用户号码 8 位；我国电话号码(区号加用户电话号码)总长暂时不变，为 10 位。但从 1997 年 1 月 1 日 7 时 59 分起，我国国内的电话交换机应能收发 15 位号码。关于这部分软件的升位，由原交换机厂家提供软件修改，不能升位的交换机则要退出网络。

5.6　电话网络的性能参数

5.6.1　用户对通话质量的基本要求

用户在利用电话与对方进行通话时，都有一个基本的要求，这就是希望能不困难地听清楚对方说些什么，同时能让对方听清楚自己所讲的话。

这个基本要求应该由电话传输系统，包括电话机、传输线路和交换系统的性能参数来保证。这里的性能参数包括参考当量、传输损耗、电路杂音、衰减的频率特性、群时延失真和串音等。这些性能参数中有一些是我们非常熟悉的，如传输损耗、衰减的频率特性和群时延失真等，其余则是电话交换系统特有的。下面将进行简要介绍。

5.6.2　参考当量和传输衰减

电话传输系统能否满足用户的要求可通过用户对某一项性能参数或总的性能参数的满意度的调查而知。为了减少重复调查所需的时间和为了方便起见，通常是事先建立一个标准系统，然后把被测系统拿来与标准系统进行比较。电话传输系统中的响度测试就是采用这种比较法进行的。具体来讲就是在被测系统中串入一个固定衰减器和一个随机指定的隐蔽衰减器，在标准系统中插入一个可变的平衡衰减器。测量人员反复调整这个平衡衰减器的数值，使被测系统的响度与标准系统一样。这就得到了响度"参考当量"。

目前国际上采用的标准系统称为 NOSFER，它放在日内瓦 ITU-T 实验室作为国际参考当量的基准系统。我国 1977 年研制了电话参考当量标准系统，其主要特性和 NOSFER 相仿，称为 NOSFER 副标准系统。1981 年国家标准总局发布了 GB2356－80《电话参考当量标准系统》和 GB2357－80《电话参考当量测试方法》两项国家标准。图 5-6-1 就是全程参考当量测试的示意图。

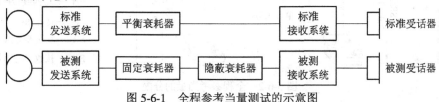

图 5-6-1　全程参考当量测试的示意图

　　图中采用的是"两人隐蔽衰减法"。此方法由两人担任测量工作。一人用相同的音量反复对两个送话器说标准的测量用语："我去无锡他到黑龙江"；另一个人收听并调节平衡衰减器，直到两个受话器的响度相同为止。测得的全程参考当量 C(dB)就等于平衡衰减器的读数 P(dB)减去隐蔽衰减器的读数 Y(dB)，即 $C = P - Y$。

　　电话系统的全程参考当量主要由以下三部分组成：

　　(1) 发话用户话机的送话器到所接交换局(端局)的交换点的参考当量。

　　(2) 受话用户所在交换局(端局)的交换点到受话用户受话器的参考当量。

　　(3) 两端局之间各段传输设备及交换局参考当量之和。

　　我国规定国内任意两个用户之间进行长途通话时，其全程参考当量不得大于 33.0 dB；全程传输损耗也不得大于 33.0 dB。图 5-6-2 为全程参考当量的标准分配。图 5-6-3 为全程传输衰减的标准分配。

　　对于本地网络和国际网络来说，同样也有全程参考当量和全程传输衰减的性能指标要求，这里不再赘述，需要时读者可以参考有关文献。

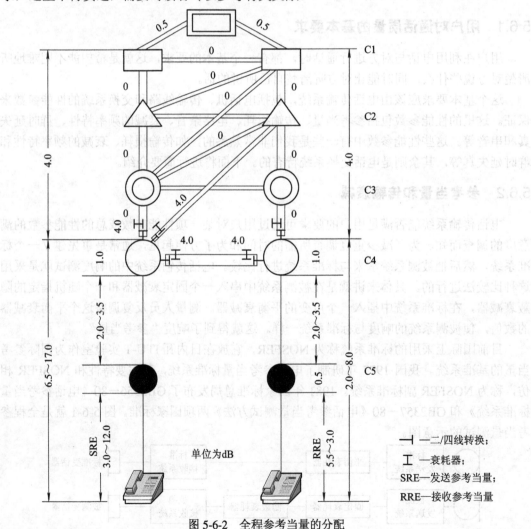

图 5-6-2　全程参考当量的分配

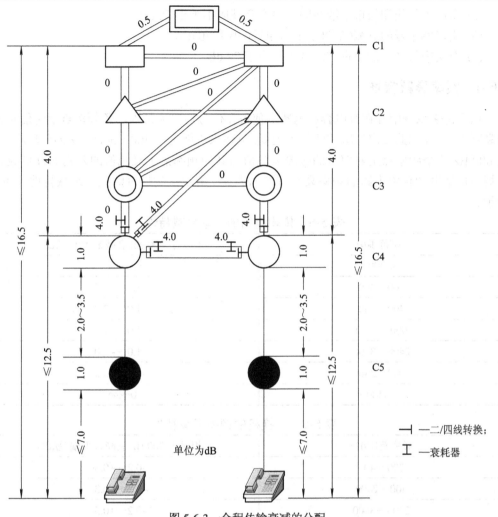

图 5-6-3　全程传输衰减的分配

5.6.3　杂音和串音

杂音即我们常说的噪声，它是影响通话清晰度的主要因素。长途通话连接的杂音大小是以受话终端局为基准点来进行测量或计算的。我国规定总杂音功率不大于 3500 pW。其中包括长途基干电路的杂音、交换机产生的杂音和电力线感应产生的杂音。长途基干电路的忙时杂音要求不能超过 $4L$ pW(其中 L 为电路长度，单位为 km)。交换机产生的杂音分为两种：一种是长途 4 线交换机产生的杂音，其值不大于 200 pW；另一种是二线交换机产生的杂音，其值也是不大于 200 pW。电力线静电感应或磁感应产生的电动势在用户话机的线路端应不超过 2 mV。

串音分为不可懂串音和可懂串音。不可懂串音作为杂音处理。可懂串音是指一对用户通话时，可以听到其他用户讲话的声音。这种可懂串音破坏了通信的保密性。为此提出了串音防卫度(或抑制度)和串音衰减的性能指标要求，它们是：

(1) 四线电路间在 1100 Hz 频率上的近端串音防卫度或远端串音防卫度应不小于 65 dB。

(2) 市内中继线和长市中继线间的串音衰减应不小于 70 dB。

(3) 用户间串音的衰减(在 800 Hz 上)应不小于 70 dB。

(4) 对交换机产生的串音的衰减应不小于 72 dB。

5.6.4　频率衰减特性

由于传输系统中存在有电容和电感，使得在信号传输通带内，各频率点上对信号传输的衰减不一样，因此要出现所谓的频率失真。具体来讲就是在 300～3400 Hz 的传输频带内，在 800 Hz 这个频率点上对信号的传输衰减值与其他频率点上衰减值的差别的分贝数。我国规定电话网中传输电路的频率衰减特性如表 5-5 所示。交换机的频率衰减特性如表 5-6 所示。

表 5-5　传输电路的频率衰减特性

频率范围/Hz	相对于 800 Hz 衰减最大偏差/dB
< 300	0～∞
300～400	−1.0～+3.5
400～600	−1.0～+2.0
600～2400	−1.0～+1.0
2400～3000	−1.0～+2.0
3000～3400	−1.0～+3.5
>3400	0～∞

表 5-6　交换机的频率衰减特性

频率范围/Hz	相对于 800 Hz 衰减最大偏差/dB
300～400	−0.2～+0.5
400～2400	−0.2～+0.3
2400～3400	−0.2～+0.5

5.7　电话的计费方式

电话收费不论是对电话运营商还是对广大电话用户都是一个十分重要的问题。在程控交换机中，由于使用了计算机技术，因此可以对电话网络中的计费问题提出较为完善的要求，对不同的通信种类可以实现不同的计费方式。目前计费方式可以分为以下几种。

5.7.1　本地电话网的计费

本地电话网内用户的通话计费采用复式计费，即按通话时长和通话的距离计费。我们称为 LAMA(Local Automatic Message Accounting)计费方式，即本地网自动计费方式。

本地网内对用户交换机的计费，若用户交换机采用 DOD1 + DID 入网方式，可以采用交换机自动计费的方式，即 PAMA(Private Automatic Message Accounting)计费方式，这时用户交换机可以配合本地网或长途网对分机进行计费；若用户交换机采用 DOD2 + BID 入网方式，本地端局无法对分机进行计费，则只能采用月租或对中继线按复式计费。

5.7.2 长途网的计费

国内长途自动电话只对主叫计费，也按通话距离和通话时长进行复式计费，在发端长话局进行，称为 CAMA(Centralized Automatic Message Accounting)计费方式，即集中计费方式；国际长途自动电话也是按距离和通话时长进行复式计费的，与国际局在同一个城市的用户的自动、半自动去话由国际局负责计费，与国际局不在同一个城市的由该城市的长话局负责计费。

5.7.3 其他计费

不同类型的主叫用户，对其收费方式也会不同，例如，有的是免费；有的是定期收费(每月一次按话单收费)；有的是立即收费，如营业厅、旅馆等的立即打印话单收费，对于这些用户有时可以在用户处设置高频计次表，在通话过程中由电话局的计费设备向用户计次表送计费脉冲，脉冲频率通常为 16 kHz，脉冲间隔由通话距离等计费费率因素决定。

由于端局的用户还可能是用户交换机、IC 卡电话机和投币电话机等公共用户设备，交换机应该向这些用户送被叫应答和话终信号，以利于计费。

5.8 电话网络中的信令系统

5.8.1 信令的基本概念

信令系统是电话通信网络的重要组成部分，它是各交换局在完成呼叫接续过程中的一种通信语言。信令系统主要用来在用户终端设备与交换局之间、交换局与交换局之间传送有关的控制信息，以便完成呼叫的建立、释放及各种控制功能。

本节主要介绍信令的基本概念、信令的分类。简要介绍用户线信令及中国 1 号信令。

1. 信令的传送过程及其传送区间

为了完成用户之间的接续，用户终端设备与交换机之间、交换机与交换机之间必须传送有关的控制信息，说明各自的运行状态，提出对相关设备的接续要求，从而使各设备能协调运行。为了使不同厂家生产的交换机能够互连并配合工作，在不同交换机之间传送的控制信息必须遵守一定的协议，这些协议标准就称为信令。

下面以市话网中的两个分局的用户之间的接续过程为例，说明信令的传送过程，如图5-8-1 所示。

当主叫用户摘机时，用户线直流环路接通，向发端分局(交换机)送出"主叫摘机"的信令，发端分局收到"主叫摘机"信令后，检查主叫用户的用户数据，根据用户话机的类型将主叫用户线接到相应的收号设备上，然后向主叫用户发送拨号音，通知用户拨号。主叫用户收到拨号音后就可以拨被叫用户号码。发端分局收到一定位数的电话号码后进行号码分析。当确定这是一个出局呼叫时，就选择一条到收端分局(交换机)的空闲中继线，在这条中继线上向对端交换机发出"占用"信令。对端分局收到"占用"信令后，就将该条中继线连接到收号设备，并发出"占用证实"信令，通知发端分局发送被叫用户号码。发端分局收到"占用证实"信令后，就将被叫号码发送给收端分局。收端分局收到被叫号码后，检查被叫用户状态。当发现被叫用户空闲时，就向被叫用户发送振铃信号，同时给主叫用户送回铃音。当被叫用户摘机应答后，将应答信号送给收端分局，并由收端分局将应答信号转发给发端分局，双方进入通话状态。

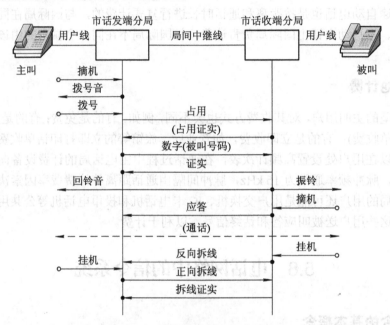

图 5-8-1　市话接续时的信令传送过程

假设被叫用户先挂机。当收端分局发现被叫挂机后，就向发端分局发送"反向拆线"信令；当主叫挂机后，发端分局向收端分局发送"前向拆线"信令，收端分局回送拆线证实信令(释放监护信令)，该条中继线重新变为空闲状态。

从以上过程可看出，在市话接续过程中，用户终端设备与交换局之间、交换局与交换局之间要相互发送信令信息，用来说明本身的工作状态及向对端发出接续请求。这些用来传送有关控制信息的规程就是信令。

电话网的信令与交换机的控制技术有关。随着交换技术的发展，信令技术也在不断地更新和发展。

2. 信令的分类

信令的分类方法很多，常用的分类方法有以下几种：

1) **按照信令的传送区域划分**

按照信令的传送区域来划分，可将信令分为用户线信令和局间信令。

(1) 用户线信令是指在用户终端设备与交换机之间传送的信令。

(2) 局间信令是指在不同电话交换局之间传送的信令。

2) **按照信令的信道划分**

按照传送信令的信道与传送话音的信道之间的关系来划分，可将信令分为随路信令和公共信道信令。

(1) 随路信令是指在传送话音的信道上传送信令或传送信令的信道与传送话音的信道之间有固定的关系。

(2) 公共信道信令是指传送信令的通道与传送语音的通道在逻辑上(或物理上)完全分开，有单独用来传送信令的信道，在一条双向的信令信道上可传送成百上千条话路的信令。在我国得到广泛应用的公共信道信令是 No.7 信令系统。

3) 按照信令的功能划分

按照信令的功能来划分，可将信令划分为线路信令和记发器信令。

(1) 线路信令主要用来传送有关中继线的占用，拆线或主、被叫摘/挂机等有关的信息。由于中继线的占用和释放等事件是随机发生的，所以在整个呼叫接续期间都要对线路信令进行监视和处理。

(2) 记发器信令主要用来传送选择路由所需的信息(如被叫号码、主叫号码)及主叫用户类别及被叫用户状态等有关信息。由于记发器信令仅在通话前传送，因此整个话音频带 300～3400 Hz 都可以用来传送记发器信令。

在公共信道信令方式中，所有的信令信息都是在消息信令单元中传送的，所以在公共信道信令方式中不再分为线路信令和记发器的信令。

4) 按照信令的传送方向划分

按照信令的传送方向来划分，可将信令分为前向信令和后向信令。

(1) 前向信令是指从主叫用户至被叫用户的方向传送的信令。

(2) 后向信令是指从被叫用户至主叫用户方向传送的信令。

5.8.2　用户线信令

用户线信令是在用户终端设备和交换机之间传送的信令。在这里介绍的是目前普遍使用的模拟电话用户线上传送的信令。在综合业务数字网(ISDN)的用户终端设备与 ISDN 交换机之间传送的数字用户线信令为 DSS-1。

1. 用户话机发出的信令

1) 监视信令

用户话机发出的监视信令主要是摘、挂机信令。用户线的摘、挂机信令是由用户线上直流环路的通断来表示的。

当用户话机处于挂机状态时，用户直流环路的电阻(包括话机电阻)为 1800 Ω，特殊情况允许达到 3000 Ω。

当用户话机为挂机状态时，用户线之间的绝缘电阻大于 20 kΩ。

2) 选择信令

选择信令用来传送用户发出的拨号信息(被叫用户号码)。选择信令有直流拨号脉冲和双音多频(DTMF)信令两种方式。

(1) 直流拨号脉冲。直流拨号脉冲是用户直流环路的通断次数来表示一个拨号数字。直流拨号脉冲的主要参数已在本书 3.3.2 节中介绍。

(2) 双音多频(DTMF)信令。DTMF 信令是用高、低两个不同的频率来代表一位拨号数字。DTMF 信令的编码表参见表 1-1。

根据我国的标准，话机发出的信号频率的频偏不允许超过±1.5%，交换机接收 DTMF 信令时，当频偏在±2.0%范围内应能保证接收；当频偏超过±3.0%时不能保证接收。

DTMF 信令是带内信令，该信令能通过数字交换网络。

2. 交换机发出的信令

1) 铃流

铃流信号是交换机发送给被叫用户的信号，用于提醒用户有呼叫到达。铃流源为 (25±3)Hz 正弦波，谐波失真不大于 10%，输出电压有效值为(90±15)V。振铃采用 5 s 断续，即 1 s 送，4 s 断。断续时间各允许偏差不超过±10%。

2) 信号音

信号音是交换机发送给用户的信令，用来说明有关的接续状态，如忙音、拨号音和回铃音等。

信号音的信号源为(450±25)Hz 和(950±50)Hz 正弦波，谐波失真不大于 10%。通过控制信号音不同的断续时间，可得到不同的信号音。表 5-7 给出了部分信号音的含义及结构。

表 5-7　信号音的含义及结构

信号音频率	信号音名称	含义	时间结构("重复周期"或"连续")	电　平		
				−10±3 dBm0	−20±3 dBm0	0→+25 dBm0
450 Hz	拨号音	通知主叫用户可以开始拨号		√		
	特种拨号音	对用户起提示作用的拨号音(例如，提醒用户撤销原理登记的转移呼叫)		√		
	忙音	表示被叫用户忙		√		
	拥塞音	表示机线拥塞		√		
	回铃音	表示被叫用户处在被振铃的状态		√		
	空号音	表示所拨叫号码为空号		√		
	长途通知音	用于话务员长途呼叫市忙的被叫用户时自动插入通知音			√	
	排队等待音	用于具有排队性能的接续，以通知主叫用户等待应答	可用回铃音代替或采用寻音通知	√		

5.8.3　中国 1 号信令

我国国标规定的局间随路信令一般称为中国 1 号信令。中国 1 号信令分为线路信令和记发器信令。

1．线路信令

线路信令可分为直流线路信令、带内单频脉冲线路信令和局间数字型线路信令。

1) 直流线路信令

直流线路信令利用局间中继 a、b 线上的直流电位变化来表示各种接续控制信令，当局间信令的传输为实线传输方式时，就采用直流线路信令。

2) 带内单频脉冲线路信令

带内单频脉冲线路信令采用频率为 2600 Hz 的长、短脉冲的不同组合来表示不同的接续状态。带内单频脉冲线路信令主要适用于局间传输采用频分复用方式的局间中继电路。带内单频脉冲线路信令的信号种类及结构如表 5-8 所示。

表 5-8　带内单频脉冲线路信令的信号种类及结构

序号	信令种类		传送方向		信令结构/ms	备注
			前向	后向		
1	占线信令		→		单脉冲 150	
2	拆线信令		→		单脉冲 600	
3	重复拆线信令		→		150　300　600	
4	应答信令			←	单脉冲 150	
5	挂机信令			←	单脉冲 600	
6	释放监护信令				单脉冲 600	
7	闭塞信令				连续信号	
8	话务员信令	强拆信令	→		150　150　150　150　150	至少送 3 个脉冲
		回振铃信令		←	同上	
9	强近释放信令		A→		单脉冲 600	相当于拆线信号
				B←	单脉冲 600	相当于释放监护
10	请发码				单脉冲 600	
11	首位号码证实				单脉冲 600	
12	被叫用户到达				单脉冲 600	

3) 局间数字型线路信令

由于我国电话网已基本实现传输数字化，因此实线中继及载波中继已逐渐淘汰，在随路信令方式的交换局中主要使用数字型线路信令。

本节主要说明数字型线路信令。局间中继采用 PCM 传输时，可采用数字型线路信令。

(1) 时隙分配及编码格式。30/32 路 PCM 系统的帧结构在图 1-2-9 中已有详细介绍。其中，30 个话路的数字型线路信令由 TS_{16} 按复帧集中传送。每个复帧由 16 帧组成，第 0 帧的 TS_{16} 用来传送复帧同步信号及复帧失步对告信号，第 1 帧～第 15 帧的 TS_{16} 用来传送 30 个话路的线路信令，每一话路在两个传输方向各有 a、b、c、d 这 4 个比特用来传送线路信令编码。

前向信令采用 a_f、b_f 和 c_f 三位码，后向信令采用 a_b、b_b 和 c_b 三位码，数字型线路信令编码含义如表 5-9 所示。

表 5-9　数字型线路信令编码含义

前向信号			后向信号		
a_f	0	摘机占用状态	a_b	0	被叫摘机状态
	1	挂机拆线状态		1	被叫挂机状态
b_f	0	正常	b_b	0	示闲
	1	故障		1	占用或闭塞状态
c_f	0	话务员再振铃或强拆	c_b	0	话务员进行回振铃操作
	1	未进行再振铃或未进行强拆		1	未进行回振铃操作

(2) 标志方式。数字线路信令共有 16 种不同的标志方式，分别适用于不同类型交换机之间不同类型中继电路的配合。例如，表 5-10 为标志方式 DL(1) 的编码，其适用于本地局间全自动中继电路间的配合，标志方式 DL(2A) 适用于程控本地局至程控长话局全自动去话 (有后向计次脉冲或被叫挂机信号) 的配合。

表 5-10　标志方式 DL(1) 的编码

接续状态			编码			
			前向		后向	
			a_f	b_f	a_b	b_b
示闲			1	0	1	0
占用			0	0	1	0
占用确认			0	0	1	1
被叫应答			0	0	0	1
复原	主叫控制	被叫先挂机	0	0	1	1
		主叫后挂机	1	0	1	1
					1	0
					0	1
		主叫先挂机	1	0	1	1
					1	0
	互不控制	被叫先挂机	0	0	1	1
			1	0	1	0
		主叫先挂机			0	1
			1	0	1	1
					1	0
	被叫控制	被叫先挂机	0	0	1	1
			1	0	1	0
		主叫先挂机	1	0	0	1
		被叫后挂机			1	1
					1	0
闭塞			1	0	1	1

需要说明的是，数字型线路信令虽然用 TS_{16} 集中传送多个话路的信令，但一个复帧中的每一个时隙 16，它的前 4 位和后 4 位仍固定分配给某一指定话路，因此它仍然属于随路信令，在这一点上与共路信令有着本质的区别。

2. 记发器信令

记发器信令主要用来传送被叫电话号码、主叫类型、主叫号码和发端业务类别等信息。因为记发器信令只在呼叫建立阶段传送，所以可以利用整个话音频带来传送。

记发器信令的主要特点是多频、互控。下面我们就围绕这两个特点来介绍记发器信令。

1) 信令编码

"多频"是指信令的编码是用多个频率来进行编码(MFC)的。MFC 信令分为前向信令和后向信令。前向信令采用 1380～1980 Hz 高频群，每两个频率之间的频差为 120 Hz，按六中取二编码，共编为 15 种代码。后向信令采用 780～1140 Hz 低频群，按四中取二编码，共有 6 种不同代码。具体编码方案分别如表 5-11 和表 5-12 所示。从表中可以看出，数码的值刚好等于两个频率下标的和(但是 10，14，15 除外)。

表 5-11　前向信令编码

数　码　频率/Hz	1	2	3	4	5	6	7	8	9	10	11	12	13	14	15
$F_0(1380)$	0	0		0			0				0				
$F_1(1500)$	0		0		0			0				0			
$F_2(1620)$		0	0			0			0				0		
$F_4(1740)$				0	0	0				0				0	
$F_7(1860)$							0	0	0	0					0
$F_{11}(1980)$											0	0	0	0	0

表 5-12　后向信令编码

数　码　频率/Hz	1	2	3	4	5	6
$F_0(1140)$	0	0		0		
$F_1(1020)$	0		0		0	
$F_2(900)$		0	0			0
$F_4(780)$				0	0	0

2) 互控传送

"互控"是指记发器的前向、后向信令采用互控的方式传送，如图 5-8-2 所示，每一位信号的传送都分作以下四拍：

(1) 发话端发送前向信令，第一拍(a)。

(2) 收话端识别前向信令后，发送后向信号，第二拍(b)。

(3) 发话端识别出后向信令后，停发前向信号，第三拍(c)。

(4) 收话端识别出前向信令停发以后，停发后向信令，第

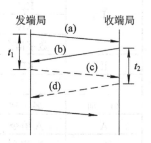

图 5-8-2　信令的互控传送

四拍(d)。

根据收到的后向信令发送下一位前向信令，开始第二个互控过程。

从图中可以看出，在整个 t_1 期间，前向信令一直在发；后向信令在整个 t_2 期间都在发送。这样发端没有收到后向信令前，就一直发前向信令；同样收端局在没有发现发端局停发前向信令以前，后向信令一直在发。这种互控信令方式是十分可靠的。

3) 记发器信令在多段电路上的传送方式

记发器信令在多段电路上传送时，有端到端方式、逐段转发方式和混合方式。

(1) 端到端方式。转接局的记发器只接收用来选择路由的记发器数字信令，在接收到必要的路由信令，将电路向前接通后，转接局的记发器退出工作。终端局记发器接收由发端局记发器沿转接局已接通电路发来的记发器信令。

(2) 逐段转发方式。在转接局的上端电路或下端电路为劣质电路时，为了保证信令的正确传送，转接局记发器必须接收上一局发来的全部记发器信令，并向下一局转发必要的记发器信令。

(3) 混合方式。混合方式是逐段转发方式和端到端方式的结合。这种传送方式，原则上仍采用端到端方式，但当多段路由中的某一转接局连接的上、下电路之一为劣质电路时，该转接局的记发器就必须接收全部记发器信令，并向下一局转发必要的记发器信令。

4) 记发器信令的种类及含义

记发器的前向信令分为前向 I 组和前向 II 组。前向 I 组包括：发话市话局与发话长途局之间的 KA 信令，用来表示主叫用户类别；长途局与长途局之间的接续控制信令 KC；收端长话局到收端市话局之间的接续信令 KE 以及数字信令。与之对应的后向信令为后向 A 组信令。

前向 II 组信令为发端业务类别信令 KD。与之对应的后向信令为后向 B 组信令。

前向 I 组信令与后向 A 组信令之间进行互控配合，前向 II 组信令与后向 B 组信令进行互控配合。

记发器信令的基本含义如表 5-13 所示。前向 I 组信令和后向 A 组信令如表 5-14 所示。前向 II 组信令和后向 B 组信令如表 5-15 所示。

表 5-13　记发器信令的基本含义

前　向　信　令			
组　　别	名　　称	基　本　含　义	容　量
I	KA	主叫用户类别	10/15*
	KC	长途接续类别	5
	KE	长话(市话)接续类别	5
	数字信令	数字 1～0	10
II	KD	发端呼叫业务类别	6
后　向　信　令			
组　　别	名　　称	基　本　含　义	容　量
A	A 信令	收码状态和接续状态的回控证实	6
B	B 信令	被叫用户状态	6

注：*步进制市话局主叫用户类别有 10 种；纵横制、程控市话局有 15 种。

表 5-14 前向 I 组信令和后向 A 组信令

前 向 I 组 信 令									后向A组信令	
KA编码	KA信令内容(包括KOA)			KC编码	KC信令内容	KE编码	KE信令内容		信令编码	信令内容
	步进制市话局	纵横制、程控市话局(也包括PAM交换局)								
	KA	KA	KOA							
1	普通 定期	普通 定期	普通 定期						1	A₁: 发下一位
2	用户表,立即	用户表,立即	用户表,立即						2	A₂: 由第一位发起
3	打印机,立即	打印机,立即	打印机,立即						3	A₃: 转到B组信令
4	备用	备用	备用						4	A₄: 机键拥塞
5	普通免费	普通免费	普通免费						5	A₅: 空号
6	备用	备用	备用						6	A₆: 发KA和主叫用户号码
7	备用	备用	备用							
8	备用	优先定期	优先定期							
9	(长话自动有权)(长途自动无权)	备用	备用							
10	(长途自动无权)	优先,免费	优先,免费							
11	备用			11	备用	11	备用(H)			
12				12	"Z"指定号码呼叫	12	备用			
13	测试呼用			13	"T"测试接续呼叫	13	"T"测试呼叫			
14	备用			14	优先	14	备用			
15				15	控制卫星电路段数	15	备用			

表 5-15 前向 II 组信令和后向 B 组信令

前 向 II 组 信 令(KD)			后 向 B 组 信 令(KB)		
KD编码	KD信令内容		KB编码	KB信令内容	
				长途接续时或测试接续时(当KD=1.2或6时)	市话接续时(当KD=3或4时)
1	长途话务员	用于长途接续	1	被叫用户空闲	被叫用户空闲、互不控制复原
2	长途自动呼叫,用户呼叫立去台话务员		2	被叫用户"市忙"	备用
3	市内电话	用于市内接续	3	被叫用户"长忙"	
4	市内电话传真或用户数据通信优先用户		4	机键阻塞	被叫用户忙或机键拥塞
5	半自动核对主叫号码		5	被叫用户为空号	被叫用户为空号
6	测试呼叫		6	备用	被叫用户空闲主叫控制复原

5) 记发器信令的发送顺序

为了使读者对记发器信令的发送有全面的了解，下面举两个例子来说明记发器信令的传输过程。一个是本地端局之间的用户呼叫时，记发器信令的发送顺序，其中被叫电话号码为 PQABCD。其记发器信令的发送顺序如图 5-8-3 所示。

　　发端局　　P　Q　A　B　C　D　KD

　　收端局　　A_1　A_1　A_1　A_1　A_1　A_3　KB

图 5-8-3　本地端局间用户呼叫时记发器信令的发送顺序

另一个是以一个长途全自动呼叫接续的全过程为例来说明记发器信令的传送过程。设主叫号码为 234567，被叫号码为 025865432，整个接续过程如图 5-8-4 所示。

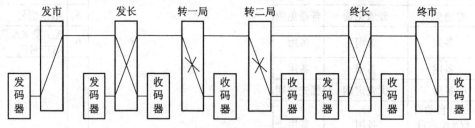

图 5-8-4　长途全自动接续

由图可见，该呼叫经发端市话局(简称"发市")、发端长话局(简称"发长")、第一转接长话局(简称"转一局")、第二转接长话局(简称"转二局")、终端长话局(简称"终长")及终端市话局(简称"终市")到达被叫用户。设各长话局之间的电话均为优质电路，记发器信令的传送采用端到端方式，记发器信令的传送顺序如图 5-8-5 所示。

发市(前)	0	2	5	8	KA	2	3	4	5	6	7	"15"	6	5	4	3	2		KD
发长(后)	A_1	A_1	A_1	A_6	A_1	A_1	A_1	A_1	A_1	A_1	A_1	A_1	A_1	A_1	A_1	A_1	A_1	A_{3p}	KB
发长(前)						0	2	5	8	0	2	5	8	6	5	4	3	2	KD
转1(后)						A_1	A_1	A_1	A_2										
转2(后)										A_1	A_1	A_1							
终长(后)														A_1	A_1	A_1	A_1	A_{3p}	KB
终长(前)														5	4	3	2		KD
终市(后)														A_1	A_1	A_1	A_3		KB

图 5-8-5　记发器信令的传送顺序

下面对该传送过程进行简要说明：

(1) 发端市话局至发端长话局。发端市话局接收到主叫用户发来的被叫电话号码后进行号码分析，经分析确定是长途全自动呼叫，就占用一条至发端长话局的中继电路，向发端长话局发送记发器信令。发端长话局对接收到的长途字冠"0"，区号"25"的每一位，都发送后向信令 A_1，要求发下一位信令。当收到区号的后一位"8"时发送 A_6 信令，要求发端市话局发主叫用户类别信令 KA 及主叫电话号码。发端市话局收到 A_6 信令后，依次发送主叫类别信令 KA 及主叫号码 234567，当主叫号码发送完毕后，发送"主叫号码终了"信令"15"，然后继续发送剩余被叫号码。当发完最后一位被叫号码时，发端市话局和发端长话局间处于暂时无信令发送的状态。

(2) 发端长话局至第一转接局。发端长话局收到区号后选择路由，发现发端长话局至终端长话局之间无直达路由，需经第一转接局转接，就占用一条到第一转接局的中继电路，向转一局发送长途字冠"0"及区号。转一局选择路由，发现转一局至终端长话局之间无直达路由，需经第二转接局转接，且转一局的上、下端电路都是优质电路，采用端到端方式。转一局就占用一条至转二局的中继电路，在收到区号的后一位"8"时，向发长局回送 A_2 信令，要求发端长话局从第一位开始重发。转一局发送 A_2 信令后，就将入中继及出中继电路接通，转一局的记发器退出工作。

(3) 发长局至第二转接局。发长局收到 A_2 信令后，就从第一位号码"0"开始重发，发长局发送的记发器信令号由第二转接局的记发器接收。转二局收到区号后选择路由，发现转二局至终端长话局之间有直达路由，就占用一条至终端长话局之间的中继电路，并将入中继和出中继接通。

(4) 发端长话局至终端长话局。发端长话局发送的被叫号码"8"由终端长话局的记发器接收，终长局发送 A_1 信令要求发端长话局发送下一位号码，发端长话局将被叫其余号码逐位送到终端长话局。

(5) 终端长话局至终端市话局。终端长话局收到被叫号码后，根据局号"86"选择路由，占用至终端市话局(86 局)的中继电路，向其发送局内号码"5432"。终端市话局收到末位号"2"时，确定被叫号码已收齐，就向终端长话局发送 A_3 信令，要求转到 B 组信令。

(6) 前向Ⅱ组信令。终端长话局收到 A_3 信令后，就向发端长话局发送脉冲形式的 A_{3p} 信令，发端长话局收到 A_{3p} 信令后，同样向发端市话局发送 A_{3p} 信令。发端市话局收到 A_{3p} 信令后，就向发端长话局发送发端业务类别信令 KD。发端长话局收到 KD 信令后，将其转发给终端长话局；同样，终端长话局也将 KD 信令转发给终端市话局。终端市话局收到 KD 信令后，向终端长话局回送被叫状态信令 KB。在被叫用户空闲的情况下，回送的是 KB_1 信令。终端长话局和发端长话局依次向后转发 KB 信令。至此，记发器信令全部传送完毕，各局记发器依次释放。

为了完成接续，各交换局之间还必须发送线路信令。设各交换局之间都采用数字型线路信令，则任意两个交换局之间与该次呼叫有关的信令过程如图 5-8-6 所示。在图 5-8-6 中，各交换局之间发送的记发器信令没有详细给出，具体发送的记发器信令可参见图 5-8-3。从图 5-8-6 中还可看到，记发器信令仅在呼叫建立阶段传送，而线路信令在整个接续过程中都需要传送。

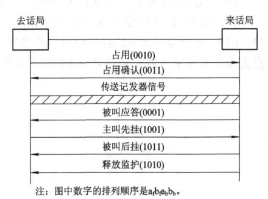

注：图中数字的排列顺序是$a_f a_b a_b b_b$。

图 5-8-6 呼叫接续的信令过程

习 题

1．我国长途电话网的结构是怎样的？它有什么特征？

2．标出习题 2 图中的选路顺序，并写出每一种选择所经过的长途局名及相应的中继段数。

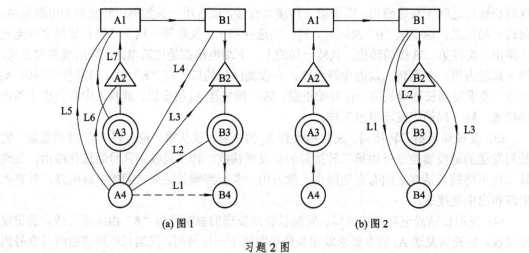

(a) 图 1　　　　　　　　　(b) 图 2

习题 2 图

3．什么是本地电话网络？它有什么主要特征？

4．试说明远端模块、用户集线器及支局的特点和使用场合。

5．除"60"和"61"留给台湾省作为长途区号外，我国长途区号总共可以安排多少个？对于开头两位分别为"78"和"55"的区号，它们的长途区号、用户号分别是几位？

6．什么是无级动态网络？

7．简述两个端局之间传输信令的过程。

8．信令的分类方法有哪几种？

9．简要说明公共信道信令的概念。

10．记发器信令有何特点？并分别说明之。

11．中国 1 号信令的线路信令有哪几种？各用于什么样的传输方式？设主叫号码为 2345678，被叫号码为 02087654321，发端市话局与发端长话局之间使用记发器信令。试画出发端市话局至发端长话局之间 MFC 信令的传送过程。

第 6 章　No.7 信令系统的功能及基本结构

6.1　No.7 信令系统的特点及功能

6.1.1　公共信道信令的概念

由于随路信令传送速度慢、信息容量小，因而不能满足现代通信网对信令系统的要求。随着程控交换技术的发展，出现了公共信道信令技术。公共信道信令技术的基本特征是将话路通道与信令通道分离，在单独的数据链路上以信令消息单元的形式集中传送各条话路的信令信息。

图 6-1-1 给出了公共信道信令方式的示意图。

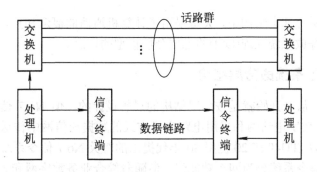

图 6-1-1　公共信道信令方式的示意图

从图中可以看出，信令通道实际上是交换机的控制处理机之间的通信信道。公共信道信令系统实质上是一个专用的计算机通信系统，在这个专用的计算机通信系统中，传送着通信网中控制计算机的控制信息。国际电信联盟建议的公共信道信令系统有 No.6 信令系统和 No.7 信令系统，当前得到广泛应用的是 No.7 信令系统。

6.1.2　No.7 信令系统的特点和功能

No.7 信令系统是一种国际性的、标准化的公共信道信令系统。

No.7 信令系统的特点是：

① 最适用于由数字程控交换机和数字传输设备所组成的数字电信网；

② 能满足现在和将来通信网中传送呼叫控制、遥控、维护管理信令及传送处理机之间事务处理信息的要求；

③ 提供了可靠的差错控制手段，使信息既能按正确的顺序传送，又不致丢失或重复。

No.7 信令系统不但可以在电话网、电路交换的数据通信网和综合业务数字网中传送有关呼叫建立、释放的信令，而且可以为交换局和各种特种服务中心(如业务控制点、网管中心等)间传送数据信息。

No.7 信令系统的主要功能为：

① 传送电话网的局间信令；

② 传送 ISDN 的局间信令，支持本地、长途和国际的各种电话和非话的接续；

③ 传送采用电路交换方式的数据通信网的局间信令；

④ 支持智能网业务，在业务交换点 SSP、业务控制点 SCP 和智能外设 IP 之间传送与智能业务有关的各种操作；

⑤ 支持移动通信业务，在移动交换中心 MSC、原籍位置登记器 HLR 和来访位置登记器 VLR 等数据库之间传送各种与用户移动有关的信息，支持移动用户的自动漫游等功能；

⑥ 支持 No.7 信令网的集中维护管理，在 No.7 信令网的集中维护中心及各节点之间传送路由测试验证消息。

6.2　No.7 信令系统的基本结构

在 No.7 信令系统基本结构中，大量采用了计算机通信的概念和技术，其中最重要的就是 9.2.1 节中讲的开放系统互连(OSI)的七层分层模型的概念。

6.2.1　No.7 信令系统的分层结构

No.7 信令系统从一开始就是按分层结构的思想设计的，但 No.7 信令系统在开始发展时，主要是考虑在数字电话网和采用电路交换方式的数据通信网中传送各种与电路接续有关的控制信息，所以 ITU-T 在 20 世纪 80 年代提出的有关 No.7 信令系统技术规范的黄皮书建议中，将 No.7 信令系统分为四个功能级。但随着综合业务数字网和智能网的发展，No.7 信令系统不仅要传送与电路接续有关的信息，而且需要传送与电路接续无关的端到端的信息，原来的四级结构已不能满足要求。在 1984 年的红皮书建议和 1988 年的蓝皮书建议中，ITU-T 对 No.7 信令系统提出了双重要求：一方面是对原来的四个功能级的要求；另一方面是对 OSI 七层的要求。ITU-T 在 1992 年的白皮书中又进一步完善了这些新的功能和程序。

1. No.7 信令系统的四级结构

No.7 信令系统的四级结构如图 6-2-1 所示。在 No.7 信令系统的四级结构中，将 No.7 信令系统分为消息传送部分 MTP 和用户部分 UP。MTP 由信令数据链路级、信令链路功能级和信令网功能级三级组成。MTP 的功能是在信令网中将源信令点的用户发出的信令消息单元正确无误地传送到目的地信令点中的用户部分。

用户部分构成 No.7 信令系统的第四级。用户部分的功能是处理信令消息。根据不同的应用，有不同的用户部分。例如，电话用户部分 TUP 处理电话网中的呼叫控制信令消息，综合业务数字网用户部分 ISUP 处理 ISDN 中的呼叫控制信令消息。

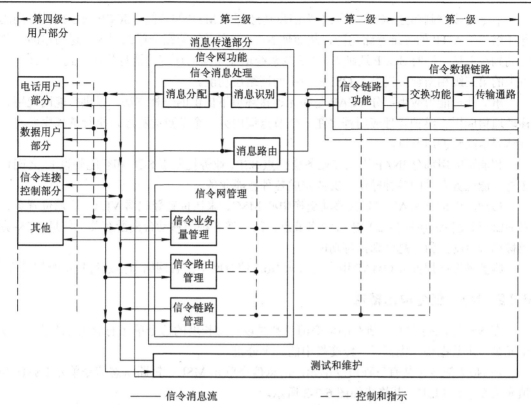

图 6-2-1　No.7 信令系统的四级结构

2. 与 OSI 模型对应的 No.7 信令系统结构

与 OSI 模型对应的 No.7 信令系统的结构如图 6-2-2 所示。与图 6-2-1 所示的四级结构比较，新结构增加了信令连接控制部分 SCCP、事务处理能力应用部分 TCAP 及与具体业务有关的各种应用部分。现已定义的应用部分有智能网应用部分 INAP、移动应用部分 MAP 和 No.7 信令网的操作维护应用部分 OMAP。

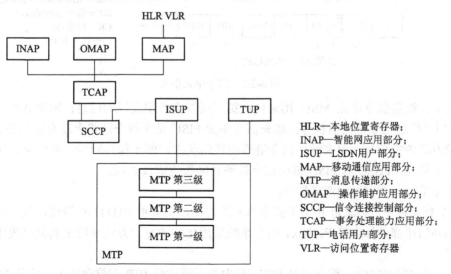

HLR—本地位置寄存器；
INAP—智能网应用部分；
ISUP—LSDN用户部分；
MAP—移动通信应用部分；
MTP—消息传递部分；
OMAP—操作维护应用部分；
SCCP—信令连接控制部分；
TCAP—事务处理能力应用部分；
TUP—电话用户部分；
VLR—访问位置寄存器

图 6-2-2　与 OSI 模型对应的 No.7 信令系统的结构

　　信令连接控制部分 SCCP 用来增强消息传递部分 MTP 的功能。SCCP 通过提供全局码翻译增强了 MTP 的寻址选路功能，从而使 No.7 信令系统能在全球范围内传送与电路无关的端到端消息，同时 SCCP 还使 No.7 信令系统增加了面向连接的消息传送方式。SCCP 与原来的第三级相结合，提供了 OSI 模型中的网络层功能。

　　事务处理能力应用部分 TCAP 是在无连接环境下提供的一种方法，以供智能网应用、移动通信应用、维护管理应用程序在一个节点调用另一个节点的程序，执行该程序并将执行结果返回到调用节点。

　　智能网应用部分 INAP 用来在业务交换点 SSP、业务控制点 SCP 和智能外设 IP 之间传送与智能业务有关的各种操作，支持完成各种智能业务。

　　移动应用部分 MAP 用来在移动交换中心 MSC、来访位置登记器 VLR、原籍位置登记器 HLR 和设备识别寄存器 EIR 等网络节点之间传送各种与移动台漫游有关的信息，支持完成移动台自动漫游、越区切换等功能。

　　维护管理应用部分 OMAP 用来支持对 No.7 信令网中的各网络节点进行集中维护管理。

6.2.2　No.7 信令单元格式

　　在 No.7 信令系统中，所有的信令消息都是以可变长度的信令单元的形式传送的。信令单元是一个数据块，类似于分组交换中的一个分组。

　　在 No.7 信令中共有三种信令单元：消息信令单元 MSU、链路状态信令单元 LSSU 和填充信令单元 FISU，其格式如图 6-2-3 所示。

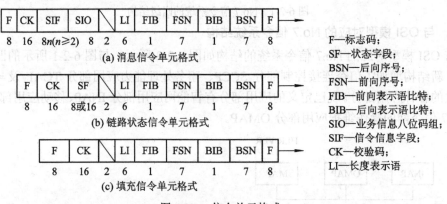

图 6-2-3　信令单元格式

　　其中，消息信令单元 MSU 用来传送第三级以上各层发送的信息；链路状态信令单元 LSSU 用来传送信令链路的状态；填充信令单元 FISU 是在信令链路上没有消息要传送时，向对端发送的空信号，用来维持信令链路的通信状态，便于保持同步，同时可证实对端发来的信令单元。LSSU 和 FISU 都由信令链路功能级生成及处理。

　　信令单元各个字段的意义如下：

　　(1) 标志符 F：标志符 F 用于信令单元的定界，由码组 01111110 组成，任一信令单元的开始和结尾都是标志符 F。No.7 信令系统采用比特填充的方法来防止其他字段中出现伪标志符。

　　(2) 后向序号 BSN、前向序号 FSN、后向表示语比特 BIB 和前向表示语比特 FIB：FSN

表示正在发送的信令单元的序号。BSN 表示已正确接收到的对端发来的信令单元的序号，用于肯定证实。后向表示语比特 BIB 占一个比特，当其翻转时(0→1 或 1→0)，表示要求对端重发。前向表示语比特 FIB 也占一个比特，当其翻转时表示正在开始重发。以上四个部分用于差错校正。

(3) 长度表示语 LI：用来表示 LI 与 CK 之间的字段的字节数。由于不同类型的信令单元有不同的长度，LI 又可以看成是信令单元类型的指示。当 LI=0 时表示 FIFU，LI=1～2 时表示 LSSU，当 LI=3～63 时表示 MSU。

(4) 校验码 CK：CK 用于差错校验。No.7 信令系统采用的差错校验方式是循环冗余校验，用来检查信令单元传输中的错误。CK 由发送端根据一定的算法对信令单元中 F 之后及 CK 之前的数据进行运算而产生，并与数据一起传送至接收端，供接收端检查传输差错。

以上四个部分都是第二级数据链路功能的控制信息，由发送端的第二功能级生成，由接收端的第二功能级处理。

(5) 业务信息八位位组 SIO：用于指示消息的业务类别及信令网类别，第三级据此把信令消息分配给不同的用户部分。

SIO 分为业务表示语 SI 和子业务字段 SSF，SI 和 SSF 各占四个比特，其格式如图 6-2-4 所示。

DCBA	
业务表示语(SI)	子业务字段(SSF)

图 6-2-4　SIO 的格式

业务表示语 SI 的编码及含义如下：

DCBA　0000：信令网管理消息。

　　　　0001：信令网测试和维护消息。

　　　　0011：信令连接控制部分 SCCP。

　　　　0100：电话用户部分 TUP。

　　　　0101：ISDN 用户部分 ISUP。

　　　　0110：数据用户部分 DUP(与呼叫和电路有关的消息)。

　　　　0111：数据用户部分 DUP(性能登记和撤销消息)。

　　　　其他：备用。

子业务字段 SSF 的 DC 比特称为网络指示语，其含义如下：

DC　　00：国际网络。

　　　　01：国际备用。

　　　　10：国内网络。

　　　　11：市话网络(过渡期后为国内备用)。

(6) 信令信息字段 SIF：SIF 包含了用户需要由 MTP 传送的信令消息。由于 MTP 采用数据报方式来传送消息，消息在信令网中传送时全靠自身所带的地址来寻找路由。为此，在信令信息字段 SIF 中带有一个路由标记，路由标记由目的地信令点编码 DPC、源信令点编码 OPC 和链路连接码 SLS 组成。DPC 和 OPC 分别表示消息的发源地的信令点和目的地信令点，SLS 用来选择信令链路。

链路状态信令单元 LSSU 中包含的信息是链路状态字段 SF，用来指示信令链路的定位状态和忙闲状态。该信息由第二功能级生成和处理。状态字段 SF 的格式如图 6-2-5 所示。在 8 比特的状态字段中，5 个比特备用，3 个比特作为状态指示，编码及含义如下：

CBA

000：失去定位 SIO。

001：正常定位 SIN。

010：紧急定位 SIE。

011：业务中断 SIOS。

100：处理机故障 SIPO。

101：链路忙 SIB。

HGFED	CBA
备用	状态指示

图 6-2-5　状态字段 SF 的格式

6.3　我国 No.7 信令网的结构

6.3.1　信令网的基本概念

1．信令网的分离性

公共信道信令的基本特点是传送话音的通道和传送信令的通道相分离，有单独传送信令的通道。将这些传送信令的通道组合起来，就构成了信令网。

No.7 信令系统控制的对象是一个电路交换的信息传输网络，但是 No.7 信令本身的传输和交换设备构成了一个单独的信令网。这个信令网是叠加在受控的电路交换网之上的一个专用的计算机通信网，在这个通信网上传送着电路交换网的控制信息。No.7 信令网是一个重要的支撑网。图 6-3-1 给出了 No.7 信令网与电路网的关系。

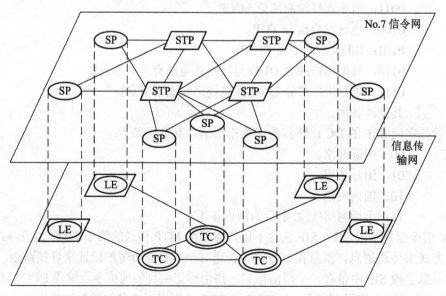

SP—信令点；STP—信令转接点；LE—本地交换机；TC—转接中心

图 6-3-1　No.7 信令网与电路网的关系

2. 信令网的基本组成部件

No.7 信令网的基本组成部件有信令点 SP、信令转接点 STP 和信令链路。

1) 信令点 SP

信令点 SP 是处理信令消息的节点，产生消息的信令点为消息的起源点，消息到达的信令点为该消息的目的节点。任意两个信令点，如果它们的对应用户之间(如电话用户)有直接通信，就称这两个信令点之间存在信令关系。

2) 信令转接点 STP

具有信令转发功能，能将信令消息从一条信令链路转发到另一条信令链路的节点称为信令转接点。

信令转接点分为综合型和独立型两种。综合型 STP 是除了具有消息传递部分 MTP 和信令连接控制部分 SCCP 的功能外，还具有用户部分功能(如 TUP、ISUP、TCAP 和 INAP)的信令转接点设备；独立型 STP 是只具有 MTP 和 SCCP 功能的信令转接点设备。

3) 信令链路

在两个相邻信令点之间传送信令消息的链路称为信令链路。直接连接两个信令点的一束信令链路构成一个信令链路组。

3. 工作方式

No.7 信令网的工作方式是指信令消息所走的通路与消息所属的信令点之间的对应关系。分为直联工作方式和准直联工作方式，其示意图如图 6-3-2 所示。

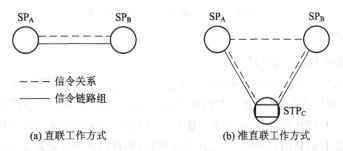

图 6-3-2 直联工作方式和准直联工作方式的示意图

1) 直联工作方式

两个信令点之间的信令消息，通过直接连接两个信令点的链路传递，称为直联工作方式。

2) 准直联工作方式

属于某个信令点的信令消息，经过两个或多个串接的信令链路传送，中间要经过一个或几个信令转接点，传送信令消息的通路在一定的时间内是预先确定的和固定的，就称为准直联工作方式。

6.3.2 我国 No.7 信令网的结构

1. 我国 No.7 信令网的结构

我国 No.7 信令网由高级信令转接点 HSTP、低级信令转接点 LSTP 和信令点 SP 三级组成。图 6-3-3 给出了我国 No.7 信令网的结构。其中，第一级 HSTP 分布在 A、B 两个平面内，在各个平面内，各个 HSTP 以网状网方式相连；在 A 平面和 B 平面间，成对的 HSTP 相连。第二级 LSTP 至少要连至 A、B 平面内成对的 HSTP，每个 SP 至少要连至两个 STP。

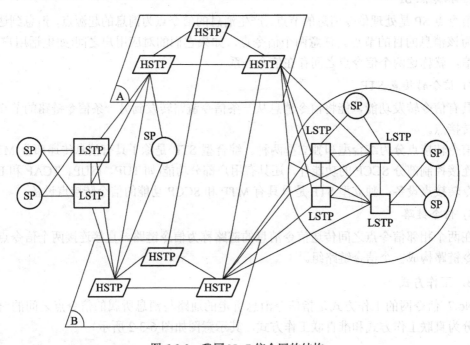

图 6-3-3　我国 No.7 信令网的结构

2．信令区的划分

1) 主信令区的划分及 HSTP 的设置

在各直辖市、省和自治区分别设主信令区，一个主信令区一般设置一对 HSTP。为了保证不因自然灾害导致配对的两个 HSTP 同时瘫痪，在安全可靠的前提下，这两个 HSTP 间应有一定距离。HSTP 所在地应能提供优质可靠的数字信令链路；由于 HSTP 上信令业务量比较集中，因此 HSTP 所在地维护人员素质要较高；HSTP 的选址地点要求自然灾害较少。

2) 分信令区的划分及 LSTP 的设置

原则上一个地区或一个地级市划分为一个分信令区。信令业务量小的地区或地级市也可以由几个地区或地级市共同设置为一个分信令区；信令业务较大的市或县，也可以单独设置为一个分信令区。一个分信令区通常只设置一对 LSTP，一般应设置在地区或地级市邮电局所在城市。为了确保分信令区信令网的可靠性，两个 LSTP 之间应有一定的距离。

3．各级信令点的职责

HSTP 负责转接它所汇接的 LSTP 和 SP 的信令消息。HSTP 应采用独立型信令转接设备。它必须具有 No.7 信令系统中消息传送部分 MTP 的功能，以完成电话网和 ISDN 的电路接续有关的信令消息的传送。同时，如果在电话网、ISDN 中开放智能网业务、移动通信业务和传送各种信令网管理消息，则信令转接点还应具有信令连接控制部分 SCCP 的功能，以传送各种与电路无关的信令信息；若该信令点要执行信令网运行、维护管理程序，那么还应具有事务处理能力应用部分 TCAP 和运行管理应用部分 OMAP 的功能。

LSTP 负责转接它所汇接的信令点 SP 的信令消息。LSTP 可以采用独立型的信令转接设备，也可以采用与交换局(SP)合设在一起的综合式的信令转接设备。采用独立型信令转接设备时的要求同 HSTP；采用综合型信令转接点设备时，除了必须满足独立式信令转接设备的功能外，还应满足用户部分的有关功能。

4．我国三级信令网的双备份可靠性措施

为了保证信令网的可靠性，提高信令网的可用性，我国三级信令网采用了以下的双备份可靠性措施：

第一级 HSTP 采用两个平行的 A、B 平面，在每个平面内的各个 HSTP 以网状网方式相连，A 平面和 B 平面中成对的 HSTP 对应相连。

每个 LSTP 分别连接至 A、B 平面内成对的 HSTP，LSTP 至 A、B 平面内两个 HSTP 的信令链路组之间采用负荷分担方式工作。

每个 SP 至少连至两个 STP(LSTP 或 HSTP)；若连接 HSTP 时，应分别连至 A、B 平面内成对的 HSTP。SP 至两个 STP 的信令链路组间采用负荷分担的方式工作。

每个信令链路组中至少包括两条信令链路。

每种双备份的信令链路应尽可能采用分开的物理通路，其优先选择的顺序为：① 分开的实体路由，例如，两个不同实体路由的光缆或者采用不同的传输手段，如一条为光缆，另一条为数字微波。② 采用同一实体路由中同一种传输手段的不同系统，例如，同一管道中的不同光缆或者不同波道的微波系统。③ 同一载体中的不同系统，例如，同一光缆或者同一波道中的不同 PCM 系统。

两个信令点间的话路群足够大时，设置直达信令链路，采用直联工作方式。

6.3.3 信令点的编号计划

为了便于信令网的管理，国际信令网和各国的信令网是独立的，并采用分开的信令点编码方案。

1．国际信令网的编号计划

国际信令网的信令点编码的位长为 14 位二进制数，采用三级的编码结构，其格式如图 6-3-4 所示。

NML	KJIHGFED	CBA
大区识别	区域网识别	信令点识别
信令区域网编码(SANC)		
国际信令点编码(ISPC)		

图 6-3-4 国际信令网的信令点编码格式

在图 6-3-4 所示的结构中，NML 用于识别世界编号大区，K 至 D 八位码识别世界编号大区内的区域网，CBA 三位码识别区域网内的信令点。NML 和 K 至 D 两部分合起来称为信令区域网编码 SANC，每个国家应至少占用一个 SANC。我国的 SANC 编码为 4-120，即分配在第 4 编号大区，区域网编码为 120。

2．我国的信令网的信令点编码

我国的信令网采用的是 24 位二进制数的全国统一的编码方案。每个信令点编码由主信令区编码、分信令区编码及信令点编码三部分组成，每个部分各占 8 位二进制数，其格式如图 6-3-5 所示。

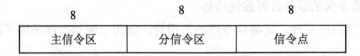

图 6-3-5　我国的信令网的信令点编码格式

表 6-1 给出了我国的主信令区的编码表。

表 6-1　我国的主信令区的编码表

省、自治区、直辖市	主信令区编码(十进制)	省、自治区、直辖市	主信令区编码(十进制)
北京	001	湖南	018
天津	002	广东	019
河北	003	广西	020
山西	004	海南	021
内蒙古	005	四川	022
辽宁	006	贵州	023
吉林	007	云南	024
黑龙江	008	西藏	025
江苏	009	陕西	026
山东	010	甘肃	027
上海	011	青海	028
安徽	012	宁夏	029
浙江	013	新疆	030
福建	014	台湾	031(暂定)
江西	015	香港	032(暂定)
河南	016	澳门	033(暂定)
湖北	017		

6.4　消息传递部分 MTP

消息传递部分 MTP 的主要功能是在信令网中提供可靠的信令消息传递，将源信令点的用户发出的信令单元正确无误地传递到目的地信令点的指定用户，并在信令网发生故障的情况下采取必要的措施恢复信令消息的正确传递。

消息传递部分由信令数据链路、信令链路功能和信令网功能三级组成，其功能结构可参见图 6-2-1。

6.4.1　信令数据链路

　　信令数据链路提供了传送信令消息的物理通道，由一对传送速率相同，工作方向相反的数据通路组成，完成二进制比特流的透明传输。

　　信令数据链路有数字信令数据链路和模制信令数据链路两种传输通道。数字信令数据链路的传输速率为 64 kb/s，模拟信令数据链路的传输速率为 4.8 kb/s。

　　当采用数字信令数据链路时，有两种类型：① 数字传输链路通过数字选择级的半永久连接接至信令终端，如图 6-4-1 所示。② 数字传输通路通过时隙接入设备接入信令终端，如图 6-4-2 所示。

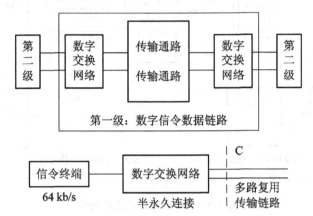

图 6-4-1　数字信令数据链路通过数字选择级的半永久连接连至信令终端

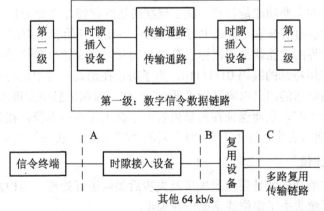

图 6-4-2　数字信令数据链路通过时隙接入设备接入信令终端

6.4.2　信令链路功能

1. 功能概述

　　信令链路功能在 No.7 信令系统功能结构中处于第二级。信令链路与信令链路功能相配合，为信令点之间提供一条可靠的传送通路。信令链路的功能包括：

　　(1) 信令单元的定界、定位。

　　(2) 差错检测、差错校正。

(3) 初始定位。

(4) 信令链路差错率监视。

(5) 第二级流量控制。

(6) 处理机故障的识别。

信令链路的功能模块结构如图 6-4-3 所示。

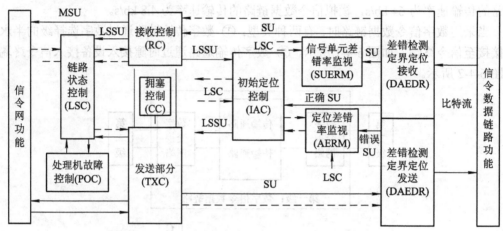

SU—信令单元；MSU—消息信令单元；LSSU—链路状态信令单元

—— 消息流　－－－－ 控制和指示

图 6-4-3　信令链路的功能模块结构

2．信令单元定界

信令单元定界的主要功能是将第一级上连续传送的比特流划分为信令单元。

从图 6-2-3 所示的信令单元格式中可知，信令单元的开始和结束都是由标志符 F 来标识的，信令单元定界的功能就是根据标志符 F 来将第一级上连续传送的比特流划分为信令单元。标志符 F 采用特殊的编码 01111110。为了防止在消息内容中出现伪标志符，信令消息的发送端要对需传送的消息内容进行"插 0"操作，即在消息中发现连续的 5 个"1"后就在其后插入一个"0"，从而保证在消息内容中不会出现伪标志符。在接收端则进行"删0"操作，即将消息内容中连续的五个"1"后的"0"删掉，从而使消息内容恢复原样。

3．信令单元定位

信令单元定位的功能就是要检测失步及失步后如何进行处理。当检测到以下异常情况之一时，就认为系统失去了定位或系统出现失步：

(1) 收到了不允许出现的码型(6 个以上连续的 1)。

(2) 信令单元内容太短(少于 5 个八位位组)。

(3) 信令单元内容太长(大于 273＋5 个八位位组)。

(4) 两个 F 之间的比特数不是 8 的整倍数。

在失去定位的情况下，进入八位位组计数方式，即每收到 16 个八位位组就报告一次出错，直到收到一个正确的信令单元才结束八位位组计数方式。

4．差错检测

No.7 信令系统第二级采用的差错检测方法是循环冗余校验 CRC，其算法为：

$$\frac{X^{16}M(X) \oplus X^{k}(X^{15}+X^{14}+\cdots+X+1)}{G(X)} = Q(X) + \frac{R(X)}{G(X)}$$

式中，$M(X)$等于发送端发送的数据；k 等于 $M(X)$的长度(比特数)；$G(X)=X^{16}+X^{12}+X^{5}+1$，是生成多项式；$R(X)$是左式分子被 $G(X)$除的余数。

发送端按照以上算法对待发送的内容进行计算，得到的余数 $R(X)$的长度是 16 比特，将其逐位取反后作为校验码 CK 与需传送的数据一起送到接收端。接收端对接收到的数据和 CK 值按照同样的算法进行计算，如果计算结果为 0001　1101　0000　1111，说明没有传输错误；如果计算结果为其他值，则表示存在传输错误及大部分的大量突发错误。

5. 差错校正

No.7 信令系统提供两种差错校正方法：基本差错校正方法和预防循环重发校正方法。基本差错校正方法用于传输时延小于 15 ms 的陆上信令链路；预防循环重发校正方法用于传输时延较大的卫星信令链路。

1) 基本差错校正方法

基本差错校正方法是一种非互控、正/负证实的重发纠错方法。正证实用来指示信令单元的正确接收，负证实用来指示接收的信令单元发生错误并要求重发。

在每个信令终端内都配有重发缓冲器 RTB，已发送出去但还未得到证实的消息信令单元需暂存在 RTB 中，直到收到对端发来的对这些信令单元的肯定证实。

在基本差错校正方法中用到的差错校正字段包括前向序号 FSN、后向序号 BSN。前向表示语比特 FIB 和后向表示语比特 BIB。前向序号 FSN 表示当前正在发送的信令单元的序号；后向序号 BSN 表示已正确接收的对端发来的信令单元的序号，作为肯定证实。消息信令单元的正/负证实及重发请求就是靠这四个参数相互配合来完成的。

图 6-4-4 表示了 SP$_A$→SP$_B$ 方向传送的信令单元的差错校正过程。

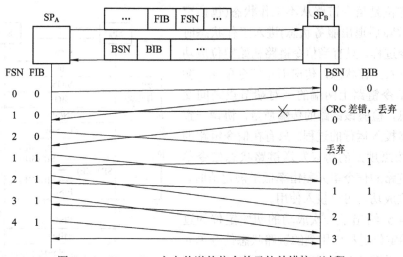

图 6-4-4　SP$_A$→SP$_B$ 方向传送的信令单元的差错校正过程

在采用基本差错校正方法时，在下列情况下确认信令链路故障并通知第三级：
(1) 在收到三个连续的信令单元中检出两个后向序号错误。

(2) 在收到的三个连续的信令单元中检出两个前向表示语比特错误。

(3) 超过证实时延。

在采用基本差错校正方法时，发送消息的优先权为：

(1) 链路状态信令单元。

(2) 未得到证实且收到负证实的消息信令单元。

(3) 新的消息信令单元。

(4) 填充信令单元。

2) 预防循环重发方法

预防循环重发方法是一种非互控、正证实和循环重发的方法。已经发送的消息信令单元要保留到重发缓冲器 RTB 中直到收到正证实为止。在此期间，当无新的消息信令单元或链路状态信令单元发送时，未被证实的消息信令单元全部自动循环重发。

当未被证实的信令单元数量达到 $N_1(N_1 \leqslant 127)$ 或未被证实的信令单元的八位位组数量达到 N_2 时，则开始强制重发过程，中断发送新的信令单元，强制重发存储在 RTB 中的信令单元，直到 RTB 中存储的信令单元数量小于 N_1 或 RTB 中存储的信令单元的八位位组数小于 N_2。

在采用预防循环重发校正方法时，发送消息的优先权为：

(1) 链路状态信令单元。

(2) 还未证实的、存储在重发缓冲器中的消息信令单元数量超过 N_1 及消息信令单元的八位位组数量超过 N_2 的消息信令单元。

(3) 新的消息信令单元。

(4) 还未证实的消息信令单元。

(5) 填充信令单元。

6. 初始定位过程

初始定位是信令链路从不工作状态(包括空闲状态和故障后退出服务状态)进入工作状态时执行的信令过程。只有当信令链路初始定位成功后，才能进入工作状态，传递消息信令单元。初始定位是信令链路上两端的一对端节点之间交换握手信息，检验该链路的传输质量，协调一致地将此链路投入运行的过程。只有在信令链路的两端都能按照规定的协议发送链路状态信令单元，且该链路的信令单元差错率低于规定值时，才认为定位成功，可以投入使用。

图 6-4-5 给出了一次成功的初始定位的过程。在初始定位过程中用到的链路状态信令单元的格式可参见图 6-2-3。由图 6-4-5 可知，初始定位过程可划分为进入服务状态、未定位监视状态、已定位监视状态和验收状态这四个阶段。

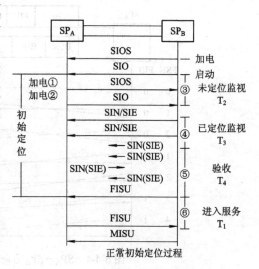

图 6-4-5　成功的初始定位的过程

7．信令链路差错率监视

为了保证信令链路的性能，以便满足信令业务的要求，必须对信令链路的差错率进行监视。当信令链路差错率超过门限值时，应判定信令链路故障。

有两种信令链路差错率监视过程：信令单元差错率监视过程和定位差错率监视过程，分别用来监视信令链路处于工作状态时和处于初始定位时的信令单元差错率。

确定信令链路差错率监视过程的参数主要有两个：连续接收到的差错信令单元数 T 和信令链路的长期差错率 $1/D$。

在采用 64 kb/s 的数字信令链路时，当连续接收的差错信令单元的数目 $T = 64$ 或信令单元的长期差错率大于 $1/256$ 时，信令链路差错率监视过程判定信令链路故障并向第三级报告。

8．第二级流量控制

当信令链路的接收端检测到拥塞时，则启动流量控制过程。检出链路拥塞的接收端停止对输入的消息信令单元进行肯定和否定的证实，周期地向对端发送"忙"的链路状态信号 SIB。

对端信令点收到 SIB 信号后将停止发送新的消息信令单元并启动远端拥塞定时器 T_6。如果定时器超时，则判定该链路故障，并向第三级报告。

当拥塞取消时，恢复对输入信令单元的证实。当对端收到了对信令单元的证实时，则取消远端拥塞定时器，恢复发送新的消息信令单元。

9．处理机故障

当高于第二级的因素致使信令链路不能使用时，就认为发生了处理机故障。处理机故障是指信令消息不能传送到第三级，这可能是中央处理机故障，也可能是由于人工因素阻断了一条信令链路。

当第二级收到了第三级来的指示或已经识别到第三级故障时，则判定本地处理机故障并开始向对端发送表示处理机故障的链路状态信号 SIPO，同时舍弃收到的消息信令单元。

如果对端的第二级处于正常工作状态，收到 SPIO 后将通知第三级停发消息信令单元 MSU，并连续发送填充信令单元 FISU。

当本地处理机故障状态停止，则恢复正常发送 MSU 和 FISU(如果远端未出现本地处理机故障)。当远端的第二级正确接收到 MSU 或 FISU，则通知第三级恢复正常。

6.4.3　信令网功能

信令网功能是 No.7 信令系统的第三功能级，它定义了在信令点之间传递信令消息的功能和过程。信令网功能包括信令消息处理和信令网管理两部分。

1．信令消息处理

信令消息处理的功能是保证源信令点的用户部分发出的消息能准确地传送到指定的目的地信令点中的同类用户部分。信令消息处理又可分为消息识别、消息分配和消息路由三个子功能，其结构如图 6-4-6 所示。

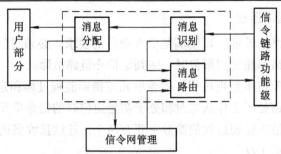

图 6-4-6 信令消息处理功能的结构

1) 消息识别

由图 6-4-6 可知，各条信令链路接收到的消息信令单元 MSU 都传送到消息识别功能。消息识别功能将收到的 MSU 中的目的地信令点编码 DPC 与本节点的编码进行比较，如果该消息路由标记中的 DPC 与本节点的信令点编码相同，说明该消息是送到本节点的，就将该消息送给消息分配功能；如不相同，则将该消息送给消息路由功能。在消息信令单元的信令信息字段 SIF 的开头，都包含有路由标记，其格式如图 6-4-7 所示。

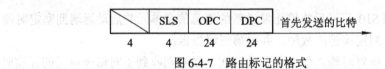

图 6-4-7 路由标记的格式

2) 消息分配

发送到消息分配功能的消息都是由消息识别功能鉴别出其目的地是本节点的消息。消息分配功能检查该消息的业务信息八位位组 SIO 中的业务表示语 SI，将消息分配到对应的用户部分。SIO 的格式可参见图 6-2-4。

3) 消息路由

消息路由的功能是为需要发送到其他节点的消息选择发送路由。这些消息可能是消息识别部分送来的，也可能是本节点的第四级用户或第三级的信令网管理功能送来的。消息路由的功能根据 MSU 中路由标记的目的地信令点编码 DPC、链路选择码 SLS 以及业务信息八位位组 SIO 来选择合适的信令链路传递信令消息。

一般来说，选择一条合适的信令链路需要进行以下三个步骤：

(1) 信令路由的确定：根据业务信息八位位组 SIO 的内容判断是哪类用户产生的消息来选择相应的路由表，并根据 SIO 中子业务字段 SF 的值进一步选择不同的路由表，如国际呼叫选择国际路由表，国内呼叫选择国内路由表。

(2) 信令链路组的确定：根据目的地信令点编码 DPC 和链路选择码 SLS，依据负荷分担的原则确定相应的信令链路组。

(3) 信令链路的确定：根据信令链路选择码 SLS，在某一确定的信令链组内选择一条信令链路，并将消息交给该信令链路发送出去。

对于到达同一目的地信令点且链路选择码 SLS 相同的多条消息，消息路由功能总是将其安排在同一条信令链路上发送，以保证这样的多条消息能够按源信令点发送的顺序到达目的地信令点。

2．信令网管理

No.7 信令网是通信网络的神经系统，在 No.7 信令网上传递的是通信网的控制信息，信令网的任何故障都会大幅度地影响它所控制的信息传输网的工作，造成通信中断。为了提高信令网的可靠性，除了在信令网中配备足够的冗余链路及设备外，有效的监督管理和动态的路由控制也是十分必要的。

信令网管理的主要功能就是为了在信令链路或信令点发生故障时采取适当的行动以维持和恢复正常的信令业务。信令网管理功能监视每一条信令链路及每一个信令路由的状态，当信令链路或信令路由发生故障时确定替换的信令链路或信令路由，将出故障的信令链路或信令路由所承担的信令业务转移到替换的信令链路或信令路由上，从而恢复正常的信令消息传递，并通知受到影响的其他节点。

信令网管理功能由信令业务管理、信令路由管理和信令链路管理这三部分组成。

1）信令网管理消息

为了完成信令网管理功能，在相关的信令点之间要传送有关的信令网管理消息。信令网管理消息的格式如图 6-4-8 所示。

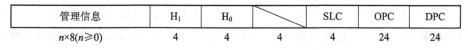

管理信息	H_1	H_0		SLC	OPC	DPC
$n×8(n≥0)$	4	4	4	4	24	24

图 6-4-8　信令网管理消息的格式

信令网管理消息的内容在消息信令单元的 SIF 字段中，由路由标记、标题码和管理信息三部分组成。路由标记包含目的地信令点编码 DPC、源信令点编码 OPC 和链路编码 SLC。SLC 表示连接目的地信令点和源信令点的与该消息有关的信令链路的编码。如果该消息与信令链路无关，则 SLC 的编码为 0000。

标题码用于说明消息的类型，标题码包括消息组编码 H_0 和消息编码 H_1。表 6-2 给出了信令网管理消息的标题码分配。

表 6-2　信令网管理消息的标题码分配

消息组	H_1 / H_0	0000	0001	0010	0011	0100	0101　0110	0111	1000	1001～1111
	0000									
CHM	001		COO	COA			CBD　CBA			
ECM	0010		ECO	ECA						
FCM	0011		RCT	TFC						
TFM	0100		TFP		TFR		TFA			
RSM	0101		RST	RSR						
MIM	0110		LIN	LUN	LIA	LUA	LID　LFU	LLT	LRT	
TRM	0111		TRA							
DLM	1000		DLC	CSS						
UFC	1001 1010		UPU							
					1011～1111					

2) 信令业务管理

信令业务管理的功能是在信令链路或信令路由出现故障时，将信令业务从一条不可用的信令链路或信令路由转移到一条或多条替换的信令链路或信令路由，或在信令点阻塞的情况下暂时减少信令业务。信令业务管理功能由以下程序组成：倒换、倒回、强制重选路由、受控重选路由、管理阻断、信令点再启动和信令业务流量控制。

(1) 倒换。当信令链路由于某种原因由可用状态变为不可用状态时，信令业务管理功能将启用倒换程序，将不可用信令链路上传送的信令业务转移到替换信令链路上去，而且要尽量保证消息不丢失、不重复，顺序不丢失。

(2) 倒回。倒回过程的功能是将信令业务尽快地从替换的信令链路转移到已变成可用的信令链路上，而且不产生消息丢失、重复及顺序颠倒。

(3) 强制重选路由。当到达某给定目的地的信令路由变为不可用时，强制重选路由程序用来把到该目的地的信令业务尽快地转移到替换的信令路由上。

(4) 受控重选路由。当到达某给定目的地的信令路由变为可用时，启用受控重选路由程序，把到达该目的地的信令业务从替换的信令路由转移到正常的信令路由上传输。

(5) 管理阻断。管理阻断程序用于维护和测试的目的。当信令链路在短时间内频繁地进行倒换和倒回，或信令链路差错率过高时，维护人员可以通过维护命令将该信令链路设置为阻断状态，以便发送维护和测试消息。

(6) 信令点再启动。当一个信令点由于故障或者管理方面的原因使它与信令网隔离一段时间后，信令点的路由数据可能已发生改变，当该信令点重新工作时必须使用信令点再启动程序，与相邻信令点交换足够的路由数据后再重新投入工作。

(7) 信令业务流量控制。当信令网由于故障或拥塞不能传送由用户产生的全部信令业务时，使用信令业务流量控制程序，以控制信令路由上的流量或解除闭塞信令路由以疏通流量。

3) 信令路由管理

信令路由管理用来在信令点之间可靠地交换关于信令路由是否可用的信息，并及时地闭塞信令路由或解除闭塞信令路由。

信令路由管理功能由以下程序组成：禁止传递程序、允许传递程序、受控传递程序和信令路由组测试程序。

(1) 禁止传递程序。它作为去往某目的地信令消息的信令转接点，使用禁止传递程序时，其目的是要通知一个或多个邻近的信令点，告诉它们不能再经由此信令转接点转发信令消息至该目的地。当一个信令点收到禁止传递消息时，应执行强制重选路由程序。

(2) 允许传递程序。它作为去往某目的地的信令消息的转接点，使用允许传递程序时，其目的是要通知一个或多个邻近的信令点，告诉它们已经能够经由此信令转接点向该目的地传递有关的消息。如果一个信令点收到允许传递消息，将执行受控重选路由程序。

(3) 受控传递程序。国际信令网利用受控传递程序，是为了将拥塞指示从发生拥塞的信令点传送到源信令点。

信令点收到受控传递消息时，通知第四级的用户部分，减少发送的业务流量。

① 国内网有拥塞优先级的受控传递程序(暂不使用)。

国内网有拥塞优先级的受控传递程序，用于信令转接点通知一个或多个源信令点，要求其不要再将某一优先级或低于某一优先级的信令消息发送到某目的地。

② 国内网无拥塞优先级的受控传递程序(国内网使用)。

此方法与国际网中的受控传递程序类似，不同的是采用了多个拥塞状态，无拥塞优先级的国内网利用受控传递程序，是为了用受控传递消息把拥塞指示从检出拥塞的信令点传送到源信令点。

原邮电部在关于《中国国内电话网 No.7 信令方式技术规范》的补充规定中决定在国内 No.7 信令网中使用国际网使用的受控传递程序。

(4) 信令路由组测试程序。信令点使用信令路由组测试程序，以测试去往某目的地的信令业务是否能经过邻近的信令转接点传送。

当信令点从邻近的信令转接点收到一禁止传递消息时，它每隔 30 s 向该信令转接点发送信令路由组测试消息，直到收到关于该目的地信令点可达的允许传递消息为止。

4) 信令链路管理

信令链路管理功能用来控制本地连接的信令链路，恢复有故障的信令链路，以便接通空闲的、还未定位的信令链路，以及断开已定位的信令链路。因此，该功能为建立和保持链路组的某种预定的能力提供了一种手段，当信令链路发生故障时，信令链路管理功能可以为恢复该链路组的能力采取行动。

根据分配和重新组成信令设备的自动化程度，信令链路管理功能有三种程序：基本的信令链路管理程序、自动分配信令终端、自动分配信令数据链路和信令终端。目前在国内信令网使用的是基本的信令链路管理程序——人工分配信令数据链路和信令终端。

5) 信令网管理功能示例

在如图 6-4-9 所示的信令网管理功能示例中，SP_A、SP_D 和 SP_E 之间的通信采用准直联工作方式，在正常情况下，由信令转接点 STP_B 和 STP_C 按照负荷分担的原则完成它们之间的信令业务。假设信令链路组 L_5 中的最后一条信令链发生故障。为了恢复信令消息的传送，信令点 SP_D 将执行倒换程序，将原来由信令链路组 L_5 上承担的信令业务转换到信令链路组 L_6 上去。由于信令转接点 STP_B 对 SP_D 变为不可到达，STP_B 将执行禁止传递程序，分别向 SP_A 及 SP_E 发送禁止传递消息，通知 SP_A 和 SP_E 已不可能通过 STP_B 转发信令消息至 SP_D。SP_A 和 SP_E 收到禁止传递消息后将执行强制重选路由程序，将原来经由 STP_B 转发至 SP_D 的信令业务转换到经由 STP_C 转发；同时执行信令路由组测试程序，每隔 30 s 向 STP_B 发送信令路由组测试消息，询问 STP_B 至 SP_D 的信令业务是否已经恢复。

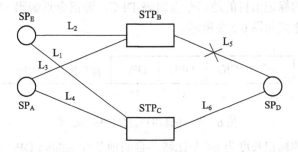

图 6-4-9　信令网管理功能示例

同样，在图 6-4-9 所示的结构中，如果信令链路组 L_5 从故障中恢复，则 SP_D 执行倒回过程，将原来倒换至 L_6 的信令业务倒回到 L_5 传送。由于 STP_B 对 SP_D 变为可到达，因此 STP_B 将执行允许传递程序，分别向 SP_A、SP_E 发送允许传递消息，通知这两个信令点已经能够通过 STP_B 转发信令消息至 SP_D。SP_A 和 SP_E 收到允许传递消息后，停止执行信令路由组测试程序，同时执行受控重选路由程序，将原来转换到经 STP_C 转发的那部分至 SP_D 的信令业务转换至正常的信令路由。

6.5　电话用户部分 TUP

电话用户部分 TUP 是 No.7 信令系统的第四功能级，是当前应用得最广泛的用户部分。TUP 定义了用于电话接续所需的各类局间信令。不仅可以支持基本的电话业务，还可以支持部分用户补充业务。

6.5.1　电话用户消息的格式

1. 电话用户消息的一般格式

电话用户消息的格式如图 6-5-1 所示。与其他用户部分的消息一样，电话用户消息的内容是在消息信令单元 MSU 中的信令信息字段 SIF 中传送的。SIF 由标记、标题码和信令信息三部分组成。

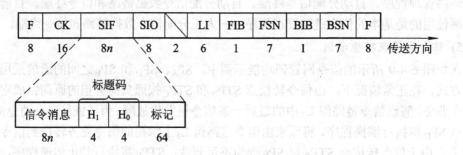

图 6-5-1　电话用户消息的格式

1) 标记

标记是一个信息术语，每一个信令消息都含有标记部分。消息传递部分根据标记来选择信令路由。电话用户部分利用标记来识别该信令消息与哪个呼叫有关。

电话用户消息的标记由目的地信令点编码 DPC、源信令点编码 OPC 及电路编码 CIC 这三部分组成，其格式如图 6-5-2 所示。

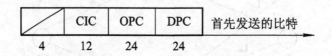

图 6-5-2　电话用户消息的标记格式

电话用户消息的标记长度为 64 个比特，目的地信令点编码 DPC 和源信令点编码各占 24 个比特，电路编码 CIC 占 12 个比特，另有 4 个比特备用。

电话用户消息的标记说明该信令消息传送的是由 DPC 及 OPC 所说明的信令点之间由 CIC 所指定电路的信令消息。

对 2048 kb/s 的数字通路，CIC 的低 5 位是话路时隙编码，高 7 位表示 DPC 与 OPC 信令点之间 PCM 系统的编码。

对 8448 kb/s 的数字通路，CIC 的低 7 位是话路时隙编码，高 5 位表示 DPC 与 OPC 信令点之间 PCM 系统的编码。

对 34 368 kb/s 的数字通路，CIC 的低 9 位是话路时隙编码，高 3 位表示 DPC 与 OPC 信令点之间 PCM 系统的编码。

2) 标题码

标题码用来指明消息的类型。标题码由消息组编码 H_0 和消息编码 H_1 组成。标题码的编码如表 6-3 所示。

表 6-3　标题码的编码

消息组	H_1 / H_0	0000	0001	0010	0011	0100	0101	0110	0111	1000	1001	1010	1011	1100	1101	1110	1111
	0000						国 内 备 用										
FAM	0001		IAM	IAI	SAM	SAO											
FSM	0010		GSM		COT	CCF											
BSM	0011		GRQ														
SBM	0100		ACM	CHG													
UBM	0101		SEC	CGC	NNG	ADI	CFL	SSB	UNN	LOS	SST	ACB	DPN				EUM
CSM	0110	ANU	ANC	ANN	CBK	CLF	RAN	FOT	CCL								
CCM	0111		RLG	BLO	BLA	UBL	UBA	CCR	RSC								
GRM	1000		MGB	MBA	MGU	MUA	HGB	HBA	HGU	HUA	GRS	GRA	SGB	SBA	SGU	SUA	
NNM	1001		CFM	CPM	CPA	CSV	CVM	CRM	CLI								
CNM	1010		ACC					国际和国内备用									
	1011																
NSB	1100			MPM													
NCB	1101		OPR					国内备用									
NUB	1110		SLB	STB													
NAM	1111		MAL	CRA													

3) 信令信息

信令信息部分用来传送消息所需的参数。信令信息字段的格式由消息类型决定。有的消息的信令信息部分有复杂的格式，如初始地址消息 IAM；而有的消息用标题码已足以说明该消息的作用，这时没有信令信息部分，如前向拆线消息 CLF。

2. 电话信令消息格式示例

初始地址消息 IAM 是为建立呼叫由去话局发出的第一条信令消息，它包含有下一交换局为建立呼叫、确定路由所需的消息。初始地址消息的格式如图 6-5-3 所示。

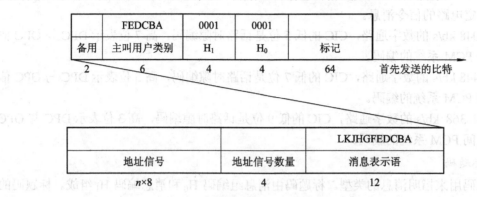

图 6-5-3　初始地址消息的格式

主叫用户类别用于指示主叫用户的特性，由 6 个比特组成，其编码及含义如下：

FEDCBA
000000 来源未知
000001 话务员，法语
000010 话务员，英语
000011 话务员，德语
000100 话务员，俄语 　　　　　　　　在国际半自动接续中使用
000101 话务员，西班牙语
000110 双方协商采用的语言(汉语)
000111 双方协商采用的语言
001000 双方协商采用的语言(日语)
001001 国内话务员(具有插入性能)
001010 普通用户，在长(国际)—长，长(国际)—市话局间使用
001011 优先用户，在长(国际)—长，长(国际)—市，市—市局间使用
001100 数据呼叫
001101 测试呼叫
001110 　
～ 　　备用
001111 　
010000 普通、免费
010001 普通、定期
010010 普通、用户表、立即
010011 普通、打印机、立即
010100 优先、免费
010101 优先、定期
010110 　
010111 　　备用

011000 普通用户，在市—市局间使用

011001 ⎫
～　　　⎬ 备用
011111 ⎭

消息表示语共有 12 个比特，其编码及含意为：

BA：地址性质指示码。

00：市话用户号码。

01：国内备用。

10：国内(有效)号码。

11：国际号码。

DC：电路性质指示码。

00：接续中无卫星电路。

01：接续中有卫星电路。

10：备用。

11：备用。

FE：导通检验指示码。

00：不需要导通检验。

01：该段电路需要导通检验。

10：在前段电路进行了导通检验。

11：备用。

G：回声抑制器指示码。

0：未包括去话半回声抑制器。

1：包括去话半回声抑制器。

H：国际来话呼叫指示码。

0：不是国际来话呼叫。

1：是国际来话呼叫。

I：改发呼叫指示码。

0：非改发呼叫。

1：改发呼叫。

J：需要全部数字通路指示码。

0：普通呼叫。

1：需要全数字通路。

K：信号通道指示码。

0：任何通道。

1：全部是 No.7 信令系统通道。

L：备用。

地址信号数量占 4 个比特，它用来说明在初始地址消息中包含的被叫地址的位数。

地址信号字段是一个可变长度字段，其长度由"地址信号数量"来表示。地址信号部分由整数个八位位组组成，用来传送被叫号码。每位号码占 4 个比特，当地址信号数为奇

数时，要在最后一个地址信号后补 4 个 "0"。

6.5.2　常用电话用户信令消息的功能

1. 国际网、国内网通用的信令消息

下面讲到的信令消息，都可以在表 6-3 中找到其标题码的代码。

1) 初始地址消息

如前所述，初始地址消息是为建立呼叫而发出的第一个消息，初始地址消息分为 IAM 和带有附加信息的初始地址消息 IAI。而 IAI 除了可携带上述 IAM 所包含的全部内容外，在现阶段还可包含主叫用户和被叫用户的电话号码。

2) 后续地址消息 SAM 和 SAO

后续地址消息是在初始地址消息后发送的地址消息，用来传送剩余的被叫电话号码。SAM 一次可传送多位号码，而 SAO 一次只能传送一位电话号码。

3) 成组发送方式和重叠发送方式

成组发送方式是指在 IAM(或 IAI)中一次将被叫用户号码全部发送完。重叠发送方式是指在 IAM(IAI)中发送被叫的部分电话号码，剩余的号码由 SAM 或 SAO 消息传送。采用重叠发送方式主要是为了提高接续的速度，减少用户拨号后的等待时间。在采用重叠发送方式时，在 IAM(IAI)中必须包括下一交换局选择路由所需的全部数字。在初始地址消息中包含几位号码一般可通过交换局的局数据确定。在市长接续时，一般包含区号及区号后三位。

在采用重叠发送方式时，IAM(IAI)、SAM 消息中所包含的被叫号码位数应满足以下需求：

$$\text{IAM(IAI)中的号码位数} = \text{选定路由所需位数}$$

$$\text{SAM 中的号码位数} = \text{最小位数} - \text{IAM/IAI 中号码位数}$$

余下的被叫号码由 SAO 消息一位一位地发送。

在我国的有关技术规范中规定，在发端市话局至发端长话局之间、长话局—长话局之间的全自动接续中采用重叠发送方式，在其他的接续中采用成组发送方式。

4) 一般后向请求消息 GRQ 和一般前向建立消息 GSM

在呼叫建立期间，当来话局需要更多的信息时，可用 GRQ 消息向去话局发出请求。可请求的信息有：主叫用户地址、主叫用户类型、原被叫地址、请求回声抑制器(或回声消除器)等。去话局收到 GRQ 消息后，用 GSM 消息将响应信息送给来话局。

5) 地址全消息 ACM

地址全消息 ACM 是后向发送的消息，用来表示呼叫被叫用户所需的全部地址信息已收齐，并可传送有关被叫空闲及是否计费等信息。

6) 后向建立不成功消息组 UBM

UBM 是后向发送的消息，用来向去话局表示呼叫不能成功建立，并说明呼叫失败的原因。UBM 消息组中包含以下消息(可以从表 6-3 中看到其标题码)：

(1) 交换设备拥塞信号(SEC)。

(2) 电路群拥塞信号(CGC)。

(3) 国内网拥塞信号(NNC)。

(4) 地址不全信号(ADI)。

(5) 呼叫故障信号(CFL)。

(6) 用户忙信号(SSB)。

(7) 空号(UNN)。

(8) 线路不工作信号(LOS)。

(9) 发送专用信号音信号(SST)。

(10) 接入拒绝信号(ACB)。

(11) 不提供数字通路信号(DPN)。

7) 应答消息

应答消息是后向发送的信号，表示被叫用户已摘机应答。应答消息包括应答计费消息 ANC 和应答免费消息 ANN。去话交换局在收到应答消息后应将前向话路接通。执行计费的交换局在收到应答计费消息 ANC 时开始执行计费程序。

8) 后向拆线信号 CBK

CBK 是后向发送的信号，表示被叫用户已挂机。

9) 前向拆线信号 CLF

CLF 是前向发送的信号。它是最优先执行的信号，所有交换局在呼叫进行的任一时刻，甚至在电路处于空闲状态时，收到 CLF 信号时都必须释放电路并发出释放监护信号 RLG，以对 CLF 信号做出响应。

10) 主叫挂机信号 CCL

CCL 是前向发送的信号，表示主叫用户已挂机。在采用被叫控制释放方式时，当主叫用户挂机，去话局不能发送前向拆线信号 CLF，而是发送 CCL 信号通知来话局主叫用户已挂机；只有收到来话局发出的后向拆线信号 CBK 后，去话局才能发送 CLF 信号并释放电路。

11) 释放监护信号 RLG

RLG 是后向发送的信号。当来话局收到 CLF 信号时，应立即发送 RLG 信号做出响应并释放电路。

2. 国内网专用消息

以上消息都是国际网和国内网通用的消息。下面再介绍几条国内网专用消息。

1) 计次脉冲消息 MPM

MPM 是发端长话局发往发端市话局的后向信号。当主叫用户类型编码为 010010(普通，用户表，立即计费)时，发端长话局在收到应答计费消息 ANC 后，每分钟向发端市话局发送一个 MPM 信号，将本次接续单位时间的计费脉冲数通知发端市话局。

2) 用户市忙信号 SLB 和用户长忙信号 STB

在国内网中一般用 SLB 或 STB 信号来代替用户忙信号 SSB，以便进一步说明用户是长忙还是市忙。在长途半自动呼叫时，如收到市忙信号 SLB，交换局应接通话路，实现话务员插入性能。

6.5.3　信令程序

下面介绍一些典型的信令传送程序，以说明各种类型的呼叫接续中，电话信令消息的传送顺序。

1. 分局至分局/汇接局的直达接续

1) 主叫遇被叫空闲

主叫遇被叫空闲的信令程序如图 6-5-4 所示。这是市话分局至分局的呼叫，采用成组发送方式。主叫所在分局用初始地址消息 IAM 一次将主叫类别等信息及被叫用户的号码送到被叫所在局。被叫所在分局经分析是终接呼叫且被叫空闲时的，就发送地址全消息 ACM，同时在话路上发送振铃音(主叫局送回铃音)。当被叫摘机应答后，被叫所在局发送应答计费消息 ANC，主叫局接通话路同时启动计费，呼叫进入通话阶段。

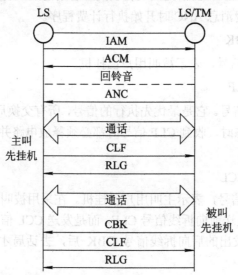

图 6-5-4　主叫遇被叫空闲的信令程序

如果主叫先挂机，主叫所在局发送前向拆线信号 CLF。被叫局收到 CLF 后释放电路，用释放监护信号 RLG 对 CLF 进行响应，该中继话路即进入空闲状态。

如果被叫先挂机，则来话局发送后向拆线信号 CBK 至去话局。去话局发送 CLF 信号，来话局回送 RLG 信号，中继电路重新进入空闲状态。

2) 主叫遇被叫忙等

主叫遇被叫忙等的信令程序如图 6-5-5 所示。来话局收到初始地址消息 IAM 后进行分析，如果由于被叫忙等原因呼叫不能成功建立，就发送后向建立不成功消息组 UBM 中的某一消息(如 SLB、STB、LOS 和 UNN 等)，说明呼叫不能成功建立的原因。去话局收到 UBM 消息后，发送前向拆线消息 CLF，来话局用 RLG 信号进行响应，中继话路重新变为空闲。

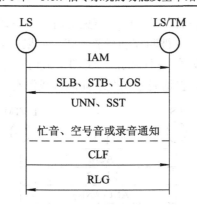

图 6-5-5　主叫遇被叫忙等的信令程序

3) 追查恶意呼叫

追查恶意呼叫的信令程序如图 6-5-6 所示。来话局收到去话局发来的 IAM 消息后，经分析被叫用户登记了恶意呼叫追查功能，就发送一般请求消息 GRQ 请求主叫号码。去话局收到 GRQ 消息后，就用一般建立消息 GSM 将主叫号码发送给来话局。至此，建立该次呼叫所需的信息已全部接收完毕，来话局发送地址全消息 ACM 然后发送振铃信号。被叫用户摘机后，来话局发送应答计费消息 ANC，呼叫进入通话阶段。在通话阶段或主叫挂机后 30 s 内，如果被叫用户按 R 键或拍叉簧后拨 3 以上数字，在来话局将打印出主叫用户号码、被叫用户号码、通话日期、时间，作为追查恶意呼叫的根据。

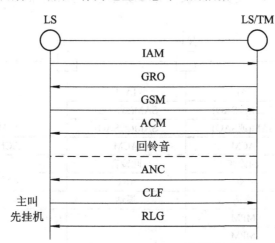

主叫用户挂机后30 s 内，被叫用户拨
"3" 以上数字或按 R键，打印输出主叫
用户号码、被叫用户号码、日期和时间

图 6-5-6　追查恶意呼叫的信令程序

4) 呼叫至 119、110、120

呼叫至 119、110、120 的信令程序如图 6-5-7 所示。去话局接到主叫用户拨的电话号码，经分析是呼叫至火警 119、匪警 110 或急救中心 120 的，就选择一条至以上特服台的分局或汇接局的话路，发送带有附加信息的初始地址消息 IAI 至来话局。在 IAI 中除包含有 IAM 消息的全部内容外，还包含有主叫用户号码。来话局收到 IAI 后发送 ACM 消息。

当特服台(119、110、120)应答后，发送应答信免费消息 NN(或 ANC)，呼叫进入通话状态。呼叫至 119、110、120 是典型的被叫控制释放方式，如果主叫用户先挂机，去话局不能发送前向拆线消息 CLF，而是发送主叫挂机信号 CCL，此时话路仍然保持；当被叫用户挂机，来话局发送后向拆线消息后，去话局才能发送前向拆线消息 CLF 释放话路。

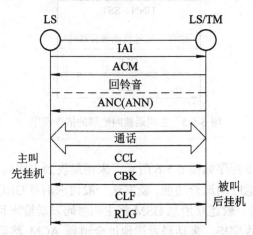

图 6-5-7 呼叫至 119、110、120 的信令程序

2. 发市—发长—终长—终市的全自动接续

图 6-5-8 给出了发市—发长—终长—终市接续全程为 No.7 信令时全自动接续的信令发送程序。

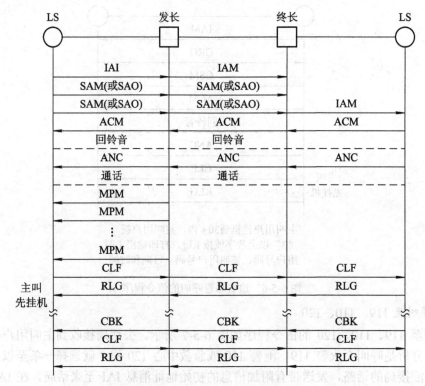

图 6-5-8 发市—发长—终长—终市全自动接续的信令发送程序

从图中可见，发市—发长—终长之间采用的是重叠发送方式，在初始地址消息中包含下一交换局选择路由所需的被叫号码，剩余号码由后续地址消息 SAM(SAO)发送。而终长—终市采用的是成组发送方式。另外，发市—发长发送的是带有附加信息的初始地址消息 IAI，在 IAI 中除包含有 IAM 消息的全部内容外，还包含有主叫用户号码。

另外，在被叫用户应答后，如果主叫用户类型编码为 010010(普通，用户表，立即计费)，即发端长话局收到 ANC 消息后，每隔 1 min 要给发端市话局发送计次脉冲消息 MPM，将本次接续单位时间的计费脉冲数通知发端市话局，以便对主叫用户立即计费。

3．双向电路的同抢处理

1) 双向同抢的概念

在采用随路信令时，交换局间的中继电路一般都是单向电路，其示意图如图 6-5-9 所示。图中 A 局与 B 局之间的中继电路分为两部分，一部分电路对 A 局来说是出中继电路，对 B 局来说是入中继电路，用来完成由 A 局至 B 局方向的呼叫；另一部分电路对 A 局而言是入中继电路，对 B 局而言是出中继电路，用来完成从 B 局至 A 局方向的呼叫。采用单向电路有时会出现电路利用率不高的情况，例如，在某个时刻，A 局至 B 局方向的呼叫很多，所有 A 局至 B 局的出中继电路都已占用；而这时 B 局至 A 局方向的呼叫较少，有若干条中继电路空闲。当又出现由 A 局至 B 局方向的呼叫时，无法利用 B 到 A 的空闲电路来完成此呼叫，因为随路信令不支持双向传输。

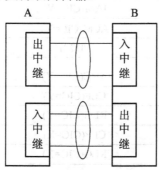

图 6-5-9　单向电路的示意图

在采用 No.7 信令时，可将两个交换局之间的中继电路定义为双向电路，这样就大大提高了电路的利用率。但由于信令传输的延迟时间较长，可能会发生双向同抢，即两端都试图占用同一条电路来完成至对端的呼叫。因此应采取措施减少双向同抢的发生，在发生同抢时能及时检测并进行处理。

2) 减少双向同抢的防卫措施

有以下两种方法来减少发生双向同抢的可能性：

(1) 方法 1：每个终端交换局对双向电路群采用反顺序的选择方法。信令点编码大的交换局采用从大到小的顺序选择电路，信令点编码小的交换局按照从小到大的顺序选择电路。

(2) 方法 2：双向电路群的每个交换局可优先接入由它主控的电路群，并选择这一群电路中释放时间最长的电路(先进后出)。另外可无优先权地选择不是其主控的电路群，在这群电路中选择释放时间最短的电路(后进先出)。

我国 No.7 信令规范中规定，在可能时优先选用方法 2。

3) 双向同抢的检测及处理

(1) 双向同抢的检测。在向某一条电路发出初始地址消息后，又从同一条电路收到了初始地址消息，就可以认为发生了双向同抢。

(2) 对同抢的处理。信令点编码大的交换局主控所有的偶数电路(即 CIC 编码的最低比特为"0"的电路)，信令点编码小的交换局主控所有的奇数电路。

在检出同抢占用时，对由主控局发起的呼叫将完成接续，对非主控局发出的初始地址消息不进行处理，非主控局放弃占用该电路，在同一路由或迂回路由上另选电路重复试呼。

市话分局直达接续遇双向同抢占用时自动重复试呼的信令程序如图 6-5-10 所示。在该图中，设信令点 SP$_A$ 是电路 X 的主控局，在检测到对电路 X 发生同抢占用后，SP$_A$ 发出的呼叫照常进行，完成接续。SP$_B$ 放弃对电路 X 的占用，另选电路 Y 重复试呼。

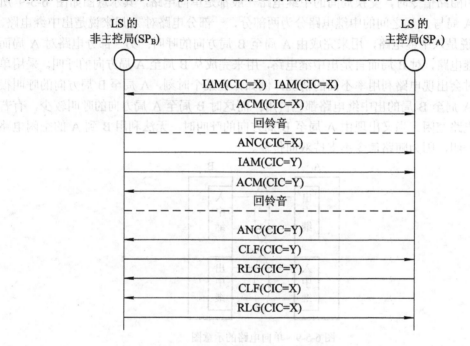

图 6-5-10　双向同抢占用时自动重复试呼的信令程序

6.5.4　No.7 信令与中国 1 号信令的配合

1. 概述

我国电话网上长期使用中国 1 号(简称 No.1)信令，近年来，No.7 信令在我国得到了广泛使用。但在很长一段时间内，中国 1 号信令仍会继续使用。因此，必然会遇到 No.7 信令与中国 1 号信令配合的问题。

中国 1 号信令包括线路信令与记发器信令，线路信令与 No.7 信令的配合比较简单，线路信令的内容与 No.7 信令系统 TUP 中的呼叫监视消息的相应信令对应，信令接口局只需进行相应信令的转换。但是，对于多频记发器信令，则存在着不同信令之间的转换。因此，我国电话网中 No.7 信令与 No.1 信令的配合，主要是 No.7 信令与多频记发器信令 MFC 的配合。

2. No.1 至 No.7 的信令配合

1) 市话接续时 No.1 至 No.7 的信令配合

市话接续呼叫成功时 No.1 至 No.7 的信令配合程序如图 6-5-11 所示。设被叫号码为 *PQABCD*，主叫所在分局接收到被叫号码后，经分析是出局呼叫，主叫所在局与被叫所在局之间无直达路由，需经汇接局转接且主叫所在局与汇接局之间使用中国 1 号信令，汇接局与被叫分局之间采用 No.7 信令。在 IAM 消息中的主叫用户类别 CAT 是由 KD 信令转换而来的，其转换关系如表 6-4 所示。

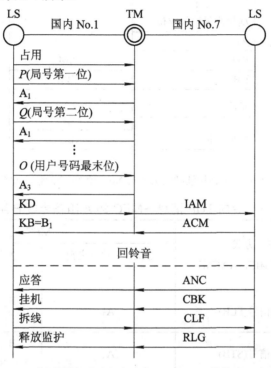

图 6-5-11　市话接续呼叫成功时 No.1 至 No.7 的信令配合程序

表 6-4　市话按时 KD 信令→主叫用户类别的转换

MFC(KD 信令)		No.7 信令方式 主叫用户类别(CAT)	
KD 编码	含　义	*FEDCBA*	含　义
3	市内电话	011000	普通用户
4	市内传真、数据通信	001100	数据呼叫
6	测试呼叫	001101	测试呼叫

市话接续呼叫失败时 No.1 至 No.7 的信令配合程序如图 6-5-12 所示。当被叫所在局收到 IAM 消息时，如果由于各种原因呼叫不能成功，就回送后向建立不成功消息组 UBM 中的某一信令说明呼叫不能成功建立的原因。汇接局将 UBM 消息转换为相应的 KB 信令，其转换关系如表 6-5 所示。

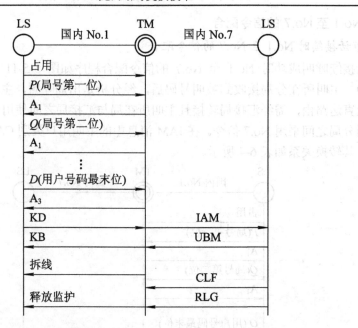

图 6-5-12　市话接续呼叫失败时 No.1 至 No.7 的信令配合程序

表 6-5　后向 TUP 消息→MFC 的 A 组信令或 B 组信令

No.7 信令方式 地址全、用户闲信号(ACM)	MFC	
	发送 A_3 信令之前	发送 A_3 信令以后
	—	B_1
用户市忙信号(SLB)	A_3	$B_2(KD=1,2,6)$ $B_4(KD=3,4)$
用户长忙信号(STB)	A_3	$B_3(KD=1,2,6)$ $B_4(KD=3,4)$
交换设备拥塞信号(SEC)	A_4	B_4
电话群拥塞信号(CGC)	A_4	B_4
呼叫故障信号(CFL)	A_4	B_4
地址不全信号(ADI)	A_4	B_4
线路不工作信号(LOS)	A_4	B_4
发送专用信息音信号(SST)	A_4	B_4
空号(UNN)	A_5	B_5

2) 发端市话局经发端长话局至终端长话局的信令配合

发端市话局经发端长话局至终端长话局时 No.1 至 No.7 的信令配合程序如图 6-5-13 所示。图中设被叫号码为 $0X_1X_2PQABCD$，其中，X_1X_2 为长途区号，主叫号码为 $PQABCD$。在此例中，IAM 消息中的主叫用户类别 CAT 是由 KA 信令转换而来，其转换关系如表 6-6 所示。

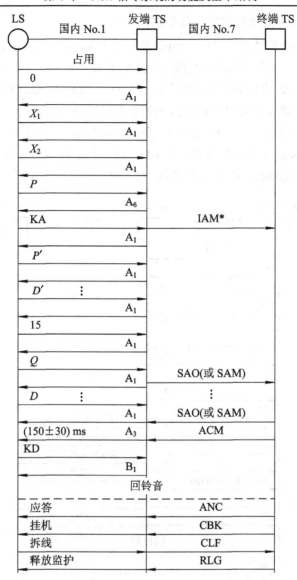

图 6-5-13　由市—发长—终长—市时 No.1 至 No.7 的信令配合程序

表 6-6　KA 或 KOA→CAT 的转换

主叫用户类别	MFC	No.7 信令方式	
	KA 或 KOA 编码	IAI 中主叫用户 类别(CAT)编码	IAM 中主叫用户 类别(CAT)编码
普通、免费	5(免费)	010000	001010
普通、定期	1(普通、定期)	010001	
普通、用户表、立即	2(普通、立即)	010010	
普通、打印机、立即	3(普通、营业处)	010011	
优先、免费	10(免费)	010100	001011
优先、定期	8(优先、定期)	010101	

3) 长话局间陆上电路转接接续的信令配合

在长话局间陆上电路转接接续中，MFC 信令中无 KC 信令时 No.1 至 No.7 的信令配合程序如图 6-5-14 所示。当转接长话局收到区号 X_1X_2 及局号 PQ 后，就发送初始地址消息 IAM 给终端长话局，在 IAM 消息中的主叫用户类别 CAT 的编码为 000000(主叫用户类别未知)。剩余的被叫号码，转接长话局用 SAM(SAO)消息发送给终端长话局。转接长话局收齐被叫号码后，判断被叫号码已收齐，就给发端长话局发 A_3 信令，要求转到 B 组信令。发端长话局收到 A_3 信令后，发送发端业务类别信令 KD。转接长话局将其转换为相应的主叫用户类别，用一般建立消息 GSM 将 CAT 发送给终端长话局。

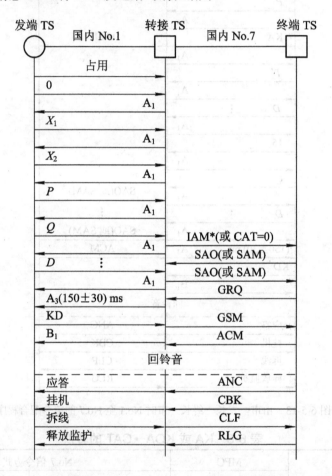

图 6-5-14　长话局间转接接续时 No.1 至 No.7 的信令配合程序(无 KC 信令)

4) 市话汇接追查恶意呼叫

市话汇接追查恶意呼叫时 No.1 至 No.7 的信令配合程序如图 6-5-15 所示。由图中可见，由于汇接局至被叫所在局间采用成组发送方式，汇接局在收到被叫号码最后一位 D 时，向发端市话局发送 A_3 信令要求转到 B 组信令。当收到 KD 信令后，汇接局用 IAM 消息将主叫类别、被叫的全部号码一次送到被叫所在局。终端市话局收到 IAM 消息后，经检查被叫用户的用户数据，发现被叫用户登记了追查恶意呼叫的功能，就向汇接局发送一般请求消息 CRQ 要求主叫号码。由于汇接局与发端市话局之间使用的是 No.1 信令，这时已发送 A_3 信令，因此不能再发送 A_6 信令向发端市话局要求主叫号码，就向终端市话局发送一般建立消息 GSM。在 GSM 消息中的响应类型表示语的 B 比特置 0，说明未包括主叫用户号码；将 C 比特置 1，说明包括来话中继和转接交换局标识。在这里，转接交换局标识是由转接局的信令点编码来表示的。在通话期间，如果被叫用户按 R 键或拍叉簧后拨 3 以上数字，将在终端市话局打印"主叫用户号码不能提供"和被叫用户号码、日期和时间、转接局及来话中继标识。

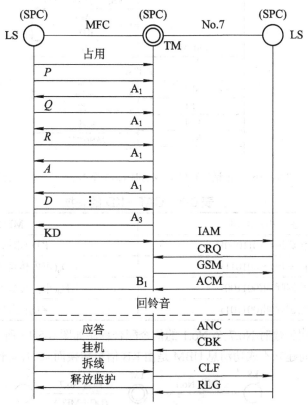

被叫用户拨 3 以上的数字或按 R 键打印
输出"主叫用户不能提供"和被叫用户号码、日期和时间、转接局及来话中继标识

图 6-5-15　市话汇接追查恶意呼叫时 No.1 至 No.7 的信令配合程序

3. No.7 至 No.1 的配合

如果发端与转接局之间使用 No.7 信令，转接局至终端之间使用 No.1 信令，则信令接口局要将接收到的 No.7 信令方式 TUP 的前向消息转换为 No.1 信令的前向信号发送给终端局，同时将终端局发送的 No.1 信令的后向信号转换为 TUP 的后向消息发送给发端局。

1) 市话汇接时 No.7 至 No.1 的信令配合

市话汇接呼叫成功时 No.7 至 No.1 的信令配合程序如图 6-5-16 所示。汇接局发至终端市话局的 KD 信令是由 IAM 消息中的 CAT 转换而来的，其转换关系如表 6-7 所示。

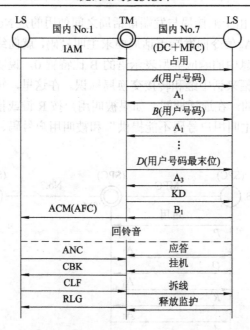

图 6-5-16　市话汇接呼叫成功时 No.7 至 No.1 的信令配合程序

表 6-7　CAT→KD 的转换

主叫用户类别	MFC
普通用户(011000)	KD_3(市内电话)
优先用户(001011)	KD_4(市内传真或数据通信)
数据呼叫(001100)	KD_4(市内传真或数据通信)
测试呼叫(001101)	KD_6(测试呼叫)

市话汇接呼叫失败时 No.7 至 No.1 的信令配合程序如图 6-5-17 所示。图中汇接局发送到发端市话局的后向建立不成功消息 UBM 是由 KB 信令转换而来的,其转换关系如表 6-8 所示。

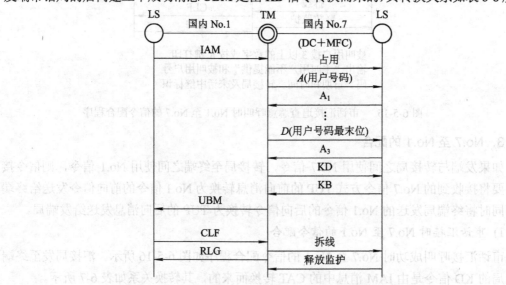

图 6-5-17　市话汇接呼叫失败时 No.7 至 No.1 的信令配合程序

表 6-8 后向信令的转换

No.1 信令方式(MFC)	No.7 信令方式	
	KD = 1, 2, 6	KD = 3, 4
A_4	CGC(00100101)	CGC(00100101)
A_5	UNN(01110101)	UNN(01110101)
B_1	ACM(00010100)	ACM(00010100)
B_2	SLB(00011110)	CFL(01010101)
B_3	STB(00101110)	CFL(01010101)
B_4	CGC(00100101)	SLB(00011110)
B_5	UNN(01110101)	UNN(01110101)
B_6	CFL(01010101)	ACM(00010100)

2) 市话汇接追查恶意呼叫时 No.7 至 No.1 的转换

市话汇接追查恶意呼叫时 No.7 至 No.1 的信令配合程序如图 6-5-18 所示。由图中可见，当发端局至汇接局为 No.7 信令，汇接局至终端局为 No.1 信令时，追查恶意呼叫能成功完成。

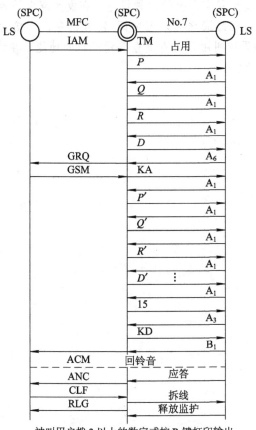

被叫用户拨 3 以上的数字或按 R 键打印输出
主叫用户号码、被叫用户号码、日期和时间

图 6-5-18 市话汇接追查恶意呼叫的 No.7 至 No.1 的信令配合程序

习　题

1．画出与 OSI 模型对应的 No.7 信令系统结构，简要说明各部分的功能。

2．画出消息信令单元 MSU 的结构，简要说明各字段的作用，并说明由第二功能级处理的字段有哪几个？

3．简要说明我国 No.7 信令网的结构，以及我国三级信令网的双备份可靠性措施。

4．No.7 信令系统提供了哪两种差错校正方法？各自在适用于何种传输链路？

5．信令消息处理可分为哪几个子功能？每个子功能的任务是什么？每个子功能要对消息信令单元中的哪些字段进行识别？

6．在图 6-4-9 所示的结构中，当信令链组 L_1 中最后一条信令链路发生故障时，为恢复信令消息的正常传送，SP_A、STP_B、SP_E 和 SP_D 各要采取何种措施。L_1 恢复了以后呢？

7．在电话用户信令消息中，电话用户的标记的作用是什么？

8．简要说明在初始地址消息 IAM 中主要包括哪些信息？

9．什么是成组发送？什么是重叠发送？

10．简要说明防止发生双向同抢的两种措施。在发生双向同抢时应如何处理？

11．在发端市话局与汇接局之间采用中国 1 号信令，汇接局与终端市话局之间采用 No.7 信令的情况下，如果被叫用户具有追查恶意呼叫的功能，在终端局是否能够得到主叫用户的电话号码？为什么？

第7章　智能网——电话网络的增值业务

7.1　智能网概述

7.1.1　智能网的概念

由于电话业务的普及和计算机技术的发展，人们希望能够通过电话网络更快地获得更多的信息，还希望能够通过这个网络获得更灵活、更多的服务业务；经营电话网络的电信部门为了充分有效地利用现有网络资源，获得更大的经济效益，更好地占领市场，因而便致力于开发适合用户需求的新的增值业务。

以20世纪80年代美国AT&T公司采用集中数据库方式提供800号业务(即被叫付费)为起点，以ITU-T 1992年公布Q.1200系列建议，即智能网能力集1为标志，标志着电话网络进入了一个新的发展阶段——智能网阶段。被叫付费业务，通常是一些大公司或服务行业为了扩大其影响、抢占市场和增加销售机会而向其客户提供免费呼叫的一种服务业务，它是一种典型的智能网业务(或增值业务)。例如，某航空公司申请了一个被叫付费业务，号码为"800-2345678"，该号码和该公司在各地办事处的电话号码被记录在一个数据库中。当某个用户想查询该公司的航班信息时，他可以拨打"800-2345678"，系统根据主叫用户所在地(即主叫号码)等信息查询数据库，将该电话转到距离这个主叫最近的该航空公司办事处电话上，由那里的值班员回答用户的询问。通话费用统一记在公司的账上。

由上述例子可以看出，所谓智能网(IN，Intelligent Network)，就是在原有电话通信网络的基础上，为快速给用户提供新的增值业务而设置的附加网络结构。这里的"智能"，是因为在这类业务中，不仅需要对信息进行基本的传输和交换，而且还要利用现代计算机的强大功能，对信息进行一些"智能化"的处理，如对信息的存储；利用全程全网的集中数据库对数据进行处理和控制；根据不同的条件(如主叫地点、呼叫时间)接入不同的被叫；按要求实现多种方式的计费等。这类业务也就称为智能业务(或智能网业务)。

7.1.2　常用的智能网业务

目前常用的智能网业务有以下九种。

1. 被叫付费业务

被叫付费业务又称为800号业务，用户在使用该业务时不必支付电话费用，而由被叫即该业务的租用者来承担。

2. 电话记账卡业务

记账卡业务又称为 200 号、300 号业务。用户在购买 200 卡或 300 卡时，就相当于向有关的电话公司申请了一个账号，存入了相应数量的款项。用户利用这张卡使用该项业务时，主叫用户先拨 200(或 300)，听到提示音后，根据提示音依次输入自己的账号和密码，听到拨号音后，输入被叫号码进行通话；智能网每次都要查询该用户输入的账号、密码是否有效，其账号上的余额是否可以支付此次呼叫。通话费用将从主叫的账号中扣除而不会记在主叫用户所用话机的账单上。当通话结束或余额用尽时，智能网将把通话的时间、计费等信息保存起来供以后使用。200 号、300 号业务的优点是用户可以用任意的双音频话机进行本地或长途通话(不论该机是否有长途权限)。

3. 虚拟专用网

虚拟专用网又称为 600 号业务。这种业务实际上是利用公用电话网设备，根据业务租用者储存在数据库中的要求(如专用的编号规则)，通过程控网络节点中软件的控制，非永久性地构成专用网，为那些在不同地区具有多个分支机构的公司或大型商业部门或单位(业务租用者)提供专用网络的服务。利用这种业务，用户可以节省建设和维护费用，电信公司可以扩大业务市场，逐步减少甚至取消专用网。

4. 个人号码业务

向智能网申请个人号码业务的用户，无论他走到哪里，电信业务都能通达到他最新的所在地。智能网系统分配给申请者一个唯一号码，称为个人号码。用户使用该业务时，在他离开某一处之前，需向智能网登记他到达地的电话号码，这样所有对此"个人号码"的呼叫，智能网都能根据该用户最后登记的号码进行跟踪，转接到此人最后登记地的电话号码，使主叫能够与之通话。这样无论他走到哪里，人们只要记住了他的"个人号码"，就可以打电话找到此人。

5. 附加计费业务

附加计费业务是对那些向公众既提供信息服务，又要收取一定费用的信息业务提供者开放的。附加计费业务的申请者，通常是能够提供这类信息数据库业务的公司，在智能网上设置信息数据库，并通过此业务向公众用户(主叫用户)提供各种有价值的信息。公众用户通过电话就能非常简单地获取所需要的信息。这种电话可根据其业务性质收取附加的费用，所以这种业务称为附加计费业务。而附加计费业务所收费用，除少部分留作电信公司的服务费以外，大部分将由电信公司转给各业务提供者。如 168 自动信息服务台就是一种采用这种方式进行声讯服务的业务。

6. 电话投票业务

电话投票业务又称为 400 号业务。使用这种业务，顾名思义就是利用电话网进行投票。该业务通常提供给电台、报纸或政府机构用于民意调查。使用该业务时，智能网向电台或报纸提供一个特殊的号码，用户(听众或读者)呼叫该号码时，可以听到提示音，告诉用户各种意见的不同代码，用户输入所选的代码后，系统将把这些意见汇总并加以统计，当该业务结束时，把最后投票结果通知相应的电台、报纸或政府机构。该业务的通话费用由被叫，即业务租用者承担。

7. 大众呼叫业务

大众呼叫业务用于通过电视台或广播电台进行的由公众参与的实时现场投票活动。比如举办的各种类型的有奖竞猜活动。该业务的特点是可能在瞬时达到很高的话务量，因此系统应有过负荷保护措施。用户根据公布的大众呼叫号码接通系统，听到提示音后按自己的意见选择代码，按相应的数字键。系统记录每个呼叫的输入，最后输出各种所需的统计数字。该业务与电话投票业务的最大区别是业务持续时间短，一般是现场的若干小时，而电话投票业务可持续几周甚至几个月。

8. 联网应急电话业务

美国的联网应急电话业务提供 3 位的通用电话号码(如 911)，使公众可以将电话直接打入紧急通信局，而紧急通信局又与警察局、消防队和急救中心等一些有关机构相联系(类似我国的 110)。

当用户呼叫急救中心时，联网应急电话业务除了根据主叫号码从数据库中查出主叫的位置外，还可以查出其邻居的电话号码，急救中心的受理人员一方面可以派出急救人员和车辆，另一方面还可以呼叫主叫的邻居，请求他们帮助危重病人，以等待救护人员的到来。

9. 个人化业务

由于智能网上为公众提供的通用业务可能满足不了某些用户的特殊需要，因此 ITU-T 在智能网协议中提出了"用户定制业务"的概念，即用户可以根据自己的需要向电信部门提出要求，电信部门借助于智能网的业务生成环境，可以很快地实现满足用户要求的智能业务并加载到网络上运行。由于智能网中业务方法的灵活性，用户还可以在小范围内修改自己正在运行的业务数据和属性(如修改密码、修改业务提示信息等)，这就是个人化业务。个人化业务有以下几个特点：

(1) 专用性。个人化业务的租用者可以规定，只有其客户才能使用它所提供的个人业务。

(2) 局部性。由于个人化业务的专用性，决定了使用这种业务用户的局部性，即只有业务范围比较大的公司或个人才可能要求在大范围内(如全国)加载其个人业务。

(3) 多样性。从电信部门的角度来看，将业务生成环境开放给用户后，由于大量用户可能会生成自己的个人化业务，必将导致网络上业务种类的增多和业务数量的增大。

(4) 复杂性。业务的多样性必然导致其复杂性。由于每个用户都希望把自己的个人业务加载到网络上运行，这样一来业务种类增多了，业务数量增大了，在网络上业务与业务之间的互相影响必然加剧。

从以上对个人化业务特性的分析可以看出，要真正实现个人化业务在技术上是相当复杂的。由于智能网概念的提出，尤其是智能网中与业务无关的构成块(SIB)的概念的提出，为解决上述问题提供了一条有效途径。因为利用 SIB 比较容易生成所需的业务，用户经过一定的培训以后，就可以利用业务生成环境。利用 SIB，甚至还可以最大限度地利用电信网络，生成自己所需的业务。尽管如此，由于对个人业务的需求，将对智能业务生成环境的安全、可靠性提出新的和更高的要求，同时个人业务对网络安全性的影响也将是一个极为重要的、值得认真解决的问题。

除了以上 9 种常用的业务以外，还有 185 邮政业务、语音信箱及电话网与移动电话网的联网等。

7.1.3　智能网络的结构

　　智能网一般由业务交换点(SSP)、业务控制点(SCP)、信令转接点(STP)、业务管理系统(SMS)、业务生成环境(SCE)和智能外设(IP)组成，如图7-1-1所示。

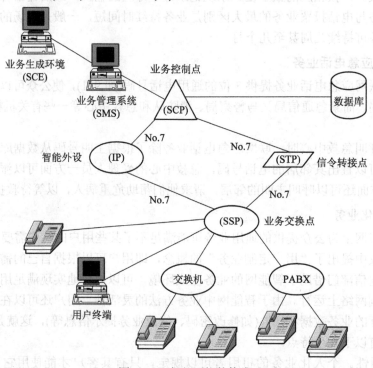

图 7-1-1　智能网络的构成

1. 业务交换点(SSP，Service Switching Point)

　　业务交换点具有呼叫处理功能和业务交换功能。呼叫处理功能可以接受用户的呼叫、执行呼叫建立、呼叫保持、计费和话务统计功能；业务交换功能则能够接受、识别出用户是否对智能网进行呼叫，如果是对智能网呼叫，则经过No.7信令连到SCP(业务控制点)，并接受业务控制点发来的控制命令。具有呼叫阻断和排队功能，即为了防止SCP过载，当SCP的话务量达到一定的门限值时，SSP能够对后来的呼叫进行阻断，或进行筛选、排队等候。

　　SSP一般以原有的数字程控交换机为基础，配以必要的软硬件和No.7共路信令系统的接口。现在的S-1240交换机，只要升级到EC7.4版，就可以成为独立的或综合式的SSP。

2. 业务控制点(SCP，Service Control Point)

　　业务控制点是智能网的核心。它存储用户数据和业务逻辑，具有集中控制与数据查询及数据翻译功能。它接受SSP送来的查询信息并查询数据库，进行各种译码；它还根据SSP上报来的呼叫事件启动不同的业务逻辑，根据这些业务逻辑，通过No.7信令对相应的SSP发出呼叫控制指令，实现各种各样的智能呼叫。

　　SCP一般由小型计算机，当用户数据量很大时，也可由中型或大型计算机组成。SCP

应该具有高度的可靠性和容错功能，一年的不可用时间不能超过 3 min，因此在网络中的配备至少是双备份的。

3. 信令转接点(STP，Service Transfer Point)

信令转接点在智能网中用于 SSP 与 SCP 之间的信号联络，其功能就是转接 7 号信令。它通常由分组交换机充当，网中也是双备份的。

4. 业务管理系统(SMS，Service Management System)

业务管理系统一般具有 5 种功能：① 逻辑管理，在业务创建环境上定义、创建的新业务逻辑由管理者输入到 SMS 中，再由 SMS 装入 SCP，智能网就可以在网上提供该项新业务；② 用户数据管理，SMS 支持操作员与用户访问权限的控制；③ 支持用户数据的增删、修改，一个完备的 SMS 系统还可以接受远端用户发来的业务控制指令；④ 修改用户数据，如修改虚拟专用网的网内用户个数；⑤ 业务数据管理，业务监测以及业务量管理。

SMS 一般由微机、服务器或工作站组成，一个智能网一般仅配备一个 SMS。

5. 业务生成环境(SCE，Service Creation Environment)

业务生成环境的功能是根据用户的需要，用来确定、开发、测试并生成新的智能网业务。SCE 为业务设计者提供友好的图形编辑界面，设计者利用各种标准图元设计新业务的业务逻辑，并为之定义相应的数据库。业务设计好以后，还要进行严格的测试和模拟，以保证它不会给智能网中已有的业务带来损害。最后把经过严格测试的业务逻辑、管理逻辑和业务数据等输入到 SMS 中，再由 SMS 加载到 SCP 上运行。SCE 一般由工作站组成。

6. 智能外设(IP，Intelligent Peripheral)

智能外设是协助完成智能业务的一些特殊设备。它们通常具有各种语音功能，如语音合成、播放录音通知、接收双音多频拨号和语音识别等。IP 可以是一个独立的物理设备，也可以是业务交换点的一部分。它接受 SCP 的控制，执行 SCP 业务逻辑所指定的操作。

在智能网发展的初期，IP 是装在 SSP 中的，如 S-1240 交换机中的 DIAM 模块。目前 IP 还主要是接收双音多频信息和播送录音通知，而且这些信息都是通过 SSP 接收的，因此 IP 最好和 SSP 放在一起。今后业务发展了，如需要语音识别，也可以考虑设置专门的 IP。

最后，我们以图 7-1-2 所示的 800 号业务为例，简要说明智能网的工作过程。

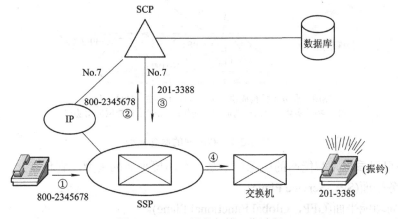

图 7-1-2　800 号业务的工作过程

800 号业务的工作过程如下：

(1) 主叫用户拨 800 号业务的电话号码：800-2345678；

(2) SSP 向 SCP 查询 800-2345678 的号码；

(3) SCP 向 SSP 回送查询结果，即真正的被叫号码：201-2288；

(4) 交换机连接主、被叫，振铃，通话。

7.2　智能网的概念模型

上一节我们介绍了智能网的基本结构，这种基本结构是会随着技术的不断进步和新业务的不断出现而变化的。而本节将要介绍的智能网的概念模型却不一样，这种概念模型一旦作为标准或建议提出并为人们所接受以后，它必须长期保持一致，以保证往后每一发展阶段的新标准都具有向后的兼容性，即在新的阶段原有的建议仍然可用，从而使得智能网能够平滑地向着长远的目标演进。

智能网的概念模型是由 ITU-T 于 1992 年在公布的 Q.1200 系列建议中提出的，如图 7-2-1 所示。

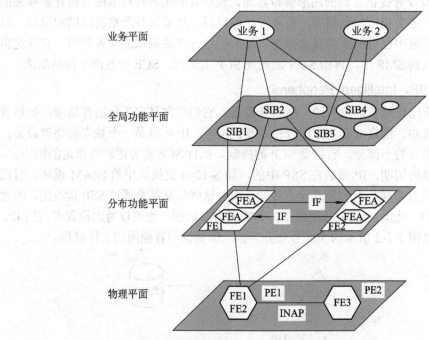

SIB—业务无关构成块；IF—信息流；FE—功能实体；
PE—物理实体；FEA—功能实体动作；INAP—智能网应用协议

图 7-2-1　智能网的概念模型

从图中可以看出，智能网的概念模型是一个四层平面的模型，它包括：

(1) 业务平面(SP，Service Plane)。

(2) 全局功能平面(GFP，Global Functional Plane)。

(3) 分布功能平面(DFP，Distributed Function Plane)。

(4) 物理平面(PP，Physical Plane)。

利用这四层平面，人们可以从不同的角度来观察、理解智能业务和智能网，从而使大家都能采用统一的方式来发展、使用智能网。下面我们来简单地介绍这四层平面。

7.2.1 业务平面

智能网所能提供的业务的集合就构成了业务平面。业务平面上所描述的业务只能给用户一个业务的外观，或者说业务平面是面向用户的，只说明智能网能够提供哪些业务，这些业务具有什么样的能力，具有什么样的属性，而与它的实现无关。换句话说，业务平面上的业务既可以采用传统的方法在交换机中实现，也可以在智能网平台上实现，不论采用哪种方法实现，对业务使用者而言，是没有多大的差别的。

ITU-T 在建议 Q.1202 中，在业务平面上为智能网能力集 1 定义了 25 种业务和 38 种业务属性。后来还陆续定义了智能网能力集 2、能力集 3 和能力集 4 等。这里我们介绍能力集 1 中所支持的 25 种业务，其中大部分是目前国际上流行的一些新业务。

智能网的能力集 1 业务包括：

缩位拨号(ABC)	大众呼叫(MAS)
计账卡呼叫(ACC)	呼出筛选(ODS)
自动可选计费(AAB)	附加计费(PRM)
呼叫分配(CD)	保密筛选(SEC)
呼叫转移(CF)	无应答时可选呼叫转移(SCF)
呼叫重选路由分配(CRD)	分离计费(SPL)
*遇忙回叫(CCBS)	电话选举(VOT)
*会议呼叫(CCC)	呼入筛选(TCS)
目的地呼叫路由寻找(DCR)	全球接入号码(UAN)
跟随转移(FMD)	全球个人通信(UPT)
被叫集中付费(FPH)	用户定义的路由寻找(UDR)
*恶意呼叫寻找(MCS)	虚拟专用网(VPN)

注：标 * 号的业务只在智能网能力集 1 中得到部分支持，因为这些业务还要求 A 类功能以外的 B 类功能。能力集 1 所支持的业务和业务属性都基于"单端"、"单控制点"范畴，称为 A 类功能。这里所谓的"单端"，仅指对呼叫中的一方而言，与可能插入呼叫的任何其他方无关。所谓单控制点，是指一次呼叫仅由一个业务控制点所控制。超出这一范围的业务功能称为 B 类功能。

7.2.2 全局功能平面

全局功能平面是一些标准的、可重用的、基本网络功能的集合。即一些与业务无关的构成块(SIB)的集合。全局功能平面(GFP)是面向业务设计者的，在这个平面上，业务设计者把整个智能网看成是一个整体，即对业务交换点、业务控制点、智能外设等功能部件不加区别，而把它们合起来作为一个整体来考虑其功能。

业务设计者在确定了所需的业务及该业务所含的业务属性后，为了实现这个业务，需要在全局功能平面(GFP)上利用与业务无关的构成块(SIB)对业务和业务属性再次进行细化和定义，每个构成块完成某种标准的网络功能，利用这些标准的功能块，像搭积木一样搭配出不同的业务属性，进而构成所需功能的业务。如何组合各种 SIB 来定义某种业务，则是通过全局业务逻辑(GSL，Global Service Logic)来实现的。

全局功能平面(GFP)包含的内容有：

(1) 基本呼叫处理(BCP，Basic Call Processing)。这是一个特殊的 SIB，它说明一般的呼叫过程是如何启动一个智能业务以及它是如何被智能网控制的。它含有启动点(POI)和返回点(POR)，这两者提供了基本呼叫处理(BCP)与业务控制点(SCP)中的全局业务逻辑(GSL)的接口。

(2) 与业务无关的构成块(SIB，Service Independent Building Block)。SIB 是用来实现业务能力和业务属性的网络功能模块。这些功能模块在全网范围内是统一的、标准的、可再用的。ITU-T 对智能网能力集 1 在全局功能平面(GFP)上定义了 15 个 SIB，每个 SIB 都具有预先定义好的输入、输出信号和接口关系。例如，对于 800 号业务，在设计业务逻辑时，必然要用到"号码翻译"SIB，在这个业务逻辑中该 SIB 的输入数据是 800 号业务的号码，而该 SIB 的输出结果就是翻译后的真正被叫号码。这样一个 SIB 可以被重复使用，用来定义各种不同的业务和业务属性。

(3) 全局业务逻辑(GSL，Global Service Logic)。将 SIB 组合在一起所形成的 SIB 的链接关系就称为该业务的全局业务逻辑(GSL)。全局业务逻辑(GSL)是用来描述 SIB 是如何链接在一起以实现指定业务和指定业务属性的，它还用来说明基本呼叫处理(BCP)和 SIB 链之间的交互动作。

需要指出的是，在 ITU-T 的建议中，基本呼叫处理(BCP)是被当成 SIB 看待的，这可能因为 BCP 代表一项独立于业务的功能，所以应该把 BCP 称为 SIB；然而我们在后面将会看到 BCP 与其他的 SIB 在形式上和用途上是有很大差别的。

7.2.3　分布功能平面

分布功能平面是由一组被称为功能实体的软件单元组成。每一个功能实体(或软件单元)在智能网的一个物理设备中完成某一个 SIB 的一部分特定功能。如呼叫控制功能(CCF)、业务交换功能(SSF)等。

分布功能平面(DFP)与全局功能平面(GFP)的区别在于：在全局功能平面中，智能网被看成是一个整体，所定义的 SIB 是在这个整体中所完成的某种独立功能，因此全局功能平面(GFP)主要是面向业务设计者，具体来讲，它并不关心这个功能是在智能网络的哪一个物理设备中完成的；而分布功能平面(DFP)是在全局功能平面(GFP)的基础上，对智能网中每一个 SIB 的功能进一步划分成若干个功能实体，而且这种划分是从网络设计者的角度来进行的，或者说分布功能平面(DFP)是面向网络设计者的。在划分 SIB 时，要求划分成的每一个功能实体能在一个网络设备中完成。这样各个功能实体之间必定会有信息的交流和联系，这种交流和联系都采用标准信息流进行，这些信息流将采用 No.7 信令中的事务处理能力应用部分(TCAP，Transaction Capabilities Application Part)协议进行传输。而 TCAP 是 No.7 信令中的一组协议，这组协议专门供网络中分散的一系列应用在互相通信时所用。所有这些标准信息流的集合就构成了智能网应用程序的接口协议。

分布功能平面上功能实体和信息流的规范描述与它们的物理实现方式无关。它们都为智能网络的开发者提供了一个逻辑上的高层模型，该模型只说明功能实体需要具有哪些功能，而不关心这些功能将用什么语言或硬件平台来实现。

7.2.4　物理平面

物理平面是智能网络中物理节点的集合，这些物理节点可以用来实现智能业务中所有的功能实体，也表明了分布功能平面中的功能实体可以在哪些物理节点中实现。一个物理节点中可以包含一个到多个功能实体，但是 ITU-T 规定，一个功能实体只能位于一个物理节点中，即一个功能实体不能分散在两个或两个以上的物理节点中。物理平面是从网络实施者或网络安装者的角度来考虑的，因此它是面向网络实施者的。这里的物理节点是指前面所讲的智能网的功能部件，或称为智能网的物理节点，如业务交换点(SSP)、业务控制点(SCP)、业务管理系统(SMS)、业务创建环境(SCE)、信令转接点(STP)和智能外设(IP)等。

下面以业务创建环境(SCE)为例，来说明新业务的创建、开发过程。

7.2.5　业务创建环境点

业务创建环境点(SCEP，Service Creation Environment Point)属于物理平面中的一个节点，其主要功能是根据用户的需要，用来确定、开发、测试并生成新的智能网业务。

我们知道，智能网要实现的主要目标之一，就是要便于新业务的开发，而 SCE 正是为用户按需要设计新业务提供了可能性。图 7-2-2 表示了一个新业务的创建、加载及提供用户使用的工作流程。

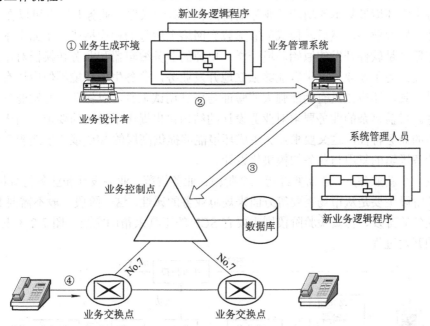

图 7-2-2　新业务的创建、加载及提供用户使用

业务创建的工作流程分为以下的四步：

(1) 设计新业务。

(2) 向 SMS 传送设计好的新业务。

(3) 系统管理员(业务提供者)向 SCP 加载新业务逻辑程序。

(4) 用户开始使用新业务。

在以往的智能网工程中，由于业务设计的开放程度不够，智能网设备提供商往往不将业务生成环境提供给网络运营者。网络运营者要提供新业务，一般需要先提出需求，由智能网设备提供商设计业务。虽然这样也能较快地提供新业务，但市场和业务的发展越来越使得网络运营者(或业务提供者)希望能够独立地开发业务，以加快向用户提供新业务的速度。这就对智能网的开放性和业务生成环境的功能提出了更高的要求。

业务生成环境(SCE)作为整个智能网系统的关键部分，应该具有支持用户开发业务的各种工具，以便在智能网中快速有效地提供新业务，以满足网络运营者(或业务提供者)日益增长的、能够独立开发业务的需求。

SCE 提供了这么一个环境，在此环境中能够很容易地用与业务无关的构成块(SIB)生成业务。它还提供了与具体业务无关的工具、技术和设计语言等业务逻辑设计工具。

业务生成环境功能(SCEF)具有对网络中要提供的业务进行开发、测试和输入到 SMS 的功能。此功能实体负责生成以下内容：

(1) 业务执行逻辑，即 SCP 中所使用的控制业务执行的逻辑。

(2) 业务管理逻辑，即 SCP 和 SMP 中的用于业务管理目的的业务逻辑。

(3) 业务数据模板，即 SCP、SMP 和 SDP 中的业务数据和业务用户数据的结构，以及与业务管理相关的数据结构。

(4) 业务触发信息，即业务逻辑和 SSP 中的触发信息。

业务生成环境最基本的功能是业务编辑器和业务转换器，业务开发者可以在 SIB 的基础上设计、修改业务，然后转换成能够加载到网络上运行的程序格式。正如文本编译器与编译连接器只是软件开发的原始环境一样，单纯的业务编辑器和业务转换器对用户的支持还不够全面。为了使业务提供者能够独立地开发业务，业务生成环境不但应该有设计业务用的各种工具，还应该具有功能强大的验证与仿真调试工具，以保证所开发业务的正确性和有效性。日益复杂的业务要求对业务设计的结构化也提出了更高的要求。由于很多业务具有相似的业务特性，这又要求业务生成环境能够提供高层的 SIB 或"宏逻辑"的机制，以实现业务逻辑的复用与业务的模块化设计。

开发一个新业务，一般需要经历三个阶段：业务规范、业务设计和业务仿真检验阶段。业务规范阶段主要是从市场需要等方面来规范业务的属性，这一阶段一般不需要 SCE 的参与，而业务的开发、仿真检验阶段则需要有 SCE 的工具来帮助完成，图 7-2-3 表示了一个新业务的开发过程。

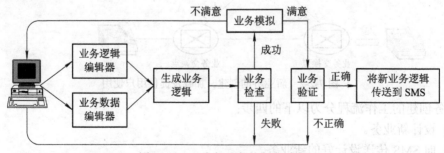

图 7-2-3　一个新业务的开发过程

7.3　智能网的组网结构

在讨论智能网的发展趋势之前，介绍一下智能网的两种基本组网结构，这两种结构是嵌入网和叠加网。

1．嵌入网

对通信网中的所有交换机进行改造，使每一个交换机都具有 SSP 的功能，每一个 SSP 均与一个 SCP 相连，这就是嵌入网。嵌入网可以直接监视并控制各个交换局下的用户的行为，因而可以大大改善智能网的服务性能，扩大智能业务的种类。嵌入网的结构如图 7-4-1 所示。

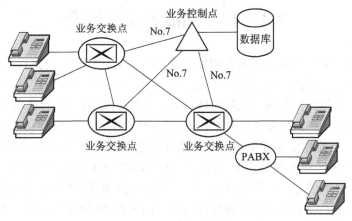

图 7-4-1　嵌入网的结构

2．叠加网

在电话网服务范围内，把某一种智能呼叫业务都集中到一个交换局，在这个交换局中再配以适当的软、硬件，使之具有 SSP 的功能，并将它与 SCP 相连，这就是叠加网，其结构如图 7-4-2 所示。

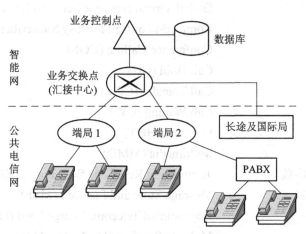

图 7-4-2　叠加网的结构

对于叠加网,必须为每一种智能业务规定一个特殊字头,例如,被叫付费业务为"800"、呼叫卡业务为"300"等。

在叠加网的工作方式下,当用户拨打某一智能业务时,用户所在交换机根据拨打的字头,将该呼叫连接至叠加网中具有该业务功能的 SSP 汇接中心,该中心专门处理这一项或几项智能业务。以后的全部呼叫过程(包括接续和计费)都由汇接中心管理,与主叫局无关。

汇接中心利用 No.7 信令或多频互控信号接收用户所拨的号码和主叫用户的号码等信息,因此这类智能网能够提供的业务种类和性能主要受信令系统和编号资源的限制。但是,这种网络方式较嵌入网投资小、见效快,一般在一个城市(或一个本地网)中设立一个智能业务汇接中心,利用这个中心就可迅速提供一些急需的智能业务。如果一个城市中智能业务量很大,则这样的汇接中心可以多设几个。

7.4　智能网能力集 2 简介

1996 年 2 月,ITU-T 发布了智能网能力集 2(IN CS-2)的标准(草案)。与能力集 1 相比,智能网能力集 2 主要在两个方面做了扩展:一方面是支持网间业务;另一方面是支持移动通信业务,尤其是能支持未来公众陆地移动电信系统(FPLMTS)中的移动终端业务。

智能网能力集 2 仍然是基于公共交换电话网(PSTN)或窄带 ISDN,其目标仍然是支持 A 类业务的(单侧、单控制)。但是它增加的网络互联能力(网间业务)可以支持两个独立智能网之间的互联,如一个 SCP 与另一个 SCP、SCP 与远端 SDP 之间的互联;支持智能网与非智能网的结构网之间的互联,即与移动网、专用网及其他经营网之间的互联。

在业务平面上,能力集 2 除了包括能力集 1 的所有 25 种业务以外,还提出了 16 种电信新业务:

网间免费电话	Internetwork Free phone(IFPH)
网间附加费率电话	Internetwork Premium Rate(IPRM)
网间大众呼叫	Internetwork Mass Calling(IMAS)
网间投票电话	Internetwork Televoting(IVOT)
全球虚拟网业务	Global Virtual Network Service (GVNS)
*被叫忙接续	Completion of Call to Busy Subscriber (CCBS)
会议电话	Conference Calling (CONF)
呼叫保持	Call Hold (CH)
呼叫转移	Call Transfer (CRA)
呼叫等待	Call Waiting (CW)
热线	Hot Line (HOT)
*多媒体	Multimedia (MMD)
*被叫关键字屏蔽	Terminating Key Code Screening (TKCS)
消息存储转发	Message Store and Forward (MSF)
*国际呼叫卡	International Telecom. Charge Card (ITCC)
*移动业务	Mobility Services (UTP,FPLMTS)

上述标有 * 的业务可能超出能力集 2 的范畴(或属于 B 类业务范畴，即为非单端控制)；有些在 CS-1 中已经具备，如 CCBS、CONF 业务；有些与能力集 1 中的业务类似，如 CH、CRA 和 CW 等业务，但是在能力集 2 中，提出了改进的处理方法。

在全局功能平面中，能力集 2 还扩充了 9 个新的 SIB 及相应的信息流：

BCUP	非呼叫相关基本处理	Initiate SP	启动并发业务进程
Send	消息发送	Split	分离
Wait	消息等待	UI Script	用户交互逻辑
End	中止业务进程	Service Filter	业务过滤
Join	连接		

其中，BCUP 支持对非呼叫相关业务的处理，如通用个人通信(UPT，Universal Personal Telecom)业务的漫游登记；Initiate SP、Send 和 Wait SIB 分别支持并发业务进程的建立、终结及同步；Join、Split SIB 支持呼叫连接的接续和断开，以便灵活地管理不同用户之间话音通路的连接；UI Script 可以向 SRF(特殊功能资源)传送一定的业务逻辑，使之能执行更复杂的用户交互功能，以免 SCF 负责每一个小的用户交互；Service Filter SIB 可进行业务呼叫的过滤，以实现业务量的控制。为节省业务设计时间，IN CS-2 还提出了高层 SIB(HLSIB，High Level SIB)的概念。高层 SIB 可实现对一组 SIB 的宏调用，即调用一个高层 SIB 等价于调用一组普通的 SIB，简化了设计工作。

在分布功能平面上，IN CS-2 对 CS-1 的功能实体进行了扩充和重定义，增加了支持移动终端和移动交换设备，支持非呼叫的相关功能，支持非呼叫相关业务属性和支持网间互通的功能实体。

在处理能力上，IN CS-2 增加了"非呼叫相关业务"的处理，用于处理 CS-2 业务中某些与具体连接无关的属性，如 UPT 业务中的终端登记；增加了带外信令能力，或称为带外用户交互能力，即这种带外信令可以直接沟通用户与业务逻辑的交互，这一功能主要用于 ISDN 用户，用于对这类用户中承载业务的协商和业务承载能力的协商，这对于智能网支持今后的宽带业务非常重要。

总之，智能网能够支持多种通信网络，如普通电话网、数据网、综合业务数据网(ISDN)和移动网等。智能网概念的引入，等于给电信网引入了一种新的体系概念，大大增加了电信网的业务范围，它可以以最快的速度满足用户对各种新业务的要求，快速地给电信运营商提供新的增值业务，使电信业务的制造商和运营商能迅速地以最小的成本占领市场。无疑对商业乃至整个社会的发展带来促进作用。

7.5　移动通信业务

移动通信泛指用户接入采用无线技术的各种通信系统，它包括陆地移动通信系统、卫星通信系统、集群调度通信系统、无绳电话系统和地下移动通信系统等。智能网能力集 2 把移动通信归入其业务范畴。本节主要根据 ITU-T 1988 年通过的公用陆地移动网(PLMN，Public Land Mobile Network)的 Q.1000 系列建议，讨论基于蜂窝技术的陆地公用移动通信系统及其交换技术。

7.5.1　公用陆地移动网

1．网络结构

公用陆地移动网(PLMN，Public Land Mobile Network)的功能结构、接口、功能以及与公用电话交换网的互通如图 7-5-1 所示。

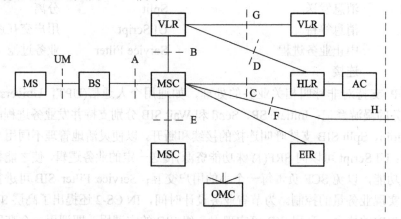

图 7-5-1　公用陆地移动网的功能结构

图 7-5-1 中的功能模块有：

MSC(Mobile Switching Center)：移动交换中心，完成移动呼叫的接续、过区切换和无线信道的管理等功能，同时也是 PLMN 与 PSTN、PDN 和 ISDN 等陆地固定网的接口设备。

MS(Mobile Station)：移动台，是移动网的用户终端设备，如手机等。

BS(Base Station)：基站，负责射频信号的发送和接收以及无线信号至 MSC 的接入，在某些系统中有信道分配、蜂窝小区管理等控制功能。一般一个基站控制一个或数个蜂窝小区(Cell)。

HLR(Home Location Register)：原籍位置登记器，所谓"原籍"，是指移动用户开户电话局所属区域。HLR 中存储着在该地区开户的所有移动用户的用户数据(如用户号码、移动台类型和参数、用户业务权限等)、位置信息、路由选择信息以及移动用户的计费信息等。

VLR(Visitor Location Register)：来访用户位置登记器，存储进入本地区的所有来访用户的相关数据。这些数据都是呼叫处理必需的，取自于来访用户的 HLR。MSC 处理来访用户的去话或来话呼叫时，直接从 VLR 检索数据，不需要再访问 HLR。来访用户通常称为漫游用户。

EIR(Equipment Identity Register)：设备标识登记器，记录移动台设备号及其使用的合法性等信息，供系统鉴别管理使用。

AC(Authentication Center)：鉴权中心，存储移动用户合法性检验的专用数据和算法。该部件只在数字移动通信系统中使用，通常与 HLR 在一起。

OMC(Operation and Maintenance Center)：网络操作维护中心。

图 7-5-1 中的网络接口有：

Um 接口：无线接口，又称为空中接口。该接口采用的技术决定了移动通信系统的制式。按照话音信号采用模拟还是数字方式传送，可分为模拟和数字移动通信系统；按照多址方式可分为频分多址(FDMA)、时分多址(TDMA)和码分多址(CDMA)系统。目前第三代移动通信系统的目标是在无线接口采用统一的技术和规范,以实现全球漫游。需要指出的是,无论是什么制式的移动通信系统,其移动交换机采用的都是数字程控交换机。

A 接口:无线接入接口。该接口传送 BS 和 MSC 之间有关移动呼叫处理、基站管理、移动台管理、信道管理信息;可以与 Um 接口互通,在 MSC 和 MS 之间互传信息。在数字系统中,尤其是欧洲的 GSM 系统,对 A 接口做了详细的定义,因此原则上可选用不同厂商生产的 MSC 和 BS 互连。实际上,图 7-5-1 就是参照 GSM 规范提出的 PLMN 参考模型。

B 接口:MSC 和 VLR 之间的接口。MSC 通过该接口向 VLR 传送漫游用户位置信息,并在呼叫建立时通过该接口向 VLR 查询漫游用户的有关数据。

C 接口:MSC 和 HLR 之间的接口。MSC 通过该接口向 HLR 查询被叫移动台的选路信息,以便确定呼叫路由,并在呼叫结束时向 HLR 发送计费信息。

D 接口:VLR 和 HLR 之间的接口。该接口主要用于这两个登记器之间传送移动台的用户数据、位置信息和选路信息。

E 接口:MSC 之间的接口。该接口主要用于越局切换。当移动台在通信过程中由某一 MSC 业务区进入另一 MSC 业务区时,两个 MSC 需要通过该接口交换信息,由另一 MSC 接管该移动台的通信控制,使移动台通信不中断。

F 接口:MSC 和 EIR 之间的接口。MSC 通过该接口向 EIR 查询呼叫移动台设备的合法性。

G 接口:VLR 之间的接口,当移动台由某一 VLR 管辖区进入另一 VLR 管辖区时,新老 VLR 通过该接口交换必要的信息。

H 接口:MSC 与公共交换电话网(PSTN/ISDN)的接口,利用 PSTN/ISDN 的 NNI(网间网接口)信令建立网间话路连接。

2. 网络区域划分

根据 ITU-T 建议,PLMN 的区域划分如图 7-5-2 所示。

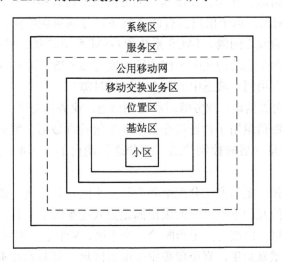

图 7-5-2　PLMN 的区域划分

PLMN 由以下几个区域组成:

蜂窝小区：为 PLMN 的最小空间单元。每个小区分配一组信道。小区半径按需要划定，一般为一千米至几十千米范围。半径在 1 km 以下的称为微小区；还有更小的微微小区。小区越小，频率重用距离越小，频谱利用率就越高，但是系统设备投资也越高，且移动用户通信中的过区切换也越频繁。

基站区：一个基站管辖的区域。如果采用全向天线，则一个基站区仅含一个小区，基站位于小区中央。如果采用扇形天线，则一个基站区包含数个小区，基站位于这些小区的公共顶点上。

位置区：可由若干个基站区组成。移动台在同一位置区内移动可不必进行位置登记。

移动交换业务区：一个 MSC 管辖的区域。一个公用移动网通常包含多个业务区。

服务区：由若干个互相联网的 PLMN 覆盖区组成的区域。在此区域内，移动用户可以自动漫游。

系统区：指同一制式的移动通信系统覆盖的区域，在此区域中 Um 接口技术完全相同。

3. 信道划分和波道指配

所谓波道，是指具有一定频带宽度的无线传输通道。移动通信系统都是按指定的工作频段设计的。公用移动网大多采用 800 MHz、900 MHz 和 1800 MHz 频段，少数采用 450 MHz 频段，第三代移动通信系统将采用 2000 MHz 频段。每个系统在其工作频段中划分为若干波道，以供众多用户使用。典型的全接入通信系统(TACS，Total Access Communication System)频段宽度为 25 MHz，划分为 1000 个波道；GSM 数字系统频段宽度也是 25 MHz，划分为 125 个波道。

信道则是传送数据或控制信息的逻辑通道。对于 FDMA 系统来说，一个信道就占用一个波道；对于 TDMA 系统来说，多个信道通过时分复用的方式共用一个波道；对于 CDMA 系统来说，多个信道通过分配不同的伪随机扩频序列(伪码)共用一个波道。

蜂窝式移动通信系统中的无线信道均为双工信道。常把基站发往移动台的方向为下行方向，其信道为前向信道；移动台发往基站的方向为上行方向，其信道为后向信道。对于频分双工(FDD)系统来说，每个信道占有两个频率，分别对应前向和后向信道，前向和后向信道的频率间隔称为双工间隔。TACS 系统和 GSM 系统的双工间隔均为 45 MHz。考虑到双工工作方式，这两个系统的实际工作频段宽度为 2×25 MHz。对于时分双工(TDD)系统来说，前后向信道占用同一波道中的两个不同的时隙。

按功能划分，有两类信道：业务信道和控制信道。业务信道用于传送话音和用户数据，只在通话时占用。控制信道用于传送信令信息和系统管理数据。前向控制信道主要传送系统广播信息和寻呼信息，后向控制信道主要传送移动台的寻呼响应信息和发呼时的接入信息。

系统的波道必须按一定的方法分配给各个蜂窝小区，其原则是既要提高频谱利用率，又要减小不同小区间的互相干扰。一般采用固定方式指配波道。具体来说，就是将系统总波道数分成 N 组，把每一组波道固定指配给一个小区，N 个小区组成一簇(Cluster)。然后将这样的小区簇在空间重复衍生，直至覆盖整个服务区域。其基本要求是任意两个相邻的小区(包括分属不同簇的相邻小区)指配的波道组应不相同。可以证明，符合这一要求的满足如下的关系式

$$N = i^2 + ij + j^2 \qquad i,\ j = 0,\ 1,\ 2,\ \cdots,\ i+j > 1 \tag{7-5-1}$$

对于给定的 N，若小区形状为正六边形，则频率重用区间的最小中心距 D 与小区半径 r 之比满足

$$C = \frac{D}{r} = \sqrt{3N} \tag{7-5-2}$$

式中，C 称为同频复用系数。由于信号功率与传输距离的平方成反比，因此 $C^2 = D^2/r^2$ 的大小决定了同频干扰信噪比的大小。显然，N 越大，同频干扰越小，但是频率重用率低。因此应根据需要选取一个合理的 N 值。图 7-5-3 给出当 $N=7$ 时的波道指配结构，其同频复用系数为 4.58，同频干扰抑制比约为 30 dB，是一种应用广泛的小区结构。至于系统总波道数的分组原则，是要尽量减少同频干扰和互调干扰，具体分组方法读者可以参考有关文献。

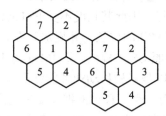

图 7-5-3　一种蜂窝小区的波道指配($N=7$)

N 值确定以后，尚需确定小区的大小，这主要决定于该地区的话务强度。对于给定的 N 值，每个小区的可用信道数已定，在一定的呼损概率条件下，根据呼损曲线就可查得每个小区能够承担的话务量，从而得出小区的面积和半径。

4. 移动台的编号

在移动通信系统中，为了对移动用户实施跟踪、识别和管理，需要四种号码。它们是：

1) **移动台号码簿号码(MSDN，Mobile Station Directory Number)**

这就是人们呼叫该用户所拨的号码。我国数字移动网(TDMA 系统)采用的编号方案独立于 PSTN/ISDN 编号计划，编号结构为

国家码(86) + 移动网号(如 139) + HLR 识别号($H_0H_1H_2H_3$) + 用户号码(ABCD)

"移动网号"用来识别不同的移动系统，它和任何的长途区号均不同，为 $13X$(X 为 5～9)；$H_0H_1H_2H_3$ 识别该移动系统中的交换局，或原籍位置登记处所在交换局的识别号，这些交换局可能位于不同的地区，用来标识用户所属的 HLR；ABCD 仍为用户号码。移动网电话号码采用等位编号，国内有效号码位长为 11 位。

2) **国际移动台标识号(IMSI，International Mobile Station Identification)**

国际移动台标识号是任何网络唯一识别一个移动用户的国际通用号码。移动用户以此号码发出入网请求或位置登记，移动网据此查询用户数据。此号码亦是 HLR、VLR 的主要检索参数。

IMSI 编号计划国际统一，由 ITU-T E.212 建议规定，以适应国际漫游的需要。它和各国的 MSDN 编号计划互相独立，这样使得各国电信管理部门可以随着移动业务类别的增加独立发展其自己的编号计划，不受 IMSI 的约束。

IMSI 编号计划的设计原则是：

(1) 编号应能识别出移动台所属国家及国家中的所属移动网。

(2) 编号中识别移动网和移动台的数字长度可由各国自行规定,其基本要求是当移动台漫游至国外时,国外的被访移动网最多只需分析 IMSI 的 6 位数字就可判定移动台的原籍地。

(3) 编号计划不需要直接和不同业务的编号计划相关。

(4) 一个国家若有多个公用移动网,不强制规定这些移动网的编号计划一定要统一。

根据这些原则,ITU-T 规定 IMSI 的结构为

$$MCC + MNC + MSIN$$

其中,MCC 为国家码,3 位,由 ITU-T 统一分配,同 DCC(数据网国家码);MNC 为移动网号;MSIN 为网内移动台号;NMSI 为国内移动台标识号,由 MNC 和 MSIN 两部分组成,其长度由各国自定,但应符合上述设计原则(1)的要求。

IMSI 不用于拨号和路由选择,因此其长度不受 PSTN/PDN/ISDN 编号计划的影响。但是 ITU-T 要求各国应努力缩短 IMSI 的位长,并规定其最大长度为 15 位。

我国数字移动网(TDMA)参照 GSM 规范,取 IMSI 为 15 位。对于中国电信 GSM 网来说,MNC＝00。每个移动台可以是多种移动业务的终端(如话音、数据等),相应地可以有多个 MSDN,但是其 IMSI 只有一个,移动网据此受理用户的通信或漫游登记请求,并对用户计费。IMSI 由电信经营部门在用户开户时写入移动台的 EPROM。当任一主叫按 MSDN 拨叫某移动用户时,终端 MSC 将请求 HLR 或 VLR 将其翻译成 IMSI,然后用 IMSI 在无线信道上寻呼该移动台。

3) 国际移动台设备标识号(IMEI,International Mobile Equipment Identification)

国际移动台设备标识号是唯一标识移动台设备的号码,又称为移动台电子串号:该号码由制造厂家永久性地置入移动台,用户和电信部门均不能改变,其作用是防止有人使用非法的移动台进行呼叫。

根据需要,MSC 可以发指令要求所有的移动台在发送 IMSI 的同时发送其 IMEI,如果发现两者不匹配,则确定该移动台非法,应禁止使用。在 EIR(Equipment Identity Register)中建有一张"非法 IMEI 号码表",俗称"黑表",用以禁止被盗移动台的使用。EIR 也可设置在 MSC 中。

ITU-T 建议 IMEI 的最大长度为 15 位。其中,设备型号占 6 位,制造厂商占 2 位,设备序号占 6 位,另有 1 位保留。我国数字移动网即采用此结构。

4) 移动台漫游号(MSRN,Mobile Station Roaming Number)

移动台漫游号是系统分配给来访用户的一个临时号码,其作用是供移动交换机选择路由。在 PSTN 中,交换机是根据被叫号码中的长途区号和交换机局号来判知被叫所在地点,从而选择中继路由的。固定用户的位置和其号码簿号码有固定的对应关系,但是移动台的位置是不确定的,它的 MSDN 中的长途区号和局号(或移动网号和 $H_0H_1H_2H_3$)只反映它的原籍地。当它漫游进入其他地区接收来话呼叫时,该地区的移动系统必须根据当地编号计划分配给它一个 MSRN,经由 HLR 告知 MSC,MSC 据此才能建立至该用户的路由。在 CDMA 系统中,MSRN 称为 TLDN(临时本地号码簿号码)。

MSRN 由被访地区的 VLR 动态分配,它是系统预留的号码,一般不向用户公开,用户拨打 MSRN 号码将被拒绝。

7.5.2　移动网和市话网的接口方式

为了实现移动通信系统与市内有线电话连通而构成无线—有线电话网络系统，一般来说有以下三种方式。

1．移动电话交换局作为市话局的分局

各基地台与移动电话交换局之间用有线相连，而移动电话交换局与市话局相连，如图7-5-4 所示。各基地台设在蜂窝网状小区域内，再与各小区的所属移动台以无线方式进行通信联系。这种系统适用于 1000 户以上较大容量的移动通信系统，如美国的高级移动电话系统(AMPS，Advanced Mobile Phone System)即采用这种方式。

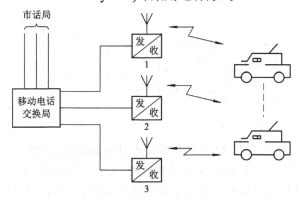

图 7-5-4　移动交换局与市话局的连接

在一个服务区内(如一个城市)，可能设有多个自动交换中心，若每个交换中心作为一个移动电话局，通过局际中继线和市话分局、汇接局连接，称为多局制；若仅设一个移动电话局，集中接入市话网，则称为单局制。

移动电话交换局作为市话局的分局进入市话网，移动用户和市话用户应采用相同的编号制度，例如，在六位编号的城市，使用编号 *PQABCD*，其中，*PQ* 是移动电话局号；*ABCD* 是移动用户号码。当市话用户主呼移动用户时，拨 *PQABCD* 后，便自动接通移动电话局，移动电话局再根据 *ABCD* 自动叫出移动用户。同样，移动用户也能拨号叫出市话用户。

2．移动交换机作为市话局的小交换机接入基地台

当用户数不多时，如到市话局的总业务量在 2 爱尔兰以下，可通过小交换机接入市话网，如图7-5-5 所示。这时各移动台相当于小交换机的以无线方式联系的内部分机，它可根据需要，增设某些设备以扩大移动系统功能，而且还可以为定点无线用户及有线用户服务。

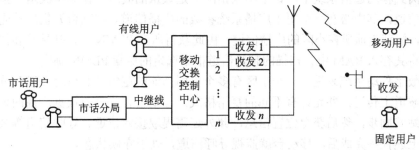

图 7-5-5　通过小交换机接入市话网

通过小交换机接入市话网的方法适用于移动通信为主并且用户数量不大的移动通信网。一些专业移动通信系统，通信业务主要集中在移动通信系统内部，它和市话网交换的话务量不大，可以通过小交换机接入市话网，就像目前广泛使用的用户小交换机一样，通过若干条中继线和市话分局连接。

3. 移动用户作为市话局用户的一部分

由于采用直接把移动用户作为市话局的一个用户，进行有线转无线移动通信的方式。因此市话局的用户线就直接接到基地台，但基地台只有少量的无线信道，即把多个用户线集中为少量的无线信道，这时基地台只需有一个集线控制设备，而不需要交换设备。移动用户作为市话局用户的一部分如图 7-5-6 所示。

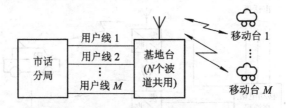

图 7-5-6　移动用户作为市话局用户的一部分

如果系统有 M 个用户就有 M 对用户线从市话分局接到基地台；若基地台只有 n 个无线信道，则在基地台要有一个由 M 至 n 的集线控制器，不需要交换。所有的交换业务全在市话交换局进行。这种方式简便，适用于移动用户数量很少的小容量系统。本方式的特点有：① 移动用户的号码与市话网号码编法一致，即相当于市话用户线的延伸，因此有多少移动用户就占多少对市话局的回线；② 移动用户至市话局的呼叫，不论是主呼或被呼(呼出或呼入)都可自动接续，不需人工转接；③ 移动用户之间呼叫，都须通过市话局交换机进行交换再接回到基地台，然后由基地台到某一移动用户。可见这种方式要占用两个无线信道。

7.5.3　移动交换的基本技术

移动交换中的基本技术包括信道自动选择方式、漫游和切换等技术。在介绍这些技术以前，本节先介绍移动呼叫的一般过程。

1. 移动呼叫的一般过程

1) 移动台初始化

在蜂窝式移动通信系统中，每个小区指配一定数量的波道，在这些波道上按规定配置各类逻辑信道，其中必有一个用于广播系统参数的广播信道。移动台开机后首先就要通过自动扫描，捕获当前所在小区的广播信道，由此获得所在 PLMN 号、基站号和位置区域等信息，并将其存入 RAM 中。扫描的起始信道根据选定的原籍 PLMN 确定。

对于数字移动系统来说，一个小区有多个不同功能的逻辑控制信道，以时分复用的方式在同一波道上传送，并允许有不同的复用格式。移动台首先需要根据广播的训练序列完成与基地站的同步，然后获得位置信息，此外还需提取接入信道、寻呼信道等公共控制信道号码。上述任务完成后，移动台就监视寻呼信道，处于守候状态。

2) 移动台呼叫固定网用户(MS→PSTN 用户)

移动台呼叫固定网用户的呼叫接续过程如图 7-5-7 所示。

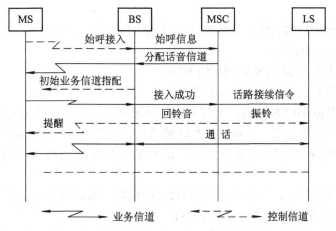

图 7-5-7 MS 用户→PSTN 用户的呼叫接续过程

(1) 移动台发号,即移动台摘机、拨号、按下"发送(OK)"键后,占用控制信道。向基站发出"始呼接入"消息。消息的主要参数是被叫号码,同时亦发出移动台标识号 IMSI。

(2) 基站将移动台"始呼接入"消息转送给移动交换机 MSC。

(3) 移动交换机根据 IMSI 检索用户数据,检查该移动台是否为合法用户,是否有权进行此类呼叫。用户数据取自 VLR 或 HLR。经检查若为合法有权用户,则为移动台分配一个空闲业务信道。根据系统实现的不同,这个分配可由基站控制器或交换机实施。

(4) 基站开启该波道的射频发射机,并向移动台发送"初始业务信道指配"消息。

(5) 移动台收到此消息后,即调谐到指定的波道,并按要求调整发射电平。

(6) 基站确认业务信道建立成功后,将此"接入成功"信息通知移动交换机 MSC。

(7) 移动交换机 MSC 分析被叫号码,选定路由,通过"话路接续信令"建立与 PSTN 交换局的中继连接。

(8) 如果被叫空闲,则终端交换机回送后向指示消息,同时经话路回送回铃音。

(9) 被叫摘机应答,即可与移动用户通话。

3) 固定网用户呼叫移动台(PSTN 用户→MS 用户)

固定网用户呼叫移动台用户的过程如图 7-5-8 所示,图中 GMSC 为 MSC 网关,在 GSM 系统中是指与主叫 PSTN 最近的移动交换机。图中的标号是指控制过程的顺序号。

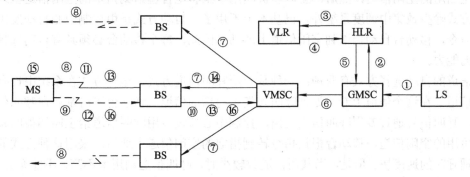

图 7-5-8 PSTN 用户→MS 用户的呼叫过程

(1) 通过号码分析，PSTN 交换机判定被叫是移动用户，将呼叫接至 GMSC。

(2) GMSC 根据移动台号码簿号码(MSDN)确定被叫所属的 HLR，向 HLR 询问被叫当前位置信息。

(3) HLR 检索用户数据库，若数据库记录该用户已漫游到其他地区，则向所在的 VLR 请求移动台漫游号(MSRN)。

(4) VLR 动态分配 MSRN 后回送给 HLR。

(5) HLR 将得到的 MSRN 转送给 GMSC。

(6) GMSC 根据 MSRN 选路，将呼叫连接至被叫当前所在的移动交换局 VMSC。

(7) VMSC 查询数据库，向被叫所在区域的所有小区基站发寻呼命令。

(8) 各基站经寻呼信道发寻呼消息，消息的主要参数为被叫的国际移动台标识号(IMSI)。

(9) 被叫收到寻呼信息，发现 IMSI 与自己的相符，即向所在基站回送寻呼应答消息。

(10) 基站将寻呼应答消息转发给 VMSC。

(11) VMSC 或基站控制器为被叫分配一条空闲业务信道，并向被叫移动台发送业务信道指配消息。

(12) 被叫移动台回送响应消息。

(13) 基站通知 VMSC，并同时通知 MS 业务信道已接通。

(14) VMSC 发出振铃指令。

(15) 被叫移动台收到振铃指令消息后，发出振铃音(MS 振铃)。

(16) 被叫摘机，并通知基站和 VMSC，开始通话。

4) 呼叫释放

移动通信系统中，为节省无线传输资源，呼叫释放采用互不控制的复原方式。如在数字 GSM 系统中，MSC 和 MS 之间的释放过程和 ISDN 相同，采用 Disconnect—Release—Release Complete 这三个消息过程。即任一方 A 发拆线(Disconnect)信号，另一方 B 收到后发释放(Release)信号，A 收到释放信号后发释放完成(Release Complete)信号，就完成了整个拆线过程。

2. 信道自动选择方式

在多信道共用系统中，移动台实现信道占用有两种基本方式：一种是人工方式；另一种是自动方式。人工方式是用"人工"操作来完成信道的分配，即值机人员先给主叫和被叫指定当用的空闲信道，然后，主叫和被叫用手工将电台调谐到指定的空闲信道上通话，这种方式除少数集中调度系统外，已基本上不用了；自动方式是由控制中心自动发出信道指定命令，移动台自动调谐到空闲信道上通话。因此，每个移动台必须具有自动选择空闲信道的能力。

信道的自动选择方式有两种：一种是专用呼叫信道方式，这种方式在系统中设有专用呼叫信道，在这个信道上专门处理呼叫和指定通话的信道。移动台平时都停在呼叫信道上守候，呼叫信号通过专用呼叫信道发出，控制中心通过专用呼叫信道给主叫和被叫移动台指定可用的空闲信道，移动台根据指令转到指定的空闲信道上通话。采用这种方式的优点是处理呼叫的速度快。但是，当共用信道数较少时，呼叫信道利用率不高，不能充分利用。

因此，它适用于大容量移动电话系统。例如，AMPS(美国的高级移动电话系统)就是采用的这种方式。另一种是空闲信道标志法，即用一个空闲信号标志空闲信道，所有移动台都有搜索空闲信号和锁定在空闲信道上的功能。当此空闲信道被某移动台截获占用，所有其他闲着的移动台将重新搜索空闲信道。根据基地台发射空闲信号标志的方式不同又分为以下三种方式。

1) 循环定位方式

在循环定位方式中，呼叫控制与通话是在同一信道上进行的，基地台在一个信道上发出空闲信号，所有未通话的移动台都自动对所有信道扫描搜索，一旦在哪个信道上收到空闲信号，就停在该信道上，处于守候状态。一旦该信道被占用，则所有未通话的移动台就自动地切换到新的有空闲信号的信道上去。如果基地台全部信道都被占用，基地台发不出空闲信号，所有未通话的移动台就不停地扫描各个信道，直到收到基地台发来的空闲信号为止。

循环定位方式不设专用呼叫信道，全部信道都可进行呼叫控制和通话，因而能充分利用信道。另外，各移动台平时都已停留在一个空闲信道上，不论主叫还是被叫都能立即进行，且接续快。

但是由于全部未通话的移动台都停在同一个空闲信道上，同时起呼的概率(称为同抢概率)较大，容易出现冲突。当用户较少时，同抢概率就小。因此，这种方式适用于信道数较少的系统。

2) 循环不定位方式

基地台在所有空闲信道上都发空闲信号，而空闲的移动台平时一直在各信道之间扫描。当移动台摘机呼叫时，它就停在首先扫寻到的空闲信道上，然后使用此信道再拨号呼叫。这种方式的优点是在同一空闲信道上同时起呼的概率较小(与前一种方式相比)，因为各移动台扫描是随机的。缺点是接续时间长，尤其是当移动台处于被呼状态时，持续时间更长些。因为这种方式不像前一种那样在摘机时已停在空闲信道上了，所以可立即呼叫，而是在摘机时仍随机地在各信道上进行扫描，并未停留在一个信道上，必须找到空闲信道以后才能发出呼叫。因此多了一个扫描搜索的时间。信道数愈多，所需的总持续时间越长。$T = n^{\tau}$，其中，n 为信道数；τ 为移动台扫描时在每个信道上的停留时间。所以，这种方式不适合大容量系统。

3) 循环分散定位方式

循环分散定位方式是基地台在所有空闲信道上都发空闲信号，而移动台和循环定位方式一样，自动扫描并停在最先搜寻到的空闲信道上。这是为克服前两种方式的缺点而介于二者之间的一种方式。由于各个没有通话的移动台的扫描是随机开始的，因此这些移动台在未摘机时是分散地停留在各个空闲信道上的。所以当移动台摘机呼叫时，已停留在相应的空闲信道上不需要搜索，可立即发出呼叫。这种方式的优点是不但接续快，而且各台分散在各个空闲信道上，使"碰撞"的机会很少。它兼有前两种指配方式的优点，是目前较好的一种指配方式，但稍微复杂些。

3. 漫游

漫游(Roaming)服务是指不同地区的蜂窝移动网实现互联。移动台不但可以在原籍交换局的业务区中使用，也可以在整个移动网的业务区中使用。具有漫游功能的用户，在整个联网区域内任何地点都可以自由地呼出和呼入，使用方法不因地点的不同而变化。

根据系统对漫游的管理和实现的不同，可将漫游分为以下三类：

(1) 人工漫游：两地运营部门预先订有协议，为对方预留一定数量的漫游号，用户漫游前必须提出申请。这种方法仅用于 A，B 两地尚未联网的情况。

(2) 半自动漫游：漫游用户在访问区发起呼叫时由访问区人工台辅助完成，用户无需事先申请。这种方法漫游号回收困难，实际上很少使用。

(3) 自动漫游：这种方式要求网络数据库通过 No.7 信令网互联，网络可自动检索漫游用户的数据，并自动分配漫游号。

下面我们将重点讨论自动漫游技术，它分为位置登记、路由重选、MSRN 的分配、漫游用户的权限控制和不同子系统间漫游的信道指配。

1) 位置登记

位置登记就是移动台通过接入信道向网络报告它的当前位置；如果位置发生变化，新的位置信息就由移动交换机经 VLR 通知 HLR 登录。借此，系统可以动态跟踪移动用户，完成对漫游用户的自动接续。

位置登记有以下三种方式：

(1) 始呼登记。当移动台发起呼叫时，移动交换机在处理呼叫的同时自动执行一次位置登记的过程。

(2) 定期登记。移动台在网络控制下周期性地发送位置登记消息。如果 MSC/VLR 在规定时间内未收到定时登记消息，就可以判断该移动台不可及，以后收到来话呼叫时可不必对它再寻呼，这是定时登记的优点。但是如果定时登记周期较长，就不能及时对移动用户进行跟踪。

(3) 强迫登记。当移动台由一个位置区进入另一个位置区时，将自动发出登记请求消息。其触发条件为

$$LAIr \neq LAIs$$

式中，LAIr 为移动台存储器中存储的最近访问的位置区号；LAIs 为系统广播的当前位置区号。

2) 路由重选

由于漫游用户已离开其原来所属的交换局，因此它的号码簿号码(MSDN)已不能反映其实际位置。因此，其他用户呼叫漫游用户时，移动交换中心(MSC)应首先查询 HLR 以获得漫游号，然后根据漫游号重选路由。根据发起查询 HLR 的 MSC 位置不同，有以下两种重选方法：

(1) 原籍局重选。不论漫游用户现在何处，一律先根据 MSDN 接至其原籍局 H-MSC，由原籍局查询 HLR 数据库后重选路由。这种方法实现简单，计费也简单，但可能会发生路由环回。

(2) 网关局重选。PSTN/ISDN 用户呼叫漫游用户时，不论其原籍局在哪里，固定网交换机按就近接入的原则首先将呼叫接至最近的 MSC(GMSC)，然后由 GMSC 查询 HLR 后重选路由。这种方法可以达到路由优化，但是会涉及计费问题。

模拟移动网常采用原籍局重选方法，GSM 系统规定采用网关局重选方法。由于计费问题，国际漫游规定采用原籍局路由重选方法。

3) MSRN 的分配

如前所述，漫游号(MSRN)用作路由重选，它对 MS 和 PSTN 用户均不可见。从选路角度看，对 MSRN 的数字分析与一般的 PSTN 呼叫相同。MSRN 由 VLR 分配，分配结果转告 HLR。具体分配方法有两种：

(1) 按位置分配。漫游用户进入新的业务区发起位置登记时，VLR 就为其分配一个固定的 MSRN，并通知 HLR 保存。此 MSRN 一直保留到该用户离开此业务区时才收回。这种方法的好处是管理简单，GMSC 只要询问 HLR 就可获得 MSRN，但是号码资源占用量太大。虽然规范给出了这种方法，但是使用很少，实际上仅人工漫游才采用。

(2) 按呼叫分配。漫游用户登记时仅记录其位置区号，供来话寻呼使用。仅当该用户有来话呼叫时才为其分配一个临时的 MSRN，呼叫建立过程完成后即行收回。这种方式每次呼叫 HLR 都要向 VLR 索要 MSRN 号，信令和管理过程比较复杂；但是需要预留的 MSRN 号码资源少。目前一般都采用这种方法。

4) 漫游用户的权限控制

由于网络运营部门或用户的需要，常常需要对漫游用户的呼叫权限进行一定的限制。作为运营部门来说，常常希望优先为本地用户服务，对漫游用户只提供基本服务，为此将对漫游用户的服务类别、补充业务权限等进行一定限制。另一种可能的限制是不允许漫游用户进行本地呼叫，原因是运营部门仍然将他们视为外地用户，要求他们仍按长途方式呼叫当时所在地的本地用户，以便收取相应的资费。这类权限控制通过局数据设定。

作为用户来说，漫游至外地后很可能只希望能打出电话，而不希望接收来话。其原因是重选路由后的延伸段资费要由漫游用户承担，而漫游用户并不想支付高昂的长途话费。因此，应允许用户指定在哪些访问区不接收来话呼叫，这一功能对于国际漫游用户尤为重要。这类权限控制通过用户数据设定。

5) 不同子系统间漫游的信道指配

有些移动系统由于运营的需要又划分为若干子系统，这些子系统空中接口和规范完全相同，只是控制信道和业务信道的指配有所不同。例如，全接入通信系统(TACS, Total Access Communication System)可分为 A 和 B 两个系统，分别指配 300 个话务信道(后扩展为 500 个信道)，处于不同的频带范围，称为 A 网和 B 网。另有 ETACS-A 和 ETACS-B 系统，是在 A 系统和 B 系统基础上又扩充了约 150 个话音信道。当漫游用户从一个子系统进入另一个子系统业务区时，必须注意控制信道和话音信道的分配问题。

以 TACS 系统为例，如漫游用户原来在 A 网运行，进入其他系统时需考虑以下几种情况：

(1) 进入 B 系统区域：控制信道改变。该漫游移动台编程时必须允许在注册和非注册两种系统中工作。移动台首先扫描注册系统(A 系统)的控制信道，失败后自动扫描非注册系统(B 系统)，就能接入该访问系统而正常工作。

(2) 进入 A+B 系统区域：就像在同一子系统内漫游，只是其可用信道范围扩展了。

(3) 进入 ETACS-A 系统区域：控制信道相同，对于漫游用户来说，就像进入同一子系统。但是交换机或基站控制器应注意不能给此漫游用户分配扩充的话音信道。

(4) ETACS-A 系统用户漫游进入 A 系统：交换机或基站控制器应首先给它分配扩充话务信道，以避免漫游用户和本地用户争抢信道资源。

4．切换实现技术

切换技术是指移动台从一个业务子区移动到另一个子区时，为保证通信正常，交换系统所应该完成的功能，其中包括信道监视、信道测量、切换控制和切换接续四个子功能。前两个子功能用来触发切换和选择切换目标小区，在模拟系统中由基站收发信台(BTS，Base Transceiver Station)完成，在数字系统中由 BTS 和 MS 合作完成。后两个功能由 MSC 完成，整个切换由移动台初始接入的移动交换机控制，该交换机称为控制 MSC，记作 MSC-A；切换后接入的另一交换机，记作 MSC-B。

1) 控制 MSC 的切换控制功能结构

图 7-5-9 给出 MSC-A 的切换控制功能结构和相关接口。其中，模块 1 负责向 BS/MS 发送指令和收集数据，包括对它们实施通信控制；模块 2 负责和其他 MSC 或 PSTN 交换有关的呼叫接续控制信令，信令内容为话路的建立和释放，可以是随路信令或 7 号信令；模块 3 为内部控制程序，协调整个切换功能；模块 4 为移动信令控制模块，负责和 PLMN 相关网络部件交换关于切换控制的信令消息。这些信令在 GSM 系统中是 MAP 规程，在模拟系统中则为一些公司的专用信令系统；模块 5 为配合切换的网络交换功能，完成与其他 MSC 或 PSTN 间的快速通路连接。

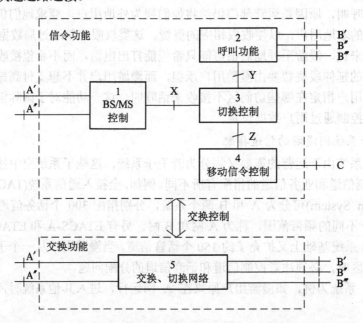

图 7-5-9　MSC-A 的切换控制功能结构和相关接口

接口 A′ 为 MSC-A 与原来 BS 的接口；A″ 为与新 BS 的接口，适用于 MSC-A 中两个不同 BS 之间的过区切换；接口 B′ 为 MSC-A 与 PSTN/ISDN 间的接口，B″ 为 MSC 与 MSC-B 的接口；B‴ 为后续切换时与 MSC-B′ 的接口，所谓后续切换，就是连续发生两次越局切换时，移动台进入了新的交换机 B′ 的业务区，这时切换仍由 MSC-A 控制；接口 C 为与 PLMN

中其他网络部件(如 MSC、HLR 和 VLR 等)的接口；X、Y 和 Z 为 MSC-A 的内部接口。

2) 信道监测和小区选择

在模拟移动系统中，话音信道的监视和测量完全由 BS 负责。当 BS 发现话音信道的传输质量和信号强度降到一定门限值以下时，就做出切换小区的决定，通过 A′接口向 MSC-A 发出请求。MSC-A 根据移动台当前位置信息确定其邻接小区，然后向这些小区所属 BS 或 MSC 发出测量该信道强度的指令或请求，最后通过比较收到的测量结果确定切换目标小区，启动切换过程。

实际上，上述切换过程速度太慢，其原因有两个：一是信道监测功能集中在基站，当基站判决要切换后，还必须等待邻接基站反馈它们的测量结果；二是切换过程中几乎每一步都需要由 MSC 集中控制，造成不必要的信令和处理时延。随着系统容量的增加和抗干扰性能的增强，蜂窝半径将减小，切换频度相应加大，这就要求切换速度更快，定位更精确。

为此，GSM 系统采用了移动台辅助切换的方法：这是一种分布式的方法，它将测量功能交给移动台去完成。基站通过广播信道告诉移动台所有邻接小区的清单(即它们的广播信道)，每个移动台据此连续测量邻接小区的功率电平以及本小区的电平及传输质量(误码率)，测量结果放入测量报告，经慢速随路控制信道(SACCH，Slow Associated Control Channel)周期性地向基站报告。MS 每次可同时报告 6 个邻接小区的数据，数据传输速率为 130 b/s；SACCH 的最高速率是 269 b/s。当它没有其他信令任务时，每秒可传送 2 次测量报告。基站本身也可以对连通移动台的链路进行测量。判定是否需要切换的决定权在基站控制器(BSC，Base Station Controller)。根据这些测量值，如果决定切换，目标小区立即可以确定。因此从检测到执行，启动时延小，而且测量值连续上报，定位精度高，切换成功率高。

在 TDMA 系统中，移动台的连续测量很容易实现。因为在正常通信时，移动台只占用一个时隙，在其余的时隙时间中就可以进行测量。测量时，移动台还可以完成数据的预处理：为了消除瑞利衰落引起的起伏，首先对每个小区中的测量值取其 4 个业务信道复帧的平均值；其次，从最多可测量的 32 个小区中，取出信号强度最高的 6 个小区，将它们的测量结果写入报告，送往基站。为了准确识别所测的小区，移动台必须从广播控制信道(BCCH，Broadcast Control Channel)中提取基站代码，将此代码连同测量值一起置入测量报告，以标明这是哪一个基站(或小区)的数据，从而消除同频干扰的影响。

在 GSM 系统中，属于同一 BSC 范围内的小区间切换由 BSC 控制，无需 MSC 介入；不同 BSC 之间及越局切换才需由 MSC 控制。

3) 越局切换的控制过程

下面以基本越局切换为例，说明 MSC-A 是如何控制网络各部件完成切换的。切换需要移动应用部分(MAP，Mobile Application Part)信令、基站子系统(BSS，Base Station Subsystem)MAP 信令和 TUP/ISUP 信令的配合，其控制过程如图 7-5-10 所示。图中假设主叫为 PSTN 用户，被叫是 MS，通话过程中 MS 由 MSC-A 所辖小区移入 MSC-B 所辖小区。

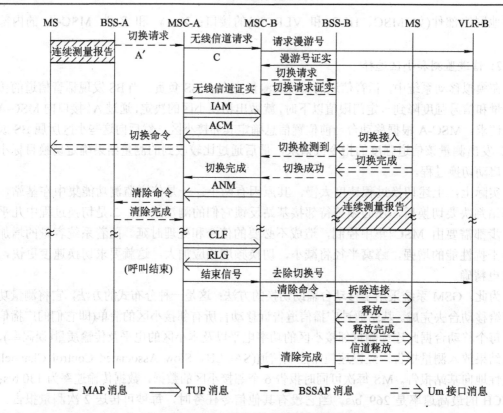

图 7-5-10　基本越局切换的控制过程

越局切换的主要控制步骤为:

(1) MS 连续发送测量报告,BSS-A 判定需进行切换,通过 A′接口向 MSC-A 发出请求,同时告之选定的目标小区。

(2) MSC-A 经 C 接口向 MSC-B 发送"无线信道请求"消息;MSC-B 向 VLR-B 请求并获得切换号,其作用相当于一个虚拟的漫游号。

(3) MSC-B 向 BSS-B 发切换请求信息,要求 BSS-B 分配一个业务信道,供 MS 切换后使用。

(4) MSC-B 收到 BSS-B 的请求证实信息后,向 MSC-A 发送"无线信道证实"消息,告之已分配的业务信道号及漫游号。

(5) MSC-A 经接口 B′向 MSC-B 发送 TUP/ISUP 的初始地址消息(IAM),建立中继话路。IAM 消息中的被叫号码写入漫游号。

(6) MSC-A 收到 MSC-B 的 ACM 以后,经 A′接口向 MS 发出切换命令,并告之目标小区和业务信道。

(7) MS 切换到新的业务信道上,告之 BSS-B,并经 BSS-B 告诉 MSC-B 切换成功;MSC-B 经 C 接口告之 MSC-A 切换完成,并经 B″接口发送"应答,不计费"消息 ANM,中继话路双向连通。此时 PSTN 主叫用户经 MSC-A 接至 MSC-B,再经新分配的业务信道和 MS 通话;注意图 7-5-10 中左右两边的 MS 是同一个 MS,只是左边的在 MSC-A 区,右边的在 MSC-B 区。

(8) MSC-A 通过 A′ 接口向 BSS-A 发清除命令，释放原先的业务信道。

(9) 待通话结束后，拆除 MSC-A 和 MSC-B 间的中继话路，结束切换事务，归还切换号，释放新的业务信道。详细过程可以从图 7-5-10 中看出。

4) 话路切换时间

越区切换的一个重要指标是用户切换时的通信中断时间，它直接关系到服务质量和切换成功率。影响通信中断时间的主要因素有：

(1) 信道监测时间。

(2) 信令处理时延。

(3) 话路切换连接时间。

如果主叫是 PSTN 用户，被叫为移动台，该移动台发生从 MSC-A 到 MSC-B 的越区切换。交换网络越区切换的概念模型如图 7-5-11 所示，原来移动台到 A′ 接口→B′ 接口到 PSTN 用户之间的通路，切换后成为 PSTN 用户到 B′ 接口→B″ 接口再到移动台之间的通路。

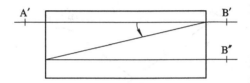

图 7-5-11　交换网络越区切换的概念模型

根据基本切换步骤可知，交换网络应在收到 MSC-B 发来"切换完成"消息后才进行切换，但是移动台在收到 MSC-A 的"切换命令"后就开始切换无线信道，因此这段时间内通信可能中断。中断时间 T_c，包含如下几项：

$$T_c = T_M + T_I + T_{SI} + T_{S2} + T_P$$

式中，T_M 为移动台无线信道切换时间；T_I 为 BSS-B 检测新的业务信道连接成功的时间；T_{SI} 为 BSS-B 向 MSC-B 传送"切换完成"的时间；T_{S2} 为 MSC-B 向 MSC-A 传送"切换完成"的时间；T_P 为交换网络通路建立时间。

即使采用高速数字链路，T_c 也将达 500 ms 以上。而且如果切换频繁，信令业务量加大，将造成 T_c 的增加，故 T_c 还受切换话务波动的影响。

为了减小通信中断时间，交换网络采用三方中继连接。当 MSC-A 向移动台发出"切换命令"后，立即将 A′ 接口(原来的 BS 与 MSC-A 之间)、B′ 接口(MSC-A 与 PSTN/ISDN 之间)和 B″ 接口(MSC-A 与 MSC-B 之间)三方之间的中继线相连，至收到"切换完成"消息后，恢复为正常的 B′ 接口到 B″ 接口的双向连接。这样，中断时间可缩短为

$$T_c = T_M$$

式中，在 T_c 达 200 ms 以下，这个话路连接切换时间对数据通信尤为有利。

5) 软切换

在 CDMA 系统中，所有移动用户共用一个公共的信道，但是每个用户分配一个不同的伪随机扩频序列(PN)，在接收端利用同样的伪码解扩就可以检测出该用户发出的信息。由于各小区的频率相同，而越区切换不需要进行信道之间的切换，因此称之为软切换。软切换是 CDMA 系统的一个重要特点。

当移动台接近两个小区的交界区时，它同时和这两个小区的基站建立通信连接，一直

到进入新的小区测量到新基站的传输质量已满足指标要求后才断开与原基站的连接。如果说硬切换是"先断开、后切换"的话，软切换则是"先切换、后断开"，没有通信中断时间，实现"软着陆"。在 CDMA 系统中，因为各基站工作于同一频道，这点不难做到。在切换过程中，同时接收两个基站的信号，犹如收到的是不同路径传来的多径信号，可以利用分集接收装置处理，不但对话音接收没有影响，而且可以增强接收信号电平，提高载干比。要实现软切换，必须有完备的管理功能和信令系统的支持，以协调移动台和两个基站之间的操作。

为此，系统设置了两个电平阈值：切入阈值 T_A 和切出阈值 $T_D(T_A > T_D)$。当检测到有一个新的基站(B)的导频强度 $S_B > T_A$ 时，移动台就和这个新的基站建立连接。当检测到原来基站(A)的导频强度已下降到 $S_A < T_D$ 时，就可切断与原基站的连接，完成切换。其中，导频的功能就是供移动台获取定时信息，取得和基站的同步。相邻基站导频的频率可相同，但其伪随机序列的时间偏移值不同。上述阈值控制的软切换原理图如图 7-5-12 所示。

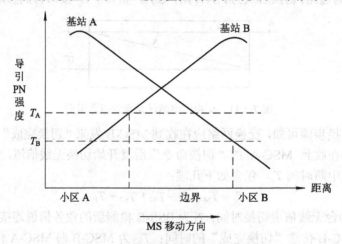

图 7-5-12　阈值控制的软切换原理图

软切换过程由移动台发起。设移动台由小区 A 切入小区 B，切换步骤如下：

(1) 当移动台检测到基站 B 的导频强度 $S_B > T_A$ 时，而该导频又与基站 A 分配给该移动台的下行业务信道不相关时，移动台就向基站 A 发送一个"导频强度测量信息"消息，并将该导频列入"候选导频集"。基站 A 将此消息转发给 MSC。

(2) MSC 指令基站 B 分配给移动台一个新的下行信道，在此信道上发送该用户的业务。

(3) 基站 A 和 B 发送"切换命令信息"消息，指示移动台同时使用基站 A 和 B。

(4) 移动台收到该消息后，将基站 B 的导频列入"有效导频集"，采用分集接收装置同时接收基站 A 和 B 发来的信号。

(5) 移动台回送"切换完成信息"消息。

(6) 当移动台测得基站 A 的导频强度 $S_A < T_D$ 时，启动切换退出定时器。

(7) 定时器到时，移动台向基站 A 和 B 发送"导频强度测量信息"消息。

(8) 基站 A 和 B 向移动台发送"切换命令信息"消息，指示移动台只使用基站 B。

(9) 移动台停止分集接收，仅与基站 B 通信，并向基站 A 和 B 发送"切换完成信息"消息，将基站 A 的导频列入"相邻导频集"。

(10) 基站 A 停止和移动台的通信。

习　题

1．什么是智能网？为什么会出现智能网？所谓智能又体现在哪几个方面？

2．什么是智能业务？它与传统业务的区别在哪里？

3．智能网的系统结构是怎样的？它分为哪四层平面？它们之间的关系是怎样的？

4．智能网的功能实体与物理实体有什么区别？又有哪些联系？

5．SIB 属于哪一个平面上的？它有哪些功能？

6．SDF 有哪些功能？SDF 处理的数据有哪些类别？

7．什么是检测点？检测点有哪些类型？

8．专用资源(SRF)有哪些功能？它为智能网能够提供哪些基本资源？

9．试设计一个智能业务，并写出其全局业务逻辑。

10．智能网标准的建议被定义为 Q.12XY 系列建议，其中，X、Y 分别表示什么含义？

11．SMS 有哪些主要功能？哪些使用者可以使用 SMS？

12．SCE 有哪些主要功能？在 SCE 上设计的业务是如何加载到智能网上的？

13．如何理解智能网和智能网系统？

14．甲说某机房有一个由三台计算机组成的 SCP；乙说不对，三台计算机是三个物理实体，应该是三个 SCP。他们谁说的对？

15．对照图 7-1-12 试说明 800 号业务的工作过程。

16．试说明 VLR 与 HLR 功能的差别，为什么有了 HLR 以后还要设立 VLR？

17．在移动通信系统中为什么要给移动台安排 4 个号码？

18．试说明移动呼叫的接续过程和普通 PSTN 用户的呼叫过程有哪些不同和相同。

19．试总结信道自动选择方式有哪几种。

20．试举例说明对漫游用户利用原籍局重选路由时，会发生路由还回的例子。

21．试分析三方中继连接的通信中断时间比基本的越区切换通信中断时间小的原因。

22．如果某移动局忙时每用户的平均通话次数为 21.06 次/时，每次的平均通话时长为 100 s，它共有 850 个无线接入口，每个无线接入口能承载 0.7 爱尔兰的话务量的强度，问：该移动局最多能接入多少用户？

23．在蜂窝式移动通信系统中，一个小区的用户是通过一个特定基站的空闲信道或无线链路来接入的，而每个基站的可访问的信道数是一定的，小区中移动用户的个数是随机的，如果基站中所有信道被占用，新的访问就会被阻塞。要求：

(1) 建立一个小区中新的呼叫被阻塞的数学模型。

(2) 如果一个小区中的用户要呼叫另一个小区中的用户，这个呼叫的路由由三部分组成：第一个小区中的无线信道；两个小区之间的有线连接信道和第二个小区中的无线信道。建立这每一部分的阻塞概率的数学模型，以及总的阻塞概率的数学模型。

第 8 章　异步传递模式(ATM)

8.1　ATM 的基本概念

1. ATM 的定义

ATM 或异步传递模式(Asynchronous Transfer Mode)简单来讲是一种采用异步时分复用(或统计时分复用)的方式传递任何业务数据的一种传递模式。这里的传递(Transfer)包含传输和交换两层含义。根据 ITU-T 的规定，ATM 包含以下几个方面的基本功能或概念。

1) ATM 交换机的接口

一个 ATM 的交换机，连着用户线和中继线，即它有用户—网络接口(UNI)和网络—网络(NNI)接口，业务信息以信元(Cell) 的形式来传递，信元的结构如图 8-1-1 所示。

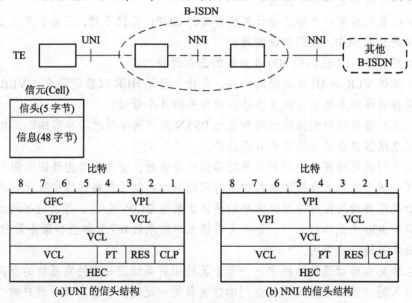

图 8-1-1　UNI 和 NNI 中的信元结构

每一个信元的长度都是固定的 53 字节，其中包括 5 个字节的信头和 48 个字节的信息。可以看出，信元是一种特殊的分组。

图中，GFC(General Flow Control)为一般流量控制；VCI(Virtual Channel Identifier)为虚通路标记；VPI(Virtual Path Identifier) 为虚通道标记；PT(Payload Type)为载荷类型；Res(Reserved)为保留；CLP(Cell Loss Priority)为信元丢失优先级；HEC(Head Error Correct)为信头差错控制。

2) 异步时分复用(或统计时分复用)

相对于同步时分(即 PCM)而言，在异步时分复用中，业务的信息数据与它在时间轴上的位置无关，信息只是按照信头中的标志来区分。任何业务都按实际需要(传输速率的大小)来占用资源，速率高，占用资源多；速率低，占用资源少。不论其特性如何(速率大小、突发性的大小、质量和实时性的要求)，网络都按同样的模式处理，真正实现完全的业务综合。

图 8-1-2 表示了 ATM 中异步时分复用的方法。来自不同信息源(不同业务和不同源点)的业务汇集在一起，它们先在一个缓冲存储器中排队，队列中的信元(Cell)逐个输出到传输线路上，在线路上形成首尾相连的信元流。信元的信头中含有信息的标志，网络根据标志来传递信息。

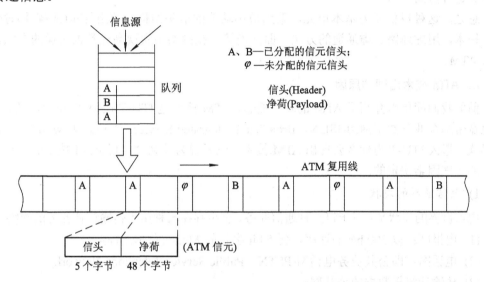

图 8-1-2　异步时分复用

3) ATM 是一种面向连接的传递技术

在传送用户信息以前，先要建立源端用户到目的端用户之间的 ATM 连接(即端到端)。ATM 连接是由 ATM 层链路串接而成的，以提供端到端的传递能力。同样有连接的建立，通信和连接的拆除这三个阶段。ATM 连接是由 ATM 信令系统完成的，通常信令信息和用户信息是在分开的 ATM 层连接上传送的。

4) 虚通路(VC，Virtual Channel)和虚通道(VP，Virtual Path)

携带用户信息的全部信元的复用、交换和传输过程，都是在虚通路和虚通道上进行的。虚通路、虚通道这两者之间是一种等级的关系，一个虚通道包含若干个虚通路。虚通路、虚通道的数目由信头中的 VCI、VPI 的值决定，如图 8-1-3 所示。ATM 信元的交换可以在 VP 级进行，也可以在 VC 级进行，交换的过程就是依据信头中的 VCI、VPI 的值，把信元送到相应的目地终端。

在一条通信线路上具有相同 VPI 的信元所

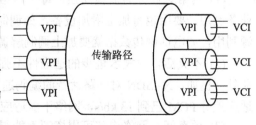

图 8-1-3　VCI、VPI 的概念

占有的子信道称为一个 VP 链路(VP Link)，多个并行的 VP 链路可以通过 VP 交叉连接设备或 VP 交换设备实现它们之间的交换；多个串联的 VP 链路构成一个 VP 连接(VPC，VP Connection)，用来连接源端和目的端用户，为它们提供通信的信道。

一个 VPC 中具有相同 VCI 的信元所占有的子信道称为一个 VC 链路(VC Link)，多个并行的 VC 链路可以通过 VC 交叉连接设备或 VC 交换设备实现它们之间的交换；多个串联的 VC 链路构成一个 VC 连接(VCC，VC Connection)，为用户提供通信信道。

5) ATM 基于高质量的光纤传输

ATM 基于高质量的光纤传输，误码率极低，所以不对信息进行前向纠错或 ARQ，仅对信头进行前向纠错。

总之，这种以信元为基本单元，采用最小功能的信头结构，使用异步(或统计)时分复用的技术，用虚通路、虚通道的方法，面向连接，在网络中实现高速数据传递的方法，就称为 ATM。

2. ATM 技术出现的原因

前面我们简单地介绍了 ATM 的基本概念，ATM 技术是 ITU-T 在 1987 年提出的，用于实现宽带综合业务数字网(B-ISDN，Broadband Integrated Services Digital Network)的一种传递模式。那么 ITU-T 为什么要提出 ATM 技术，或者说为什么会出现 ATM 技术呢？这是由以下的一些因素决定的。

1) 电信世界的现状

电信世界的现状是：对于每一种通信业务，至少存在一种用于传输这种业务的网络。如：

(1) 电报网：以 300 b/s 的速率，传 5 bit 字长的 Morse(莫尔斯)码。

(2) 电话网：即公共业务电话网(PSTN，Public Service Telephone Network)。

(3) 传输计算机数据的公共网：

① 由 X.21 支持的电路交换数据网(CSDN，Circuit Switching Digital Network)。

② 由 X.25 支持的电路交换数据网(PSDN，Packet Switching Digital Network)。

(4) 传输计算机数据的专用网：

本地网(LAN，Local Area Network)：以太网(Ethernet)、令牌环网(Token Ring Network)、FDDI 网和 DQDB 网等。

(5) 电视网：电视网有经无线广播的电视网、经直播卫星系统(DBS，Direct Broadcast System)广播的电视网以及经 CATV 广播的电视网等。

像这样每种通信业务使用一种网络的方法，虽然简单，但是存在着许多明显的缺点：

(1) 网络对业务的依赖性强，每一网络专为一种特定业务而设计、服务，不能为其他业务利用，要用也得加上附加设备，如调制解调器，牺牲部分资源利用率，才能为其他资源利用，如电话网传数据就要加上调制解调器(Modem)。

(2) 不灵活，对技术进步的适应性不强，不能从技术的进步和编码算法的进步中得到益处。例如，N-ISDN 对一路话音的编码速率为 64 kb/s，而话音编码芯片已到 32 kb/s，自适应差分 PCM 已到 13 kb/s，网络不能适应这种变化。

(3) 效率低，网络内部可用资源不能得到高效利用，一个网络的可用资源不能被其他网络使用。即使一个网络有空闲资源也不能被其他业务所利用。如 CATV 不能传 PSTN 业务，PSTN 也不能传 CATV 业务；电话的最忙时间为上午 9 时至 15 时，CATV 晚上为使用高峰，两者不能互相支援。

业务的现状要求，应该只有一个网络，这个网络能够传递所有类型的业务，不同业务共享资源。

2) 技术的推动

(1) 半导体技术的进步。半导体技术的进步，以模片尺寸不断增大，线宽不断变窄，每一片上集成的晶体管数目不断增加为标志。最有前途的技术是 CMOS(互补型金属氧化物半导体)、ECL(硅双极型)和 GaAs(砷化镓)。CMOS 逻辑的进展如图 8-1-4 所示，它的复杂度一直在增长。ECL 目前达到的工作速率为 5～10 GHz，这种技术十分适合高速传输系统。

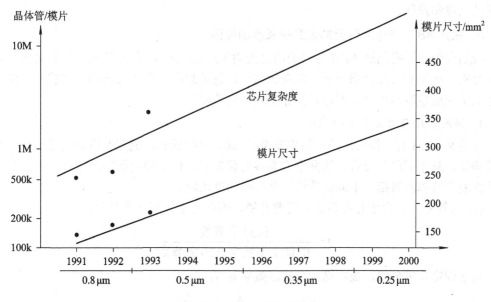

图 8-1-4　CMOS 逻辑的进展

(2) 光电技术的进步。光电技术，尤其是光纤通信技术无可比拟的宽带宽、高速率、低损耗，使得通信的速率、传输的距离、通信质量得到了空前进步，几十吉比特每秒的数据无中继传输几百千米，传输比特误码率低，成本不断降低；激光光源和接收器件的质量和性能也不断得到改善。

总之技术的进步为电话网、数据网和电视网这三网的合一，奠定了基础。

3) 系统概念的变化

由于话音、图像等信号都能实现数字化，数字化以后的 0、1 数字符号与计算机的 0、1 符号具有相同的属性。那么能否像传输计算机信息一样，用分组方式传输所有信息？要实现这个方案，问题出来了，需要新的思想和新的概念来解决这些问题：

(1) 由于分组方式采用的是存储转发的数据交换方式，时延抖动大，支持话音、图像这类实时业务有困难。那么能否使每一个信元的长度减少，使每一个交换节点的功能最少，时延极少，然后还可以在网络边界上对时延加以补偿呢？

(2) 分组方式的主要协议是 X.25，X.25 是逐段链路出错重传(ARQ)的协议，这是针对当时传输线路质量差的情况制定的。现在用光纤作为传输媒体，线路质量好了，那么能否不用逐段出错重传，而仅仅采用端到端的出错重传呢？

4) 市场的牵引

(1) 用户希望 1.5～15 Mb/s 标准电视与将来的 15～150 Mb/s 的高清晰电视(HDTV)能够互相兼容，即标准电视节目可以在 HDTV 上观看，HDTV 节目也可以在标准电视机上看。用户还希望能够引入视频点播、可视电话、电视购物、家庭教育和房屋出租等新的业务。

(2) 商业用户希望局域网络的互联互通，可以方便地访问分布式数据库，能够提供可视电话会议、高质量的医疗图像的传送、光学监视以及多媒体电子邮件。

总之，市场的需求、技术人员概念的转变、技术的发展和电信技术的现状促使了 ATM 技术的出现和发展。

3. 采用 48 字节作为信元的信息段长度的原因

我们前面已经提到过 ATM 分组的信息段的长度必须很小。但是信元长度到底应该是多大为好呢？这里有必要介绍一下人们考虑这一问题的思路，首先应该明确回答一个问题：将来的信元信息段的长度是固定长度好还是可变长度好？

1) 固定长度与可变长度的比较

在定义 ATM 有关概念时的一场重要辩论，就是分组的长度究竟是固定的好还是可变的好的争论。从不同的角度看，这两个方案各有优缺点，但是最重要的因素是：传输效率、实现的复杂性以及时延。下面就从这三个方面加以比较。

(1) 传输效率。由于存在信头，需要开销，因此传输效率 η 定义为

$$\eta = \frac{信息字节数}{信息字节数 + 开销字节数}$$

对于固定长度分组，根据这一公式，效率 η_F 为

$$\eta_F = \frac{x}{\left\lceil \dfrac{x}{L} \right\rceil (L+H)} \tag{8-1-1}$$

式中，L 为一个分组中信息字段的字节数；H 为信头的字节数；x 为需要发送的有用字节数。

从这个公式可以看出，当 $x = \left\lceil \dfrac{x}{L} \right\rceil \cdot L$ 时，效率最佳，其中符号 | · | 表示取整，有

$$\eta_{Fopt} = \frac{L}{L+H} \tag{8-1-2}$$

式(8-1-1)的描述如图 8-1-5 所示。对于固定长度的分组而言，当发送字节数越大，效率 η_{Fopt} 越高，最后趋于最佳值。

对于需要传递的话音、图像信号，基本上都是一种恒定比特率业务(CBR, Constant Bit Rate)。当然需要把一个分组充满以后再传，这里就要引入一个打包时延，后面将看到，打包时延的大小是要受到限制的。由于这类业务数据量大，总能使效率达到最佳值。对于采用可变比特率的图像，有时可能会出现分组未充满的情况，但是，一幅图像包含成千上万的字节数，可以十分接近最佳的传输效率。

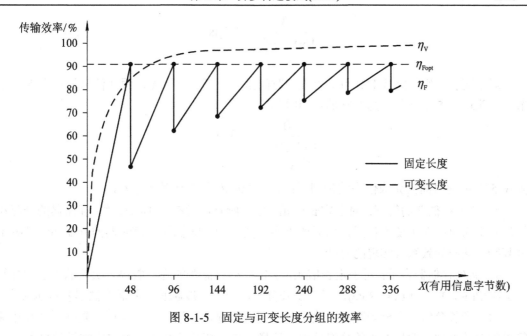

图 8-1-5　固定与可变长度分组的效率

对于低速数据(键盘输入)，必须考虑小的分组，效率 η 很低(10%左右)；对于高速数据的应用场合，如文件传递、CAD 图像传递等，需要传递的数据量大，效率也可以接近最佳值(有人计算过，对于 1000 字节的信息，效率可达 89%，而最佳效率 η_{Fopt} 为 90.5%)。

对于可变长度分组，根据这一公式，效率 η_v 为

$$\eta_v = \frac{X}{X + H + h_v} \tag{8-1-3}$$

式中，h_v 为分组边界和长度指示等开销。

式(8-1-3)的描述也如图 8-1-5 所示。图中假设信头的长度都是 5 个字节，可变长分组需要的额外开销 h_v 为 2 个字节。从图中可看出，对可变分组而言，分组越长，效率 η_v 越高，最后趋于 100%。

但是考虑到缓冲器大小，时延大小等因素，可变分组长度的最大值要限定在某个极限上。

结论：对于传输效率而言，一般说来，η_v 要大于 η_F，但考虑到 ATM 的实际应用场合，η_v 高出的范围是十分有限的。

(2) 实现的复杂性。实现的复杂性是由系统所需要的工作速度，队列存储器的管理和队列存储器的容量来决定的。系统所需要的工作速度越高，实现起来就越复杂；同样所需队列存储器的容量越大，实现起来也是越复杂。

① 工作速度：系统所需要的工作速度是由系统需要完成的功能和为完成此功能可以利用的时间来决定的。可以利用的处理时间越短，系统实现的复杂性越高。

对于定长分组，完成对分组头处理的时间是一个固定的长度。例如，对 48＋5 个字节的信元，对于传输速率为 150 Mb/s 的信息，系统处理 5 个字节的信头，它所具有的处理时间为

$$\frac{53}{\dfrac{150 \times 10^6}{8}} = 2.8\,\mu s$$

对于变长分组，完成对分组头处理的时间是一个可变的长度，假如信息最短为 5 个字节，信头还是 5 个字节。那么它的可用时间为

$$\frac{10}{\dfrac{150 \times 10^6}{8}} = 532\,ns$$

要在 532 ns 的时间内完成信头的识别，比在 2.8 μs 内完成要困难得多。

② 队列存储器的管理：对于定长信元，由于所有信元都是相同尺寸，存储器的分配和管理就很简单；对于变长信元，信元的大小是变化的、随机的，存储器的分配和管理就十分复杂。从而导致系统实现的复杂。

③ 队列存储器容量：对于定长信元，所需队列存储器的容量取决于负荷的大小和分组丢失率(PLR，Packet Loss Rate)。对于定长分组，分组长度越长，所需存储器容量越大。

对于变长分组，存储器容量取决于一些混合情况，计算复杂，设计也复杂，往往按最简单的办法处理，即按最长的分组处理，这样一来，变长分组所需存储器容量就很大。

结论：从系统工作速度，队列存储器容量来看，定长分组要优于变长的分组。

(3) 时延。依据前面的讨论可以看出，分组长度越长，时延会越大。所以 ATM 的分组必须很小，否则，话音等实时业务的时延就会很大。对于变长分组而言，其长度也只能在有限的范围内变化。

很明显，对于时延而言，定长方案优于变长方案。关于定长和变长的结论：对于宽带网络而言，由于可以预见的应用是话音、图像和批量的数据，使用变长分组在传输效率上得到的收益远远比不上使用定长分组在降低交换速率和系统复杂性方面得到的好处。此外，变长的范围也是有限的。所以总的讲来，定长方案要优于变长方案。当然这一结论是对宽带业务而言，在某些特殊的应用场合，可能会被修改。

1988 年，ITU-T 第 18 研究组的专家在对 ATM 进行了几年研究的基础上，基于上述原因，得出了以定长方案为好的结论，并决定采用"信元"(Cell)这个词来表示定长 ATM 分组。

2) ATM 信元长度的确定

既然决定将来的宽带网络中采用定长分组作为 ATM 的信元，那么每个信元的长度就成为主要问题了。有几个方面的因素会影响信元长度的选取，但是其中最主要的因素是：传输效率 η、时延 D 和系统实现的复杂性。

(1) 传输效率 η。传输效率取决于信头和信息段长度的比值。如果所有分组都被装满，则效率为

$$\eta_H = \frac{L}{L+H} \tag{8-1-4}$$

将这个公式绘成图，如图 8-1-6 所示。其中 η_4、η_5 分别表示信头长度为 4 个字节和 5 个字节的效率。可以看出，信头尺寸不变，信息段越长，效率越高。

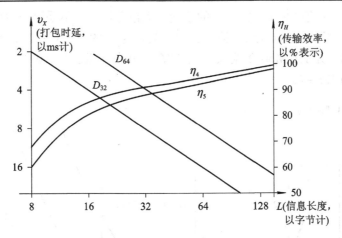

图 8-1-6　传输效率、打包时延与信息长度的关系

(2) 时延。打包时延、排队时延是影响决定 ATM 分组长度的主要因素。

打包时延。当信息段长度增加时，固定比特业务的打包时延增加，如图 8-1-6 所示，其中，D_{32}、D_{64} 分别表示速率为 32 kb/s，64 kb/s 话音编码的打包时延。打包时延的增加可能会对整个网络的性能产生重要影响，例如，要求系统采用回波抵消器，以满足话音对时延的要求。

那么网络对系统的总时延是多少呢？ITU-T 的 Q.161 建议要求，在不加回波抵消器时，端到端的总时延不超过 24 ms，时延再大则需要加回波抵消器。

表 8-1 中列出了经过 1000 km 传输，8 个 ATM 交换节点，2 次 ATM 和非 ATM 之间的转换，各种时延的示例。由表可以看出，如果采用 32 个字节长度的信元，打包时延为 4 ms 左右。在上述典型应用中，端到端的总时延总会保持在这个范围内；如果采用 64 个字节长度的信元，再加上几次 ATM 和非 ATM 的转换，总时延就会很容易超过 24 ms，就需要加回波抵消器，会使系统成本上升很多，甚至影响 ATM 的推广和应用。

表 8-1　不同速率、不同分组长度下的时延

速　度	150 Mb/s			600 Mb/s		
分组长度/字节	16	32	64	16	32	64
TD	4000	4000	4000	4000	4000	4000
FD	64	128	256	16	32	64
QD/DD	200	400	800	50	100	200
PD	2000	4000	8000	2000	4000	8000
SD	900	900	900	900	900	900
D_1	6264	8528	12256	6166	8132	12364
D_2	9365	13828	21956	9016	13132	21364

注：分组丢失率为 10^{-10}；链路负荷为 80%。

因此针对时延有以下三种可能的选择：

(1) 采用短的信元(32 个字节)，在任何情况下都可行。

(2) 采用较长长度的信元(64 个字节)，大部分话音要采用回波抵消器。

(3) 采用中等长度(32~64 个字节)的信元,大部分情况下不采用回波抵消器。

排队时延。排队时延与信息段长度 L 和信头长度 H 的比值有关,如图 8-1-7 所示。图中是根据一个速率为 150 Mb/s 的交换节点计算的,其中标明了 3 个典型的信元和信头的值: 32+4、64+4 和 128+4。

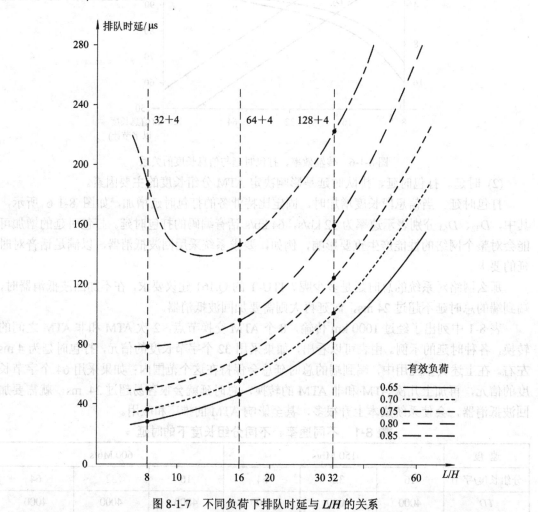

图 8-1-7　不同负荷下排队时延与 L/H 的关系

当负荷很大时(如 0.85 的负荷),有两个相反的作用过程:当信息长度 L 增加时,队列的服务时间也增加,因而排队时延增加,信元要花费较多的时间才能离开队列;当信息长度减小时,相对来说信头较长,用于信头的服务时间增加,用于有用数据的服务时间比例下降,因此排队时延增加。在 64 个字节与 32 个字节之间有一个最小的排队时延存在。

由图 8-1-7 可以看出,当信元长度在 64 个字节以下时,即使负荷很重,上述过程的绝对影响是很小的,64 个字节与 32 个字节的时延差别在 40 μs 左右。

(3) 系统实现的复杂性。系统工作速度和队列中所需存储器的比特数决定了系统实现的复杂性。这里又出现了两个参数之间的权衡问题:为了保证信元丢失率小于一定的值,每个队列中必须容纳一定的信元个数,因此信元长度越长,队列的比特数就越大,即信元长度加倍,所需的存储器容量也加倍;另一方面,对每一个信元都要处理信头,信头的处理必须在一个信元的传输时间内完成，因此信元越长，可利用的处理时间也越长，要求的系统处理速度就越低。

图 8-1-8 表示在 150 Mb/s 的速率下，得到的队列容量为 50 个信元(信头为 4 个字节)的条件下，速度和存储器容量对信元长度的函数关系。

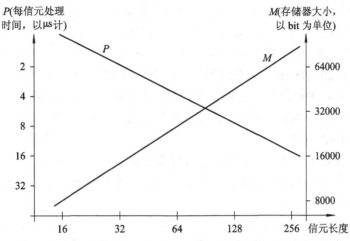

图 8-1-8 处理时间、队列存储器长度与信元长度的关系

从图中可见，对于 16 个字节长度的信元，大约需要 8000 bit 的存储器，而信头的处理必须在不到 1 μs 的时间内完成。对于 256 个字节的信元，队列存储器容量在 64 000 bit 以上，处理时间大约为 15 μs。当然处理速度不是主要的问题，因为 1 μs 的时间内可以完成许多处理任务。因此存储器容量的限制是主要的限制条件。

结论：对上述制约因素加以分析和权衡，可以做出信元长度的选择。由此可以看出，一个在 32 个字节和 64 个字节之间的值是比较好的选择。依据对于传输效率、网络总时延和系统实现复杂性的不同侧重，可以选择 32 或 64 个字节作为信元长度的定义。

在 ITU-T 会议达成一致意见以前，欧洲倾向于 32 个字节(倾向于时延或对话音回波抵消器的原因)，日本和美国则倾向于 64 个字节，原因是后者效率较高。最后在 1989 年 7 月日内瓦举行的 ITU-T 第 18 研究组会议上，多方做出了让步，达成了采用 48 个字节作为信元长度的一致意见。

8.2 ATM 的标准和 B-ISDN 的参考模型

标准在技术界的重要性是不容置疑的。正由于这一点，ATM 的标准问题一开始就得到了有关组织的高度重视，下面我们将具体介绍。目前主要有 ITU-T(前身为 CCITT)和 ATM 论坛在从事着 ATM 的有关标准化的工作。

8.2.1 ITU-T、ATM 论坛简介和 ATM 的标准化工作

1. ITU-T、ATM 论坛简介
ITU-T 主要集中在将来公用的 B-ISDN 网络中的长期的标准化工作，已经制定了许多

系列化的标准，如下所述，不同的英文大写表示了不同的协议系列：

I：ISDN 的有关协议。　　　　　G：传输系统与媒介，数字系统与网络。

M：电信网的维护管理。　　　　　V：以电话网进行数据通信。

X：数据通信。

ATM 论坛是 1991 年 10 月，一批办公用户设备(CPE，Customer Premises Equipment)销售商，公用设备销售商，电信运营商和一些用户发起成立了 ATM 论坛(ATM　Forum)。1992 年他们发表了第一个规范，这个规范是关于专用用户—网络接口(即 ATM 的专用用户与 ATM 交换机之间的接口)的，和公用用户—网络接口(即 ATM 用户和公用网络之间的接口)的。到 1995 年，参加这个论坛活动的单位就多达 700 多家。ATM 论坛计划在下列领域进行规范化工作：操作运行、信令、网络到网络的接口、拥塞控制、流量管理、新应用和适配层以及附加的物理媒体等。

ITU-T 主要反映了网络运营者和国家管理者的观点，ATM 论坛倾向于反映用户和办公设备供应商的目标。这两个组织都是必要的，它们将来也可能会联合起来形成世界范围的 B-ISDN 的标准。

ATM 具体标准的选择有些是出于纯技术的原因，另一些则是技术原因和各国所持倾向性之间的妥协，而各国的倾向性又取决于他们在考虑某些重要参数时的侧重点。例如某些国家强调话音和图像业务的重要性，而另一些国家则要求突出高速数据业务的重要性。

2．有关的 ATM 协议

我们在这里不再解释 ITU-T 选择某些参数的理由，只是介绍 ITU-T 第 18 研究组在 1992 年 6 月通过的一系列建议以及在这些建议中的有关参数，需要说明的是，在这些大量的参数中，仍然有一些问题并没有得到彻底解决，需要在将来的建议中去完成。

ITU-T 的建议：

I.113：ISDN 宽带方面的术语词汇。

I.121：宽带 ISDN 概貌。

I.150：B-ISDN 的 ATM 功能特性。

I.211：B-ISDN 的业务概貌。

I.311：B-ISDN 的一般网络概貌。

I.321：B-ISDN 的协议参考模型及其应用。

I.327：B-ISDN 的网络功能体系。

I.361：B-ISDN 的 ATM 层规范。

I.362：B-ISDN 的 ATM 适配层(AAL)功能描述。

I.363：B-ISDN 的 ATM 适配层(AAL)规范。

I.364：B-ISDN 中对宽带无连接数据承载业务的支持。

I.371：B-ISDN 中的流量和拥塞控制。

I.413：B-ISDN 的用户—网络接口。

I.414：ISDN 和 B-ISDN 用户接入的第一层建议概貌。

I.430：基本速率的第一层规范。

I.431：一次群速率用户—网络接口的第一层规范。

I.432：B-ISDN 的用户—网络接口的物理层规范。

I.441：ISDN 用户—网络接口数据链路层规范。

I.601：维护原理在 B-ISDN 用户接入和用户安装上的应用。

I.610：B-ISDN 接入的运行与维护(OAM，Operation and Management)原理。

ATM 论坛规范：

ATM 用户—网络接口规范，2.0 版本，1992 年 6 月 1 日。

ATM B-Inter 运载接口规范。

3．B-ISDN 参考配置

参考配置是用来定义网络中不同实体之间的接口关系以及不同实体的具体功能的一种实用工具。不同厂家生产的设备在这些参考配置点上都必须互联互通。ITU-T 在 I.411 建议中定义了一般的 ISDN 用户—网络接口的参考配置(包括 N-ISDN 和 B-ISDN)，在 I.413 建议中讨论了 B-ISDN 的用户—网络接口和相应的参考配置。

图 8-2-1 表示了 ITU-T 采用的 B-ISDN 的用户—网络接口和相应的参考配置，实际上它与 N-ISDN 的用户—网络接口的参考配置是相同的。它具有五个功能群，四个参考点：

四个参考点是：S_B、T_B、U_B 和 R。在 ITU-T 建议中，对于 155.520 Mb/s 的 S_B、T_B 接口的基本特性进行了描述，在这些物理点上的比特速率都是 155.520 Mb/s，在这些点上信息流的结构，有两种可能的选择，分别是基于信元的和基于 SDH(同步数字系列)，ATM 论坛还定义了另外的三种选择。所有这些将在 TC(传输汇聚)子层做进一步的介绍。

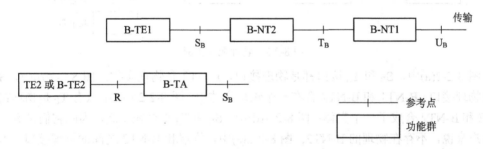

图 8-2-1 B-ISDN 用户—网络接口的参考配置

S_B 和 T_B 接口是点到点的物理接口，高层可能会支持点对多点的功能，但是，在物理层总是一个接收机接收一个发射机送来的信息，即是说接收机和发射机是成对出现的。

五个功能群是：

B-NT1：第一类宽带网络终端。

B-NT2：第二类宽带网络终端。

B-TA：宽带终端适配器。

B-TE1：第一类宽带终端设备。

B-TE2：第二类宽带网络终端。

B-NT1 位于 U_B 与 T_B 之间，实际上是物理传输线的终端设备；B-NT2 相当于专用 ATM 交换机；B-TE1 是标准的 B-ISDN 终端，可以直接进入 B-ISDN；B-TE2 为非标准的 B-ISDN 宽带终端，必须通过 B-TA 适配器后才能接入 B-ISDN 网；图中 TE2 为窄带终端，也可以通过参考点 R 接入 B-ISDN 网。

　　上述配置可以用不同的方式来实现。图 8-2-2 给出了几个用户—网络接口关系的示例，图中所示的接口和功能群都是以物理方式实现的。

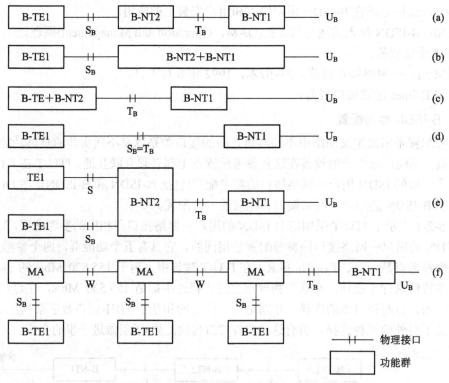

图 8-2-2　物理配置实例

　　图 8-2-2(a)中，S_B 和 T_B 接口都是物理接口，B-NT2 是物理实体；图 8-2-2(b)中，S_B 是一个物理接口，B-NT1 和 B-NT2 合在一个物理实体中；图 8-2-2(c)，中只有 T_B 是物理接口，B-TE 和 B-NT2 合成了一个实体；图 8-2-2(d)中，S_B 和 T_B 重合在一起，因此它们是等同的，对用户来说，不存在物理的 B-NT2；图 8-2-2(e)中，终端和 B-NT2 之间的物理接口有 S_B 和 S(供窄带 ISDN 使用)，B-NT2 是一个集中的功能群；B-NT2 也可以分散，形成图 8-2-2(f) 所示的配置，图中媒体适配器(MA)提供媒体接入机制，以保证所有的终端都能接入网络。MA 设备完全依赖于拓扑结构，它们的功能不会被 ITU-T 标准化，同样接口 W 也可能依赖于拓扑结构，也不会被标准化。

8.2.2　B-ISDN 的分层模型

　　大家都知道互联系统的开放模型由 ITU-T 的 I.320 协议定义，I.320 协议定义了七层参考模型。而 ITU-T I.321 协议定义的 B-ISDN ATM 的协议参考模型(PRM，Protocol Reference Model)如图 8-2-3 所示，为四层模型。ITU-T 对这两者之间的对应关系并没有做出明确的解释。

　　B-ISDN ATM 的协议参考模型由三个平面组成：用户面、控制面和管理面。用户面(UP，User Plane)负责用户信息的传送，采用分层结构；控制面(CP，Control Plane)提供呼叫和连接的控制功能，主要用于信令信息的控制；管理面(MP，Management Plane)提供维护网络和执行操作的功能，它分为面管理和层管理两种管理功能。面管理不分层，用来实现与整个系统有关的管理功能，并完成各个面之间的协调功能，即负责不同平面的管理。层管理实现网络资源与协议参数的管理，并处理各层中的操作信息流和维护信息流。

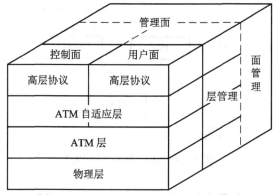

图 8-2-3　B-ISDN ATM 的协议参考模型

B-ISDN ATM 的协议参考模型含有四层结构，从下到上分别为：物理层、ATM 层、ATM 适配层(AAL，ATM Adaptation Layer)和高层。物理层负责通过物理媒体正确有效地传送信元；ATM 层主要负责信元的交换、选路和复用；AAL 层的主要功能是将高层业务信息或信令信息适配(或装配)成 ATM 信元流；高层则相当于各种业务的应用层以及对信令的高层处理。

表 8-2 表示了 B-ISDN ATM 的协议参考模型中各层的主要功能，下面还将进一步介绍各层的主要功能。

表 8-2　B-ISDN ATM 的协议参考模型中各层的主要功能

	层　功　能	层　号	
层 管 理	会聚	CS	AAL
	拆装	SAR	
	一般流量控制 信头处理 VPI/VCI 处理 信元复用和解复用	ATM	
	信元速率去耦 HEC 序列产生和信头检查 信元定界 传输帧适配 传输帧创建和恢复	TC	物理层
	比特定时 物理媒体	PM	

分层结构中的某一层可以通过下一层的业务接入点(SAP，Service Access Point)获得下一层的数据信息。相邻层之间采用原语调用。在相邻层之间传送的用户数据称为业务数据单元(SDU，Service Data Unit)，在对等层之间交换的数据称为协议数据单元(PDU，Protocol Data Unit)，本层的 SDU 与本层的协议控制信息合成为本层的 PDU，如图 8-2-4 所示。协

议控制信息(PCI，Protocol Control Information)在本层实体与对等层的实体之间传送，以实现该层的通信规程。

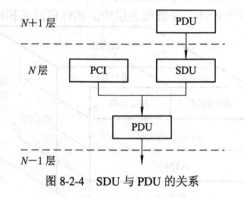

图 8-2-4　SDU 与 PDU 的关系

8.2.3　物理层

前面已经讲过，物理层的功能就是负责在适当的物理媒体上正确有效地传送信元，分为物理媒体(PM，Physical Medium)子层和传输汇聚(TC，Transmission Convergence)子层。

物理媒体(PM)子层的功能是提供与传输媒体有关的机械的和电气的接口，正确地发送和接收数据比特，负责线路编码、比特定时等功能。

传输汇聚子层的功能为：

(1) 传输帧的产生、恢复与适配。在发送端将要发送的信元流封装成适合传送系统要求的帧结构送到 PM 子层，在接收端把 PM 子层送来的比特流(传输帧)恢复成信元流；并在信元流与传输帧转换时完成格式的适配。

(2) 信头差错控制(HEC，Header Error Control)。信元信头中含有控制选路及其他内容的重要信息，已经证明必须对信头信息进行差错控制。为此对信头的前 4 个字节进行循环冗余校验(CRC)，在发送端按 CRC 算法生成 1 个字节的 HEC 码，在接收端按同样的算法进行检验。HEC 可以检测并校正单个比特错误或检测多个比特的错误。

(3) 信元定界和扰码。信元定界(Cell Delineation)是用一定的方法来识别信元的边界，以便准确定位。图 8-2-5 表示了利用 HEC 进行差错控制的信元定界的状态迁移图。图中处于搜索状态时，要对收到的信号逐个比特进行检查运算，以搜索正确的 HEC。所谓正确的 HEC 就是对收到的前 32 个比特进行 HEC 的运算，如果运算结果正好与信元的后 8 个比特相同，就表示搜索到了正确的 HEC，也即找到了信元的边界，或一个信元的开始位置。

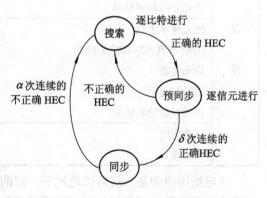

图 8-2-5　信元定界的状态迁移图

找到正确的 HEC 以后，就转到预同步状态(Presync)。在预同步状态下只要逐个信元核对 HEC，当连续收到 δ 个含有正确 HEC 的信元时，才转到同步状态(Sync)。在同步状态下，仍然是逐个信元核对 HEC，如果连续发现 α 个信元中的 HEC 不对时，就认为丢失了同步，就要又转入搜索状态。基于 SDH 物理层时，建议的 α 值为 7，δ 值为 6；基于信元方式的物理层，建议的 α 值为 7，δ 值为 8。

为防止信元的信息段出现伪 HEC 码而影响正确定界，可以对信息段进行扰码(Scrambling)的操作，在接收端再进行解扰(Descrambling)。

(4) 信元速率去耦。为了使 ATM 层传送的信元速率不受传输媒体的影响，可以在发送端的物理层插入空闲信元(Idle Cell)，把 ATM 层信元流的速率适配成传输媒体的速率。在接收端，通过特定的预分配信头值，可以识别出空闲信元并予以丢弃，不送往 ATM 层。

ITU-T 为 ATM 定义了三种传送帧结构的适配规范：基于 SDH(同步数字系列)，基于信元和基于 PDH(同步数字系列)的规范。ATM 论坛加上了第四种，即基于 FDDI 的规范。这里仅介绍前两种，其余的读者可以参考有关资料。

1. 基于 SDH(同步数字系列)的物理层

1) 物理媒体(PM)特性

较好的物理媒体是光纤，其他媒体(如同轴电缆)也可以使用。在 T_B 参考点上，两个方向上的比特速率都可以选用 155.520 Mb/s。根据距离、可靠性要求和成本等方面的要求，可选用电的接口，也可选用光的接口。电接口的参数由 G.703 规定，最大距离与传输媒体的损耗有关，范围是 100～200 km；光接口的参数由 G.652 规定，最小距离可达 800 km，由两根单模光纤组成，有些国家也可能使用多模光纤。

2) 传输汇聚(TC)特性

传输汇聚子层要完成传输帧的产生、恢复以及相关的功能。如对于净负荷中的 ATM 信元，还要完成利用 HEC 的信元定界、为改善时钟的提取所加信元扰码和解码等功能。

图 8-2-6 表示 ATM 信元装载在 STM-1 信号的 SDH 帧中的情况。其中，SOH(段开销)和 POH(通道开销)是遵照 G.707、G.708 和 G.709 关于 SDH 的规定安排的。

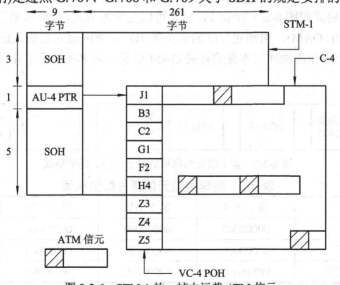

图 8-2-6 STM-1 的一帧中运载 ATM 信元

图中表示 ATM 信元先装入 C-4，然后 C-4 加上 POH 包装成 VC-4 容器。ATM 信元以字节排列，由于 C-4 的容量(260×9 字节)不等于整数个 ATM 信元的长度($N×(48+5)$字节)，

ATM 信元会跨越 C-4 的边界，称为跨界。

OAM(操作和管理)信元的实现和一般的 SDH 规范(G.708 和 G.709)相一致。OAM 信元是用来保证帧同步、差错监视和差错报告等功能的实现。利用 SDH 的开销字节，可以逐段、逐通道监视和报告传输性能。关于 SDH 的原理在第 13 章还会详细讨论。

其中，C2 字节是专门用来指示传送 ATM 信元的帧，这个字节称为 ATM 净负荷结构指示，以指出净负荷是由 ATM 信元组成的。

ATM 论坛定义了一个 SONET STS-3C 接口，仅个别地方与 ITU-T 规定的不同，如 POH 开销中 H4 字节的用法不同。在 SONET 中，这个字节由发送侧置入，用来指示 VC-4 中下一个信元边界出现的位置。在接收端，这个边界指示可以被利用，以帮助基于 HEC 的方法实现其信元定界。

2. 基于信元的物理层

1) 物理媒体特性

ITU-T 规定的基于信元的媒体特性和基于 SDH 的特性是相同的，ATM 论坛也为基于信元的媒体特性规定了多模光纤。

2) 传输汇聚(TC)特性

在这种方式下，信元被连续地传输，不存在任何刻意安排的、规则的时间同步帧。接收端的时钟可以从本地接收的信号中提取，也可以从用户设备的时钟中获得。

传输汇聚子层执行信元定界，HEC 生成和检查，ATM 层和物理层之间的信元速率适配，以及 OAM 的功能。

为了不让该接口上较高的标称比特速率超过允许的最高净负荷速率，物理层传送一类特殊的物理层(PL)信元。这些信元不送往 ATM 层，也不从 ATM 层来，它们在基于信元的物理层中产生和翻译。连续的 PL 信元之间的间距是 26 个 ATM 信元。基于信元的物理链路上传输的码流格式如图 8-2-7 所示。PL 信元可以是空闲信元，也可以是物理层的 OAM(操作和管理)信元(PL-OAM)，由预先分配的信头来识别。空闲信元起信元速率适配的作用，而 PL-OAM 信元则传送物理层本身的有关 OAM 信息。表 8-3 表示了几种物理层信元的预分配信头值。

图 8-2-7　基于信元的物理链路上传输的码流格式

表 8-3　物理层信元的预分配信头值

信元类型	第 1 字节	第 2 字节	第 3 字节	第 4 字节
空闲信元	00000000	00000000	00000000	00000001
物理层 OAM 信元	00000000	00000000	00000000	00001001
留给物理层用的信元	PPPP0000	00000000	00000000	0000PPP1

注：P 为可供物理层使用的比特。

物理层 OAM 要完成的功能是性能监视和对传输错误进行检测及报告。性能监视包括统计和计算 ATM 层的误码以及相邻 2 个 PL-OAM 信元之间的空闲信元，计算结果放在

PL-OAM 信元的信息段中，与维护信令及 PL-OAM 信元信息段本身的 CRC 一起传送。

8.2.4 ATM 层

ATM 层的主要功能是利用物理层提供的比特信息传送功能，完成信元的复用、选择路由即交换功能。ATM 层与物理层是相互独立的，不论信元是在光纤、双绞线上，还是其他媒体上传输，不论传输的速率如何，ATM 层具有以下 4 种主要功能：

(1) 信元的复用和解复用。在源端把不同的 VCI 或(和)VPI 值标识的不同连接的信元(多路)复用成单一的信元流，在接收端进行解复用。

(2) 信元 VPI、VCI 的处理。在某一个 ATM 交换节点上，当把一个信元从一条物理链路交换到另一条链路上时，对每一个信头都要进行识别和重新标记。这种识别和标记的处理工作可以在 VCI 或 VPI 上单独进行或在两者上同时进行，以实现建立在虚连接基础上的 ATM 交换的路由选择。

(3) 信头的处理。在发送端把信头加在信元中，在接收端去除信头并把净荷(Payload)送往 AAL(ATM 适应)层。

(4) 一般流量控制。在用户—网络接口上执行流量控制机制，该机制由 UNI(用户—网络接口)信头中的 GFC 比特来支持：在源端产生信头中的 GFC 比特，在接收端依据它来实现流量控制。

表 8-4 表示了 ITU-T 建议的为 ATM 层预分配的信头值。表中有几种类型的信元需要加以解释。

首先是空闲信元(Idle Cell)和未分配信元(Unassigned Cell)。空闲信元只在物理层上出现，它被用来在物理层上填补未使用的带宽，它们不会到 ATM 层；而未分配信元在物理层和 ATM 层上都是可见的，但是在物理层上它是被按照一般的 ATM 信元对待，这些信元指出了 ATM 层信元流中可用的位置(即未被使用的带宽)。空闲信元和未被分配信元分别在各自的层上保证了发送器和接收器完全能够异步工作。这两类信元由信头第 4 字节中的 CLP 比特来出区分，如表 8-4 所示。空闲信元不可能利用 GFC 字段，因为一般流量控制不是物理层的功能。

表 8-4　ITU-T 建议的 ATM 层信头预分配值

信 元 类 型	VPI	VCI	PTI	CLP
未分配信元	00000000	00000000 00000000	—	0
元信令信元	xxxxxxxx	00000000 00000001	0A0	B
一般广播信元	xxxxxxxx	00000000 00000010	0AA	B
点到点信令信元	xxxxxxxx	00000000 00000101	0AA	B
段 OAM 流 F4 信元	yyyyyyyy	00000000 00000011	0A0	A
端到端 OAM 流 F4 信元	yyyyyyyy	00000000 00000100	0A0	A
段 OAM 流 F5 信元	yyyyyyyy	zzzzzzzz zzzzzzzz	100	A
端到端 OAM 流 F5 信元	yyyyyyyy	zzzzzzzz zzzzzzzz	101	A
资源管理信元	yyyyyyyy	zzzzzzzz zzzzzzzz	110	A
用户信息信元	yyyyyyyy	vvvvvvvv vvvvvvvv	0CU	L

未分配信元可用于 GFC 目的。

元信令信元用来商讨信令 VCI 的值和信令资源。

一般广播信元包含需要在 UNI 上向所有终端广播的信息。

点到点信令信元用于 UNI 或 NNI 的 ATM 层上具有点到点配置特性的信令(即网络只看到源信号点另一侧的一个信令实体)。

段 F4 流和端到端 F4 流为某一个虚通道(VP)传送维护信息,它们在这个 VP 内分别使用 VCI 编码值 0003H 和 0004H。

段 F5 流和端到端 F5 流为某一个虚通路(VC)传送维护信息,它们在这个 VC 内分别使用 PTI 编码值 4H 和 5H。

PTI 值 6H 留给虚通路(快速)的资源管理用。

8.2.5　ATM 适配层

1. ATM 适配层的位置和功能

在图 8-2-3 所示的 B-ISDN ATM 协议参考模型的各个层面中,放入可能的一些相关协议,就变成图 8-2-8。ATM 适配层(AAL)是指 ATM 层上面,高层下面的这个层面。其功能是执行高层所需的服务功能(如差错控制、定时控制等),完成高层与 ATM 层之间的适配:将高层的协议数据单元(PDU,Protocol Data Unit)映射到 ATM 层信元中的信息段或反之。保证 ATM 层传递的信元流与高层应用(如用户平面、控制平面和管理平面)无关。这些高层的协议数据单元(PDU)可以是用户平面上的,控制平面上的或管理平面上的。

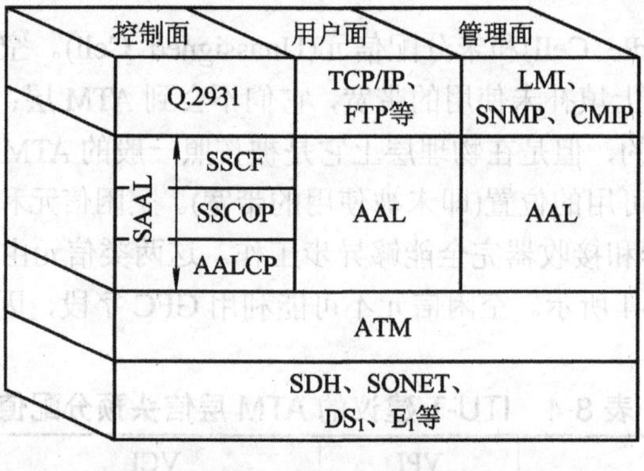

图 8-2-8　B-ISDN 分层协议的说明

图 8-2-8 中左边是控制(C)平面,其高层为 Q.2931 信令协议,被用来在 ATM 网络中建立连接。Q.2931 底下一层是 ATM 适配层的信令层(SAAL,Signal AAL),SAAL 支持在任意两个 ATM 交换机之间传送 Q.2931 的信令消息。SAAL 包含三个子层:AAL 公共部分(AAL CP,AAL Common Part),负责检测经过任意接口传输以后受到污损的业务;业务指定面向连接的部分(SSCOP,Service-specific Connection-oriented Protocol),通过该接口提供传送变长业务的能力,并且能够从出错的或丢失了若干数据单元的业务中恢复信息;业务指定的协调功能(SSCF,Service-specific Coordination Function),提供到 Q.2931 的接口。

图 8-2-8 的中间部分是用户平面,其高层为应用层协议,如 TCP/IP 或 FTP 等,高层下面是适配层(AAL)。用户平面的请求仅在 C 平面已经成功地建立一个连接,或该连接已被预定时才会发生。

图 8-2-8 右边部分是管理(M)平面，这个平面提供系统所需的管理业务，位于适配层 AAL 上面的高层中，包含着一些应用层协议，如本地管理接口(LMI，Local Management Interface)协议，互联网的简单管理协议(SNMP，Simple Network Management Protocol)或 OSI 的公共管理信息协议(CMIP，Common Management Information Protocol)等，这些协议都可以驻留于管理平面。

2．ATM 业务和适配层(AAL)的分类

根据下面三个基本的参数，可以把现在所有的业务分成四种类型，这三个参数是：

(1) 通信双方的时钟同步或不同步，有些业务需要通信双方的时钟保持同步，有些则不需要。例如，数字话音业务和数字电视业务需要双方的时钟保持同步，而计算机之间的数据传输则不需要。有时把具有时钟同步关系的业务称为实时业务。

(2) 比特速率，所传输业务的速率是恒定的还是可变的。

(3) 连接方式，有些业务是面向连接的，称为连接型业务；有些不是面向连接的，称为非连接型业务。如电话业务是连接型业务，电报业务则是非连接型业务。

所分成的四种业务是 A 类、B 类、C 类和 D 类，如表 8-5 所示。

表 8-5 适配业务的类型

	A 类	B 类	C 类	D 类
源和目的地的定时	要求		不要求	
比特率	固定	可变		
连接方式	面向连接			无连接

其中，A 类业务，是指源和目的地之间有定时要求，即同步要求，比特速率是恒定的，是面向连接的业务。B 类业务除速率可变外，其他 2 个参数与 A 类业务是相同的。其他 C 类、D 类业务都是可变速率的非实时业务，不同之处是 C 类业务为面向连接的，而 D 类则是非连接型业务。

电路仿真、固定比特速率的视频业务等属于 A 类业务；可变比特速率的视频和可变速率的音频业务属于 B 类业务；面向连接的数据传送(如帧中继)属于 C 类；无连接的数据传送，如交换型多兆比特数据业务(SMDS，Switched Multi-megabit Data Service)属于 D 类业务。

针对上述四种类型的业务，ITU-T 也定义了四种类型的 AAL 规程：AAL1、AAL2、AAL3/4 和 AAL5。AAL1 规程用于支持 A 类业务；AAL2 用于支持 B 类业务，适用于对时延敏感的低速、速率可变、长度可变的短分组业务；AAL3 和 AAL4 原来是分开的，后来合为一类：AAL3/4，用来支持 C/D 两类业务，即用于支持面向连接的和非连接型业务；AAL5 可以看成是简化了的 AAL3/4，用来支持面向连接的 C 类业务(如帧中继)，这类规程在传送大的数据分组时效率高，除了用于计算机数据通信以外，还用于压缩的电视信号的传送，而后者又是一个 B 类业务。AAL5 也用于 ATM 网络的信令。

下面我们不打算对每一种 AAL 规程的功能进行介绍，只想通过对 AAL1 和 AAL2 功能的简单介绍来说明 AAL 各个子层数据单元的相互关系和格式。其他的 AAL 读者可以参考有关文献。由于上层的 PDU 传到下层，就成为下一层的净荷，再加上下一层的协议控制

信息(PCI，Protocol Control Information)，就成为下一层的 PDU。因此通过对 PDU 格式和对 PCI 作用的介绍，就能对 AAL 各层的功能和规程有一个总体的理解。

1) 恒定比特速率业务的适配：AAL1

恒定比特速率(CBR)业务的适配是由 AAL1 规程来完成的。所谓恒定比特速率(CBR)业务，是在源和目的地之间建立起虚连接以后，以一个恒定的比特率来传递信息的业务。AAL1 完成的功能包括：

(1) 传递恒定比特速率的业务数据单元(SDU，Service Data Unit)。

(2) 在源和目的地之间传送定时信息。

(3) 传送数据结构信息。

(4) 在需要的情况下，指出 AAL 本身无法恢复的或丢失的错误信息。

AAL1-PDU 如图 8-2-9 所示，高层用户信息流在 CS 子层分为 47 个字节的段，即成为CS 子层的 PDU，CS-PDU 传送到 SAR 子层，加上 1 个字节的头部信息成为 48 个字节的SAR-PDU。在 ATM 层，48 个字节的 SAR-PDU 作为信元信息段，再加上 5 个字节的信头，即成为标准的 ATM 信元。

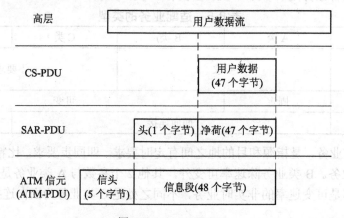

图 8-2-9　AAL1-PDU

SAR-PDU 的头包含 4 个比特的序列号(SN，Sequence Number)和 4 个比特的序列号保护(SNP，Sequence Number Protection)，如图 8-2-10 所示。

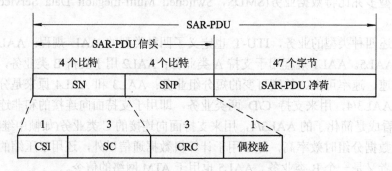

图 8-2-10　AAL1 的 SAR-PDU 结构

序列号(SN)又由 1 个比特的汇聚子层指示(CSI，CS Identification)和 3 个比特的序号计数(SC，Sequence Counter)组成。接收端可以按照这个序号计数来重新组装数据，并可以检出丢失或误插的信元。汇聚子层指示(CSI)比特用来指示 CS 的某种功能，例如，定时信息或结构数据的传送。前者用于源和目的点之间的同步需要通过传送定时信息来实现的情况，在奇数(1，3，5，7)序列号的 CSI 中传送；后者则用于结构数据的传送，在偶数(0，2，4，6)序列号的 CSI 中传送。

结构数据传送(SDT，Structured Data Transfer)是指支持定长的、基于字节的结构化数据的传送。如果数据结构的长度超过 1 个字节，则需要把 SAR-PDU 净荷的第一个字节作为指针(Pointer)，以指明结构的边界。这种格式的 SAR-PDU 称为 P 格式。可以看出，这种 P格式的 SAR-PDU 实际上只有 46 个字节用于传送用户信息，如图 8-2-11 所示。

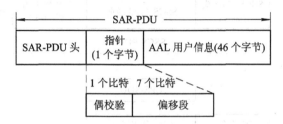

图 8-2-11　P 格式的 SAR-PDU

从图中可以看出，1 个字节的指针是由 7 个比特的偏移段和 1 个比特的奇偶校验位组成。偏移段指明本指针后 93 个字节中的第几个字节是结构的边界。这 93 个字节包含着指针所在 SAR-PDU 的 46 个字节和下一个 SAR-PDU 的 47 个字节。

定时信息的传送，ITU-T 建议的一种方法是同步剩余时间标志(SRTS)法。这种方法利用剩余时间标志(RTS)来测量发端的业务时钟与公共参考时钟的差别，并将这个差别 RTS传送到接收端。RTS 利用连续的 SAR-PDU 中的 CSI 比特传送。这里，发送器和接收器都从网络得到公共参考时钟。

如果不存在一个公共参考时钟(如在基于 PDH 的网络中)，可以采用自适应的时钟恢复方法，这种方法就是监视接收缓存器中的充满程度，对时钟发生器的数字锁相环实施加脉冲或减脉冲的办法实现。

由于序号传输的正确与否对服务质量影响重大，因此需要对序号加以保护，这就是序号保护(SNP，Sequence Number Protection)的功能。SNP 包含 3 个比特的循环冗余码(CRC)和一个校验比特，CRC 是对 SN 的保护，奇偶校验位则对 SN+CRC(7 个比特)进行校验。

2) 可变比特速率业务的适配：AAL2

AAL2 可提供可变比特信息的传送，还可以在源和目的地之间传送定时信息。由于源产生可变比特率的信息，信元可能不完全装满，而且每个信元的充满程度都不相同，因此要求 SAR 有更多的功能。

(1) AAL2 的基本结构，如图 8-2-12 所示，AAL2 分为两个子层：公共部分子层(CPS，Common Part Sublayer)和业务特定汇聚子层(SS-CS，Service Specific Convergence Sublayer)，CPS 具有将 CPS-SDU 从一个 CPS 用户通过 ATM 网络传送到另一个用户的能力，并支持多个 AAL2 信道的复用和分路；SS-CS 可包含拆装、差错检测和数据的确保传送等功能，SS-CS也可以是空的，它在 CPS 的上层。

CPS 从 SS-CS 接收的 CPS-SDU 最大为 45 或 64 个字节，作为 CPS 分组的净荷，称为

CPS 分组净荷(CPS-PP: CPS Packet Payload)，可以在 1 个或 2 个 CPS-PDU 中传输。CPS-PP 加上 CPS-分组头(CPS-PH: CPS Packet Header)后就构成 CPS-分组(CPS-Packet)。来自同一个 SS-CS 或不同 SS-CS 的较短的，甚至是不等长的 CPS-SDU 所对应的 CPS 分组，要进行复用并组装到各个 CPS-PDU 中去。

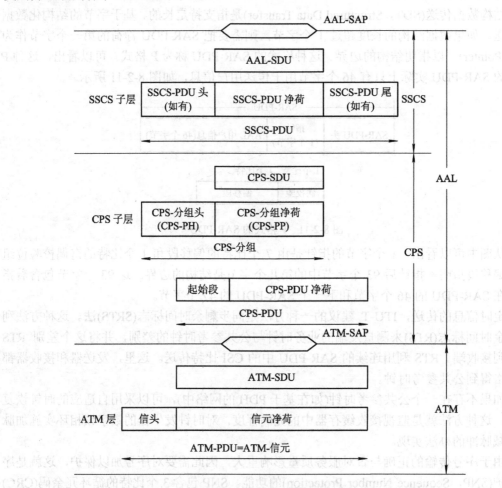

图 8-2-12 AAL2 的基本结构

CPS-PDU 由起始段和 CPS-PDU 净荷构成，共为 48 个字节，传送到 ATM 层即作为信元净荷，在那里加上信头即构成信元。下面介绍 CPS-分组和 CPS-PDU 的格式。

(2) AAL2 CPS-分组的格式，如图 8-2-13 所示。

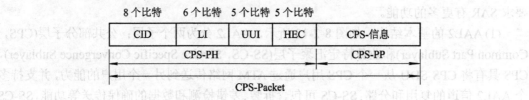

图 8-2-13 AAL2 CPS-分组的格式

其中，CPS-PH 有 3 个字节，包含以下四个部分：

① 信道标识(CID，Channel Identifier)。CID 的值可以用来区别多个 AAL2 信道，也即是用来标识各个信道的 AAL2 用户。AAL2 是双向信道，两个方向具有相同的 CID 值。CID 为 8 个比特，编码值"0"不使用，是为了与填充字节相区别，"1"用来作为对等层的层管理之间的管理信息的传送，"2~7"保留，"8~255"用于 SS-CS 用户实体的识别。

② 长度指示(LI，Length Indicator)。LI 为 6 个比特，其编码值为 CPS-PP 的字节数减 1。CPS-PP 的最大值为 45 或 64 个字节，未规定的缺省值为 45 个字节。各个 AAL2 信道的 LI 值可以不同。

③ 用户至用户指示(UUI，User to User Indication)。UUI 为 5 个比特，可用于在 CPS 层用户之间透明地传送一定的信息，也就是说可以在 SS-CS 实体之间或层管理之间透明地传送信息；另外也可以用来区别 SS-CS 的实体和层管理。当 SS-CS 层用户为 SS-CS 实体时，可使用的 UUI 编码值为"0~27"，当 CPS 层的用户为层管理时，可使用的 UUI 编码值为"30，31"。

④ 信头差错控制(HEC)。HEC 为 5 个比特，用于信头的差错控制。

(3) AAL2 CPS-PDU 的格式。AAL2 CPS-PDU 的格式如图 8-2-14 所示，CPS-PDU 包含一个字节的起始段和 47 个字节的净荷。AAL2 CPS-PDU 的净荷可以含有 0 个、1 个或多个 CPS-分组，所含 CPS-分组可以是一个完整的分组或者是分组的一部分，其中未使用的净荷由全 0 的填充字节填入，填充字节可以为 0~47 个字节。一个较长的 CPS-分组可以在 2 个或 3 个 CPS-PDU 中传送，也就是可以跨越 1 个或 2 个"ATM 信元的边界"。

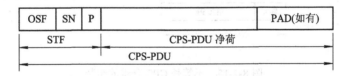

图 8-2-14 AAL2 CPS-PDU 的格式

图中 AAL2 CPS-PDU 的起始段(STF，Start Field)含有以下三个子段：

① 偏移段(OSF，Offset Field) OSF 的值表示 STF 的结束字节与 CPS-PDU 净荷中第一个 CPS-分组的开始字节之间的字节数，如果 CPS-PDU 净荷不包含任何的 CPS-分组的开始字节，则 OSF 的值表示 STF 的结束字节与填充段(PAD)的开始之间的字节数。OSF 的值为 47 时，表示 CPS-PDU 中既无任何的 CPS-分组的开始，也没有填充字节的开始，即不存在起始边界。偏移段为 6 个比特。

② 序列号(SN，Sequence Number)SN 为一个比特，作为 CPS-PDU 的序列号。

③ 奇偶校验位(P，Parity)P 为一个比特，用于检测 STF 中的错误，采用奇校验。

(4) AAL2 不等长 CPS-分组的组装。由于 AAL2 是适用于对时延敏感的低速、速率可变、长度可变的短分组业务。由于源产生可变比特率的信息，信元可能不完全装满，而且每个信元的充满程度都不相同，因此来自同一个 SS-CS(业务特定汇聚子层)或不同 SS-CS 的较短的、甚至不等长的 CPS-分组要复用并组装到各个 CPS-PDU 中去。图 8-2-15 表示了不同长度的 CPS-分组的组装，图中 8 个 CPS-分组组装成 6 个 CPS-PDU，CPS-分组净荷的最大长度为 45 个字节，最后一个 CPS-PDU 包含了填充字节。由于最大长度为 5 个字节，因此在任意一个 CPS-PDU 中总是会含有某一个 CPS-分组的开始或结束。CPS-分组可以从多个 CPS 的用户(或多个 SS-CS 实体)产生，把这多个用户的 CPS-分组组合在一起，就意味着复用。图中一个 19 个字节的与一个 18 个字节的 CPS-分组组装在一个 CPS-PDU 中，两个 22 个字节的也组装在一个 CPS-PDU 中。

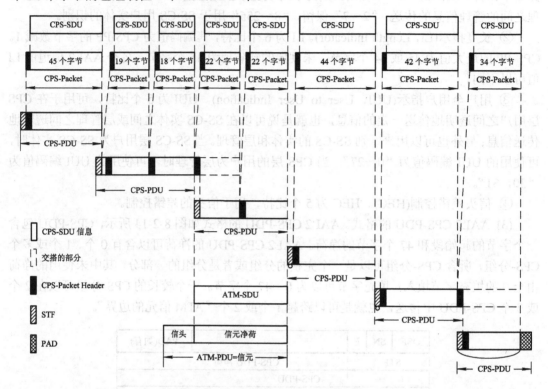

图 8-2-15　不等长 CPS-分组的组装

(5) 操作和管理网络的分层和适配。

① 基本的 OAM 原则。ITU-T 发布了许多关于 ISDN 操作和维护功能原则的建议，如 M.20、M.30、M.36、I.600 系列、I.430 和 I.431 等。基本的 OAM 原则是以控制维护为主，包括监督、测试和性能监视，尽量减少预防性维护和改正性维护。以其中的 I.610 为例，在 B-ISDN 中 OAM 的功能分为以下几个阶段：

A. 性能监视：在正常操作时，连续的功能检查或周期性的功能控制能够提供所需的维护信息。通过适当的性能监视机制来获得有关的性能信息，这些信息被送到相应的 OAM 实体，用于系统的长期评估、短期的业务质量控制或保护性的动作。

B. 故障检测：依靠连续的或周期性的功能检查可以检测出故障，然后产生相应的维护事件或各种告警信息。

C. 系统保护：如果检测出一个故障，有故障的实体将被从操作中排除出去，通过隔离或倒换操作来实现这一目的，使故障的影响减至最小。

D. 故障信息：系统中的状态信息，包括故障信息都会在 OAM 系统内部被传递。如果一个实体出故障，系统中其他的管理实体会及时接到通知。故障信息被系统在保护阶段使用，以排除故障实体；故障信息也被相邻实体使用，以便故障信息能在全网扩散。

E. 故障定位：系统内部或外部的测试子系统将确定故障实体的位置。当故障定位以后，系统保护阶段保证排除故障实体。

操作和管理(OAM，Operation and Management)网络分为 5 个等级，如图 8-2-16 所示，其中，2 个在 ATM 层上，3 个在物理层上。并非在网络的每一个地方所有的 5 级都必须出现，在此情况下，对应级的 OAM 功能将由高一级别来完成。

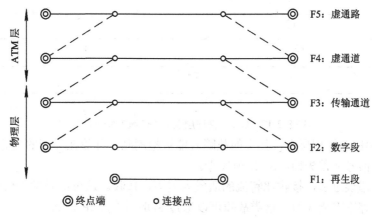

图 8-2-16 OAM 的分级

各级的定义和功能如下：

A. 虚通路(F5)：F5 的两个终端点之间为一条 B-ISDN 的连接，完成 VCI 的终端功能，这一连接由几段虚通道组成。OAM 功能在 VCI 等级上执行，例如可以利用信头的 PTI 比特在 VCI 等级上进行性能监视。这些功能可以向图中任意一个等级送入输入信息。

B. 虚通道(F4)：F4 的两个终端点之间也为一条 B-ISDN 的连接，完成 VPI 的终端功能，一连接由几段传输通道组成。图中任意一个等级可能会涉及虚通道的维护。

C. 传输通道(F3)：传输通道的两个终端点要完成 OAM 净荷的组装、拆卸和传输系统的操作和管理功能。要完成上述功能，在传输通道的两个终端点上，信元必须被识别，才能将 OAM 信元提取出来，同样信元的定界、信头的纠错功能也是必需的。一条传输通道由几个数字段组成。

D. 数字段(F2)：数字段的两个终端点是段的终点。一个数字段构成一个维护实体，它能够传输来自相邻数字段的 OAM 信息。

E. 再生段(F1)：再生段是可识别的最小 OAM 物理实体，它位于再生器之间。

② OAM 物理层。在基于 SDH 的物理层中，OAM 的实现和一般 SDH 规范(G.708 和 G.709)一致。OAM 保证帧同步、差错监视和差错报告等功能的实现。利用 SDH 的开销字节，具体来讲，利用 SOH(段开销)中的特殊字节运送 F1 和 F2 流，由传输帧中的 POH(通道开销)来运送 F3 流。利用 F1、F2 和 F3 流可逐段、逐通道监视和报告传输性能。

在基于信元的传输系统中，F1 和 F3 由特殊的 OAM 信元来运送，这些信元称为物理层 OAM(PL-OAM)信元。PL-OAM 由信头中特殊的编码组合来区分(见表 8-3)。这种系统不提供 F2 流，但其相关的功能由 F3 支持。这些信元仅在物理层有效，它们不送到 ATM 层去。

图 8-2-17 是一个可能的 OAM 流的物理配置图。图中可以看出，F1 流被 LT(线路终端)和再生器终止，F2 被 LT 终止。F3 是物理层中最高的一层。不同的错误能被系统识别出来，

并被分配到物理层 3 层中的一层或 OAM 的 5 个信息流的一个之中。

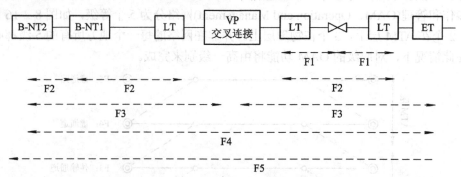

图 8-2-17　OAM 物理层及 OAM 流的物理配置

在基于 SDH 的物理层中，如下的故障若能被检测到，并放在对应的信息流上：

F1：丢失信号或丢失帧，SDH 帧失步。

F2：比特错误过多，接收比特流的质量太差不可接收。这可能是输入信噪比过低、锁相环工作不好等原因造成的。这类故障可以通过 SOH 中的 BIP 来测量。

F3：A. 丢失信元边界，信元定界状态不处于同步状态。

B. 传输质量太差不可接收，可以由 SOH 中的 BIP 测量。

C. 信头含有过多的错误，难以纠正(如只能纠单比特错误)。这种错误可以利用 HEC 机制进行测量。

D. 丢失 AU4 指针，SDH-SOH 中的 AU4 指针找不到(见图 8-2-6)，使一个 SDH 净荷无法识别。

E. 插入空闲信元故障，有过多的空闲信元到达，有用信息不能被传输。

在基于信元的物理层中，如下的故障能被检测到，并放在对应的信息流上：

F1：A. 丢失信号。

B. 丢失 F1 PL-OAM 信元识别，接收器不再能够识别 PL-OAM 信元，因此不能提供性能监视。

F3：A. 丢失信元定界。

B. 不可纠正的信头。

C. 丢失 F3Pl-OAM 信元识别。

D. 信头识别能力降低：这种原因引起的错误可以通过计算前一段信元的 BIP 来测量，将这个 BIP 放入一个 PL-OAM 信元中传输；或利用空闲信元信息段中的一个特殊码组来测量。

E. 插入空闲信元故障，有过多的空闲信元到达，有用信息不能被传输。

③ OAM 的 ATM 层。ATM 层 OAM 流的物理终端点也表示在图 8-2-16 中，图中我们可以看到虚通道、虚通路和 F4、F5 一起终止。

ITU-T 的 I.610 建议，如下的故障能被检测到，并放在对应的信息流上：

F4：A. 通道不可用，在此情况下，虚通道得不到保证，需要系统采取保护性措施。

B. 性能降低，到达 VCI、VPI 处理节点的 ATM 信元不具备可接收的性能，这种性能的降低可能由信元丢失、信元误插或信息段误比特率太高等原因引起。

F5：A. 信道不可用。

B. 性能降低。

8.3 ATM 的交换方法

8.3.1 ATM 交换的基本原理

1. ATM 交换的基本原理

图 8-3-1 为 N 条入线$(I_1 \sim I_N)$，N 条出线$(O_1 \sim O_n)$的 ATM 交换结构示意图，每一条入线、每一条出线上传送的都是 ATM 信元，每一个信元的信头值(VCI 和 VPI)表明该信元所在的逻辑信道。图中入线 I_i 上的输入信元被交换到出线 O_j，同时其信头值由输入的 α 值被翻译成输出值 β。在每一条入线和出线上，信头的值是唯一的，但在不同的链路上，可以出现相同的信头(如输入链路 I_1 和 I_N 上的 x)。

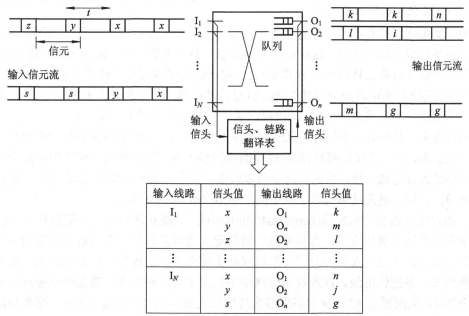

图 8-3-1 $N \times N$ ATM 交换结构示意图

从图示的翻译表中可以看出，凡是输入链路 I_1 上信头值为 x 的信元都被交换到出线 O_1，并且其信头值被翻译成 k。所有在链路 I_N 上具有信头 x 的信元，也被交换到出线 O_1，但其信头值改为 n。

由此可见，ATM 交换机要完成两个基本的功能："空分交换"和"信头交换"。同时还可以看出，来自不同入线的两个信元(如来自 I_1 和 I_N)可能会同时到达 ATM 交换机并竞争同一条出线(如 O_1)，但它们又不能在同一时刻从同一条出线上输出。因此在交换机的某些地方应设置缓存器来存储那些未被服务的信元。这种情况对 ATM 交换机来说非常典型，因为它采用统计复用信元的办法。所以必须提供一定的队列，使多个 ATM 信元在同时输往同一个出线时能被存储，而不被丢弃。

总之一个 ATM 交换机应完成以下三个基本功能：信头交换、排队和路由选择(即空分交换)。实现上述功能的方式不同和在交换机中实现这些功能的位置不同，就构成了不同交换机之间的差异。

2. 定义

在介绍 ATM 交换结构的文献中，常常可以看到描述同一问题时，有时会使用不同的表达术语，为了统一起见，这里专门给出以下的定义：

(1) 交换机构(Switching Fabric)：交换机构是由相同的基本交换模块以特定的网络拓扑结构互联而成。就是说，只有在基本交换模块和网络拓扑结构确定的情况下，交换机构才能被定义。不同的交换机构具有其专门的交换功能。

(2) 基本交换模块(Basic Switching Building Block)：用于构造 ATM 交换机构的通用模块称为基本交换模块。基本交换模块也称为交换单元。相同的交换单元将组成交换机构。

(3) 交换系统：用于交换 ATM 信元的任何装置，统称为交换系统。它可以是一个 ATM 交换单元或是一个 ATM 交换机构。有时也称为 ATM 交换机。

3. ATM 交换机的性能要求

由于宽带网络必须能够传送各种各样的业务信息，如远程控制信息、话音信息、计算机信息和高质量的图像信息。这些业务至少在以下各个方面有不同的要求：比特速率(从几千比特每秒到几百兆比特每秒)；速率特性(恒定比特速率或可变比特速率)；语义透明性(信元丢失率、误比特率)；时间透明性(时延、时延抖动)。这些不同的业务要求应该由宽带 ATM 交换机来满足，为此就对 ATM 交换机提出了一系列的性能要求，主要有：

信息速率：因为不同业务的信息速率差别很大，所以 ATM 交换机必须能够交换多种信息速率的业务，从几千比特每秒(如远程控制)到 150 Mb/s 左右(如高清晰度电视)。另外，交换机能够通过并行线实现，其内部速率可以较低，这样多条 150 Mb/s 的输出线可以被复用成一条链路，因此链路速率可以达到更高，如 10 Gb/s 或 40 Gb/s。

广播式或点到多点的通信(Broadcast/Multicast)：广播式通信定义为信息从一个信息源发往所有目的地的通信方式；点到多点的通信定义为将信息从一个信息源发送到多个目的地的通信方式。传统的通信和分组交换机仅能实现点到点的连接，信息只能从一条逻辑入线交换到另一条逻辑出线。在现代通信网络中出现了另一种需求，即某些业务具有可"拷贝"的性质，从而要求 ATM 交换机能够实现广播式或点到多点的通信方式。这类功能的典型应用业务有电子邮件、图像库访问和电视分配系统等业务。

信元丢失率：ATM 交换机中，可能会出现在某一短暂的时间内，多个信元争用同一条链路的情况(该链路可能是交换机内部，也可能是外部)，结果导致大于交换机队列存储器容量的信元同时争用该队列，最后导致信元丢失。丢失信元是 ATM 交换机特有的问题。有些交换机设计不存在内部资源的竞争，它们不会丢失信元，要丢失也仅在入线和出线处，这类交换机被称为无阻塞的。丢失信元的概率必须保持在一个有限的范围内，以保证系统有较高的语义透明性。对 ATM 交换机来说，典型的信元丢失率应介于 $10^{-8} \sim 10^{-11}$ 之间。

信元误插率：有时会出现信元在 ATM 交换机内部选错路由，这样它们就会错误地到达另一个目的地，这种错误的比例称为误插率。已经证明，这种误插所引起的误码比传输引起的误码对系统性能的影响要严重得多。正因为如此,这种信元误插率必须保持在有限的范围内,其典型值是信元丢失率的 1/1000 或更小。

交换时延:交换机完成 ATM 信元交换所需的时间也是一个重要的指标。典型的 ATM 交换时延在 $10 \sim 1000\ \mu s$,抖动小于几百微秒。这个抖动值在大多数情况下被定义为交换时延超过某一值的概率,称为分位点(Quantile)。例如,在 10^{-10} 分位点上 $100\ \mu s$ 的抖动,实际上是说,交换机的时延比 $100\ \mu s$ 大的概率小于 10^{-10}。

连接阻塞概率:连接阻塞概率是指交换机中入线和出线之间找不到足够的资源来保证所有现有的和新的连接的通信质量的概率。由于 ATM 交换机是面向连接的,因此在建立连接时,必须在逻辑入线和出线之间找到一个逻辑连接,否则就会出现连接阻塞。如果在交换机的入线和出线之间存在足够的资源(如带宽和信头值),其内部将不会发生连接阻塞。交换机的连接阻塞由交换机的容量设计决定,例如,内部连接的数量以及这些连接上的负荷等。

4. 信头交换

信头交换主要指 VPI/VCI 的值的交换,即输入的 VPI/VCI 变换为输出的 VPI/VCI。VPI/VCI 的交换体现了信元交换的重要概念,意味着入线上某一逻辑信道中的某一信元被送到出线上的另一个逻辑信道中去。这与电路交换中的时隙交换有些类似,因为每一个逻辑信道都要占用确定的 VPI/VCI 值资源。

但是应该明确的是,时隙交换是固定的时隙位置之间的交换,如当连接建立以后,入线 1 中的时隙 3 上的信息,总是被交换到出线 4 的时隙 5 上。而 VPI/VCI 的变换虽然在虚连接建立以后也存在固定的映射关系,但是相应的信元并不出现在入线或出线的固定位置上。为了实现信头的交换,在连接建立时,在沿线的 ATM 交换机上,应该建立类似图 8-3-1 中的信头翻译表。

5. 排队原理

前面已经讲到,来自不同入线的信元,可能会同时到达 ATM 交换机并竞争同一条出线,但它们又不能在同一时刻从同一条出线上输出,因此在交换机的某些地方应设置缓存器来存储那些未被服务的信元。依据缓存器在交换机中所处的物理位置不同,缓存方法或排队模型可分为三种不同的排队模型,它们是输入排队、输出排队和中央排队。

1) 输出排队

输出排队的模型如图 8-3-2 所示。在每一条出线上都配置有一个专用的缓存器来存储信元,每一个缓存器(即队列)都按先进先出(FIFO)的原则来放行所存储的信元。

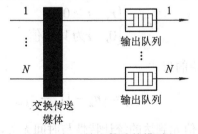

图 8-3-2 输出排队的模型

由于每一条出线上都配有一个缓存器,因此它可能会用来存储在同一信元时间内到达的多个信元。从原则上来讲，有可能在同一个信元时间内，所有入线上的信元都要求到达同一条出线。为了保证在这种情况下，到达输出队列前交换传送媒体不丢失信元，信元传送必须以 N 倍于入线的速度来操作。系统应能在一个信元时间内向队列写入 N 个信元。

在一个信元时间内 i 个信元到达某一输出队列的概率 x_i 为

$$x_i = C_N^i \left(\frac{p}{N}\right)^i \left(1 - \frac{p}{N}\right)^{N-i} \qquad i = 0, 1, \cdots, N \tag{8-3-1}$$

定义随机变量 i 的矩生成函数(Moment-generating function) $X(z)$ 为 z^i 的数学期望 $E(z^i)$，有

$$X(z) = \sum_{i=0}^{N} z^i x_i = \sum_{i=0}^{N} z^i C_N^i \left(\frac{p}{N}\right)^i \left(1 - \frac{p}{N}\right)^{N-i} = \left(1 - \frac{p}{N} + z \cdot \frac{p}{N}\right)^N \tag{8-3-2}$$

之所以称 $X(z)$ 为随机变量 i 的矩生成函数，是因为随机变量 i 的均值(或一阶矩)可以通过计算 $X(z)$ 对于 z 的一阶导数并置 $z = 1$ 得到。

图 8-3-3 为离散时间间隔和缓存器占用示意图。

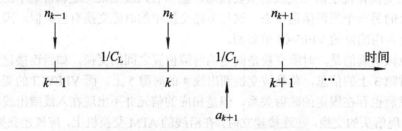

图 8-3-3　离散时间间隔和缓存器占用示意图

时间轴上 $k-1$，k，$k+1$，$\cdots$ 之间为一个信元的时长，或 $1/C_L$，C_L 为每秒传送的信元个数。令 n_k 为缓存器在时刻 k 的占用数，n_{k+1} 为在时刻 $k+1$ 的占用数，a_{k+1} 表示在时间区段 $(k, k+1)$ 中到达缓存器的随机信元数。由于输出队列缓存器在 $(k, k+1)$ 间隔内总要服务一个信元，在时刻 $k+1$ 缓存器中具有的信元数为

$$\begin{cases} n_{k+1} = (n_k - 1) + a_{k+1}, & n_k \geq 1 \\ n_{k+1} = a_{k+1}, & n_k = 0 \end{cases} \tag{8-3-3}$$

当定义符号函数为

$$r^+ = \begin{cases} r, & r \geq 0 \\ 0, & r \text{为其他值} \end{cases} \tag{8-3-4}$$

而式(8-3-4)可以写为更为紧凑的形式

$$n_{k+1} = (n_k - 1)^+ + a_{k+1} \tag{8-3-5}$$

在稳态情况下，$k \to \infty$，信元到达的统计特性与时间无关，队列的占用概率也将达到稳态值 $p(n)$，$k \to \infty$ 时，可以利用式(8-3-3)或式(8-3-5)来确定 $p(n)$。

同样定义 z^n 的 z 变换为随机变量 n 的矩生成函数

$$G_n(z) = \sum_{n=0}^{\infty} p(n)z^n \tag{8-3-6}$$

随机变量 n 的均值(一阶矩)可以通过对 $G_n(z)$ 求导并令 $z \to 1$ 时，得

$$E(n) = \frac{\mathrm{d}\,G_n(z)}{\mathrm{d}\,z}\bigg|_{z=1} \sum_{n=0}^{\infty} np(n) \tag{8-3-7}$$

矩生成函数还有一个重要的性质，如 N 个相互独立的随机变量：n_1, n_2, $\cdots$, n_N，其和为 $y = \sum_{j=1}^{N} n_j$，则和 y 的矩生成函数为

$$G_y(z) = E(z^y) = \prod_{j=1}^{N} E(z^{n_j}) = \prod_{j=1}^{N} G_{n_j}(z) \tag{8-3-8}$$

即随机变量之和的矩生成函数，等于各个随机变量的矩生成函数的积。

对于 ATM 排队系统,缓存器的占用数 n 和代表随机到达信元数的随机变量 a 是相互独立的，式(8-3-5)右边是两个随机变量之和。

令 $x = (n_k - 1)^+$，在 $k \to \infty$ 的稳态情况下，有

$$G_n(z) = G_x(z) \cdot G_a(z) \tag{8-3-9}$$

式中，$G_a(z)$、$G_x(z)$ 分别为随机变量 a、x 的矩生成函数(MGF)。

由于 x 与 n 有关，下面我们来寻找 $G_x(z)$ 与 $G_n(z)$ 之间的关系。从式(8-3-5)有

$$\begin{cases} x = 0, & n = 0 \\ x = n-1, & n \geq 1 \end{cases}$$

所以有

$$G_x(z) = \sum_{x=0}^{\infty} p_x z^x = p(0) + p(1) + p(2)z + p(3)z^2 + \cdots \tag{8-3-10}$$

比较式(8-3-6)与式(8-3-10)可以得到

$$G_x(z) = p(0) + \frac{G_n(z) - p(0)}{z} \tag{8-3-11}$$

式中，$p(0)$ 为缓存器空闲的概率，有 $p(0) = 1 - \rho$，ρ 为平均到达速率 λ 与每一个信元平均服务时间$(1/C_L)$的乘积，而 C_L 为系统对信元的服务速率。

所以有 $\rho = E(a)$ 为一个信元时间内的信元到达个数。把式(8-3-11)代入式(8-3-7)可以得到

$$G_n(z) = \frac{p(0)(z-1)G_a(z)}{z - G_a(z)} \tag{8-3-12}$$

对于泊松分布的信元到达概率，其矩生成函数为

$$G_a(z) = \mathrm{e}^{\rho(1-z)} \tag{8-3-13}$$

把式(8-3-13)代入式(8-3-12)，得

$$G_n(z) = \frac{(1-\rho)(1-z)}{ze^{\rho(1-z)}-1}$$

(8-3-14)

可以求得

$$E(n) = \frac{dG_n(z)}{dz}\bigg|_{z=1} = \frac{\rho^2}{2(1-\rho)}$$

(8-3-15)

式(8-3-15)就是稳态时，M/D/1 排队系统的平均队列长度。对于遵循二项式定理的输出排队系统，把式(8-3-2)中的 $X(z)$ 作为 $G_a(z)$ 代入式(8-3-12)同样可以得到输出排队系统的平均队列长度为

$$E(n) = \frac{dG_n(z)}{dz}\bigg|_{z=1} = \frac{N}{N-1}\frac{\rho^2}{2(1-\rho)}$$

(8-3-16)

由式(8-3-16)可以看出，在 $N\to\infty$ 时，输出排队的平均队长与泊松过程的队长是相同的。

根据 Little 公式，可以计算出输出排队系统的平均等待时间为

$$\overline{W} = E(n)\cdot\frac{1}{p} = \frac{(N-1)}{N}\cdot\frac{p}{2(1-p)} = \frac{(N-1)}{N}\cdot\overline{W_p}$$

(8-3-17)

式中，$\overline{W_p}$ 为 M/D/1 排队系统的平均等待时间。

输出排队队列的平均等待时间如图 8-3-4 所示，对于不同的 N 值，平均等待时间 $\overline{W}$ 是负荷 p 的函数。在低负荷情况下，平均队长将维持在较小的(几个信元)范围内，但是当负荷超过 0.8 时，平均等待时间将呈指数增长。所谓 0.8 负荷(有时也称为 80% 的负荷)是指输入信元的 80% 含有有效数据，另外 20% 属空信元。这些空信元将被丢弃而不写入队列。因此基于输出排队原理的交换单元在低于 80% 负荷的情况下，有较好的性能，同时我们也可以看到，N 对于平均等待时间的影响是比较小的。

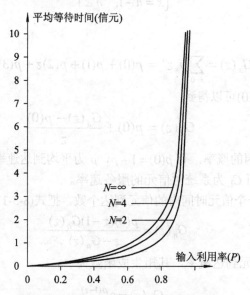

图 8-3-4　输出排队队列的平均等待时间

2) 输入排队

输入排队的模型如图 8-3-5 所示。给每一条入线都配置一个专用的缓存器来存储输入信元，每一个缓存器(即队列)都按 FIFO 原则来仲裁、放行所存储的信元。

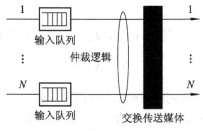

图 8-3-5　输入排队的模型

输入排队方法是存在队头阻塞的。假如入线 i 的信元被选择传送到出线 R，同时入线 j 上也有一个信元要传送到出线 R，那么这个信元和其他后继信元都将被停下来；此时假设在入线 j 的队列中的第二个信元想输出到出线 q，这时，即使其他队列中没有信元在等待向出线 q 输出，即出线 q 是空闲的，上述信元也不能被服务，因为这个信元的前面已有一个信元阻挡着它来传送。

那么这种输入队列的数学模型是怎样的呢？下面我们来分析一下。

假定每一个输入队列上信元到达的规律遵循贝努利过程，到达信元存储在相应的输入队列中，按 FIFO 原则工作。还假定在任一给定的信元时间内，信元到达某一特定入线的概率为 $p(0 \leqslant p \leqslant 1)$，即每一入线的平均利用率为 p。同时还假定交换单元有 N 条入线和 N 条出线，每一信元寻址到任一给定出线的概率都等于 $1/N$，因此，对于任一给定的出线来说，在其上出现一个信元的概率为 p/N。

对于输入排队来讲，如果 N 个输入队列上的 N 个排头的信元中只有一个要到某一出线去，它显然会被选中。如果同时有 j 个信元要到同一出线，信元将被随机选中，每一信元被选中的概率为 $1/j$。其他信元必须等待下一个信元时间的后继选择过程。

假定系统中共有 B_n^i 个信元要去往出线 i，但在信元时间 n 由于没有被选中而被阻塞在队头。在信元时间 n 的期间，许多信元将被服务并送到相应的出线，这样就为一些原来要去往出线 i 的信元留出了队头的位置，我们假定在信元时间 n 内又有 A_n^i 个以出线 i 为目的地的新信元出现在队头。由于在一个信元时间内只有一个信元被出线 i 接受，于是在每一个新的信元时间内，被阻塞的队头信元数等于前一信元时间被阻塞的信元数 B_{n-1}^i 减 1，再加上新到达的信元数 A_n^i，即

$$B_n^i = \max(B_{n-1}^i - 1 + A_n^i, \ 0) \tag{8-3-18}$$

在每一输入队列中，新信元将逐渐前移到队头。在信元时间 n 所有队列的队头信元的总数为

$$L_n = \sum_{i=1}^{N} A_n^i \tag{8-3-19}$$

这个值也代表了在 $n+1$ 信元时间内交换单元所应服务的信元总数。如果不发生阻塞，N 个

信元都将被交换，但实际上会有 B_{n-1}^i 个信元被阻塞，所以 L_n 为

$$L_n = N - \sum_{i=1}^{N} B_{n-1}^i \qquad (8\text{-}3\text{-}20)$$

稳态下的平均 L_n 记为 $\overline{L}$，它等于 $N \cdot p$，这里 p 代表每条输出链路的吞吐量，即

$$\overline{L} = N \cdot p \qquad (8\text{-}3\text{-}21)$$

当 $N \to \infty$ 时，稳态情况下移到队头欲去往 i 的信元数呈泊松分布，其到达概率为 p。这就是说，当 $N \to \infty$ 时，B_{n-1}^i 的平均稳态值 $\overline{B^i}$ 表现出 M/D/1 的排队系统模型。前面我们已经知道，对于 M/D/1 的排队系统模型，其平均队列长度(这里为 $\overline{B^i}$)为

$$\overline{B^i} = \frac{p^2}{2 \cdot (1-p)} \qquad (8\text{-}3\text{-}22)$$

对式(8-3-20)求平均，得

$$\overline{L} = N - \sum_{i=1}^{N} \overline{B^i} \qquad (8\text{-}3\text{-}23)$$

联合式(8-3-21)和式(8-3-23)可以得到

$$\sum_{i=1}^{N} \overline{B^i} = N \cdot (1-p) \qquad (8\text{-}3\text{-}24)$$

当 $N \to \infty$ 时，有

$$\overline{B^i} = 1 - p \qquad (8\text{-}3\text{-}25)$$

联合式(8-3-22)和式(8-3-25)，可以得到在 $N \to \infty$ 时，输入排队系统中每条输出链路的吞吐量或输入排队的 ATM 交换系统的最大负荷 p 为

$$p_{\max} = 2 - \sqrt{2} = 0.586 \qquad (8\text{-}3\text{-}26)$$

因此基于输入排队原理的交换系统，其性能并不是很好，其最大的可达到的负荷是 58.6%。不如基于输出排队原理的 ATM 交换系统。

3) 中央排队

中央排队的方法是在基本交换单元的中央设一个队列，这个队列被所有入线和出线共用。所有入线上的全部输入信元都直接存入中央队列；每条出线到中央队列中选择以自己为目的地的信元，并且每条出线都按 FIFO 原则读出这些信元。

必须在基本交换单元内部采取一定的方法，使所有出线知道哪些信元是分派给它们的。中央队列的读写不再是简单的 FIFO 原则，为此必须提供一个更为复杂的存储器管理系统。

但是必须指出，中央排队方法在相同信元丢失率的条件下，所需存储器的容量最少，在相同的负荷条件下，中央排队方法队列长度最小。图 8-3-6 为与输出排队相比，中央排

队方法存储器减少的比例；图 8-3-7 是三种方法的仿真结果，假定信元到达都具有泊松过程。从这两个图可以看出，与输出排队相比，中央排队方法所需存储器数量最少；而输入排队的性能最差。

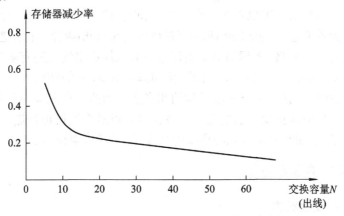

图 8-3-6　中央排队方法的存储器减少的比例

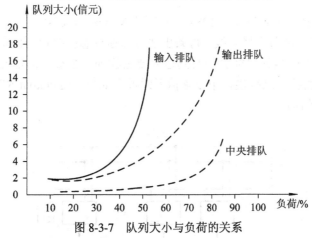

图 8-3-7　队列大小与负荷的关系

8.3.2　ATM 交换机的结构分类

由于 ATM 交换机发展十分迅速，各种类型的交换机层出不穷，这里我们把现有的交换机结构做一个简要的分类，以供读者有一个总体的了解，进一步的原理介绍在后面将陆续给出。ATM 交换机的结构分类如图 8-3-8 所示，其主要可以分为时分交换结构和空分交换结构两大类。

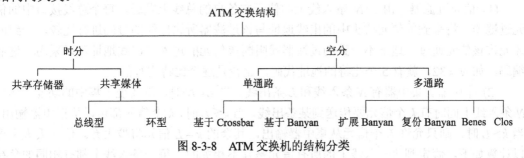

图 8-3-8　ATM 交换机的结构分类

　　时分交换结构的基本特征是所有的输入和输出端口共享一个公共的通信通道(Highway)，这个公共的通道可以是共享存储器(Shared Memory)的，也可以是共享媒体(Shared Medium)的，后者包括总线(Bus)型或环型(Ring)。

　　空分结构的基本特征是可以在多对输入端口和输出端口之间同时并行地传送信元。空分结构又可以分为单通道(Single Path)和多通道(Multiple Path)两种。单通道是指任意一对入线和出线之间只有一条通路，多通道则是指任意一对入线和出线之间有多条通路可以选用。单通道的两种典型结构是基于 Crossbar 的结构和基于 Banyan 的结构。

　　有的把所有 ATM 交换机分为单级结构的和多级结构的，有阻塞的和无阻塞的，等等。不过站在不同的角度或根据交换机的某一个特征都可以对交换机进行进一步的分类，我们在此不再一一列举。下面我们将以几种典型的交换机构为例，来说明 ATM 交换的基本方法。

8.3.3　ATM 交换的基本方法

1．Knockout 交换结构

1) 基本结构

　　最初由贝尔实验室 Yeh 等人于 1987 年研制的 Knockout ATM 交换结构如图 8-3-9 所示。其中 N 条入线分别是 N 条广播总线，每条出线可以通过总线接口访问所有的广播总线。在一个总线接口上，几个信元可能会同时到达并要去往同一出线，即信元将在总线接口上竞争单一出线。因此需要在总线接口中设置信元缓冲存储器。Knockout ATM 交换结构应该属于一种空分的交换结构。

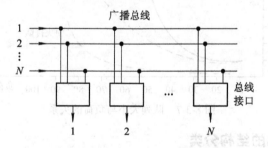

图 8-3-9　Knockout ATM 交换结构

2) 总线接口

　　Knockout 的总线结构如图 8-3-10 所示，其总线接口包含三个主要的部件：信元过滤器、集中器和输出缓冲器。

　　(1) 信元过滤器。由于 N 条入线上的信元在各自的总线上发送，每个总线接口中的信元过滤器，将来到的信元信头中的出线地址与该过滤器所属出线的号码进行比较，一致的才允许该信元通过。地址不一致的过滤器就阻断该信元的进入。出线地址可以采用二进制编码，如 $N=32$，就有 5 个比特的地址代码，比较是逐个比特进行的。

　　(2) 集中器。集中器有 N 条入线和 L 条出线，当 $L<N$ 时，就实现了集中的功能。如果 N 条入线上同时有 k 个信元要传送到某条出线，当 $k \leqslant L$ 时，k 个信元都可以从集中器输出；当 $k>L$ 时，则只允许 L 个信元从集中器输出，其余的 $k-L$ 信元将被丢弃。信元丢失率可以计算如下。假定到达一入线上的所有信元是互不相关的，每一条入线上都有相同的负荷

p ，并以均等的机会去往每一条出线。则 k 个信元同时到达集中器的概率 p_k 为

$$p_k = C_N^k \left(\frac{p}{N} \right)^k \cdot \left(1 - \frac{p}{N} \right)^{N-k} \qquad k = 0,\ 1,\ \cdots,\ N \tag{8-3-27}$$

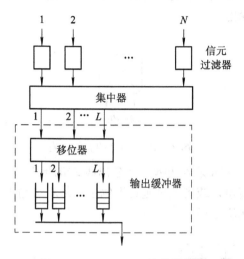

图 8-3-10　Knockout 的总线结构

如果仅允许 L 个信元可以通过集中器，那么信元丢失概率为

$$p = \frac{1}{p} \sum_{k=L+1}^{N} (k-L) C_N^k \left(\frac{p}{N} \right) \left(1 - \frac{p}{N} \right)^{N-k} \tag{8-3-28}$$

根据上述公式就可以计算出在 $p=0.9$ 的情况下，L 对不同 N 值的信元丢失概率，如图 8-3-11 所示。

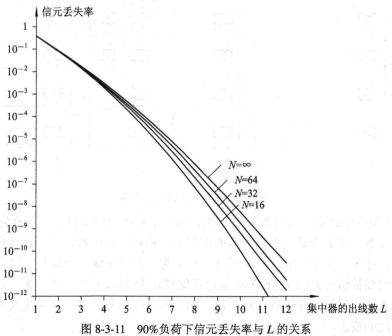

图 8-3-11　90%负荷下信元丢失率与 L 的关系

由于 N 条入线上，同时要去往同一出线的概率很小，因此只要合理地设计集中比 $(N:L)$，就可以使信元丢失率保持在很低的数值。

集中器的基本结构是 2×2 的竞争开关，如图 8-3-12 所示。当两条入线同时有信元到达，不失一般性，假设左边入线上的信元作为优胜者从左边出线上输出；右边入线上的信元作为失败者从右边出线上输出。

优胜　失败

图 8-3-12　2×2 的竞争开关

图 8-3-13 所示的是一个 8 条入线(N)、4 条出线(L)的集中器。图中从左边输出的信元，或者还要参加下一轮的竞争，或者经过延迟器输出；从右边输出的信元，同样或者是参加下一轮的竞争，或者被淘汰出局。

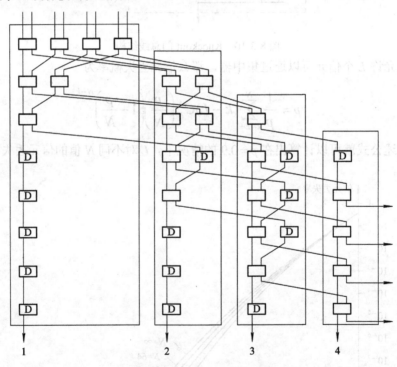

图 8-3-13　8 入 4 出的集中器

(3) 输出缓冲存储器。从图 8-3-10 可见，每一个总线接口都包含一个分为 L 个队列的输出缓冲存储器。这 L 个队列在移位器的作用下，相对于集中器来说，具有共享的性质，即实际上可以作为一个单一的队列来对待。如果物理上设置成一个队列，这个队列在一个信元的时间内要被访问 $L+1$ 次(设为单端口存储器)，即写入 L 次，读一次。分为 L 个队列以后，在一个信元的时间内要被访问 2 次，即写入、读出各一次。这样就大大降低了对存储器读写速度的要求。

为实现 L 个存储器的共享和均匀分配每个队列的负荷，设置了移位器。一个 $L=8$ 的移位器的工作原理如图 8-3-14 所示。假如在上一个信元时间内，有 5 个信元到达，按照移位器的工作规定，这 5 个信元依次放在 $L=8$ 个入口的第 1 至第 5 个队列中；在下一个信元时间内，如果有 4 个信元到达，假如不采取措施，由于竞争的结果，集中器就会将这 4 个信元集中到第 1 至第 4 个队列中，这样最左边的队列负担总是很重，而右边的队列信元总是很少。为克服这种弊端，在该信元时间内到达的信元，系统把第一个信元移到输出 6，第二个信元移到输出 7，依次类推，第四个信元移到输出 1；到再下一个信元周期，第一个信元接着移到输出 2。这样就可以循环而均匀地把到达的信元输出到 L 个队列中，使得 L 个队列实际上成为共享的缓冲存储器。

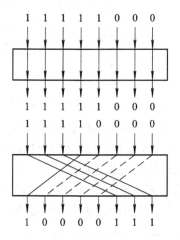

图 8-3-14 移位器的工作原理

(4) 多播功能的实现。ATM 交换机通常要求具有多播功能，为支持这一功能，按照多播业务量的需要，Knockout 交换结构可以设置若干个多播模块和对应的多播总线，如图 8-3-15 所示。其中设置了 M 个多播模块和 M 条多播总线，每个多播模块都与 N 条输入总线相连，以收集输入总线上的多播信元，实际上 N 条输入总线在这 M 个多播模块上是均匀分担的，即每个多播模块只接收 N/M 条入线上的多播信元。需要多播的信元，其信头中含有特殊的选路信息——多播群号。

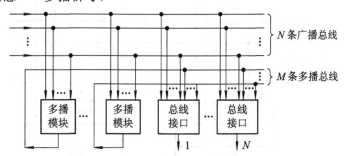

图 8-3-15 Knockout 交换结构多播功能的实现

具有信元复制器的多播模块的结构如图 8-3-16 所示。信元复制器的功能是用来生成具有不同目的地址的复制信元。当多播信元通过信元过滤器、集中器和缓冲器以后，信元复制器就以多播群号来检索多播虚电路表，从多播虚电路表可以得到应复制的信元数和每个复制信元的目的地址。复制后的信元送到多播总线，即可以为相应的总线接口所接收而送往对应的输出端。

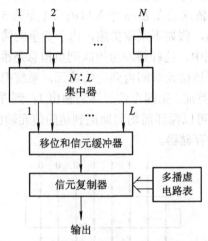

图 8-3-16　具有信元复制器的多播模块的结构

(5) Knockout 交换结构的扩展。Knockout 交换可以从 $N \times N$ 扩展到 $JN \times JN$，其中，$J = 2$，3，…。图 8-3-17 表示了从 $N \times N$ 扩展到 $2N \times 2N$ 的结构。$2N$ 条输入总线分为两组，每组 N 条，实际上是由两个 $N \times 2N$ 的结构合并而成。信元过滤器和集中器有各 $2 \times 2N$ 个，每个集中器有 $N+L$ 条入线和 L 条出线，但只有下面的一排集中器使用了 $N+L$ 条入线。上面一排集中器的 L 条输出接至下面一排对应的集中器的输入。

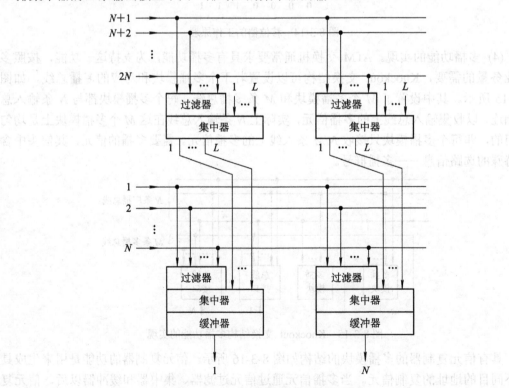

图 8-3-17　Knockout 交换结构的扩展

2. Banyan 网络

1) Banyan 网络的基本结构

Banyan 网络最早是由 Goke 和 Lipovski 于 1972 年提出的。Banyan 网络的主要特征是任意一条入线与任意一条出现之间存在、并仅仅存在一条通路。Banyan 网络又派生出许多子类，其中，Delta 网络是最具代表性的一种。Delta 网络具有自选路由的特性，就是说，不论信元从哪条入线进入 Delta 网络，依据其目的地址的路由标签，它总能到达正确的出线。

信元所走的路由可以由一串二进制数字来表示，称为路由标签，路由标签包含出线地址。Delta 网络的自选路由特性如图 8-3-18 所示。在寻找路由时，由高位开始，路由标签被逐级解释，如果这一位标签是"0"，则选择 2×2 交换单元上面的一条出线；如果是"1"，则选择下面一条出线。这与信元从哪条入线进无关。图中表示了两个信元都要到达目的地 1011，第一个信元是从 0001 进入，第二个是从 1011 进入。依照上述选路原则，最后都能正确到达 1011。为了使交换单元的选路功能与其处在第几级无关，路由标签可以在内部逐级移位，对二进制标签，每次移 1 bit，以使得每个交换单元总是解释第一个比特。

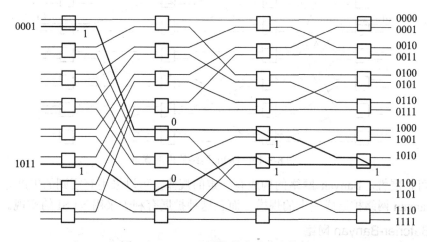

图 8-3-18　Delta 网络的自选路由特性

路由标签是在连接建立时，ATM 交换机已经将路由信息写入信头翻译表。当某一个输入端口到达信元时，按其 VPI/VCI 值查信头翻译表，得到新的 VPI/VCI 值和路由信息 m、n，于是 VPI/VCI 的原有值 A 便更改为新的 VPI/VCI 值 B，并在前面"贴上"路由标签 m、n 后送入交换机构，ATM 交换机构就依次按照 m、n 选定其出线。可见，当信元离开交换机构时，路由标签已经被完全"撕下"。路由标签的长度取决于交换机构的级数和入线、出线数，例如由 16×16 的交换单元组成的 5 级交换机构，路由标签要有 5×4＝20 bit。

对于无连接的 ATM 交换系统，路由标签是在每个信元到来时生成的。属于同一个虚连接的各个信元可以有不同的路由标签，这就意味着同一个虚连接的各个信元可以选用多路交换机构中的不同通路，从而会引起信元的失序。

2) Banyan 网络的基本特性

Banyan 网络有以下几种基本特性：

(1) 树型结构特性。从 Banyan 网络的任一输入端口(或输出端口)引出的一组通路，总是形成 2 分支树。级数越多，分支数也就越多，从而级数为 $k = \mathrm{lb}N$。

(2) 单通路特性。Banyan 网络的任一入端到任一出端之间，具有一条且仅有一条通路。

(3) 自选路由的特性。在图 8-3-18 中，Banyan 网络可以使用对应于出端口号的二进制路由标签来自动选路，不论信元是从哪条入线进来，依照上面讲述的原则，信元总能正确到达所需的目的地。

(4) 内部竞争。Banyan 网络是具有内部竞争的有阻塞结构。由于各个入端到出端之间的单通路并非完全分离的，由于 ATM 信元是异步复接的，来自不同入端的信元总会在一个信元的时间内，出现在公共的内部链路段上，因此内部的竞争或冲突是不可避免的现象。Delta 网络的内部竞争如图 8-3-19 所示。即使信元含有不同的目的地址，也很容易发生碰撞和内部竞争，碰撞和内部竞争会降低 Banyan 网络的吞吐量，且随着网络容量的增大而更严重。

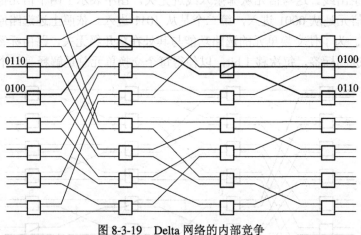

图 8-3-19　Delta 网络的内部竞争

(5) 可扩展性。Banyan 网络的构成有一定的规律，可以采用有规则的扩展方法将较小容量的 Banyan 网络扩展成较大的规模，而且这种扩展有利于采用 VLSI 的实现。

3. Batcher-Banyan 网络

在前面的讨论中我们可以看到，Banyan 网络内部是存在竞争的，这种竞争尤其当两个或多个信元在网络中相互交叉传递时，即二进制目的地址小的信元从地址大的输入口进入网络，目的地址大的信元从地址小的输入口进入网络，就会产生碰撞。为克服这种冲突，人们设想在 Banyan 网络的前面加一个排序网，把输入端口上的信元通过排序网排序以后，按其目的地址(或路由标签)的大小排列在排序网络的输出端，排列次序可以按升序也可以按降序排列，如果是降序，在排序网的输出端，地址小的在上面，地址大的在下面。然后送到 Banyan 网络自寻路由。

Batcher-Banyan 网络的结构如图 8-3-20 所示，其中，Batcher 网络是由多级构成，每一级包含若干个 2×2 的排序器(Sorter)。其中，箭头向上的称为向上排序器，表示输入端如果有两个信元到达，目的地址大的信元从上面一条出线输出；箭头向下的称为向下排序器，表示目的地址大的信元从下面一条出线输出。箭头总是指向地址大的信元应去往的出线。如果输入端只有一个信元到达就按目的地址小的信元处理，即送往背向箭头所指的出线。例如，图 8-3-20 中目的地址为 010 的信元，在前面三级上选择下面的出线输出，而在后三级上选择上面的出线输出。

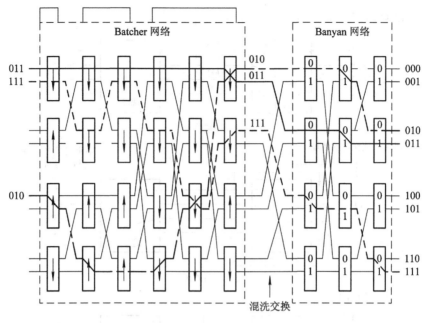

图 8-3-20　Batcher-Banyan 网络的结构

为了将 2^n 个元素排序,要依次进行 2 个之间(如第一级为 2 个之间)、4 个之间(如第二、第三级分别为 4 个之间)和 8 个之间(如第四、第五和第六级都为 8 个之间)等的排序。通过整个排序网以后,信元将按目的地址的升序排列在 Batcher 网络的各条输出线上。

排序网与 Banyan 网络之间按混洗(Shuffle)连接,而且是按全混洗(Perfect Shuffle)互连的。这样在 Banyan 网络的入口处,就消灭了队头阻塞,当然在 Batcher 网络的入口处可能是会有队头阻塞的。进入 Banyan 网络的所有信元都可以无冲突地到达所需的输出端。

4. Moonshine 网络

Moonshine 网络是基于排序—选路(Batcher-Banyan 网络)的概念,它是 1987 年由 Hui 提出的,最初是为处理变长的分组而设计的,因此比单纯的 ATM 交换更具有一般性。

为了解决多个不同输入端口上的请求对输出端口的竞争,提出了一种和每个输入端口的输入排队相结合的三阶段算法。前面已经讨论过,输入排队的队头阻塞会引起系统性能的下降,Moonshine 网络的三阶段算法如图 8-3-21 所示,它通过解决不同输入端口上的请求对输出端口的竞争,以及每个分组期间采用内部加速的方法来提高系统的总体性能。它的三个阶段是指:仲裁、认可和发送。

仲裁阶段要检查是否有冲突的信元在输入端等待。这一过程是通过每一个输入端口都发出一个试探分组,试探分组包含源地址和目的地址,实际上是一个特殊的请求分组。排序网按照非递减的顺序对请求中的目的地址进行排序。在排好序的目的地址表里,只有和它前面的值不同的地址才被认可。图中(2)1、(4)3、(3)4 被选中,而(1)3 未被选中。

第二阶段是认可阶段。在认可阶段,利用从 Batcher 排序网的输出端到其输入端的网络连接,把获胜的情况告诉输入端。这个网络连接可以是另一个 Banyan 网络,此时,以获胜请求分组(2)1、(4)3、(3)4 中的入口地址(2)、(4)、(3)作为目的地址,经过这个新的 Banyan

网络，使输入端知道获胜，可以继续进行下面的传送。

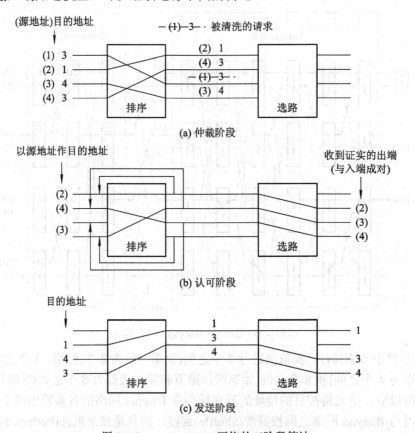

图 8-3-21　Moonshine 网络的三阶段算法

第三阶段是发送阶段。收到认可的输入端口，就可以利用 Batcher-Banyan 网络发送信元了，由于前面两个阶段的工作，此时不会再有冲突出现在输出端口上了。在阶段 Ⅰ 中未成功的输入端口将把信息分组存储到输入缓冲器中，待到下一个仲裁阶段，重新再参加竞争裁决。由于阶段 Ⅰ 和 Ⅱ 并没有真正完成数据的传送，而只是做了一些辅助操作，所以交换机构的内部需要加速处理。加速的程度与交换机构的级数和分组的长度有关，Hui 已经计算过，其值大致要提高 14%。就是说，如果外部速率为 150 Mb/s，那么交换机构内部的操作速率应当为 170 Mb/s 左右。

5. 多播功能的实现

前面讲过，ATM 交换机通常要求具有多播功能，在 Knockout 交换结构中我们专门介绍了多播功能的实现，那么除了在 Knockout 交换结构中能实现多播功能外，还有其他方法能够实现多播功能吗？

这里介绍一种表格控制选路(Table-controlled Routing)的方法，利用这种方法也可以实现多播功能。

表格控制选路是指按照交换单元内部路由表中的信息来完成选路，其示意图如图 8-3-22 所示。每个交换单元都有一张路由表，信元进入交换单元后，按照它带来的 VPI/VCI 值可以在路由表中查到新的 VPI/VCI 值和这个信元在这个交换单元中出线的信息。图 8-3-22

中信头为 A 的信元经过交换单元后,其信头值应改写为 C,从交换单元的 m 口输出。信元在这种交换单元中传送时仍为 53 个字节,长度不增加。控制选路的表格是在建立连接时建立的。

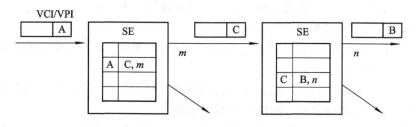

图 8-3-22　表格控制选路的示意图

利用表格控制选路就能够比较容易地实现多播功能,如图 8-3-23 所示。图中交换机构的路由表用(a,b,xx)这三元组的数据来表示,其中,a 表示输入 VC,b 表示输出的 VC,xx 表示复制情况的代码:00 表示无信元复制;01 表示在下面的出线上复制信元;10 表示在上面的出线上复制信元;11 表示在上下的出线上都复制信元。VC 表示虚连接的代码,相当于 VPI/VCI(或其中一部分)。在交换单元中被上下复制的信元具有相同的 VC 值。图中表示了两个点到多点的连接(输入线 0 上 VC = 1、输入线 5 上 VC = 1 和输入线 7 上 VC = 3)。

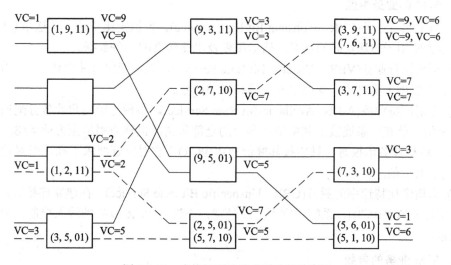

图 8-3-23　表格控制选路多播功能的实现

8.4　ATM 网络的流量控制

8.4.1　引言

由于设计更加有效的 ATM 流量控制方法是 B-ISDN 成功的关键,因此 ATM 网络的流量控制一直是非常活跃的研究课题。

流量控制是指网络为了避免阻塞所采取的一系列操作。阻塞由不可预测的业务流量的统计波动或 ATM 网络内的一些错误所引起，这些阻塞的发生会引起过多的信元丢失或不可接受的端到端的信元传输时延，从而引起系统服务质量的下降。

很明显，ATM 流量控制的目的一是为了保护网络和用户，以实现预定的网络性能和服务质量；另一个是优化网络资源的利用，以取得更好的网络效率。

B-ISDN 中对 ATM 流量控制的要求有：

(1) 灵活性：能支持不同的 ATM 层业务质量(QoS)等级，这些业务质量等级对现有的和可以预见的 ATM 业务都行之有效。

(2) 简单性：要求所设计的 ATM 流量控制的算法尽量简单有效，花费时间最少，以使网络设备的复杂程度降到最低，而网络的利用率最高。

(3) 强壮性：要求在任何业务情况下都能取得较高的资源利用率，同时又能维持简单的流量控制功能。

8.4.2 ATM 流量控制的对象

所谓 ATM 的流量控制，就是要对不同的 ATM 业务流中的某些参数进行控制，以达到保护网络和用户，实现预定的网络性能和服务质量的目的。为此首先要弄清 ATM 有哪些业务类型，其次还要弄清 ATM 业务流(或 ATM 业务)有哪些参数以及 ATM 的质量指标。

1. ATM 的业务类型

(1) 恒定比特业务(CBR，Constant Bit Rate Service)。以恒定比特速率传送信息的业务。这种业务主要用于传送实时的话音，活动图像及电路仿真的业务数据。

(2) 可变比特业务(VBR，Variable Bit Rate Service)。以可变比特速率传送信息的业务。这种业务主要用于实时的、变速率的音频和视频信号。

(3) 可用比特业务(ABR，Available Bit Rate Service)。不预先给用户业务分配速率，只要链路空闲，就在一条连接上利用链路剩余的全部带宽，也称为竭尽全力业务(Best Effort Service)。这种业务申报时，只申报其峰值速率(PCR)，它对时延要求不高，但对信元丢失率(CLR)要求苛刻。

(4) 未指定比特速率的业务(UBR，Unspecific Bit Rate Service)。在建立连接时，这种业务只申报峰值速率(PCR)，系统对它不分配带宽，不进行 PCR 以外的输入控制，也不保证业务质量。

2. ATM 业务的参数

(1) 峰值信元速率(PCR，Peak Cell Rate)。它是指 ATM 连接上能发送的信息速率的上限，通常用信元入网的最小时间间隔 T 的倒数来表示。

(2) 信元时延变化容限(CDVT，Cell Delay Variation Tolerance)。它表示终端生成信元以后，在用户—网络接口(UNI)上允许该信元传送间隔 T 变化范围的参数。

(3) 可维持信元速率(SCR，Sustainable Cell Rate)。它表示 ATM 连接上得到保证的平均传输速率的上限。这里的"平均传输速率"是指发送的信元数除以连接的时间。一般来讲，SCR 要比 PCR 小。

(4) 突发容限(BT，Burst Tolerance)。它是指信元速率容许波动的时间范围，以 BT = PCR/平均比特率表示。这个指标有时还用最大突发长度(MBS)表示，有

$$MBS = 1 + \frac{BT}{T_s - T} \qquad\qquad (8\text{-}4\text{-}1)$$

式中，[·] 表示取整；$T = 1/PCR$；$T_s = 1/SCR$；BT 为突发容限。

3. ATM 业务的质量(QoS)指标

以下这些质量指标在前面的分析中都已经陆续介绍过，这里我们把它们集中起来，不做详细的解释，以便有一个完整的概念。概括起来，ATM 业务的质量指标有：误码率、信元丢失率(CLR)、插入率(即信元误插率)、信元转移时延(包括打包时延、传输时延、交换时延、排队时延和重装时延等)、时延抖动、呼叫阻塞概率、连接建立时间和连接释放时间等。

8.4.3　ATM 流量控制的方法

由于 ATM 流量控制对 ATM 技术的实用有着重要的意义，已经形成了世界范围内的研究热潮，提出了许多 ATM 流量控制的方法，我们在这里不一一加以列举，这里介绍其中比较成熟的几种，期望能够起到一个抛砖引玉的作用。

1. 业务量整形(Traffic Shaping)

用户在将分组拆装成信元时，遵照连接申报时的速率和参数，在 UNI 上调度信元的发送，超出速率范围的信元暂时存放在终端内，一般来说，这个算法是由用户的网卡来执行的。

2. 用法参数/网络参数控制(UPC/NPC，User Parameter/Network Parameter Control)

用法参数控制和网络参数控制(UPC/NPC)分别在用户—网络接口(UNI)和网络—网络接口(NNI)上进行，由网络执行一系列操作，对信元流量的大小和信元选路的有效性等方面实施监视和控制。这个功能有时也称为"管制功能"，用来监视各条连接是否按所申报的参数传送信元，对违反的信元打上标记，不允许它进网，即使进网了，也要降低其优先级，不保证其传输质量。一个理想的 UPC/NPC 算法应该具有以下特性：

(1) 能够检测出任何非法的流量状态。

(2) 对参数违例的信元能做出快速的响应。

(3) 实现简单。

3. 呼叫接纳控制(CAC，Call Admission Control)

在连接建立时，算法根据业务类型、业务参数和所需的业务质量(QoS)，就网络各交换节点的缓存空间、各条链路的容量和各条连接的资源运用状态来决定在各交换节点上能否接纳此连接，就称为呼叫接纳控制(CAC)。算法分以下三步进行：

(1) 沿着直到目的地的路由确定各段物理链路。

(2) 在每段链路上，对各条连接分配缓存器和链路带宽等资源。交换机只对恒定比特业务(CBR)和可变比特业务(VBR)进行带宽分配：

① 对 CBR，BW = PCR，即分配峰值速率带宽。

② 对 VBR，BW = R，其中，$SCR \le R \le PCR$，即分配统计速率带宽，其中 R 由此连接的 PCR，SCR，BT 参数和 CLR、CDV 等质量指标确定。

(3) 只要对连接分配了资源，就应该分配 VPI/VCI。

算法：

当连接数 n 很大时，n 个连接复接以后的总比特率 A 为一个随机变量，它遵循高斯分布；当总比特数 A 超过 C_0 的概率小于一个门限值 ε 时，则接受这一个连接。

问题是如何计算 C_0 呢？我们有：

$$P_r(A > C_0) \approx P_r(A > m + \alpha\sigma) \approx \varepsilon \tag{8-4-2}$$

式中，$C_0 \approx m + \alpha\sigma$；$m = \sum m_i$，$\sigma^2 = \sum \sigma_i^2$，这里 m_i 为平均速率，σ_i 为方差；

$\alpha = \sqrt{2\ \ln(1/\varepsilon) + \ln(2\pi)}$。

判决过程：

(1) 从信令系统中获知该呼叫的 m_i，σ_i。

(2) 如果原来所有已经复接的业务流的参数为 m 和 σ，则加入新连接以后的均值和方

差为：$m' = m + m_{n+1}$，$\sigma' = \sqrt{\sigma^2 + \sigma_{n+1}^2}$。

(3) 计算：$C_0 = m' + \alpha\sigma'$。

(4) 如果 C_0 小于等于信道容量，则接受该连接，否则不接受该呼叫。

4．ABR(可用比特业务)的反馈拥塞控制

由于可用比特业务(ABR)是不分配带宽的，因此只要链路空闲，就在一条连接上利用链路剩余的全部带宽，竭尽全力传送信息。在高负荷的情况下，一旦信元丢失，则要重发信元，负荷越高，丢失信元的机会就越多，从而将引起系统吞吐量的急剧下降。为此应该对这种业务采取有效的流量控制方法，一般来讲，有速率控制法和同时采用分段速率控制和回压控制的方法。

1) 速率控制方法

速率控制方法是指发端有一个能动态改变速率的动态整形(Shaping)器，能在申报的 PCR 下对被系统认可的速率进行控制，该控制方法分以下四步来完成：

(1) 沿途的交换机监视缓存器，检查它们充满的程度，来判断是否发生了拥塞。

如果某一节点上发生了阻塞，在该节点上，就把通过它的信元打上一个标记：把信头中的 PT 改写成 EFCI(Explicit Forward Congestion Indicator)，然后发往收信端。

(2) 收信端收到该信息以后，利用资源管理信元(RM)，PT = 110，通知发端是否发生了阻塞。

(3) 发信端定时向目的终端发 RM 信元，告知当前的被认可的速率(ACR)；收端收到以后，利用 RM 信元回应发端，并在 RM 信元中告诉发端：是否发生了拥塞(CI，Congestion Indication)；明确速率信息(ER，Explicit Rate)。

(4) 发端根据收端送回的 ER，来调整其发送速率。这种方法有时也称为速率回压控制方法。

2) 同时采用分段速率控制和回压控制的方法

当系统规模太大时，上述方法往往来不及调整发端的信元速率，沿途缓存器就大量溢出，产生大量的信元丢失。为此可以在网络中采用分段速率控制和回压控制的方法，这种分段可以分得很小，小到分链路进行速率控制。该控制方法分以下两步来完成：

(1) 把一个连接分成若干段，分段进行上面所讲的速率控制。

(2) 在每一段有缓存器即将溢出时，向前一段发送停发信元的回压信号(Receiver not Ready)。

由于这种方法会使系统的吞吐量下降，因此只在 UNI 处采用回压方法，利用 UNI 信元中的 GFC 字段进行控制。

5．运算方法

运算方法是指借用一种规则来定义流量参数，利用它能够对一致的和不一致的信元做出断然的划分，对不一致的信元打上标记或采取措施，以达到实施流量控制的目的。这里一致或不一致是指信元的参数是否与建立连接时协议的参数一致。这种方法有时也称为通用速率算法(Generic Cell Rate Algorithm)。ITU-T I.371 协议中定义了以下两种运算算法。

1) 虚调度(VS，Virtual Scheduling)算法

虚调度(VS)算法的流程图如图 8-4-1(a)所示，当一个信元到达时，VS 算法计算信元的理论到达时间 TAT，假定业务源激活时送出等间隔的信元，两个相邻信元的距离为 I。如果信元的实际到达时间 t_a 滞后于 $TAT-L$，L 表示比平均到达时间提前的容限值，则该信元是一致信元，如图 8-4-1(b)所示；否则信元到达太早，就是一个不一致信元。

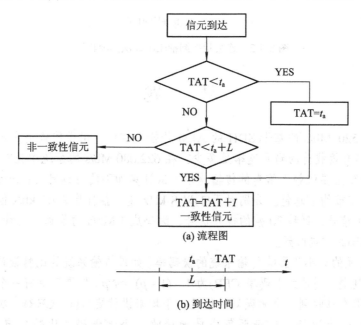

(a) 流程图

(b) 到达时间

图 8-4-1　虚调度(VS)算法的流程图

2) 连续状态漏桶(LB，Leak Bank)算法

连续状态漏桶(LB)算法把网络的一个输出端口看成是一个有限容量的漏桶，该漏桶一方面以每单位时间一个容量单位的连续速率向外渗漏(传输信元)，另一方面每当一个一致性信元到达时，其存量增加 I。连续状态漏桶(LB)算法的流程图如图 8-4-2(a)所示。

当一个信元到达需要从该输出端口输出时，如果漏桶里面的信元数小于 L，则该信元是一致的，否则就是不一致的，如图 8-4-2(b)所示。其中，LCT 为最后一次一致时间，t_a 为第一个新信元到达时间，对系统来说，t_a 到达的越晚越好(即 t_a 越大越好)。

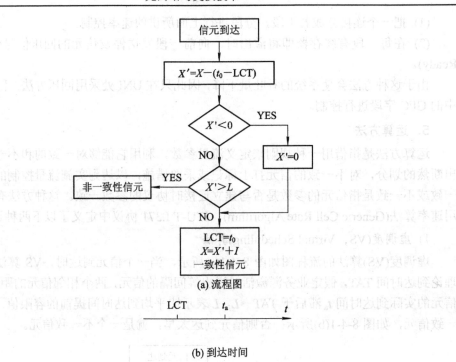

(a) 流程图

(b) 到达时间

图 8-4-2　连续状态漏桶(LB)算法的流程图

习　题

1．在 155.520 Mb/s 的基于 SDH 的 ATM 传输系统中，用于传输用户信息信元、信令信元和 OAM 等有效载荷的码元速率是多少？在 622.080 Mb/s 的系统中呢？

2．打包时延主要依赖于信息的传输速率。试计算如下的打包时延：(a)53 字节的 ATM 信元和(b)1000 字节的信息包。分别对于(1)以 8 kHz 速率抽样形成 64 kb/s 信息流的话音信号；(2) MPEG1 信号，每秒 30 帧的视频信号，编码成 1 Mb/s 的信息流。针对这两种速率，分别计算(a)、(b)的打包时延。

3．ATM 信元的大小将影响传输系统的误码率。如果传输系统的比特误码率(BER)为 p，每一信元有 N 比特，则信元误码率(CER)为 $1-(1-p)^N \approx Np$。如果只要有一个比特的误码信元就要重传，那么每收到一个无误码的信元，平均来讲就要传$(1-\mathrm{CER})^{-1}$ 次。如果信元中的信头固定为 n 个比特，试证明每成功地接收一个无误码的比特信息，平均要发送 $\dfrac{N+n}{N(1-p)^{N+n}}$ 次；对于给定的 n 和误码率 p，最优的 N 值可以减少重发次数。对于 $n=40$ (5 字节的信头)的信元，分别求解 $p=10^{-9}$ 和 $p=10^{-3}$ 的最佳的 N。

4．在 ATM 系统中，什么是虚通路，什么是虚通道？它们之间有怎样的关系？

5．ATM 的信元定界是基于对 HEC 的搜索，那么为什么在"搜索"状态时要逐个比特进行，而在"预同步"和"同步"时是逐个信元地进行？

6．在 ATM 参考模型中，控制面的功能是什么，为什么在交叉连接设备中可以没有控制面?

7．ATM 交换结构的三项基本功能是什么，信头变换与电路交换中的时隙交换有何异同?

8．被接纳的 ATM 连接为何在信元传送阶段仍会遇到竞争? 电路交换、同步时隙交换中为什么不会有这种情况发生?

9．试说明输入排队的效率要低于其他两种排队的原因。

10．Knockout 属于哪一种类型的交换结构? 试分析其中集中器的信元丢失率。

11．对于图 8-3-20 中的 Batcher-Banyan 网络，任举两个例子，说明原本在 Banyan 网络中会遇到内部竞争的信元，而通过 Batcher-Banyan 网络后，不会出现竞争。

12．参照图 8-3-19，画一个 8×8 的 Banyan 交换机构，并用粗实线表示，从任意 2 个输入端口输入的信元，都能自选路由到达 110 输出端口。

第 9 章　宽带交换技术

　　前面几章我们集中对程控数字电话的交换技术做了介绍，这种交换主要是对电话业务的交换。随着技术的发展，计算机通信技术、ISDN(综合业务数字网)技术、ATM(异步传递模式)、IP(互联网协议)、CATV(有线电视)和光交换网络等一大批高速、宽带技术出现了，正是这些新技术的出现，为信息高速公路(Information Superhighway)的发展提供了核心技术。我们把其中的交换技术统称为宽带交换技术。它们的主要传输媒质还是光纤。

　　宽带交换从技术上分，可以分为电路交换和分组交换。这里的"电路"(Circuit)是指沿着它能传递一个或一组用户信息的实线链路。如程控电话交换、蜂窝移动电话的交换、卫星线路信号的交换、同步光网络(SONET，Synchronous Optical Network)或同步数字体系(SDH，Synchronous Digital Hierarchy)信号的交换、CATV 中的交换和密集波分复用(DWDM)中的光交换等，一般说来，恒定比特速率的业务比较适合于在电路交换网络中传递；分组交换如以太网的数据交换、光纤分布数据接口(FDDI)、ATM 交换和 IP 交换等，非恒定速率的业务比较适合于分组交换网络。

　　本章主要对除 ATM 以外的几种主要的分组交换技术做一个简单的介绍。光网络及其交换将在第 10、第 11 章中讨论。

9.1　数字用户线和 ISDN

　　如果电话用户双绞线上的频带宽度能够从 3 kHz 扩大到 1 MHz，那么人们就可以利用这个用户线来传输 ISDN 等多种数据业务了。数字用户线(DSL，Digital Subscriber Line)就是围绕这一目的而开展的一系列研究技术的总称。具体来讲，它有综合服务数字网(ISDN，Integrated Services Digital Network)和非对称数字用户线(ADSL，Asymmetric Digital Subscriber Line)之分，尤其是在高速率的互联网中，目前大量使用着 ADSL 的上网方式。本节单独对这两种技术进行介绍。其交换方式仍然是通过交换中心的电路交换、分组交换或 ATM 交换。

9.1.1　ISDN

　　我们知道，采用数字传输手段的电话网络主要提供话音服务，采用 X.25 协议的分组交换技术在公共交换网中提供信令信息的传递(No.7 信令)，ISDN 的目的就是利用公共网络中的这些设备，来为用户提供新的服务业务。这些新业务主要包括：

　　ITU-T I.230 协议定义的承载业务(Bearer Services)：在 64 kb/s 上传输的音频和数字话音，如 4 类传真机、可视电话、话音等业务；采用电路交换，速率为 64 kb/s 整数倍的数字通道业务，如不受限制的数字信息业务，点到点传输的可视电话；采用分组交换的虚电路业务以及用 X.25 分组方式提供的透明传送的用户信息和无连接业务(如电报)等。

ITU-T I.240 协议定义的用户终端业务(Teleservices)：如信息传送可以采用电路方式也可以采用分组方式的端到端的 4 类传真业务；用户信息在 B 通道，信令在 D 通道传送，可以采用回波抑制技术的电话业务；信息传送可以采用电路方式也可以采用分组方式，提供端到端服务的报文通信等。

ITU-T I.251～ITU-T I.257 协议定义的补充业务：如主叫号码识别业务、呼叫转移业务、三方通话和电话会议等。

ISDN 网络的结构模型如图 9-1-1 所示。其中，电路交换业务、分组交换业务、点到点业务和呼叫控制业务(主要是公共信道信令——No.7 信令)等 7 种业务功能都放在一个 ISDN交换网络中，这些业务可以酌情相互结合，也可以分开。这些业务都可以通过公共终端设备由用户访问。

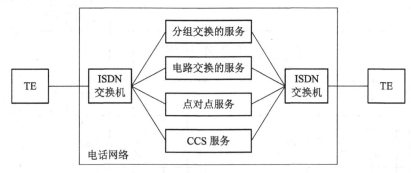

图 9-1-1　ISDN 网络的结构模型

用户与 ISDN 网络的接口定义为 B、D 和 H 三个通道的结合，如图 9-1-2 所示。

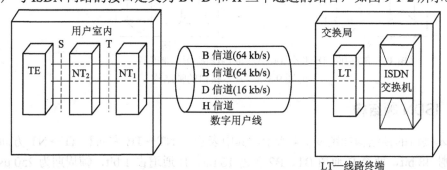

图 9-1-2　ISDN 网络的接口标准

在图 9-1-2 中，B 通道是一个传输速率为 64 kb/s 的通道，用来传输电路交换的有连接业务，X.25 业务(包括分组交换，虚电路业务)或永久性连接的点到点数字业务。

D 通道是一个传输速率为 16 kb/s 或 64 kb/s 的通道，用来传输信令信息(呼叫控制用)和低比特速率的分组交换业务。

H 通道是一个传输速率为 384 kb/s 或 1536 kb/s 或 1920 kb/s 的通道，其用途与 B 通道类似，只是它服务于更高速率的业务。

ISDN 标准给用户规定了基本接口和初等接口(或一次群接口)两种接口方式。其中基本接口为 2B＋D，是现有普通电话用户线改为 ISDN 用户线时的接口，是由两个全双工的 B通道和一个全双工的 D 通道(16 kb/s)组成的，两条 B 通道用于独立地传送用户信息，D 通道用于传送信令。

初等接口(或一次群接口)在欧洲为 30B + D(64 kb/s)，在美国、日本为 23B + D(64 kb/s)，其中，D 通道为 64 kb/s。

ISDN 标准规定，能够由 ISDN 终端设备(如数字电话机)直接访问的网络用户接口，也能够由其他设备，如计算机经由终端适配器或 ISDN 路由器直接访问。

ISDN 基本接口的结构(物理层)如图 9-1-3 所示。其中，总线由网络终端 NT 送出，在总线上设有 8 芯插座，能保证个人住宅以及办公大楼内部多台终端方便地接入。终端 TE 与网络终端 NT 之间，采用 4 线制交换数据，采用伪三进制码(1 由 0 电平代表，0 由交替的 +0.75 V 和 −0.75 V 代表)。

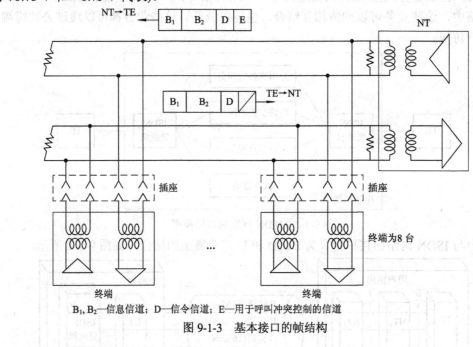

B$_1$, B$_2$—信息信道；D—信令信道；E—用于呼叫冲突控制的信道

图 9-1-3　基本接口的帧结构

9.1.2　ISDN 帧结构

基本接口的帧结构如图 9-1-4 所示，其中表示了 NT→TE 方向和 TE→NT 方向的帧结构。每帧 48 bit，两个 B 通道 B1、B2 各占 16 bit，D 通道占 1 bit，帧周期为 250 μs，各接口处的码元速率为 192 kb/s。

ISDN 的数据链路层，对 D 通道来说，遵循数据链路访问规程 D(LAPD)。B 通道，对于分组交换的遵循数据链路访问规程 B(LAPB)；对于电路交换或永久性连接的，用户可以选用 LAPB，也可以选用由 ITU-T 的 I.465/V.120 为这些连接定义的规程。

数据链路访问规程 D(LAPD)提供了应答式和非应答式的信息传递业务。此时 D 通道的帧结构遵循 X.25 的规定：即面向比特的帧结构，每帧以 8 bit 的标志开始，以 8 bit 的标志结束。其中有 16 bit 的 CRC 进行误码检测，有 16 bit 的地址码用来区分连在同一接口上的不同用户和同一个用户的不同业务点。非应答式的业务像数据报一样对待，舍弃出错的帧；应答式业务利用虚电路的方式、采用"后退 N 步"的链路误码控制策略，接收机可以通过发送"接收准备好"和"接收未准备好"的帧来通知发送机发信息还是不发信息。

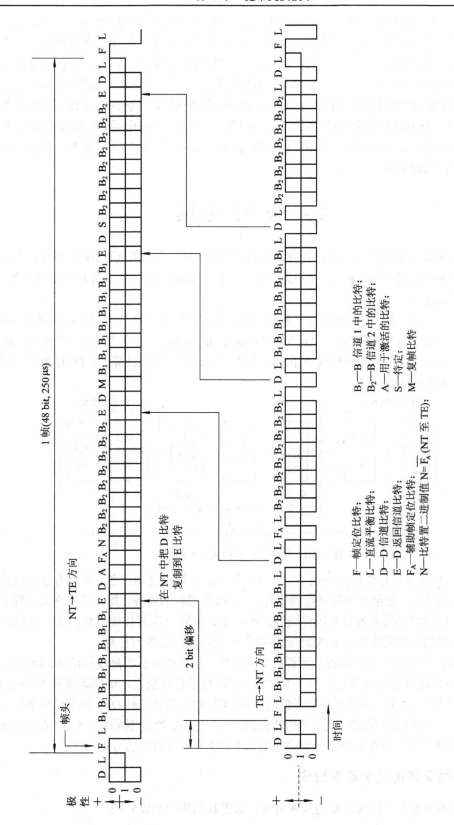

B₁—B 信道 1 中的比特；
B₂—B 信道 2 中的比特；
A—用于激活的比特；
S—待定；
M—复帧比特

F—帧定位比特；
L—直流平衡比特；
D—D 信道比特；
E—D 返回信道比特；
F_A—辅助帧定位比特；
N—比特置二进制值 N=F̄_A (NT 至 TE)；

图 9-1-4　基本接口的帧结构

　　I.465/V.120 数据链路规程式是对 LAPD(数据链路访问规程 D)的一个修改版本,它能提供异步数据传递、HDLC 同步数据传递和比特透明的异步传递。使用这个规程时,用户先通过 D 通道在 B 通道上建立一个电路或连接,当传输任务完成以后,又通过 D 通道拆除这个电路。ISDN 的网络层,除了完成呼叫控制功能外,还规定了选路、复接和碰撞控制。

　　总之,ISDN 是希望能够通过一个公共的 ISDN 交换网络,来访问由多种不同的业务网络(如电话网,分组数据等)提供的多种不同的业务(如话音、可视电话、遥测遥控数据等)。由于网络种类多,业务多,ITU-T 的协议规程也多,在此只能介绍一个提纲,有兴趣的读者可以参阅有关的文献。

9.2　分　组　交　换

　　由于计算机技术的广泛应用,计算机与计算机之间(不论距离远近)或计算机与终端设备之间需要进行数据的传输和交换,由此产生了一门新兴的学科——计算机数据通信技术,或简称为数据通信。

　　图 9-2-1 所示的是一个简单的数据通信系统,它由数据终端设备(DTE, Digital Terminal Equipment)、数据电路设备(DCE, Digital Circuit Equipment)、传输信道和计算机系统所组成。对于利用电话线上网的数据通信系统,其中,DTE 是用户的计算机;DCE 就是上网所用的调制解调器(Modem)。

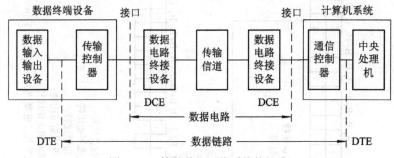

图 9-2-1　简单数据通信系统的组成

　　当然 DTE 根据数据通信业务的不同,有多种不同类型的终端设备,可分为分组型的终端和非分组型终端。分组型终端是指能执行 X.25 通信规程的设备,如计算机终端、数字传真机终端,局域网终端和各种专用终端等。在这里,能够对需要传输的数据进行打包、分组。非分组终端是指所有执行非 X.25 通信规程和无规程的设备的总称。

　　DCE 和传输信道一起组成我们所说的数据电路。如果传输信道是模拟信道,DCE 的作用就是把 DTE 送来的数据信号变换为模拟信号再送往信道或反之,调制解调器(Modem)就是起这个作用的;如果传输信道是数字信道,则 DCE 的作用就是对 DTE 送来的数字信号进行码型变换与电平变换(发端),进行信道特性的均衡、定时、判决(接收)。RS232 的接口电路是这种 DCE 的例子。下面将介绍分组交换的基本概念和几种典型的分组交换技术。

9.2.1　分组交换的几个基本概念

　　分组交换中有几个比较重要的基本概念,这里我们集中加以介绍。

1. 统计时分复用

在图 9-2-2 中，对于一个时分复用(TDM)系统来讲，每一个终端来的数据比特流，都先分别存入一个先进先出(FIFO)的缓冲存储器，然后复用器轮流地读取缓冲存储器中的数据，每次读出一个固定时间长度(一个时隙)或固定比特数的数据——一个分组，在输出线路上输出，它不管每一个缓冲存储器中有还是没有数据，即不管每一终端产生数据的速度有多高，都轮流地读，都分配一个固定比例的输出信道容量给每一个终端。统计时分复用(STDM, Statistical Time Division Multiplexing)不同，输出线上传输的数据不是按固定时间分配，而是根据用户的需要来分配，根据终端产生数据的速度来分配。在图 9-2-2 中，终端 3 分配传输数据的时间就多于其他终端。

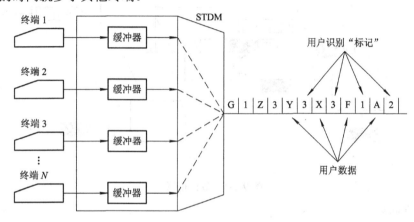

图 9-2-2　统计时分复用

这种根据用户实际需要分配线路资源的复用方式称为统计时分复用(STDM)。某个终端的速率越高，给它分配的资源就越多。这样输出信道的容量只要等于输入信道总的平均速率的和就可以了。而这个平均和比起输入信道的峰值和来说，要小很多。因此统计时分复用输出信道的容量比输入信道容量的和小。我们把输入信道容量的总和对于输出信道容量的比值定义为复用增益。对于 TDM 系统而言，复用增益等于 1；对于统计时分复用系统而言复用增益远远大于 1。

在统计时分方式下，各个用户的数据在通信线路上互相交织地传输，为了识别不同终端的数据，需要在每个分组中打上一个"标记"，通常是在每个用户分组或数据包的开头加上终端号或子信道号，以便区别。相比 TDM，这种方式由于加了标记，解复用时又要复杂一些，因此会增加系统开销。到底是用 TDM 还是 STDM，要针对不同业务在效率和复杂性之间加以均衡。一般来说，恒定速率的业务，如话音、固定速率的视频信号、遥测和控制信号更适用于 TDM；而猝发性数据，如数据库、可变速率的视频信号等更适用于 STDM。

2. 数据报、逻辑电路和虚电路

1) 数据报(Datagram)

数据报网络如图 9-2-3 所示，其中，数据流的每一个分组都是独立地进入网络，在网络中独立地寻找路由，独立地被存储、被转发。这一个分组类似于一封信件或一份电报在邮路中独立地被传递。这种分组就是数据报。在这种网络的路由器(或交换机)中，都存储有一张路由表，根据分组的目的地址指明该分组应该往哪条输出链路上传送。路由表有静态路由表和动态路由表。动态路由表根据一定的算法(如最短路径法)周期性地更新,所以同一个数据流的不同分组可能会经过不同的路径到达目的地。例如,在图 9-2-3 中,从 A 到 D 的分组就经过了两条不同的路径到达目的地。每一个分组也像一封信件或一份电报一样,其中应该标有源地址和目的地址,当分组很短时,地址在分组中占的比例就很大(因地址还是比较长的),传输效率低;当分组很长时,地址占的比例小到可以不计,但是太长的分组所占用的传输时延和排队时延(在每一个交换节点的存储等待时延)又会很长。

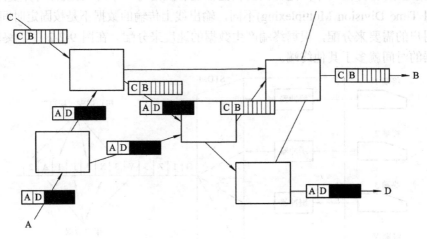

图 9-2-3　数据报网络

2) 逻辑电路

逻辑电路是数据终端设备(DTE)与数据电路设备(DCE)之间的部分实体,如图 9-2-4 所示,左端的 DTEA 与 DCE 之间的①—①、②—②等都是逻辑电路,右端的 DTEB 与 DCE 之间的①—①、②—②等也是逻辑电路。这些在调制解调器中就像 9.6 kb/s、4.8 kb/s 等每一种速率,就对应着 DTEA 与 DCE 之间(或 DTEB 与 DCE 之间)的一条逻辑电路;或者在 PCM 时分多路的每一帧中,传输话音的每一个时隙,也是一条逻辑电路。

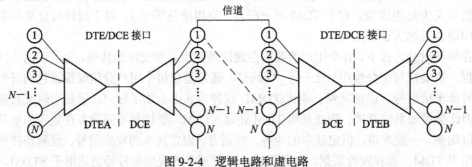

图 9-2-4　逻辑电路和虚电路

3) 虚电路

虚电路是源 DTE 到目的 DTE 之间传输数据的一条临时通路。一条虚电路具有呼叫建立、数据传输和呼叫释放三个过程。例如,图 9-2-4 中 A 端到 B 端的①—①——①—①这条通路一旦通过呼叫建立起来后,就可以用来传输数据,而且同一个数据流的所有分组都沿着一条通路传输,传完这个数据流以后就释放。永久虚电路可以在预约时由网络建立,也可以通过预约由网络清除。

　　虚电路在释放以后就不存在了，而逻辑电路是始终存在的。一条虚电路建立后，它会包含 1 个或 2 个逻辑电路。虚电路与逻辑电路的主要特征对比列在表 9-1 中。

表 9-1　虚电路与逻辑电路

虚　电　路	逻　辑　电　路
两个 DTE 之间端–端的连接 每个 DTE 可以使用不同逻辑电路 虚电路只是在连接建立后才存在,而永久虚电路固定存在	DTE 与 DCE 之间的局部实体 一个逻辑电路只能分配给一个虚电路 逻辑电路总是存在的,或是被分配到虚电路上,或者"准备好"状态(空闲)

　　虚电路的交换方式是数据报和电路交换中间的一种折中方式。虚电路所需的包头开销比电路交换大，但它的分组都是顺序到达目的地，在目的地无需对分组重新排序，这方面的开销又比数据报小。

　　统计时分复用比电路交换对输出带宽利用的效率要高，但它比数据报交换方式要低，因为后者的路由会因传输条件而变化。虚电路交换这种路由的变化只在呼叫建立时可以变化。虚电路交换方式的分组中，含有虚电路识别符 VCI，交换机在连接建立阶段，具有对 VCI 资源的安排分配权，这又为需要优先服务的业务提供了方便。

　　最后，在电路交换中，每个用户的数据流都沿着固定容量的信道传输和复用，这里不需要或只需很少的缓冲存储器以补偿输入、输出数据流的频率抖动和相位抖动。关于这些技术的特性一并归纳在表 9-2 中。

表 9-2　基本交换技术及其特性

功　能	技　术	特　　点	参　考
多路复用	时分(TDM) 频分(FDM) 统计(SM)	固定比特率信道、灵活、标识信道的开销最小 固定带宽信道,非常灵活,适合于模拟信号 按需分配信道带宽,信道标识符开销大	
交换	电路(CS) 分组(PS) 虚电路(VC)	适合 CBR 型流量,无排队延迟,对突发型流量链路利用率低 适合无连接报文传输,可变的排队延迟,对突发性流量链路利用率高,对链路失效有健壮性 适合于面向连接的 VBR 传输,可变的排队延迟,链路利用率高	第 5 章 第 3 章 第 6、8 章
差错控制	检测 重传 差错纠正	CRC 码能检测出多数错误 当反向路径有效时,交替位协议和回退 N 帧协议可用于差错控制 用于反向路径无效时,例如,存储方式或大延迟的卫星链路	
流量控制	窗口流控 传输率控制	与端到端的差错控制协议相结合,在小的延迟–带宽连接中很有效 在大的延迟–带宽连接中很有效,用于 ATM 服务中	第 8、9 章 第 8、9 章
资源分配	路由,带宽缓冲区分配,准入控制	用于虚电路网络中以保证服务质量	第 8、9 章

3. 开放系统互联参考模型

图 9-2-1 所示的是简单通信系统，要完成通信，必须进行比特码流的传输、比特同步、流量控制、差错控制、路由选择、应答会话、信息加密和最后终端对通信结果的应用等诸多方面的操作，不同的通信应用可能会选择其中不同操作功能的组合。这些操作功能与其想象成由一个通信实体(或设备)来完成，不如想象成由 N 个通信实体级联起来完成。这样想象和设计不但系统结构思路清晰，也便于实现和维护。其实这就是网络分层的概念。

开放系统互联参考模型(Open Systems Interconnection(OSI) Reference Model)是由国际标准化组织(ISO)根据网络分层的概念提出的计算机互联的著名模型。OSI 模型如图 9-2-5 所示，它上面以应用进程为界，下面到物理媒体为止，共分 7 层。其中，1～3 层为低层，完成通信传递的功能；4～7 层为高层，完成通信处理的功能。下面对这七层模型进行简单介绍。

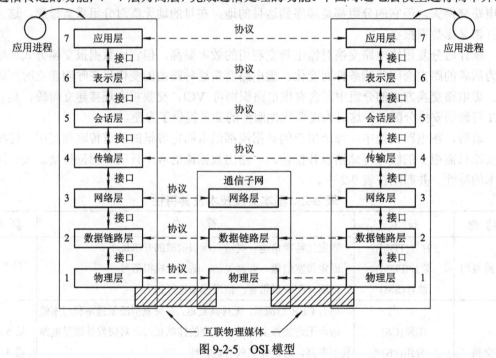

图 9-2-5　OSI 模型

1) 物理层

物理层是最低层，它提供一个非可靠的比特传输链路，完成比特流信息的传送。它非可靠是因为物理层上没有差错控制，接收机的同步、链路上的噪声都可能使比特流产生误码。比特传输链路包括发送机、接收机和传送比特信号的媒体。发送机中的物理层把比特流调制成能在一定的媒体上(电缆、光纤或空间)传送的信号，接收机中的物理层把传送过来的信号变换成比特流。为便于接收机中信号的转换和同步，物理层中的发送机应该在每一个分组比特流的前面加上一定的同步信号(先导)。

物理层规定了信号的调制方法(比特流与电磁信号之间的关系)；发送机、接收机与传输媒体之间的接口特性；传输媒体的特性(包括传输速率等)。

2) 数据链路层

数据链路层完成两个相邻节点之间无差错地传送以帧为单位的数据的任务。为此，数据链路层或者是在每个分组中加上错误校验比特(CRC)和分组序号，接收端检测以后按一定的规程决定是否需要发端重传或重传哪一帧(我们称为出错重传 ARQ)；或者是在分组中加上前向纠错码，收端按一定的算法进行纠错(如线性分组码，RS 码等前向纠错码)。这样数据链路就把一条有可能出错的实际链路，变换成为从网络层(第 3 层)向下看，是一条不出差错的、可靠的链路。

因为数据链路层还要负责数据链路的建立、维持和释放。所以在每一帧中，数据链路层包含的控制信息有同步信息、地址信息、差错控制和流量控制等。

针对不同的网络结构，数据链路层还分为媒体访问控制子层(2a 层)和逻辑链路控制子层(2b 层)。当若干台计算机共用一条链路时，这些计算机必须遵循一定的规定，来完成对这条公共链路的正确共享。这个规定是由媒体访问控制(MAC)子层(2a 层)(Media Access Control Sublayer)实现的。MAC 标准规定了其中分组的格式，地址编排的方式和媒体访问控制(MAC)的协议等。媒体访问控制子层在共享的链路上完成的也是一个不可靠的分组传输。

图 9-2-6 给出了逻辑链路控制(LLC, Logical Link Control)子层的位置和功能。对于共享一条链路的计算机通信网络，LLC 在媒体访问控制(MAC)子层提供的不可靠分组传输的基础上，进行误码检测或完成分组的可靠传输，实现点对点传输中的数字链路功能；对于由一个桥接设备 C 连接的两个以太网，如图 9-2-6(b)所示，逻辑链路控制子层完成误码检测和可靠的分组传输。其中桥接设备 C 的作用是：当计算机 A 发送数据分组到另一个以太网中的计算机 E 时，桥接设备 C 先把这个分组存起来，然后在另一个以太网上发出去。如果 A 是要发往同一个以太网中的计算机 B 的，则 C 不需要转发这些分组。所以桥接设备的作用是使得两个以太网中的计算机工作起来就像是在一个以太网中一样。

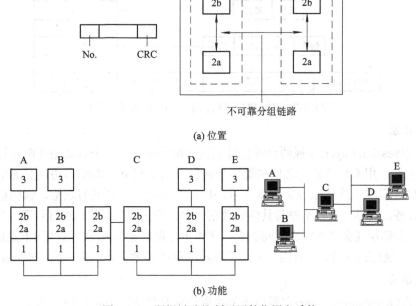

(a) 位置

(b) 功能

图 9-2-6　逻辑链路控制子层的位置和功能

3) 网络层

在计算机网络中进行通信的两台计算机之间，可能要经过许多节点和链路，甚至好几个通信子网，如何使数据分组能够正确地到达目的地呢？这就是网络层(第 3 层)的任务。网络层通过在分组中加上源地址和目的地址，使得网络能够选择合适的路由和交换节点，使发送站传输层所传下来的分组能够正确无误地按照地址找到目的站，并交付给该站的传输层。另外当通信网中到达某个节点的分组太多时，就会产生拥塞现象，导致网络性能下降甚至网络瘫痪，通过路由选择来克服网络拥塞也是网络层的功能之一。

总之，网络层的标准规定了分组的格式(加地址码以后)、寻址方法和路由选择的协议。

4) 传输层

传输层(Transport Layer)负责发送端到接收端之间报文(Messages)的传递。这种传递可以是面向连接的，也可以是面向非连接的。对于面向连接的传递，传输层要负责连接的建立、数据传送和连接的拆除。当传输的报文较长时，传输层在发端要负责对报文进行分组，对分组进行编号；在收端要对分组进行重组，以形成原来的报文。为了避免分组序号的混乱，例如，发端计算机短时间出现故障而失去了原来的序号，就可能会重发某些序号。传输层就在分组中加上一个"存活期(Time to Live)"的 L 字段，L 每经过一个网络节点就减 1，当 L 减到 0 时，就舍弃该分组。这样 L 的初值应该等于分组在网络中经过的最大节点数。

传输层为上一层(会话层)提供了一个可靠的端到端数据传递服务，并屏蔽了会话层及其以上各层，使得它们看不见传输层以下数据传输的细节。正因为如此，传输层就成为计算机网络体系中最为关键的一层。传输层以下信息单元之间的相互关系如图 9-2-7 所示。

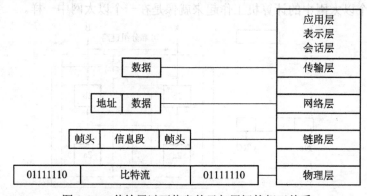

图 9-2-7　传输层以下信息单元与层间的相互关系

5) 会话层

会话层(Session Layer)监视两台通信计算机之间的对话。这个对话是在两台计算机交换报文信息之前，用来建立它们之间的通信连接的，负责建立、组织和协调其通信连接。例如，两台传真机在正式传输报文信息之前，相互之间通报传真机的规格、训练信道，就是会话层的任务。会话层虽然不参与具体的数据传输，但它对数据传输进行管理。当传输的报文很长时，会话层还会在长报文之间加上一些同步点把报文分成组。这些同步点是一些特别的分组，用于通信的管理，同时当一端的计算机出现故障时，用于指出下一次通信的起始点。

6) 表示层

表示层(Presentation Layer)主要用来解决用户信息的语法表示问题。由于不同厂家的计算机和不同的应用程序，会使用不同的规则来利用二进制代表信息。如 16 bit 的一个字，有的计算机把最高有效的 8 bit 字节放在最低有效的 8 bit 字节的前面，有的相反；还有不同的应用程序可能利用不同的规定来编制如矩阵、复数等数字的数据结构。计算机专家把这些代表信息的一系列规定称为语法。

假如有 N 种不同语法的 N 种计算机要通信，一种方法是让每一种计算机都能进行另外 $N-1$ 种语法的转换；一种是采用一种公共的语法转换规则，其他所有的计算机都把自己的语法规则转换成这种公共的语法规则。很显然，后一种办法是明智的。计算机网络中的表示层就是执行各个计算机语法到公共语法规则的转换。

另外，表示层还负责传输数据的加密、数据压缩等功能。

7) 应用层

应用层(Application Layer)提供用户所需要的通信业务。如文件的传递、终端仿真、远距离登录、导向服务和远程作业的执行等业务。这些业务为用户所应用，满足用户需要。例如，文件传递业务在电子邮件(E-mail)的应用中，用来把文件送给不同地址的用户并提醒某些地址没有送到。这些用户的应用项目，例如，电子邮件、互联网等应用都运行在应用层的顶端。

4. 存储转发

分组交换中常用的交换数据的方法是存储转发。那么存储转发是如何执行的呢？这里我们将介绍一种典型的存储转发的方法。

储存转发的示意图如图 9-2-8 所示。在每一个交换节点上，存储转发是由输入进程、存储器管理进程、输出进程、交换进程以及几个指针相互配合来完成的。

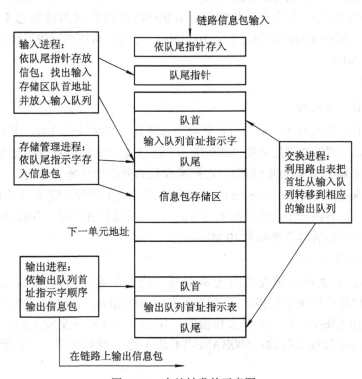

图 9-2-8 存储转发的示意图

1) 输入进程

每一条链路上都有一个输入进程，它负责接收这条链路上输入的每一个信息包。在存储器管理进程的协助下存入内存。在内存中存入的起始地址由队尾指针指定。存完以后，把该信息包存入的首地址号按顺序存入一个被称为输入队列首址指示字队列中。存完信息包后，内存下一单元的地址作为新的队尾指针替换原来的队尾指针，为下一个到来的信息包准备好存放的首地址。

2) 交换进程

每个交换节点上有一个交换进程，它每次从输入队列首址指示字队列中取出一个队首指针，由此指针找到信息包的目标地址，再查参考路由选择表，确定这个信息包应该往哪条输出链路上送，然后把这个队首指针搬移到该条输出链路对应的输出队列首址指示字的队尾排队等待输出。该队首地址指示字搬走以后，在存储器管理进程的协助下，剩下的队首指针都相应地往前移一个单元，原来的第二个队首指针变为第一个。

3) 输出进程

交换节点每一条输出链路上都有一个输出进程，该进程依次从其输出队列首址指示表中取出信息包的首地址指示字，从这个首地址开始，依次读出该信息包的内容并在链路上输出。输出完毕，更新输出队列首址指示字表，将表中余下的内容相应地前移一个单元。这样就完成了一个信息包的存储转发。

9.2.2 以太网

以太网(Ethernet)执行 IEEE 802.3 规定的标准，是一种使用十分广泛的本地网络。以太网一般用双绞线或光纤光缆作为传输线。10BASE-T 以太网的传输速率为 10 Mb/s，100BASE-T 或快速以太网的传输速率为 100 Mb/s，千兆比特以太网也已经投入使用，其传输速率为 1000 Mb/s。

1. 物理层

1) 10BASE-T 以太网

在 10BASE-T 以太网中，每一台计算机中都装有一个网络接口卡，卡上附加有一个媒体访问单元，以太网的物理层如图 9-2-9 所示，通过 2 对非屏蔽双绞线与 Hub 相连。Hub 其实是一个中继器(或者称为集线器)，它把接收到的分组送往所有的端口。物理层把每一信息比特变换成曼彻斯特(Manchester)编码信号在双绞线上传输。即 0 变换成先低后高，1 变换成先高后低，各占一个比特间隔的二分之一，接收端的锁相环利用这种信号进行锁相同步。双绞线上传输的码元速率为 10 Mb/s。

2) 100BASE-T 以太网

100BASE-T 以太网也是在两对无屏蔽双绞线上传输(三类双绞线 UTP-3S)，它与 10BASE-T 的传输线路可以互换，但传输速率为 100 Mb/s，两台计算机之间的最大距离为 100 m。100BASE-FX 是在光纤上传输的；100BASE-TX 是全双工的，在 5 类双绞线上或两对屏蔽的双绞线上传输；100BASE-T4 是 4 对 3 类双绞线。它们所用的调制方法都不一样。

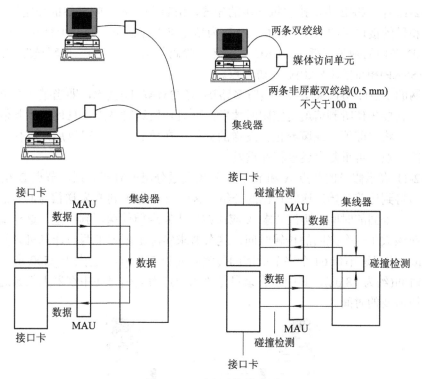

图 9-2-9　以太网的物理层

3) 1000BASE-x 以太网

千兆比特以太网的标准于 1998 年 6 月颁布，它同样有几种配置：1000BASE-LX 通过单模或多模光纤传输；1000BASE-SX 通过多模光纤传输；1000BASE-CS 通过屏蔽的同轴电缆传输；1000BASE-T 将考虑通过非屏蔽线传输。

4) 无线以太网

已经有多种无线以太网商品可以利用。在这种无线以太网中，所有的计算机站都共用一个无线频道。有些还利用散射的红外光取代无线电波。其物理层规定了其无线信道的频谱特性和调制方法。

2. 媒体访问控制层(MAC)

MAC 子层(2a 子层)规定了以太网中 MAC 的网络接口地址、帧结构和共享一条通路时的媒体访问控制(MAC)协议。

以太网接口卡的 MAC 地址是由生产厂商确定的 48 bit 的唯一地址。其中高 24 bit 是 IEEE 给以太网卡生产厂商的标识地址，低位 24 bit 是卡号。

以太网分组的帧结构如图 9-2-10 所示。

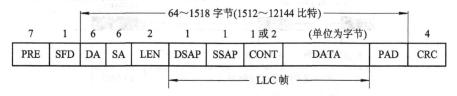

图 9-2-10　以太网分组的帧结构

图 9-2-10 中，PRE 为供接收机同步的先导，SFD 为表示一帧开始的帧定界，DA、SA 分别为源和目的接口卡的 48 bit 地址，PAD 为填充符以保证每一帧最少有 64 个字节，LEN 为包括 PAD 在内的帧长度指示，CRC 为循环校验码供接收机检错，逻辑链路控制帧(LLC) 规定了源(SSAP)和目的(DSAP)业务访问点。

以太网的 MAC 协议采用载波侦听多路访问(CSMA/CD)技术，即当某一个节点有分组 要发送时，它要先侦听到信道是空闲时才发，而且在发送时节点一旦侦听到其他节点也在 发送信包时，将立即停发或废弃正在发送的分组。在放弃一个分组以后，等待一个随机长 度的时间段，然后再重复上述过程并重发。

图 9-2-11 表示假设的节点 A 和节点 B 开始发送分组的时间关系。节点 B 在节点 A 发 送的信号即将到达前开始发送它自己的分组，这样当 A 探测到 B 发送信号时，信号在线路 上传输了一个来回的时间。协议要求 A 应该在停止发送前就探测到碰撞，这样最小分组的 传送时间应该大于一个来回的传输时间，这条要求实际上限定了两台计算机之间的最大距 离。10 Mb/s 比特速率传 64 个字节所需的传输时间为 51.2 μs，它大于 2500 m 一个来回的 电波传输时间(约为 18 μs)，其中留有余量是因为要还考虑信号在中继器上的延迟、电子设 备识别碰撞需要的时间。

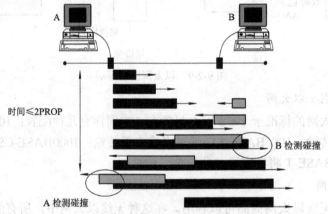

图 9-2-11　两个节点开始发送分组的时间关系

从上面的介绍可以知道，由于会产生碰撞，碰撞后要舍弃这个分组，而且还要等待一 个随机时间长度后再发送，这样每发送一个分组就要浪费一些时间。这个浪费的时间与两 个节点间电波的传播时间成正比。图 9-2-12 说明了当一个节点发送分组时，所发生的一系 列事件和所浪费的时间。可以证明，当有许多节点要发送分组时，成功地发送一个分组所 浪费的时间约等于 5×PROP，其中，PROP 为电波从一个节点到另一个最远节点经过电缆 来回传播所需的时间。这样传输信道的利用率为 $1/(1+5a)$，其中，a 为电波传播时间(PROP) 与传送一个分组所需时间 T 之比。

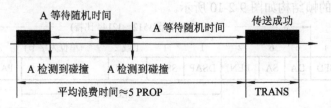

图 9-2-12　每发一个分组所浪费的时间

从 $1/(1+5a)$ 可以看出，a 越小，节点知道碰撞越快，浪费的时间越少，效率越高；相反如果分组越长，等到探测到碰撞，浪费的传输时间也就越多，效率就低。图 9-2-13 表示了以太网的效率关系，其中横坐标表示 a。

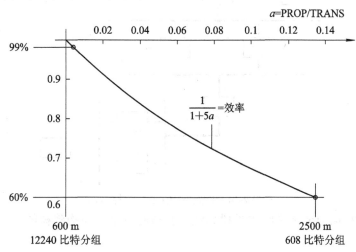

图 9-2-13　以太网的效率关系曲线

3. 逻辑链路控制(LLC)子层

IEEE 802.3 以太网以及 802.5 使用 802.2 的逻辑链路控制标准。LLC 子层(2b 子层)提供面向连接的或非连接的(应答或不应答)业务，LLC 还利用"业务访问点"这个字段(如图 9-2-10 所示)复接多个不同的传输业务。在用桥连接起来的以太网中，LLC 还为它们提供透明的路由选择功能。当 LLC 提供面向连接或应答式的连接方式时，LLC 利用 CRC 检测误码，利用后退 N 步的策略通知发端重发有错误的分组。

4. 以太网的互相连接

可以利用 Hub、桥和转接器(Switches)来连接局域网，它们都是第 2 层的设备。Hub 相当于一个中继器或时分单刀多掷开关，能把与它相连的两个以太网连接成一个局域网，这样分别处于两个局域网中的计算机，可以共享同一个传输速率。

在用桥来连接以太网时，会出现分组在桥之间来回传递的所谓分组循环问题。这是因为桥在传递分组时利用一种透明寻路方法(Transparent Routing)，这种方法要求桥(如图 9-2-14 所示的桥 A)维持一个网内节点的 MAC 地址表。为保持这个表，桥要不断地读取各个节点在网中广播分组中的 MAC 地址。如果某个分组是传往同一个以太网的其他用户的，就认为这个分组是本地分组，否则不是本地分组。在维持地址表读取 MAC 地址时，如果桥 A 接收到一个分组而认为它不是本地的，就把这个分组发送到另一个网上，即使该分组是本地分组也没有关系，因为另一个网上的用户不会理睬它。

那么分组循环问题是怎么样出现的呢？在图 9-2-14 中，如果左上方的节点发一个分组到右上方的节点，该分组就会被 A、B 两个桥看到，如果 A 误认为它不是本地分组而发往第二个以太网，桥 B 在第二个网中看到了这个分组又把它发往上面一个网，A 就第二次收到这个分组，这样往返直至无穷。就出现了分组循环问题。

为了防止这种无穷循环，以太网桥采用了一种生长树寻路法(Spanning Tree Routing)。

这种方法就是通过一种分布算法在网络中形成一个连接所有节点的树，只有在树上的桥才重发分组。图 9-2-14 中的粗线表示一个树。

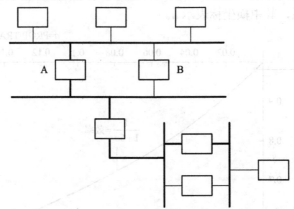

图 9-2-14　以太网中生长树寻路方法

我们利用图 9-2-15 来说明生长树算法。其核心点是：在构建树的同时，也就选出了树根。

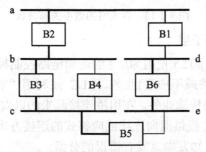

图 9-2-15　生长树算法示意图

图 9-2-15 中，有 a，b，…，e 等 5 个以太网和 B1，B2，…，B6 等 6 个桥。每个桥都有标识地址(如它们的 IP 地址)，这里以 B1，…，B6 表示。构建树时，每一个桥发送信息的格式为

[ID.发送者的(X) | ID.假设树根的(R) | 距离.到假设树根的(D)]

其中，"ID.发送者的(X)"是发信息的桥的标识码；"ID.假设树根的(R)"是发信息者认为是生长树树根的那个桥的标志码；"距离.到假设树根的(D)"是发送信息的桥到假设树根的转接段数。每一个桥总是存储它从各个端口收到的"最好信息"。一个信息 [X | R | D] 比另一个信息 [X′ | R′ | D′] 更好是这么定义的：

R < R′，或

R = R′ 并且 D < D′，或

R = R′ 和 D = D′ 并且 X < X′。

一个桥当它发现自己不是树根时，就停止发布信息分组；当它从某一个端口得到一个信息，当这个信息比它从该端口发出的更好时，它就停止发布原来的信息，在新信息的距离字段上加 1 以后再发布出去。最后只有标识符最小的桥(树根)才发布信息，其他的都是转发信息。下面是图 9-2-15 中各个桥发布信息的顺序：

(1) 开始 Bi 在它所有的端口上发布[Bi | Bi | 0]；

(2) 当 B2 得到[B1|B1|0]时，就停止发送它自己的信息，并在它的所有端口上发[B2|B1|1]；

(3) 类似地，B6 发[B6|B1|1]；

(4) 当 B4 得到 [B3|B3|0]，它就停发原来的信息，并把 [B4|B3|1] 转发出去，当它后来又收到 [B2|B1|1] 时，它又传发 [B4|B1|2]；

(5) 当 B5 收到 [B3|B1|2]和[B6|B1|1] 时，它发现它自己距树根 B1 的距离为 2。每个桥与树根距离最近的端口，就是与树相连的端口。这样树就形成了，树根也找到了。

为了适应网络拓扑的变化，各个桥都始终保持发送上述信息。如果某个桥 Bi 因故障停止工作，桥 Bj 在规定的时间内收不到信息 $[Bi|B1|Di]$，要求它作为树根向网络发布信息 $[Bj|Bj|0]$，然后算法重新开始。

以太网还可以利用转接器(Switches)来连接，以太网转接器是一个多端口的桥，它可以从一个局域网的某一端口把信息分组传递到另一个局域网的端口。其传输速率在不同端口可以不同。其功能与桥和 Hub 一样，可以用来构成大的网络。转接器传递分组的决定只是基于第 2 层协议的信息(即数据链路层)，它不修改收到的分组的内容(相反路由器基于第 3 层协议——网络层，它可以修改分组内容)。

转接器可以同时给几个端口传递信息包，比起共用一条总线的局域网来说，总速率要提高很多。但是当多个分组同时传给一个端口时，这些分组必须在转接器中加以缓存。所以一个转接器必须包括转接模块、缓存器和传递控制机构。

9.2.3　令牌环网

令牌环(Token Ring)网络的第 1 层和第 2 层功能由 IEEE 802.5 标准规定，其传输速率为 4 Mb/s、16 Mb/s 或 100 Mb/s。这种网在高载荷的情况下，效率比以太网高，其中每一个节点都能保证在指定的时间内发送信息。

1. 物理层

在令牌环网中，所有的节点都通过点到点的链路方式连接成一个环，其结构如图 9-2-16 所示。每个网络接口有三种工作方式：传输方式(或开路方式)、拷贝方式和恢复方式。图 9-2-16 中节点 1 工作在传输方式，其他都工作在拷贝方式下。在传输方式下，接口从输出链路上送出信息，在输入链路上接收信息。在拷贝方式下，每一比特信息到达接口后，先复制到 1 比特缓冲区，在缓冲区经检查或修改后，再在输出链路输出，这称为令牌环网的"1 比特延迟"。令牌环网的传输介质与以太网一样，可以为多种介质，包括非屏蔽双绞线。

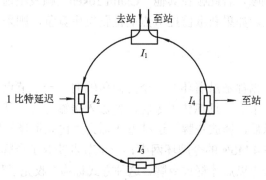

图 9-2-16　令牌环网的结构

2. 媒体访问层

1) 帧结构

令牌环网的帧结构如图 9-2-17 所示，其中，图 9-2-17(a)是一个 3 字节的帧，包含开始符 SD、访问控制符 AC 和结束符 ED 这三个字段，每个字段为 1 个字节，SD 和 ED 由特殊的代码表示。访问控制 AC 表示这个 3 字节的帧是一个令牌而不是分组，每一个节点都可以抓住它。AC 字节中包括令牌位、监控位和优先级位等。某一节点把令牌位置 1，表明它抓住了令牌。监控节点利用监控位清除无效的帧。另外令牌中设置有多个优先级，某节点要传输优先级为 n 的帧时，它必须先抓住优先级为 n 的令牌。

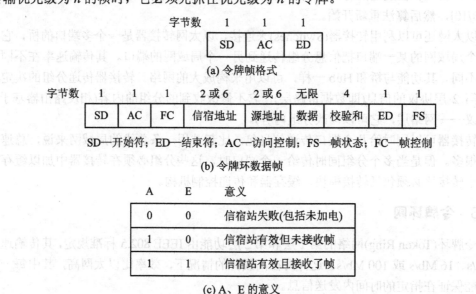

图 9-2-17　令牌环网的帧结构

令牌环数据帧中的 FS 字段包括 A、E 两位，其值由信宿节点控制，如图 9-2-17(c)所示。FC 字段用于区分各种控制帧。令牌环网中一共有 6 种控制帧，供管理整个环网所用。

2) 监控节点

一个环只有一个令牌，它不断地在环中环绕。令牌由监控节点产生和管理，监控节点是由平等竞争而得到的：当环网启动或任意节点发现没有监控节点存在时，该节点就发一个"Claim Token"控制帧，若此帧在其他"Claim Token"帧发出前已绕环一周，则这个节点就变成新的监控节点。如果获取监控节点的位置发生竞争，则采用竞争协议以保证很快选出一个监控节点。

3) 传输方式

在令牌环网中，数据都是沿着环的一个方向传输的。一个节点要传输分组，必要等到一个令牌，并抓住它，节点一旦抓住了令牌，便进入传输方式，其他节点只能进入拷贝方式。节点传输完分组以后，释放令牌，这种方式称为"传完了释放"。16 Mb/s 的令牌环网采用这种协议方式。在 4 Mb/s 的令牌环网中，一个节点获取了令牌发送分组，直到它收完了它发送的最后一个分组以后才释放令牌，这种方式称为"收完了释放"。标准还规定了一个节点抓住令牌并发送分组时，能握有令牌的时间，称为令牌握有时间(THT)，THT 一般为 10 ms。

4) 环中比特数

一般环形局域网中同时只能容纳有限的比特数，通常一帧尚未发完，其头部已经回到出发点。环中能容纳的比特数，称为环中比特数，环中比特数的大小取决于环中延时的大小，这个延时由两部分组成：各个节点的 1 比特延时和信号传输延时。因此一个令牌环本身应该有足够的延时来容纳一个完整的令牌，即环中比特数应不小于令牌比特数。其原因非常简单，我们说节点抓住了令牌，就是说节点在拷贝方式下，将所收到的有效令牌的第二字节(AC 字节)的某一位置 1，紧接着发出去。此时令牌头直接成为数据帧头，该节点进入传输方式。照理说，当已成为数据帧头的原令牌传到令牌发送者时，发送者应该进入拷贝方式，否则，该数据帧会部分或全部被此节点回收、吸走，造成无效的帧甚至帧丢失。这是环中比特数小于令牌比特数时的必然结果。

5) 效率分析

我们利用图 9-2-18 分析"收完了释放"的传输效率。假设令牌环中有 N 个节点，T_n 为节点 n 抓住令牌在释放前传输数据的时间，因此 T_n 为 0 到 THT。还假设所有的节点都想传输数据，因此 $T_n > 0(n = 1，\cdots，N)$。在时刻 0，第一个节点开始传输一个分组，在时刻 T_1，第一个分组传完。在 PROP 秒以后最后一个分组全部返回到第一个节点，这里 PROP 为信号绕环传一周所需时间。所以在时刻 $T_1 +$ PROP 第一个节点开始传令牌。在很短的一段时间以后，如 $PROP_{1-2}$ 以后，第一节点完成传令牌的任务而交由第二个节点传。第二个节点重复第一个节点的过程，然后顺序是其他节点。最后令牌回到节点 1，令牌环的效率就等于节点用来传输分组的时间占所用总时间的比值。图中表明效率近似地为 $1/(1 + a)$，其中 $a =$ PROP$/ E(T_n)$，$E(T_n)$ 为一个节点传输数据的平均时间间隔。

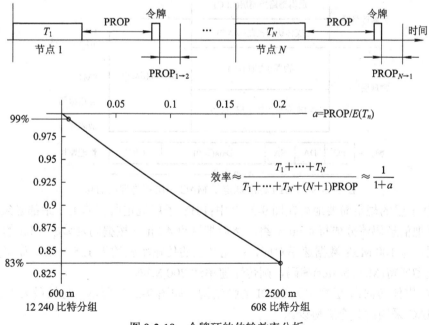

图 9-2-18　令牌环的传输效率分析

图中还表示了令牌环效率的典型值大于 90%，其中假定每一个节点传输一个固定长度分组。

我们也可以利用类似的方法分析 16 Mb/s 令牌环中"传完了释放"的效率，分析表明其效率近似地为$(1 + a/N)^{-1}$，当 N 很大时，效率趋近 100%。

3. 逻辑链路控制层(LLC)

IEEE 802.5 的逻辑链路控制层与 IEEE 802.3 网络(以太网的逻辑链路控制层)是相同的。这里不再赘述。

9.2.4　FDDI

光纤分布数据接口(Fiber Distributed Data Interface)，简称为 FDDI，是 1987 年为 100 Mb/s 局域网颁布的 ANSI(American National Standards Institute)标准。到目前为止，FDDI 网络还是最好的局域网络，只有工作在更高速率的千兆比特以太网和 ATM 技术有望取代 FDDI。

FDDI 网络是双环网，可以连接 500 个工作站节点。当采用多模光纤和 LED 时，相邻节点之间的距离不超过 2 km，当采用单模光纤时，节点之间的距离可以更大一些。光纤环的最大长度为 200 km。

FDDI 标准规定了 MAC 子层和物理层，如图 9-2-19 所示，其中物理层又分为物理媒体依赖子层(PMD，Physical Medium Dependent)和物理子层(PHY，Physical)两个子层，还规定了工作站管理(SM，Station Management)协议。

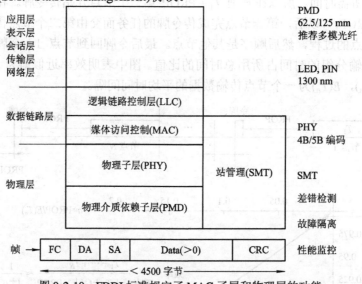

图 9-2-19　FDDI 标准规定了 MAC 子层和物理层的功能

PMD 子层的规定简要地列在图 9-2-19 中；PHY 子层规定所有的工作站都必须用 4B/5B 编码，即把信息码流分成每 4 bit 一组，然后把这每 4 bit 又按编码表编成 5 bit 的字。利用这种编码，与 100 Mb/s 数据速率对应，在光纤上的传输率就约为 125 Mb/s。如果光发射机中采用曼彻斯特(Manchester)编码，则传输速率达 200 Mb/s。

MAC(媒体访问)子层规定了 FDDI 的帧结构，如图 9-2-19 所示，每帧最大不超过 4500字节。MAC 采用时分令牌协议。

SMT(工作站管理协议)要能检测误码和隔离环路上有故障的工作站或链路。图 9-2-20表明了一个双环变成单环以隔离有故障的工作站的方法。

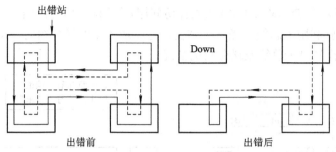

图 9-2-20 检测到故障时双环变成单环以隔离有故障的工作站

时分令牌协议的工作原理如图 9-2-21 所示。假如开始时所有工作站都空闲无分组要发送，一个特殊结构的分组——令牌绕环运转。每一个工作站有两个计数器：一个是按加计数的 TRT(令牌旋转时间计数器)和一个按减计数的 THT(令牌握有时间计数器)。当一个站有分组要发送时，它等待直到抓住一个令牌，当抓住一个令牌 0 时，它完成以下动作：

(1) 抓住令牌。

(2) 置 THT = TTRT−TRT(TTRT 为令牌旋转时间计数器的目标值，由网络管理者设定)。

(3) 置 TRT = 0。

(4) 发送分组直到 THT = 0，或分组全部发送完。

(5) 释放令牌。

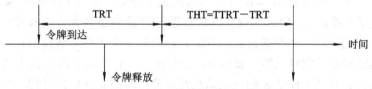

图 9-2-21 时分令牌协议的工作原理

每一个发送站还负责从环上清除它自己发送的分组：工作站收到它自己发送的分组时，通过读分组的源地址并识别出是它自己的物理地址时，发送"空闲"符号而不再中继这些分组，从而将这些分组清除。

9.2.5 DQDB

分布队列双环总线(Distributed Queue Bus)，简称为 DQDB，其网络结构如图 9-2-22 所示。DQDB 是一个执行 IEEE 802.6 协议的城域网(MAN，Metropolitan Area Network)标准。其中每一个站连着两条单方向的总线，这里的总线不同于以太网或令牌网中的总线，而实际上是一系列的点到点的链路。

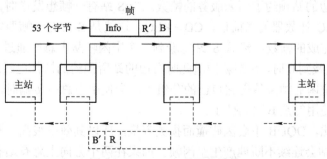

图 9-2-22 DQDB 的网络结构

图 9-2-22 所示的 DQDB 的 MAC(媒体访问层)是这样工作的：当一个站要往它右边的站发送分组时，就利用上总线，当一个站要往它左边的站发送分组时，就利用下总线。图 9-2-23 表示了工作站沿上总线发送分组的情况。

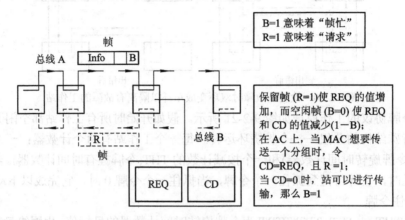

图 9-2-23　DQDB MAC 协议的工作说明

头工作站(Head Station)不断地产生背靠背(即一个接一个)的 53 个字节的帧(或分组)。每一帧中有两个特殊的控制比特：忙比特 B 和请求比特 R。头工作站产生空闲的帧，左边的头工作站产生的空闲帧有 $R'=B=0$，右边的头工作站产生的空闲帧置 $R=B'=0$。当一个工作站想发送分组而且 MAC 协议允许它发送时(下面将解释允许的条件)，就把下一帧的忙比特置 1，并利用这一帧发送自己的分组。其余每一个工作站就拷贝每一帧并往下传，如果帧中的地址指明是它自己的，就留下，最后的头工作站从总线中移走余下的帧。

下面我们再看看当工作站 S 想在上总线发送分组时的具体操作过程。当工作站 S 想在上总线发送分组时，必须先在下总线预约一个帧。为在上总线预约一个帧，S 站要等待，直到在下总线上看到一帧，其中比特 $R=0$。此时 S 站把该比特 R 置 1。当这一帧传播时，S 左边的站就会知道，它右边有一个站有分组要在上总线上发送。同样当 S 站要发送分组时，它就知道此前有多少帧已经被它右边的站所预约了。S 站在两个计数器中存储这个数：一个是 CD(减计数)，一个是 REQ(加计数)。DQDB 协议规定，所有的站都必须服从其右边的站，这就是说，在 CD 计数器中预约的帧被服务完以前，S 站不得使用上总线中通过它的空闲的帧。

平时 S 站在上总线上每看到一个空闲的帧(由比特 $B=0$ 指示)通过，就把计数器 REQ 减 1；在其下总线上每看到一个预约(由 $R=1$ 指示)，就把计数器 REQ 加 1。这样 REQ 中的计数就是 S 站右边的站预约了而未服务的帧数。当 S 站有一帧想发送时，就把它的 CD 计数器装载上其 REQ 计数器的当前值，$CD=REQ$，这就是 S 站有一帧要发送时，它右边的站已经预约而未完成的帧数。然后 S 站每看到一个空闲帧从上总线通过，就把计数器 CD 减 1，当 CD 的值减到 0 时，S 站就知道此时右边的站所预约的帧都已经服务完毕，S 站就可以使用下一个空闲的帧来传送它自己的分组了。当使用下总线传输时，办法与前面讲的类似，只是这时使用的是 B' 和 R' 了。

与以太网相比，DQDB 不会因碰撞而损失容量，所以其效率很高。与令牌环也不同，DQDB 的头工作站会连续不断地产生空闲帧。如果在两个方向上总有站有分组要发送，其效率可以达到 100%。由于网络拓扑不对称，协议有时也是不公正的。例如，最左边的站必须从上总线发送，而且它必须服从它右边的所有站。相反中间的站可以从两条总线上发送，而且它两边都只需服从一半的站。

为了纠正这个不公平，每一个站都给一个特定的参数 F，F 规定了每一个站所能连续发送的帧数。网络管理者通过选择这些参数来使不同站使用总线的机会均等。参数 F 又称为带宽平衡参数。

IEEE 802.6 只规定了 DQDB 的 MAC 规程。标准还为不同业务提供了不同的优先级别，这个不同的优先级是通过不同的计数器和不同的 R 比特和 B 比特来实现的。

9.3 帧 中 继

前面介绍的都是局域网，主要用于连接校园内或距离不远的大楼内的计算机终端。而帧中继(Frame Relay)是一种面向连接、主要用于公共交换网络这类广域网的数据传递业务。帧中继协议是对 X.25 标准的一种修订，由 ITU-T 于 1990 年颁布开始执行。X.25 和帧中继都是针对虚电路数据网的，规定了 OSI 的低三层协议。

X.25 始于 1974 年，设计用于有噪声的传输链路。其链路层协议(又称为链路访问规程 B-LAPB)采用窗口大小为 8～128、退后 N 步的规程执行误码检测和纠错。LAPB 还通过让接收端发送一个控制帧使发送端暂时停止发送来执行一定的流量控制功能。其网络协议规定了在任意一条物理链路上可以提供 4096 条虚电路，端到端的流量控制可以沿每一条虚电路独立地完成。

帧中继比 X.25 简单，它主要利用链路的高传输码速率和低误码率这一优点(X.25 主要用于 64 kb/s 的传输链路，而帧中继可以工作在 56 kb/s、1.5 Mb/s 和更高速率的链路)。

帧中继与 X.25 的主要差别在于：帧中继不在链路层上控制误码，而是在更高的层上进行误码控制，因此在每一个节点上对于分组或帧的处理时间比 X.25 要少。

对于图 9-3-1 所示的虚电路连接模型，我们比较一下帧中继和 X.25 的处理时间。图中共连有 k 个节点，每一个节点需要一个固定的时间 σ_1 来处理和传输一帧。假设一个分组从一个节点到下一个节点传输时受到干扰的概率为 $1-p$，其中 p 为成功传递的概率。如果在链路级进行误码控制，出错重传直到正确为止，则每一分组平均讲来需要传 $1/p$ 次。经过 k 个节点以后需要的平均传输时间为 $k\sigma_1/p$；如果不在链路级进行误码控制，那么平均处理和传输时间 $\sigma_2 < \sigma_1$。(实际上这两者差别很大，$\sigma_1 \approx 50$ ms，$\sigma_2 \approx 3$ ms)。经过 k 个节点所需时间为 $k\sigma_2$。当然这个端到端的传输时间平均来讲还要乘以一个系数 $1/q$，其中，q 为分组不受干扰的概率，$q = p^k$。由于 $k\sigma_1/p > k\sigma_2/p^k$，而且误码很小，其中 p 接近 1，所以端到端的误码控制比在链路级进行误码控制传输快得多。

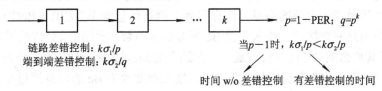

图 9-3-1 帧中继与 X.25 传递时间的比较

帧中继的帧结构如图 9-3-2 所示。2 个字节的头部包含了用于寻路和碰撞控制的地址信息，其中 C/R 比特由用户指定。帧校验序列 FCS 是用于误码检测的 16 bit CRC。帧中继还提供永久性虚电路(PVC)连接，所谓 PVC(永久性虚电路)连接，就是在提供帧中继业务的两个用户之间安排一条固定的路由。PVC 是在网络接口上通过帧头部 12 bit 的数据链路连接标识符——DLCI 来识别的，DLCI 域允许每条访问链路上有 1024 条 PVC，其中约 1000 条可供用户使用，剩下的用于控制。帧头还可以再扩展 4 个字节以用于更多的 DLCI，EA(地址扩展)这个比特就是用于此目的的，EA = 0 表示下一个字节还是地址；EA = 1 指明这是最后一个地址字节。

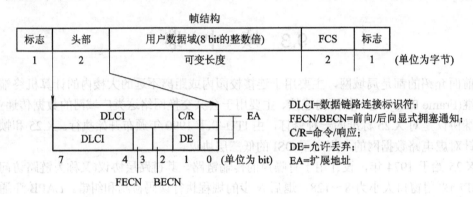

图 9-3-2　帧中继的帧结构

在某一个节点或某交换机上，如果分组出错或缓冲存储器溢出时，应舍弃该分组。为了减少缓冲存储器溢出的机会，节点交换机上可以执行的流量控制是：当出现碰撞时，在传往目的地的前向方向上，置用户帧中的 FECN 比特；往源方向上，置用户帧中的 BECN 比特，以此来通知所有经过它的正在工作的 PVC 的源端和目的端。

DE(舍弃标志)比特可以被用户用来指示低优先级别的信息帧，如某些低要求的声音或图像信息。网络节点为了避免冲突，可以对某些帧设置 DE = 1 来指明这些是可以优先舍弃的帧。

DLCI = 1023 这条虚电路是预留给用户与网络之间通信用的，用户与网络要周期性地通过这条 PVC 交换"Keep Alive"的信息，用户也可以通过这条 PVC 查询网络，网络还可以利用这条链路与所有正在使用的 DLCI 联络并告诉它们如"确认信息速率"(CIR, Committed Information Rate)等业务参数。这条 PVC 还可以用于流量控制，尤其是当一个节点拥塞很少有信息通过它时，可以利用这条 PVC 把拥塞的信息通过 BECN 在反方向上临时通知有关源点。

在信息传递期间，每一个 DLCI 都安排了 Tc、Bc 和 Be 三个参数以便进行业务整形。这些参数的使用方法如下：把时间轴分成以 Tc 为间隔的一个一个的区段，网络保证在每一个时间区段内传递 Bc 字节的信息，这样得到"确认信息速率"CIR = Bc/Tc。如果用户在一段时间内在用户网络接口上注入了比 Bc 更多的字节数，网络可以允许超过数据中的第一个 Be 字节以其原来的 DE 比特标记通过，在这个时间区段中下面的帧就要被舍弃掉。这样就保证了在每一条 DLCI 上长期带宽为 CIR，最大猝发数为 Be 的信息通过量。这种业务量整形的方法有效地调整了输入到帧中继网中的载荷，减小了发生碰撞的似然概率。

　　总之，帧中继是基于优质传输链路对 X.25 的改进，比 X.25 性能更好。由于帧中继是执行端到端的误码纠正，一旦出现误码，花费的时间就更多，所以它不适合于时延要求严格的场合。好在现在已经有许多更好的交换方法，如 ATM 等能够满足这方面的要求。

9.4　IP 交换网络

　　在当今技术领域中，发展最为迅速的是因特网(Internet)技术。因特网是一个世界范围的计算机通信网络，由骨干网及其连接各个地区网关(Gateway)的点到点的连接链路所组成，这些网关又称为网络接入点(NAP，Network Access Points)。这些与 NAP(或网关)相连的路由器(Router)又称为出现点(POP，Points of Presence)。用户或者利用其电话线通过拨号与 POP(路由器)相连，或通过数据用户线、电缆调制解调器、租用的数字线路、光纤链路与路由器相连，但大部分是通过本地网络进入因特网的。

　　本节将介绍 TCP/IP 的分层及有关协议、IPv4 分组传输原理、选路方法、广播 IP、移动 IP 以及因特网的典型应用等内容。

9.4.1　TCP/IP 的分层模型

　　TCP/IP 有关协议实际上包含了一个协议族，其中传输控制协议(TCP，Transmission Control Protocol)和网间网协议(IP，Internet Protocol)是其中两个最著名、最重要的协议，合称为 TCP/IP。除了这两个协议外，还有地址解析协议(ARP)、IPv4 协议、IPv6 协议，用户数据报协议和互联网控制报文协议(ICMP)等。这些协议在 TCP/IP 的分层模型下有机地结合在一起，共同完成因特网的各项功能。

　　与 OSI 对照，TCP/IP 网络大体上可以分成四层(如图 9-4-1 所示)。

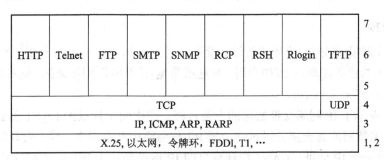

图 9-4-1　与 OSI 对照的 TCP/IP 网络分层模型

1. 网络接口层

　　网络接口层是 TCP/IP 软件的最底层，对应于 OSI 的第 1、2 层，由各种通信子网组成，负责接收数据流并把它组织成帧，然后通过网络发送出去，或者从网络上接收物理帧，抽出 IP 数据报交给 IP 层。这些子网及其工作原理在前面已经做了介绍，这里不再赘述。

2. 网间网层(IP)

　　网间网层对应于 OSI 的第 3 层，负责相邻计算机之间的通信。其功能有三个：一是处理来自传输层的分组发送请求，收到请求后，将分组装入 IP 数据报，填充报头，选择去往目的地的路径，然后将数据报发往适当的网络接口。二是处理输入数据报，检查其合法性，如果该数据报尚未到达信宿，则寻径、转发该数据报；如果该数据报已到达信宿(本机的)，则去掉报头，将剩下部分交给适当的传输层协议。三是处理 ICMP(互联网控制报文协议)报文，负责寻径、流控和拥塞控制等问题。

为此，IP 协议为每一个主机和路由器定义了一个全球唯一的地址，这个地址与各个子网为这些主机设定的地址是独立的。例如，某台计算机接入某以太网，该计算机的以太网卡有一个 48 bit 的 MAC 地址，如果这个以太网又接入 TCP/IP 网，那么这台计算机的以太网接口另外最少还有一个 IP 地址。IP 地址是以分级的方式组织的，由于地址分级，就把入网的计算机按层分组，每一层称为一个 IP 子网。从计算机的 IP 地址可以确认其 IP 子层，利用 IP 地址的这种分层结构，不但方便了寻址，还简化了路由器中维持的寻径表。

3. 传输层(TCP)

传输层对应于 OSI 的第 4 层，提供应用程序间(端到端)的通信，保证传输的可靠性，由 TCP 和 UDP(User Data Protocol)这两个协议来完成。

4. 应用层

应用层对应于 OSI 的第 5、6、7 层，其功能是向用户提供一组常用的应用程序，例如，文件传输协议(FTP)、简单邮件传递协议(SMTP)和远程登录协议(Rlogin)等。

9.4.2　IP 协议(IPv4 网间网协议)

IP 协议有 IPv4 版本(于 1984 年完成，参见 RFC791)、IPv5 版本(主要用于某些实验)和 IPv6 版本(1999 年完成)。由于目前使用的主要还是 IPv4，因此我们主要介绍 IPv4 的有关内容。

1. IP 交换

IP 是以数据报(或分组)的形式传递、交换信息的，每个分组不大于 2^{16} 个字节(64 K 字节)。IP 层传递的业务在质量上(如误码、时延或带宽)是不能得到保证的。这种服务称为"尽力服务"(Best-effort Service)。

图 9-4-2 表示了 IP 网络交换数据的主要过程。图中两个局域网 LAN1 和 LAN2 连在路由器 R1 上，因特网的其余部分经过路由器 R2 与网络接入点相连。每一台计算机都有一个局域网地址和一个 IP 地址。LAN1 中计算机的 IP 地址形式为 IP1.x，LAN2 中计算机的 IP 地址形式为 IP2.y。路由器 R1 维持的寻径表的形式如图 9-4-2 所示，表中规定了 R1 下一步应该把分组往哪个端口传送。

假如具有 IP 地址 IP1.4 的计算机 A 想把数据 [data1] 送往具有 IP 地址 IP2.3 的计算机 B，其传递步骤如下：

(1) 给定计算机 B 的名字，计算机 A 通过一个被称为 DNS 的域名服务器查得 B 的 IP 地址为 IP2.3。

(2) 计算机 A 把数据 [data1] 放在一个源地址为 IP1.4、目的地址为 IP2.3 的 IP 分组中，此时 IP 分组形式为 [IP1.4 | IP2.3 | data1]。

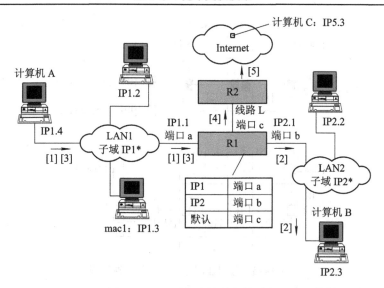

图 9-4-2　IP 网络交换数据的过程

(3) 计算机 A 发现目的地的 IP 地址是 IP2.3，而不是 IP1.x，目的地不在 LAN1 中，所以计算机 A 决定把分组 [IP1.4 | IP2.3 | data1] 送往 R1，而 IP1.1 是计算机 A 发送分组离开 LAN1 去往其他网关的默认地址。

(4) 为了经过 LAN1 把数据分组 [IP1.4 | IP2.3 | data1] 送往 R1，计算机 A 还必须把这个分组放在 LAN1 所要求的帧格式中。例如，如果 LAN1 是一个以太网，则帧格式为

[mac(IP1.1) | mac(IP1.4) | IP1.4 | IP2.3 | data1 | CRC]

其中 mac(IP1.1) 和 mac(IP1.4) 是 R1 和计算机 A 在 LAN1 上的接口地址，CRC 为误码检测。图中我们把这个帧称为 [1]。

(5) 当 R1 收到这个分组时，要去掉以太网相关的头，恢复出[IP1.4 | IP2.3 | data1]，然后查寻径表，找到 IP 地址为 IP2.y 的子网是与端口 b 相连的。

(6) 将分组 [IP1.4 | IP2.3 | data1] 通过 LAN2 发往计算机 B，为此 R1 把这个分组放在适合于 LAN2 的帧结构中。图中我们把这个帧称为 [2]。

(7) 最后计算机 B 收到该分组，剥去 LAN2 的帧结构头部，剥去 IP 帧结构的封装，得到 [data1]。

图 9-4-2 还表示了计算机 A 把数据 [data2] 传到因特网某个地方，其地址为 IP5.3 的计算机 C 的过程。整个步骤与前面基本相同，只是第 5 步 R1 得到了数据包[IP1.4 | IP5.3 | data2] 以后，查询它的寻径表，发现表中没有到地址为 IP5.2 的行，R1 就把这个分组送到一个默认的端口 C。由与端口 C 相连的路由器 R2 去进行下一步的寻径。

图 9-4-3 表示了分组在传输过程中其分组在层之间包装的变换过程。分组 [data1] 在计算机 A 中到达 IP 层，在 IP 层加上 IP 的源地址和目的地址。IP 层发现该分组是要送往路由器 R1 的，IP 层就把这个分组交给 LAN1 层，由 LAN1 再送往 R1，为此在 R1 层上就要封装上适合 LAN1 的格式，以符号 [1] 表示。把分组 [IP1.4 | IP5.3 | data2] 在 LAN1 中从计算机 A 送到路由器 R1 的帧格式以 [3] 表示，在链路 L 上从 R1 送到 R2 的帧格式以 [4] 表示。出路由器 R2 以后送往因特网其他部分的帧格式以 [5] 表示。

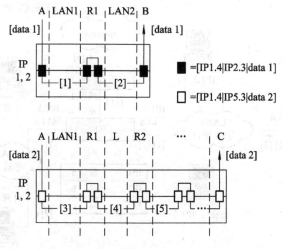

图 9-4-3　分组在层之间包装的变换过程

2. IP 分组的头结构

每一个 IP 分组都有一个不少于 20 个字节的 IP 头，其结构如图 9-4-4 所示，其中含有信息的源地址和目的地址。头中还有表示分组存活期的生存时间字段，当路由器获得一个分组时，它就把该分组的存活期减 1，当分组的存活期减到 0 时，就舍弃这个分组。这样就可以防止由于寻径错误而使分组在网络中长时间的周游。头中还表示了信息所需要的服务类别(或 TOS)：如低的时延、高的通过率或高可靠。

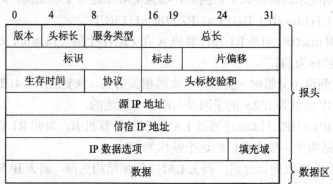

图 9-4-4　IP 分组的头结构

IP 头还表示了数据传输所需的高层的协议，如 UDP(用户数据协议)或 TCP(传输控制协议)等，以便接收机处理。

3. IP 地址

下面我们解释 IP 的三个重要概念：地址、分组的拆装和寻径。

IP 有四个重要的地址：MAC(第 2 层)或硬件地址；IP 地址(第 3 层)或网间网地址；域名(地址)，如 E-mail 地址中所用的域名；通用参考定位(URL，Universal Reference Locator)。

1) MAC 地址

MAC(第 2 层)地址因网络类型不同而有不同的地址，如以太网和令牌环网有 48 bit 的地址，帧中继有 12 bit 的数据链路连接标识符地址。为了让因特网中不同的局域网络之间的计算机能够互相通信，这些计算机还都使用一个唯一的 IP 地址(或网间地址)，严格来讲，IP 地址是安排给主机的网络接口的，一台计算机或一个路由器如果有多个网络接口，则每一个网络接口都有一个不同的 IP 地址。

2) IP 地址

为了便于分组寻径，一个 4 字节 IP 地址写成 4 个十进制数，中间以点 "." 分开，分成二级或两部分：第一部分是网络编号，第二部分是主机编号。一个分组在寻径时，从一个路由器到另一个相邻的路由器，直到到达目的网络。在那里，最后一个路由器把分组送给主机。图 9-4-5 为网络、主机分配 IP 地址的示意图。

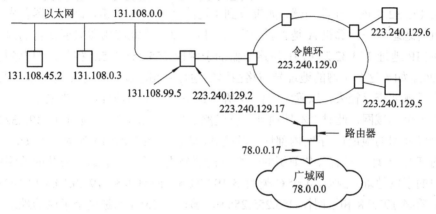

图 9-4-5　IP 地址的示意图

IP 地址分为五种类型，如图 9-4-6 所示。其中，A 类 IP 地址的网络编号以 0 开头占 8 bit，主机编号占 24 bit；B 类 IP 地址的网络编号以 10 开头占 16 bit，主机编号占 16 bit；C 类 IP 地址的网络编号以 110 开头占 24 bit，主机编号占 8 bit；D 类 IP 地址的网络编号以 1110 开头，为广播分组用的，最多可达 28 bit 的多点广播组编号；E 类保留以后使用。

	0		8	16	24	31
A 类	0	网络号		主机号		
B 类	1 0		网络号		主机号	
C 类	1 1 0			网络号		主机号
D 类	1 1 1 0		多目地址(多点广播组地址)			
E 类	1 1 1 0 0		保留实验使用			

图 9-4-6　五种 IP 地址

如一个 B 类 IP 地址的 4 个十进制数为 131.108.45.2，那么它的 16 bit 的网络编号为 131.108，16 bit 的主机编号为 45.2。

16 bit 的主机地址可以安排 65 536 台主机，一个网络中的路由器要寻址这么多主机地址，其寻径表太大。为了简化地址的管理，人们引进子网和子网掩模(Subnet Mask，也称为子网掩码)的概念。所谓子网，就是把 IP 地址中主机地址进一步划分成子网地址和主机地址两部分，或者说把原来的主机地址进一步分层，用高位字节标识子网号，用低位字节表示子网中的主机号。IP 协议规定：每一个使用子网的网络节点都选择一个 32 位的位模式，若位模式中某一位为 1，则该位对应于 IP 地址中网络地址的一位，若位模式中某一位为 0，则该位对应于 IP 地址中主机的地址位。如果为 1 的位数为 n(对 B 类 IP 地址 n 不大于 16)，则为 0 的位数为 32−n。如位模式：255.255.255.0 或

　　　　　1111 1111. 1111 1111. 1111 1111. 0000 0000.

对应着 n =24。如果一台计算机 A 的 IP 地址为 123.32.239.151，我们可以定义一个子网，这个子网包括所有 IP 地址以 123.32.239.为前缀的主机。这个子网又是 B 类 IP 网 123.32.的一个子集。计算机 A 属于子网 123.32.239.，其主机地址号为 151。

　　网络 123.32.中的一个路由器，如果收到了送给 A 的一个分组，该路由器首先要确定分组中的目的地址——计算机 A 是否属于它的子网管辖。为此路由器只要把目的地址——计算机 A 的 IP 地址 123.32.239.151 与路由器的子网模 255.255.255.0 相与，便得到子网号：123.32.239.。如果这个子网的地址号与路由器的地址号相匹配，那么 A 就是本地网的主机；否则路由器就要查寻径表，以确定主机 A 所连路由器的子网地址。一般来讲，一个子网地址对应着一个局域网，此时"本地地址"就是路由器所连局域网的地址(如 123.32.239.可能就是一个以太网的地址)。子网内部地址的变化(即主机号的变化)不影响寻径表。

　　有时把 IP 地址中具有公共前缀的一组主机划分成一个子网，这个公共的前缀就作为这一组主机的子网地址。例如，4 个 C 类网络 192.0.8.*，192.0.9.*，192.0.10.* 和 192.0.11.* 都具有公共前缀 192.0.8 和子网模 255.255.255.0，那么 192.0.8 就是这个子网的地址。还有的子网对应着前缀 192.0.2 或前缀 192.0.5 等。在寻径时，为了找到正确的子网，一般采用"最长前缀匹配法"。例如，一个地址为 192.0.9.123 的主机，它属于地址为 192.0.8 的子网。

　　网间网地址是全局有效的，因而其分配和回收也应该是统一管理的。由于 IP 地址是分层次结构，IP 地址的管理机构和管理方式也是分层次结构的。有时一个管理机构的地址不够分，不能保证给每一个主机分配一个 IP 地址；而另一方面在任何时候又只有少数主机接入因特网，所以这里存在一个地址共享的问题。动态主机结构协议(DHCP, Dynamic Host Configuration Protocol)就是为此目的而提出的(参见 RFC 4477)。如果某主机需要一个 IP 地址，它就利用它的 MAC 地址广播一个 DHCP 的 IP 地址请求分组。DHCP 服务机构(有时不止一个)收到后，各发出一个带有未使用的 IP 地址的应答分组。主机从中选择一个 IP 地址，并利用 DHCP 应答格式广播一个分组以告诉它的选择结果。对应的 DHCP 服务机构返回一个 DHCP 应答。这种地址有一个"存活期(Time to Live)"，要保持有效，必须刷新。当主机工作完，它发出一个 DHCP 的释放分组。否则存活期到期以后，地址会自动地释放。

　　3) 域名

　　如前所述，因特网中每一台主机都有一个 32 bit 的 IP 地址，但这个数字式的 IP 地址不但长，而且又抽象、难记忆，为此 TCP/IP 又给每一台入网主机一个字符型的名字。TCP/IP 中主机字符型名字的管理机制称为域名系统(DNS, Domain Name System)。这个管理机制包括名字的分配或确认、名字的回收、主机名字与其 IP 地址之间的相互翻译以及控制 E-mail 的递交。域名系统的命名机制称为域名(Domain name)，域名是层次型的结构或称为树型结构，域名的管理是分布式的。例如，域名：diva.eecs.berkeley.edu、guet.edu.cn。

　　在上述域名中，一级域(或树根)：cn 表示国家名中国，一般采用该国国际标准的二字

符标识符,如 fr、gr、jp 等;二级域:edu.cn 表示教育机构;三级域:berkeley.edu、guet.edu.cn 等。与 edu 平行的还有:com(商业组织)、gov(政府部门)、net(主要网络支持中心)、mil(军事部门)、org(上述以外的组织)、int(国际组织)和 arpa(临时 ARPANET 域,未用)一共 8 个。

如果用户想发一封信给:wlr@ diva.eecs.berkeley.edu 和 eicflao@guet.edu.cn,不需要知道 diva.eecs.berkeley.edu 和 guet.edu.cn 在哪里,域名系统中的目录服务机构自己会把 diva.eecs.berkeley.edu 翻译为 IP 地址:128.32.110.56,把 guet.edu.cn 翻译为 IP 地址:202.193.64.33。

如果用户的计算机想发一个分组给名字为 diva.eecs.berkeley.edu 的主机,用户所在的本地目录服务机构就会发一个"寻找 diva. eecs.berkeley.edu 的 IP 地址"请求给 edu 子域名字服务机构,这个子域名字服务机构知道 berkeley.edu 地区服务器的地址,它就把这个请求转发给 berkeley.edu 地区服务器,而地区服务器知道 eecs 有它自己的服务器,它就把这个请求转发给 eecs 服务器;最后 eecs 服务器把所需的 IP 地址传给 berkeley.edu 地区服务器,后者又传给 edu 子域名字服务机构,最后才由 edu 子域的名字服务机构将 IP 地址送给用户的计算机。这个过程称为域名的解析。

ICANN(Internet Corporation for Assigned Names and Numbers)成立于 1998 年,它负责 IP 地址的分配、协议参数的安排、域名系统的管理和根服务系统的管理等功能。

4) 通用参考定位器或 URL

MAC 和 IP 地址给出了主机的接口地址,而通用参考定位器或 URL(Universal Reference Locator)则给出了资源(如文件、目录、超文本文件或数据库业务等)的位置和通过因特网恢复它的途径。一个 URL 可写成如下的形式:

　　　　<scheme>:< scheme-specific-part >

公共 scheme 为 ftp、http、gopher、news 和 mailto 等,scheme-specific-part 具有如下形式:

　　　　//<user>:<password>@<host>:<port>/<url-path>

user、password 和 url-path 可以忽略,端口号 port 可以设置为默认值。例如:

ftp://ftp.cis.ohio-state.edu/pub/是一个到达俄亥俄州立大学计算机与信息科学系匿名 FTP(数据库)的 URL。在这个数据库中的文件可以被 FTP(文件传输协议)所访问。FTP 的默认端口为 21。

一个 HTTP 的 URL 形式为:

　　　　http://<host>:<port>/<path><searchpart>

其中,host 和 port 如上所述;path 是一个 HTTP 的选择器;searchpart 是一个询问;HTTP 的默认端口为 80。

4. 分组的拆、装

OSI 模型规定第 4 层(传输层)执行对信息的分组和装配。然而,在 TCP/IP 网络中,则是由 IP 层(第 3 层)在源端为数据链路层(第 1、2 层)把信息分成 IP 分组,在目的端把 IP 分组装配成原来的信息。例如,如果信息要通过一个以太网传递,它们必须被分成每个最大不超过 1.5K 字节的 IP 分组。某一个路由器可能还要进一步拆分这个 IP 分组,以保证每一个分组不超过下一条链路所能容纳的最大长度。在任何一种情况下,只有在信宿端才把分组装配成信息。信息头中都有一个标识号，以指明该分组是属于哪一个信息的，还有一个偏移指示，以指明 IP 分组在原来数据流中的位置。分组的拆、装功能如图 9-4-7 所示。

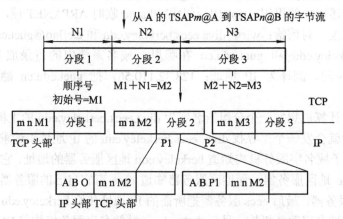

图 9-4-7　TCP 层、IP 层分拆信息流的示意图

图 9-4-7 中，TCP 层把信息流分成段，交由 IP 层传输，TCP 对每一段编号，并以某一个数 M1 作为编号起点，后面就对字节计数。IP 层又对 TCP 层的段进一步分组，IP 分组的头中还有指示分组在段中偏移量的计数，如 P1。

5. 寻径

为了给数据报寻找路由，在因特网中，让路由器的节点维持着一个寻径表。这个寻径表指明，该节点下一步应该把数据报往哪儿送。如果数据报的目的地在另一个网络中，与这个节点没有直接相连的链路，那么寻径表就引向通往该网络的下一个路由器。如果数据报是要送往与路由器同在一个网络中的计算机，该路由器查它本身的路由表，将数据报封装进相应物理网络的帧当中，并装进其物理(MAC)地址，然后通过查得的相应端口传到该物理网络上，由物理网络对帧进行直接寻址。

由此可见，要通过物理网传送帧信息，帧中必须含有物理地址(MAC 地址)。路由器为了维护其路由表，这个路由表中包含着与它同在一个网络中的所有计算机的物理地址(MAC 地址)，它应该能将主机的 IP 地址翻译成物理地址，即介质访问控制地址(MAC 地址)。为此路由器要执行一个地址解析协议(ARP，Address Resolution Protocol)。

利用 ARP 协议，路由器搜寻其路由表，由主机的 IP 地址查其物理地址。有时由于网络拓扑的变化，如果路由表中没有某计算机的物理地址，路由器就要在它的整个网内广播一个请求报文，以寻找给定 IP 地址的计算机的物理地址。如广播“谁是 128.32.110.56？”具有这个 IP 地址的计算机就直接回答路由器：“我是 128.32.110.56，我的 MAC 地址为 0008.0001.9A.1D。”路由器以此修改其路由表的内容。

为了维护路由表，使路由器及时掌握全网网络拓扑结构的变化，路由表有一个生存期，当生存期到期时，其内容要更新。为此要求每个路由器每隔 30 s 自动向网上广播自己的路由信息，各路由器通过这些路由信息的交换来更新自己的路由表，及时反映网络的变化。

6. ICMP

为了能以最佳路由传递报文，构造最佳的路由选择表，常用两种最短路由算法。为了完成这些算法，路由器要交换最短路径长度的估值等控制信息。为此路由器要利用因特网控制信息协议(ICMP，Internet Control Message Protocol)报文来交换其控制信息。ICMP 可以提供一系列计算机用于监视网络的服务业务，如"ping"用于请求某一节点给予回应，还有跟踪路由的业务和获得路由上某一跳之间的传输时延的业务等。当一个报文无法到达目的地或超时(存活期为 0)，路由器就会废弃该报文，并向源站点返回一个 ICMP 报文。ICMP 报文的格式如图 9-4-8 所示。

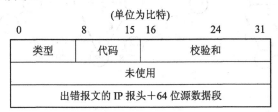

图 9-4-8　ICMP 报文的格式

其中，类型编号的含义为：

0：回响应答；	3：目的站点不可达；	4：源点熄灭；
5：重定向；	8：回响；	9：路由器广告；
10：路由器请求；	11：超时；	12：参数有问题；
13：时戳；	14：时戳应答；	15：信息请求；
16：信息应答。		

其中，代码编号的含义为：

0：网络不可达；	1：主机不可达；	2：协议不可达；
3：端口不可达；	4：需要分段但设置了 DF 位；	5：路由器失败。

下面介绍两种最短路径算法。

1) Bellman-Ford 算法(Algorithm)

图 9-4-9 为 Bellman-Ford 算法的示意图(RFC 1058)。算法假定每一个节点都知道与它相连的链路的"长度"，这个长度可以是分组沿该链路传输所需时间的度量，也可以是一个任意选定的正数(如每一条链路"长"1)。

每一个节点都保持着它到达目的节点最短路由的当前估值。任何时候一个节点收到其他节点的有关信息，都要重新计算其估值，如果新估值严格地小于原来的值，就要更新原来的估值并向其临近地节点发送一个包含新估值的信息包。

节点 i 通过如下公式计算它与目的站点之间的最短距离为

$$L(i) = \min_{j}\{d(i, j) + L(j)\}$$

式中，最小是对于节点 i 的所有相邻节点而言的，$d(i, j)$ 是从 i 到 j 之间链路的长度，$L(j)$ 是从 j 收到的，j 到目的站之间的最小距离的最新估计值。

开始时，所有估值 $L(i)$ 都置为∞，目的站置其估值为 0，并向所有相邻的站发布这一消息；然后各站利用这个值，根据公式更新其估值(如第 3 张图)；下一步每一节点找出它与目的站点之间的最短距离 $L^*(i)$，当且仅当 $L^*(i) = d(i, j) + L^*(j)$ 时，就存在一个从 i 经过 j 到达目的站点的最短路由。最短路由不必是唯一的。图 9-4-9 表示了算法的步骤，按从左到右，从上到下的顺序进行。其中，粗实线表示每一节点到达目的点(0 点)的最短路径。

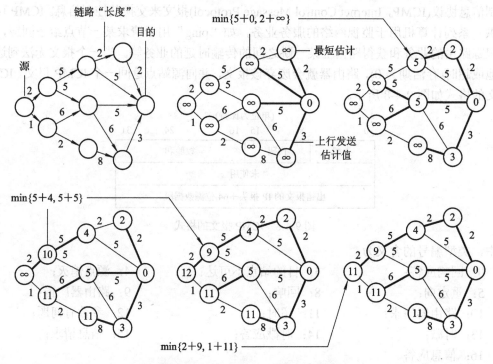

图 9-4-9　Bellman-Ford 算法的步骤

我们刚才解释的最短路径算法，是用于树型结构网络中桥接设备的，也可以用于一些网络设备的网络层，以选择传输分组的最佳通路。这些网络中把链路的长度定义为以下两个因素的线性组合：一个是平均传输时间；另一个是链路发射机中最近累积的分组队列的长度。通过周期性地运行最短路由算法，可以使节点的选路决策适应于网络的变化，使网络避开有故障的链路和节点，还可以控制、避免拥塞。由于每一节点把它的距离的估值发送给其相邻的节点，因此这种方法又称为距离矢量算法。

Bellman-Ford 算法是一种分布式算法，每一节点只具有其网络拓扑结构的部分知识。可以证明，如果每次更新所花费的时间太长，或在更新计算时间内，有大量的分组不能到达目的地而需要重选路由，这种算法的收敛就会失败。为克服这种情况的发生，因特网中又开始使用一种下面所讲的集中式的最短路由算法。

2) Dijkstra's 算法(Algorithm)

Dijkstra's 算法的步骤如图 9-4-10 所示，如果其中每一个节点都具有网络完整的拓扑结构图，那么当更新网络拓扑时，每一节点要向网络中所有其他节点发送一个信息包，告诉它们与每一个节点连接的所有链路的长度，这种依赖于本地链路信息的全局更新算法称为链路状态算法。

每一节点可以利用一个最短路径算法，找出到达每一个可能目的地的最短路径，这个算法可以是前面讲的 Bellman-Ford 算法，也可以是 Dijkstra's 算法。从原理上讲，Dijkstra's 算法(也称为开路最短通路优先算法)是要建立一个从任意给定根节点到另一个节点最短路由跨接树，其算法的步骤如图 9-4-10 所示，按从左到右，从上到下的顺序进行。

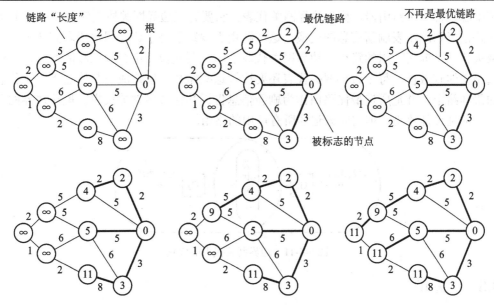

图 9-4-10　Dijkstra's 算法示意图

为建立一个始于根节点的最短路由跨接树，算法第一步是给根节点安排一个标示数 0，给其他每一节点安排一个标示数 ∞(如图 9-4-10 中的第 1 张图)。节点上的这个标示数表示算法到目前为止所得到的从根节点到它的最短距离。

然后算法从树根(或根节点)开始，考察其所有的相邻节点(树根的相邻节点是指从根节点开始，一步就可以到达的节点)，每次都比较如下两个数的大小：一个是每个节点上的标示数；另一个是树根上的标示数(0)加上树根到对应节点距离之和。如果某一个和更小一些，算法就以这个小一些的和数代替原来节点上的标示数，并标明，从树根到该节点的链路是处在目前为止所找到的最短路由上。对所有相邻节点比较完以后，算法对树根打一个标记，指明与它相邻的所有节点已经探索完毕(如图 9-4-10 中的第 2 张图)。算法继续对未打标记的所有节点重复进行上述步骤，就可以得到最后的结果(如图 9-4-10 中的最后一张图)，其中的粗实线就表示任一节点到根节点的最短距离。

7. 边界网关协议(BGP)

在 IP 网络中寻径是分级进行的。网络被分成一些自治系统，所谓自治系统，是指在一个管理机构管理之下的一组网络或一个子网络。自治系统内部用于信息交换的路由器称为内部路由器，它们使用多种网关协议来完成这一任务；在自治系统之间交换信息的路由器称为外部路由器，它们使用一个外部网关协议来完成这一任务。

在一个自治系统内部，每一个本地路由器可以利用开路最短通路优先算法(Dijkstra's 算法)或距离矢量算法(Bellman-Ford 算法)或其他的协议(如 RIP——寻径信息协议)计算到所有其他本地路由器的最短路径。

多个自治系统是由一个或多个被称为边界网关(Border Gateway)的路由器连接起来的，在这些自治系统之间，利用边界网关协议(BGP，Border Gateway Protocol，详见 RFC1771 和 RFC1772 的规定)来寻径。

两个自治系统如果通过一个公共的链路层网络连在一起，如图 9-4-11 所示，每个自治系统中都包含一个路由器，称为边界网关代表，它要完成边界网关协议的功能，利用 TCP 完成路由表和路由表刷新信息的交换。这些路由表规定了每个边界网关代表到达另一个边界网关代表当前所使用的路径。边界网关代表之间还要交换路由有效期限的信息，以保证所选路由的有效性。每个边界网关代表还要比较这些路径，以构成与其他边界网关代表之间的最佳路由，并把所选最佳路由作为刷新信息告诉其他边界网关代表。虽然边界网关代表告诉的是最佳路由，但它应该记住所有可用的路由。

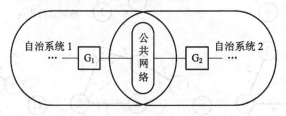

图 9-4-11　边界网关代表的位置

9.4.3　广播 IP

广播 IP 是一种把 IP 分组发送给以组地址标识的一组主机的通信方法(由 RFC1112 和 RFC1584 的规定)。广播寻径是由一个 IP 路由器的子集或广播路由器来完成的。组地址可以是永久性的，也可以是临时的 D 类地址(即分组头的最高 4 bit 为 1110)。通过发送一个请求加入或请求离开某广播组的信息包，每个主机都可以成为或停止成为一个组地址的成员，当然这个请求信息包中应包括它要加入或离开的组的组地址。一个广播路由器通过周期性地(如每一分钟)轮询辖区内的成员，可以知道哪些组地址是有效的。这个轮询过程是通过一个因特网组管理协议(IGMP，Internet Group Management Protocol)来分级处理的。

1. 广播成员组

具体地讲，广播路由器向它辖区内所有的主机发出一个询问"你属于哪一个组？"(利用一个组地址发给所有能进行广播通信的主机)。收到询问以后，每一个主机启动一个减计数器，这个计数器的初值为 $0\sim T$(如 $T=10$ s)之间的一个随机值。当计数器的值减到 0 时，主机就以它属于的每一个组的组地址为目的地址发一个应答报文。广播路由器接收所有这些以组地址为目的地址的应答报文。如果某一个主机 A 收到另一个主机 B 的应答报文，其中组地址标明 A、B 主机同属于一个广播组，则主机 A 对于这个组不发它自己的应答报文，以这个办法就可以限制每一次询问，主机的应答数。

当某一个主机想加入一个新广播组时，它不必等待询问就可以向这个组发一个报告报文。这个报文应该每隔一个随机间隔时间发一次，并应多发几次以保证报文能可靠地到达广播路由器。广播路由器不保留广播组成员的名单，主机发送报文时，是以它们自己的 IP 地址，而不是以组地址作为 IP 分组的源地址，IP 数据报的组装算法是假定每个主机使用不同的源地址进行的。

广播路由器建立以一个主机为树根，到属于同一个广播组的其他目的地的广播路由树。IP 隧道(其意义在下面讲解)连接广播路由器。广播路由树是从源端站到所有广播组目的站之间的最短路径树，为了求得这个最短路径树，路由器运行 Bellman-Ford 算法。

当一个主机加入或离开一个广播组时，广播路由器会自动刷新最短路径树。如果广播组成员属于同一个局域网，则局域网的广播路由器将把组地址转化为广播局域网的网地址。如果一个广播组成员又属于一个公共的非广播、多接入点网络(如帧中继)，那么网络的广播路由器必须能把分组的拷贝发送到不同的广播组成员之中。

2. 隧道

IP 广播骨干网(Mbone)，是一个叠加在因特网上的网络，用来完成交互式视频和音频广播。IP 广播骨干网包含有由一些虚链路连接起来的广播路由器，这些虚链路是由所谓隧道形成的。那么什么是隧道呢？假设一个广播分组到达 IP 广播骨干网路由器 A，A 知道这个分组应该传送给 IP 广播骨干路由器 B，而 B 与 A 并不直接相连。这个分组就应该先通过一个不是广播路由器的节点 C 传。如果 A 把一个广播分组直接传给 C，由于分组中的目的地址不是 B 的 IP 地址而是广播的组地址，C 不能理解这个组地址。因此 A 就应该把这个广播分组以 B 的 IP 地址为目的地址，封装成另外的一个 IP 数据报，然后传给 C，最后 C 仍以 IP 分组传给 B，在 B 那里解包恢复出原来的广播分组。这种打包/拆包的过程就在 A 和 B 之间建立了一个虚链路，这种方法就称为"隧道"(Tunnel)，准确地讲，应该是第三层隧道，因为封装是在第三层或 IP 层进行的。

3. 广播信息的确认

有些广播应用需要可靠的信息传递，如软件、报纸及其他文件资料的分发等。考虑一个源节点广播文件到大量用户的场合，基于应答式的工作方式是不可取的，如果所有目的地址都应答它们收到了分组，这种应答将会使源端忙不过来；由广播树的某一节点把它下面各主机的应答归并起来，一次应答源端也不现实，原因是：一方面这些节点在向上游应答前，应确认它下面的所有主机都应答过已收到报文；另一方面，如果某一用户中途停止收报，在归并节点知道这个用户已经离开广播组以前，源端要保持不断地发送报文。

如果一个分组在广播树的链路上被舍弃或被干扰，则会有大量的用户收不到该分组，如果采用"否定确认"的方式，即应答没有收到，也会使源端造成忙不过来的风险。但是可以采用归并否定确认的方式。所以现有的所有假定方案都是归并否定确认的方式。也有一些是采用类似于高速缓存器的"指定接收机"的办法，即每一个广播树节点指定一个接收机，当一个否定确认到达这个树节点时，它马上要求它的指定接收机发一个丢失的分组拷贝，而不是向它的上游发否定确认。

9.4.4　*移动* IP

移动 IP 的目标是要把分组自动地传递给移动节点。移动节点是一个主机或路由器，它能在一个网络或子网到另一个网络或子网之间改变其接入点。采用移动 IP，一个移动节点可以改变其位置，但不改变其 IP 地址。

每一个移动节点都有一个相关的固定 IP 地址，称为"在家地址"。移动节点的本地网中的一个路由器能够把 IP 数据报递交给处在外部网络中的移动节点，当移动节点离开其本地网络时，这个路由器就看成是"在家代理"。

把数据报递交给在外部网络中的移动节点，有两种方法：第一种是移动节点利用一定的分配机制在外部网络中得到一个临时的"维持地址"(Care of Address)，并由移动节点在其在家代理注册这个地址。当在家代理有一个数据报要送往移动节点时，它把这个数据报封装成以维持地址为目的地址的 IP 分组，传递过去。

第二种方法是，移动节点利用一个外部代理来开展工作，外部代理是指移动节点所访问的外部网络中的路由器。当移动节点移动到另一个网络中时，移动节点在这个网络的路由器注册，这个新网络的路由器就成为该移动节点的外部代理，并在这个外部代理那里获得一个维持地址。外部代理把这个维持地址告诉移动节点的在家代理，在家代理有数据报要送给移动节点时，就把这个数据报封装成以维持地址为目的地址的 IP 分组，先送给外部代理，外部代理解封装，并把数据报通过维持地址送给移动节点。

要注意的是，第一种方法并不需要一个代理，但也不是自动的。封装、解封装过程是又一个隧道的例子。

在每一种方法中，当移动节点回到其本地网时，移动节点通过其在家代理注销注册，移动节点又可以以其在家 IP 地址作为源地址发送 IP 分组了。

代理(包括内部、外部)通过周期性地发送代理广告信息，来广而告之它们的可用性。移动节点也可以发送一个代理请求信息，请求代理发送这种可用性信息。当移动节点收到这个代理广告信息时，就可以知道它是在本地网中还是在外部网络中。当处在本地网中时，移动节点就不以移动 IP 的移动业务方式工作，而是以标准的 IP 方式工作。

第一种方法的优点是它不需要一个外部代理；其不足之处是每一个网络都必须保留一个地址库，以供来访的移动节点之用。

移动管理信息要经过验证，以防止重入。例如，要能防止第三者通过使用其地址冒充新移动节点地址而盗用信息。

9.4.5　IPv6

目前使用的 IP 版本是第 4 版(IPv4)，第 4 版的主要不足是其地址数有限，IP 分组头结构复杂，扩展功能困难，业务类型受限，保密性不好等。第 6 版本 IPv6 正是用来克服上述不足的。当然从 IPv4 过渡到 IPv6 会需要时间，在这期间，这两种版本会并存使用，IPv4 送往 IPv6 的分组不需要改动(详见 RFC 2460 IPv6 的规定)。ITU-T 关于 IPv6 的 ICMP 也制定出来了(详见 RFC 2463 的规定)。IPv6 含有 40 个字节的 IP 分组头，后面还跟着 6 个可选的扩展头。

1. 版本

IPv6 中 40 个字节的头结构如图 9-4-12 所示，其中"版本"为 6 的二进制数，表示分组是 IPv6 分组。

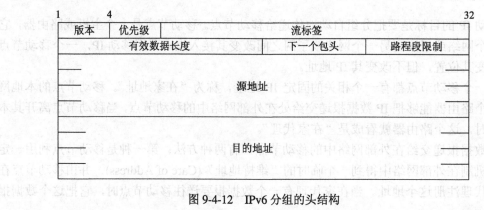

图 9-4-12　IPv6 分组的头结构

2．优先级

路由器利用业务类型确定分组的重要性和紧急性，即优先级。

3．流标签

流标签用于描述分组所属业务的特性，发送方可以用它来标识一系列属于同一个流的信息包。一个流可以唯一地标识为发送方的地址和非零的流标签的组合。多点活动流，即从一个节点到一组节点，可能存在于发送方和目的地址之间，这时可以是相同的发送地址，但是取不同的非零的流标签。

4．有效数据长度

两个字节的有效数据长度，表示紧跟在 40 个字节包头后面的分组的字节数，其中，0 表示实际长度在跳到跳(Hop-by-hop)的扩展头中。

5．下一个包头

一个字节的"下一个包头"表示 IPv6 包头以后的包头的类型，指明 6 个扩展头中的哪一个紧跟在这个头后面，如指明下面是 UDP 头或 TCP 头。扩展头也有类似的头结构，即与 IPv4 的协议字段是相同的。

6．路程段限制

信息包每经过一个路由器时，8 位的路程段限制包头字段的数值就会减 1。如果路程段限制字段的数值减到 0 时，就舍弃该分组，以避免分组在网络中长期循环地传送。因此分组的最大跳数为 255，即两个 IPv6 节点之间，不能有多于 255 个的路程段。

7．源地址和目的地址

源地址和目的地址各具有 16 字节(RFC 1884)，128 位的地址长度就可以有 2^{128} 个地址，大约是 10^{38} 个，足够每人分得 5×10^{28} 个地址分组。在头中无误码检测，IPv6 要依靠高层协议进行误码控制。在 IPv6 中路由器对分组不进行分拆的工作，当一个分组对路由器来讲太长时，该路由器就发出一个 ICMP 信息给源端，要求它分拆分组并重传。

8．扩展包头

一个 IPv6 信息包可以没有扩展包头，也可以具有一个或几个扩展包头。扩展包头是基于这样一种事实：由于大多数信息包只需要简单地处理，因此 IPv6 包头的基础字段就足够了；在网络层需要额外信息的信息包时，就可以把这些信息编码到扩展包头。

从前面的叙述中可以看出，这个头结构非常灵活，并留有继续发展的余地。去掉校验和和分段部分以后，最小的头结构比 IPv4 还简单。相信随着时间的发展，因特网的设计者们会利用这一格式开发出大量新业务的用途。

9.5　标 签 交 换

随着链路速率的增加，路由器有限的通过率就成为制约网络的因素。路由器比第二层的交换(如以太网、ATM)要慢，因为查询大的路由表要较大的时间开销。通过使用标记交换(Label-switching)技术，可使路由器的分组交换速率提高到第二层的交换速率，同时也保留了路由器对于分组处理、保密等方面的能力。

标记交换的主要思路是，输入分组中含有一个标记，路由器中的交换硬件能直接把这个标记翻译成路由器输出端口或接口的端口号。图 9-5-1 为一个 IP 分组标记交换的示意图。其中一个目的地址为 128.89.26.4 的无标记分组到达路由器 A(RTA)，RTA 查询它的路由信息表，找到目的地址与网络前缀 128.89.0.0/16(其中 16 代表在标记信息表中的网络掩码，意为网络掩码的高 16 位全为 1，其余位全为 0)相匹配的项，由此得到下一跳路由器 B(RTB)的出口标记 4 和出口接口号 1。然后将出口标记 4 装贴在这个分组上，再将该分组送往出口 1 发送出去。RTB 收到标记 4 的分组，用 4 作为索引查询它的标记信息表，找到它下一跳的出口和出口标记值。在 RTB 中查询其标记信息表的方法与 RTA 中查询路由信息表的方法是不相同的，RTB 中是用标记作为索引的，这种检索方法类似于 ATM 交换机中用来检索 VPI/VCI 的方法，简短易行，非常便于硬件实现。路由器 RTC 在收到了 RTB 转发来的该分组以后，将分组中的标记剥除，恢复成无标记的 IP 分组转发给用户。

入口 Tag	地址 前缀	出口 Tag	出口 接口	链路 信息		入口 Tag	地址 前缀	出口 Tag	出口 接口	链路 信息
x	128.89.0.0 /16	4	1			4	128.89.0.0 /16	9	0	
x	171.69.0.0 /16	5	1			5	171.69.0.0 /16	7	1	

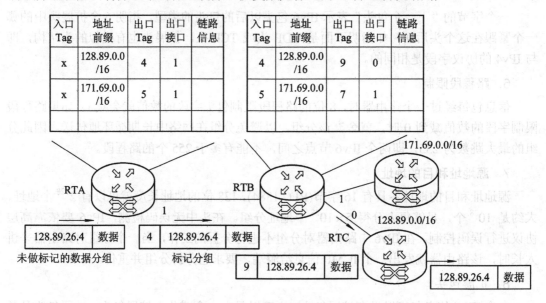

图 9-5-1　IP 分组标记交换示意图

由上述例子可以看出，要完成标记交换，路由器中应含有两个组件：一个组件是标记。在一个特定数据流中的分组中，一定要装贴一个标记。利用这个标记，路由器中的硬件、软件可以很快地翻译出路由器输出口第二层的端口号。另一个组件是算法。要有一个好的算法，用来在路由器之间分配标记，以便把一条连续的路由安排给一个数据流(例如，如果一个路由在网络中形成一个封闭的环，则这个算法就不是一个好的算法)。通过把数据流捆绑在标记上，把标记捆绑在路由上，那么该数据流中的所有分组就可以沿同一条路由传递。这一办法具有虚电路交换的一些优点，如可以保证数据流的传输质量。

下面简要地介绍两种交换方法：一种是 IP 交换(RFC 1953)；另一种是标签(Tag)交换(RFC 2605)，或者它的一种变形，称为多协议标记交换(MPLS，Multiprotocol Label Switching，RFC 2547)。这两种方法都可以用于具有适当配置的路由器并以这种路由器为交换节点的子网络。

IP 交换需要一个 ATM 的链路层作为其基础或技术支撑。这样一个标记装贴在一个特定的数据流上，对应于 ATM 的虚电路/虚通道(VCI/VPI)的标识符。数据流基于 TCP/UDP 的端口对，或源端—目的端主机对来分类，即具有相同端口对的数据流属于同一个数据流。每当要标识一个新的数据流时，就调用一次标记分配协议。由于调用协议需要一定的时间开销，因此在标识具有短的生存期的数据流时，效率不高。为此路由器对于所有到达的数据流中的分组进行计数，如果计数值超过一个门限值，路由器就调用标记分配协议，给这个数据流分配标记而标识这个数据流，协议然后把绑定的数据流—标记从这个路由器分发给邻近的路由器；如果计数值低于门限值，路由器就以一般正常的 IP 分组方式处理这些分组。

装贴在一个数据流上的标记，其有效期是一定的(如 60 s)，过了这个有效期，这个标记就可以安排给其他的数据流。

在标记交换中，依照链路层的分组格式，一个短的、固定长度的标记装贴在一个数据流的分组中。链路层不必一定是 ATM 的链路层。分组进入标记交换子网络时，在入口处路由器给它装贴上标签，离开标记交换子网络时，在出口处，由路由器去掉标签。在标记交换网络中，流的分类比在 IP 交换网中更灵活，例如，一个同播数据流，基于其 D 类地址的不同可以装贴上不同的标签。也正如在 IP 交换中使用 VCI/VPI 标签一样(IP/ATM)，因为标签都是局限在链路段才有效，所以当一个分组离开路由器时，它将获得一个新的标签。

与输出接口绑定在一起的标签放在一个标记信息表中。标记信息表的访问比寻径表要快得多，这是因为标记交换路由器的通过率大，标记表中的项目少、而且都是固定长度。这些都与 IP 交换不同，在 IP 交换中，数据流的分类和标签的分配都是由与其他内部网关协议类似的路由器协议来执行，而且标记的安排是永久性的。

习　题

1.数据分组传输的一个重要协议是 X.25，其帧结构要用到两个 8 bit 的标记：0111 1110，一个用于分组的开始，一个用于分组的结束。所传数据中也可能会出现这个标记。为了避免这两者的混淆，一种办法是：在所传数据中，每碰到 5 个连 1 的数据，就在它的后面填充一个比特的 1，请问这种办法可行吗？收端又是怎么恢复原来的数据的？

2.假设在图 9-3-1 中，$\sigma_1 = 50$ ms，$\sigma_2 = 30$ ms，$k = 10$，即系统有 10 个节点。在帧中继的时延小于 X.25 的时延的情况下，每一条链路上的分组错误概率 $1-p$ 应该是多少？

3.在图 9-3-1 中，如果从一个节点到下一个节点的分组传输的错误概率为 $1-p$。直到正确收到为止，每一帧平均要发送 $1/p$ 次。如果比特误码率为 10^{-4} 和 10^{-8}，对分组长度为 100 字节和 1000 个字节的情况，分别求其分组误码率 $1-p$。

4.试证明在图 9-2-18 中，对于 16 Mb/s 令牌环(即发完了释放)，其效率近似为 $(1 + a/N)^{-1}$，当 $N \to \infty$ 时，效率趋近于 100%。

5.对于有 N 个站的以太网，每个站有一个分组要发送的概率为 p，每一个站都是互相独立的，试问有 m 个站同时有分组要发送的概率 p_m 是多少(其中，$m = 0, 1, 2, \cdots, N$)？如果平均要发送的分组数为 $\lambda = pn$，而且当 $N \to \infty$，$p \to 0$ 时，$pn \to \lambda$。试证明在此情况下，有 m 个分组要发送的概率分布为均值为 λ 的泊松(Poisson)分布。

6．对于 FDDI 协议，如果每一个站在 THT＝0 时，还可以继续发完它当前的分组。那么：

(1) FDDI 网络中，两个连续到来的令牌之间的时间间隔为 TTRT＋TRANS，其中 TRANS 为一个最长分组的发送时间。

(2) 当信息流中包括同步信息并忽略分组传输时间时，上述时间间隔为 2 TTRT。

试证明，当规定传输同步业务时，令牌到达时间则不是周期性的。另外对于同步业务而言，令牌到达的最大时间间隔是多少？当传输恒定比特的同步业务时，系统需要多大的缓存器？

7．本章介绍了 DQDB 从左到右的数据传输过程，试用自己的语言介绍用户从右到左传输数据的过程。

8．某一个以太网，其中两台计算机最远的距离为 2500 m(电波来回一次的传播时间约为 18 μs)，每一个分组的长度为 64 个字节，按 10 Mb/s 的速率传输。试求该以太网的效率。

第 10 章 SDH 原理

前面讨论了电话交换和宽带交换的有关内容。而通信网络总的发展趋势是数字化、综合化和宽带化。这是人类社会发展到信息时代的迫切需求，也是科技进步的必然产物。在过去的几年中，围绕这一趋势，光网络获得了迅速发展和广泛应用。其中最重要的是 SDH(同步数字体系)和 DWDM(密集波分复用)。从 DWDM 向全光网络的过渡，不仅仅为通信网络提供了巨大的传输带宽，而且极大地增加了网络节点的吞吐量，使传送网发生了巨大的变化。

传送网正在全面向着适应 IP 数据包传输的网络方向转变。未来的通信网络将建设在光网络和 IP 的基础上，已经没有人怀疑这一趋势。光网络提供了足够的带宽，而 IP 带来的是诸多业务。IP 本是计算机通信网的一项协议技术，而以 WDM 为代表的光网络则是电信网的基础支撑网络，两者的结合将是未来发展的主流。光网络正在朝着更加智能化的方向不断稳步迈进！

本章将介绍 SDH 的基本原理，第 11 章将介绍 WDM 等光网络的基本内容。

10.1 SDH 基本概念及网络

自 20 世纪 80 年代以来，光纤通信在通信网中获得了广泛应用，其应用场合已遍及长途骨干网和城域网，并逐步走向千家万户。光纤通信优良的传输特性和低廉的价格使之成为通信网的主要传输方式。1990 年以前，光纤通信一直沿用准同步数字体系(PDH)的通信系统，随着通信网络的发展和用户需求的不断提高，传统的 PDH 数字传输系统暴露出一些明显的弱点。表 10-1 给出了 SDH 和 PDH 的对比。

表 10-1 SDH 和 PDH 的对比

	SDH	PDH
上下电路	方便，可从高速信号中一次直接分插出低速支路信号	不方便，不能直接从高速信号中分出低速支路信号
信息结构	全世界统一，有标准化的信息结构等级，称为同步传送模块 STM-1	全世界不统一。 欧洲、中国：2 Mb/s 美国：1.5 Mb/s
光接口信号	具有国际标准光接口信号和通信协议，可实现横向兼容	各厂家不同，不能横向兼容
网管功能	开销比特丰富，网管能力强	开销比特少，网管能力不强
网络结构	具有高可靠性的自愈环形网结构	简单，点对点传输
	SDH 具有后向兼容性和前向兼容性，可兼容 PDH 各种速率，又可容纳各种新的业务信号，如 ATM 信元	

　　由此可见，PDH 已不能满足通信网络的演变及向智能化网管系统发展的需要。为了打破 PDH 体制的固有缺陷，最初由美国的贝尔通信研究所的科学家提出了同步光网络(SONET)的概念和相应的标准，目的是阻止互不兼容的光接口的大量滋生，实现标准光接口。这一体系于 1986 年成为美国数字体系的新标准。与此同时，欧洲和日本等国提出了自己的意见。1988 年，当时的 CCITT(现为 ITU-T)经过讨论协商，接受了 SONET 的概念，并进行了适当的修改，重新命名为同步数字体系(SDH，Synchronous Digital Hierarchy)。SDH 是一种全新的传输体系，解决了许多 PDH 系统解决不了的难题。同步数字体系码元速率关系图如图 10-1-1 所示，它统一了欧、美两大体系。从图中可以看出，不管是欧洲标准，还是北美标准，它们在 156 Mb/s 上会合在一起，这说明在 STM-1 上这两个标准是兼容的、统一的。在后面我们还会看到，由于 SDH 的帧结构完善，它不但向下兼容能够传输北美 1.5 Mb/s 的 DS-1、欧洲 2.0 Mb/s 的 E-1 电话数字信号，还能向上兼容支持 ATM 的传递。SDH 的帧结构中还为通信的组织、管理和经营提供了专门的通道。

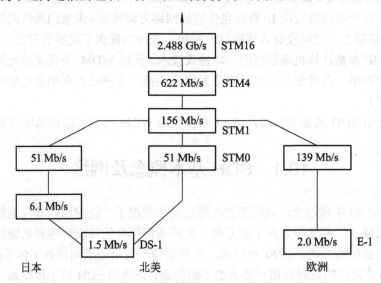

图 10-1-1　同步数字体系码元速率关系图

　　SDH 克服了 PDH 的弱点，具有通信容量大、传输性能好、接口标准化、组网灵活和网络管理功能强大等优点。SDH 国际标准一出现，就受到各国的高度重视，一些大通信公司投巨资进行设备和系统的开发，使之很快进入实用化阶段，SDH 在国内外已经得到广泛应用，成为信息高速公路的重要支柱之一。下面介绍 SDH 的帧结构、复用映射结构和网络结构等情况。

10.2　SDH 帧结构和开销

　　SDH 的帧结构如图 10-2-1 所示，它是由横向 $90 \times N$ 列和纵向 9 行个字节(8 bit)组成，其中，N 是指 STM-N 中的 N。传输顺序是从左上角第一个字节开始，从左到右、从上到下按行顺序进行。每秒传送 8000 帧，所以 STM-1 的码元速率为 $9 \times 270 \times 8 \times 8000 = 155.52$ Mb/s。

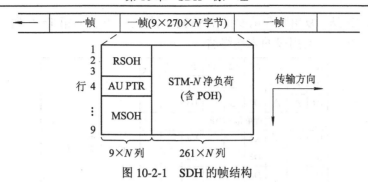

图 10-2-1　SDH 的帧结构

10.2.1　STM-1 的段开销

SDH 的一个主要特点是它具有标准化的贯穿全网的运行、管理和维护(OAM)功能,这些功能是靠在帧结构中安排的一些附加字节(或附加比特)来支持,这些附加字节(或比特)就称为开销(Overhead)。段开销 SOH(Section Overhead)区域有 72 个字节,576 个比特,4.608 Mb/s。

在介绍 SDH 的开销以前,让我们先看看如图 10-2-2 所示 SDH 传输系统,即一种最简单的分层结构。其中有低阶通道层(LPOH),高阶通道层(HPOH),复用段层(MSOH)和再生段层(RSOH)。按照网络分层的概念,不同层有不同的开销,设置开销的目的是为了保证 SDH 网络正常运行,提供用于维护、性能监视和其他用于运行功能的信息。从图 10-2-2 可以看出,SDH 共有 4 种开销。它们是:

(1) 再生段开销(RSOH):主要用于再生段层的运行、管理和维护。

(2) 复用段开销(MSOH):主要用于复用段层的运行、管理和维护。

(3) 高阶通道开销(HPOH):主要用于高阶通道层的运行、管理和维护。

(4) 低阶通道开销(LPOH):主要用于低阶通道层的运行、管理和维护。

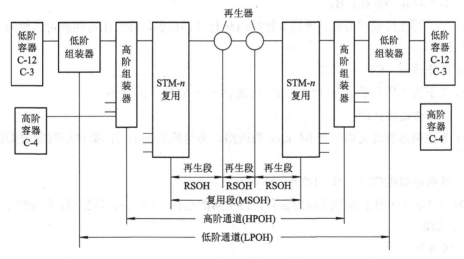

图 10-2-2　SDH 开销功能的组织结构

STM-1 帧前面 9 列中除第 4 行以外的字节为段开销。段开销可细分为再生段开销和复用段开销,如图 10-2-3 所示。

再生段开销安排在 STM-1 帧中 1～3 行的第 1～9 列。再生段开销在再生段的始端产生,在再生段的末端终结。复用段开销安排在 STM-1 帧中 5～9 行的第 1～9 列。复用段开销在复用段的始端产生，在复用段的末端终结。

A1	A1	A1	A2	A2	A2	J0	⊠	⊠	
B1	△	△	E1	△		F1			
D1	△	△	D2	△		D3			
管理单元(AU)指针									净荷区
B2	B2	B2	K1			K2			(261 字节×9 行)
D4			D5			D6			
D7			D8			D9			
D10			D11			D12			
S1						M1	E2		

图 10-2-3　STM-1 帧和段开销

1. 再生段开销字节

1) 帧定位：A1、A2

A1、A2 用于 STM-1 帧的帧定位，规定为两种固定代码：

A1 = 11110110，A2 = 00101000

收信基本正常(包括帧失步)时，再生器直接发送 A1 和 A2；收信故障时，再生器产生 A1 和 A2。在再生器中 A1 和 A2 不经扰码，全透明传送。

2) 再生段踪迹：J0

J0 用来重复发送"段接入点的标识符"(发送端)，从而使再生段的接收端能够确认自己与预定的再生段的发送端是否处于持续的接通状态。如果 J0 不相符，表示再生段连接有错误，且可能引起踪迹识别符适配告警(TIM)。具体标准可参见有关规定。

3) 再生段误码监视：B1

B1 用于再生段误码监测，使用 8 比特组进行奇偶校验，称为比特间插奇偶校验，简称为 BIP-8。

4) 公务通信：E1

E1 用于再生段间的公务联络通信，可提供一个 64 kb/s 的通路。

5) 使用者通路：F1

F1 为网络运营者提供一个 64 kb/s 的通路，为特殊的维护目的提供临时的数据或话音通路。

6) 数据通路(DCC)：D1、D2 和 D3

D1、D2 和 D3 用于再生段间传送有关再生器的运行、维护和管理信息，可提供 192 kb/s 的 DCC 通路。

7) X 字节

标有 X 的字节是留给国内使用的字节。

8) △ 字节

标有 △ 的字节是与传输媒质的特性有关的字节。例如，用单根光纤进行双向传输时，可以用此字节来实现区分信号方向的功能等。

9) 不扰码字节

其中第一行的 9 个字节(或 9N 个字节)是不扰码字节。

2. 复用段开销字节

1) 复用段误码监视：B2

B2 用于复用段的误码监测，其具体的实现方法可参见有关规定。

2) 数据通信通路：D4～D12

D4～D12 用于传送复用段的运行、维护和管理信息。可提供速率达 576 kb/s 的通路。

3) 公务通信：E2

E2 用于复用段间的公务联络通信，可提供速率为 64 kb/s 的通路。

4) 自动保护倒换(APS)通路：K1、K2(b1～b5)

K1、K2(b1～b5)用于复用段的自动保护倒换信令。K1(b1～b4)指示倒换请求的原因，K1(b5～b8)指示提出倒换请求的工作系统的序号或指示目标节点。K2(b1～b4)指示复用段接收侧的备用系统倒换开关所桥接到的工作系统序号或指示源节点。K2(b5)指示复用段保护结构类型或环保护的长短路径。有关自动保护的具体协议可参见有关规定。

5) 复用段远端缺陷指示(MS-RDI)：K2(b6～b8)

K2(b6～b8)用于向复用段的发送端(近端)回传接收端(远端)的状态指示信号，告诉发送端，接收端检测到上游段的缺陷或收到复用段告警指示信号(MS-AIS)。当 K2(b6～b8) = 110 时，表示远端缺陷指示(MS-RDI)；当 K2(b6～b8) = 111 时，表示告警指示信号(MS-AIS)。其他状态可参见有关规定。

6) 同步状态：S1(b5～b8)

S1(b5～b8)用于传送同步状态信息，已经定义的表示不同质量水平的五个典型代码如表 10-2 所示。其他可参见有关规定。

表 10-2　不同质量水平的五个典型代码

S1 字节(b5～b8)	SDH 同步质量水平
0000	质量情况不明(现有同步网)
0010	G.811 基准时钟
0100	G.812 SSU-A
1000	G.812 SSU-B
1011	G.813 同步设备定时源(SETS)

7) 复用段远端差错指示(MS-REI)：M1

M1 用于将复用段的远端(接收端)检测到的差错信息回传给近端(发送端)。有关差错指示代码的具体标准可参见有关规定。

10.2.2　STM-N 的净负荷(Payload)区

净负荷区存放的是有效的传输信息，由如图 10-2-1 所示的横向第 $10 \times N$ 到 $270 \times N$、纵向第 1 到第 9 行的 $2349 \times N$ 个字节组成，其中还含有少量用于通道性能监视、管理和控制的通道开销字节(POH)。POH 被视为净负荷的一部分。

10.2.3　管理单元指针(AU PTR)区

AU PTR 位于帧结构第 4 行的第 1 到第 9 个字节，这一组数码代表的是净负荷信息的起始字节的位置，接收端根据指示可以正确地分离净负荷。这种指针方式的采用是 SDH 的重要创新，可以使之在准同步环境中完成复用同步和 STM-N 信号的帧定位。这一方法消除了常规准同步系统中滑动缓存器引起的延时和性能损伤。

10.3　SDH 的复用、映射和指针

在准同步数字体系(PDH)中，一路话音信号通过脉冲编码调制(PCM)转换成 64 kb/s 的数字信号，由 30/32 个 64 kb/s 的信号复用成 2048 kb/s 的基群信号。基群信号逐级复用成 2 次群、3 次群或 4 次群等高次群信号。这就是 PDH 的复用结构，又称为复用路线。PDH 复用采用大量的硬件配置来完成，灵活性差。

在同步数字体系(SDH)中，复用是指将低阶通道层信号适配进高阶通道或将多个高阶通道信号适配进复用段的过程。在 SDH 的复用映射过程中，指针用来指示信息起点的位置。SDH 复用有标准化的复用结构，由硬件和软件结合来实现，非常灵活方便。

10.3.1　SDH 的基本复用结构和原理

为了实现承载网上现有的各种业务，SDH 需要将不同的符合 PDH 等级速率的信号有序地组织在一起，为此 ITU-T G.707 建议规定了 SDH 基本的复用映射结构，如图 10-3-1 所示。从该图可以看出，每一种业务都要经过映射、指针定位和同步复用等步骤才能适配进入同步传送模块(STM-N)，下面将分别讨论这些步骤。

对于一个国家，电信网上原有的业务对传输的要求往往不需要完整的复用映射结构，因此允许从图 10-3-1 所示的基本的复用映射结构中选取部分接口和映射支路，但应使各种被承载的业务只能经过唯一的一条复用路线到达传送模块(STM-N)。我国 SDH 基本的复用映射结构如图 10-3-2 所示。

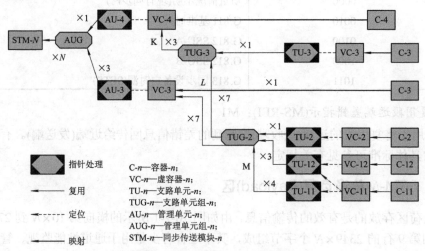

C-n——容器-n；
VC-n——虚容器-n；
TU-n——支路单元-n；
TUG-n——支路单元组-n；
AU-n——管理单元-n；
AUG-n——管理单元组-n；
STM-n——同步传送模块-n

图 10-3-1　SDH 基本的复用映射结构

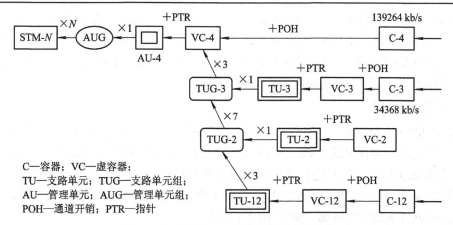

图 10-3-2　我国 SDH 基本的复用映射结构

前面已经讨论过，SDH 的一个优点是可以兼容 PDH 的各次群速率和相应的各种新业务信元，其中的复用过程便是遵照 ITU-T 的 G.707 建议所给出的结构，如图 10-3-1 所示。传统的把低速率信号复用成高速率信号的方法通常有两种：一种是正比特塞入法，它是利用位于固定位置的比特塞入指示，来显示塞入的比特究竟载有真实数据还是伪数据；另一种是固定位置映射法，即利用低速支路信号在高速信号中的固定比特位置携带低速同步信号。这两种方法在高速情况下实现都有一定的困难。SDH 系统引入了指针调整法，利用净负荷指针来表示 STM-N 帧内的净负荷第一个字节的位置。

10.3.2　SDH 的复用单元

图 10-3-1 所示的这种复用结构由一系列的基本单元组成，而复用单元实际上就是一种信息结构。不同的复用单元，信息结构不同，因而在复用过程中所起的作用也不同。常用的复用单元有容器(C)、虚容器(VC)、管理单元(AU)和支路单元(TU)等。具有一定频差的各种支路的业务信号最终进入 SDH 的 STM-N 帧都要经过三个过程：映射、定位和复用。

其工作原理如下：

各种速率的 G.703 信号首先进入相应的不同接口容器 C 中，在这里完成码速调整等适配功能。由标准容器出来的数据流加上通道开销(POH)后就构成了虚容器(VC)，这个过程称为映射。VC 在 SDH 网中传输时可以作为一个独立的实体在通道中任意位置取出或插入，以便进行同步复接和交叉连接处理。

由 VC 出来的数字流进入管理单元(AU)或支路单元(TU)，并在 AU 或 TU 中进行速率调整。在调整过程中，低一级的数字流在高一级的数字流中的起始点是不定的，在此，设置了指针(AU PTR 和 TU PTR)来指出相应的帧中净负荷的位置，这个过程称为定位。

最后在 N 个 AUG 的基础上，再附加段开销 SOH，便形成了 STM-N 的帧结构，从 TU 到高阶 VC 或从 AU 到 STM-N 的过程称为复用。

1. 容器(C)

容器是用来装载各种速率业务信号的信息结构，主要完成 PDH 信号和虚容器 VC 之间的适配功能(如码速调整)。针对不同的 PDH 信号，ITU-T 规定了五种标准容器，即 C11、C12、C2、C3 和 C4。每一种容器分别对应一种标称的输入速率：C11 对应的输入速率为

1544 kb/s，C12 对应的输入速率为 2048 kb/s，C2 对应的输入速率为 6312 kb/s，C3 对应的输入速率为 34368 kb/s，C4 对应的输入速率为 139 264 kb/s。其中，C4 为高阶容器，图 10-3-1 中 AU-3 前的 C3 为高阶容器，其余的为低阶容器。在我国的 SDH 复用结构中，仅用了三种容器，即 C12、C3 和 C4，如图 10-3-2 所示。

2. 虚容器(VC)

VC 是 SDH 中最重要的一种信息结构，可在通道中任一点取出或插入，进行同步复用或交叉连接处理，方便灵活。VC 是用来支持 SDH 通道层连接的信息结构。它由标准容器 C 的信号再加上用以对信号进行维护和管理的通道开销(POH)构成的。虚容器又分为高阶 VC 和低阶 VC。其中，VC11、VC12、VC2 和 TU-3 之前的 VC3 为低阶虚容器，VC4 和 AU-3 前的 VC3 为高阶虚容器，如图 10-3-1 所示。

虚容器仅在 PDH/SDH 网络边界处才进行分接，在 SDH 网络中始终保持完整不变，独立地在通道的任意一点进行分出、插入或交叉连接。无论是低阶虚容器还是高阶虚容器，它们在 SDH 网络中始终保持独立且相互同步的传输状态，即在同一 SDH 网中的不同的 VC 的帧速率是相互同步的，因而在 VC 级别上可以实现交叉连接操作，从而在不同的 VC 中装载不同速率的 PDH 信号。

3. 支路单元(TU)

支路单元是为低阶通道层和高阶通道层之间提供适配功能的一种信息结构。它由一个低阶 VC 和一个指示此低阶 VC 在相应的高阶 VC 中的初始字节位置的指针 PTR 组成，即

$$TU\text{-}n = VC\text{-}n + 支路单元指针(PTR)$$

支路单元分为四种，它们是 TU-11、TU-12、TU-2 和 TU-3。

4. 支路单元组(TUG)

支路单元组是由一个或多个在高阶 VC 净负荷中占据固定位置的支路单元组成。把不同大小的支路单元 TU 组合成一个支路单元组 TUG，可以增加传送网络的灵活性。从图 10-3-2 可以看出，VC-4 中有 TUG 3 和 TUG 2 两种支路单元组。1 个 TUG-2 由 1 个 TU-2 或 3 个 TU-12 或 4 个 TU-11 按字节交错间插组合而成。一个 TUG 3 由 1 个 TU-3 或 7 个 TUG-2 按字节交错间插组合而成。一个 VC-4 可容纳 3 个 TUG-3，一个 VC-3 可容纳 7 个 TUG-2。

5. 管理单元(AU)

AU 是在高阶通道层和复用段层之间提供适配功能的信息结构。它由高阶 VC 和指示高阶 VC 在 STM-N 中的起始字节位置的管理单元指针(AU PTR)组成。高阶 VC 在 STM-N 中的位置是浮动的，但 AU PTR 在 SDH 帧结构中的位置是固定的。

6. 管理单元组(AUG)

在 STM-N 的净负荷中占据固定位置的一个或多个管理单元 AU 就组成了管理单元组 AUG。1 个 AUG 由 1 个 AU-4 或 3 个 AU-3 按字节交错间插组合而成。

7. 同步传送模块(STM-N)

在 N 个 AUG 的基础上，加上起到运行、维护和管理作用的段开销，便形成了 STM-N 信号。不同的 N，信息速率的等级不同。

10.3.3　SDH 的映射

映射原本是数学上的一个术语，源于集合论。映射又称为变换，意思是指两个集合中的元素有某种对应的关系。

在 SDH 网络边界，一个业务信号(如 PDH 信号)映射进相应的虚容器，意思是指 PDH 信号的元素(比特)，经变换关系(这里是按排列顺序)成为虚容器中唯一位置上的元素(比特)。实际的变换还要包括更多的适配操作，如码速调整，将 PDH 信号的速率调整到相应容器 C-n 的速率再装入 C-n 中；又如加入通道开销构成虚容器 VC-n。

按照业务信号(支路信号)的时钟和虚容器的时钟(SDH 网络时钟)是否同步，映射分为异步映射和同步映射两大类。异步映射采用码速调整来实现速率适配，因此允许业务信号的速率有一定的偏差，且无需滑动缓冲存储器，引入的时延也很小(约为 10 μs)。

同步映射要求业务信号和 SDH 时钟同步，无需速率适配，但需要至少一帧的缓冲存储器，引入的时延大于 125 μs。

10.3.4　2048 kb/s 到 STM-1 的映射和复用

从图 10-3-1 可以看出，载送 2048 kb/s 信号的容器是 C-12。C-12 加上低阶通道开销构成虚容器 VC-12。按照网中现有 2048 kb/s 信号的不同情况，可能有三种映射方式，即 2048 kb/s 支路的异步映射，如图 10-3-3 所示；2048 kb/s 支路的同步映射，如图 10-3-4 所示；和 31×64 kb/s 的字节同步映射，如图 10-3-5 所示。三种映射方式的共同特点是 VC-12 的 140 个字节的复帧分为 4 个子帧。每个子帧有 35 个字节，4 个子帧开头的字节是低阶通道开销，分别是 V5、J2、N2 和 K4。

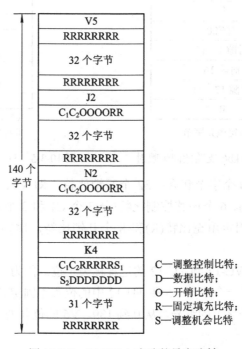

图 10-3-3　2048 kb/s 支路的异步映射

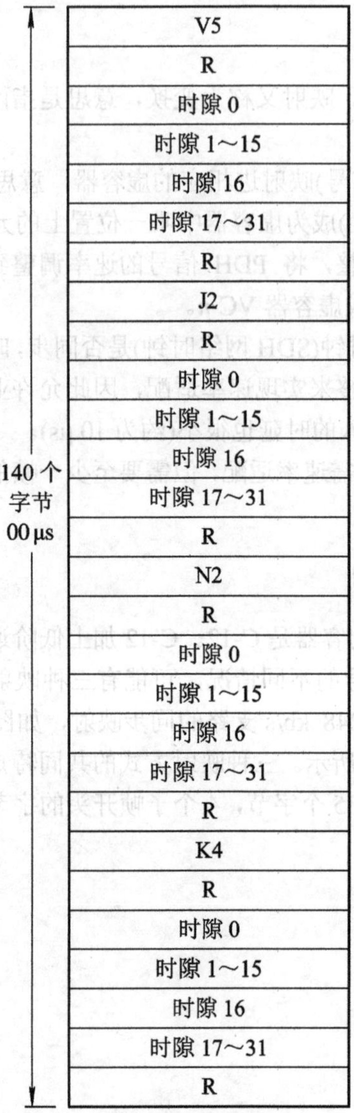

图 10-3-4（左）140 个字节 00μs：

V5
R
时隙 0
时隙 1~15
时隙 16
时隙 17~31
R
J2
R
时隙 0
时隙 1~15
时隙 16
时隙 17~31
R
N2
R
时隙 0
时隙 1~15
时隙 16
时隙 17~31
R
K4
R
时隙 0
时隙 1~15
时隙 16
时隙 17~31
R

R为固定填充字节

图 10-3-4　2048 kb/s 支路的同步映射

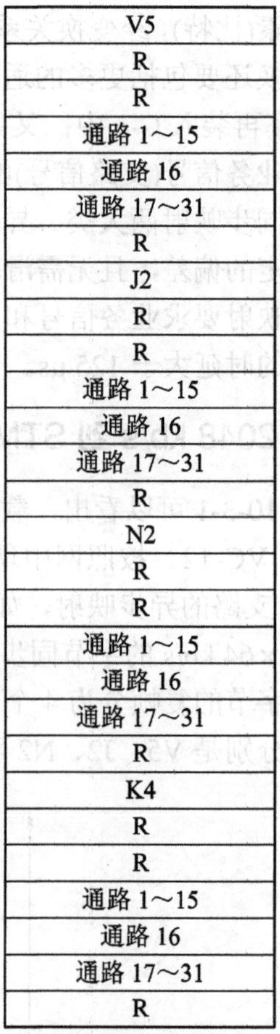

图 10-3-5（右）：

V5
R
R
通路 1~15
通路 16
通路 17~31
R
J2
R
R
通路 1~15
通路 16
通路 17~31
R
N2
R
通路 1~15
通路 16
通路 17~31
R
K4
R
R
通路 1~15
通路 16
通路 17~31
R

R为固定填充字节，此处应该插入时隙0

图 10-3-5　31×64 kb/s 的字节同步映射

对于异步映射，140 个字节包含：32 个开销比特，即 V5、J2、N2 和 K4 的全部比特、1023 个数据比特(D)、6 个调整控制比特(分 3 个 C1 和 3 个 C2 两组)、2 个调整机会比特(S1 和 S2)、49 个固定填充比特(R)和 8 个开销比特。虚容器 VC-12 的复帧频率是 2000 帧/秒。

在图 10-3-1 中，从 VC-12 到 TU-12 的过程称为定位。因为 VC-12 在 TU-12 中的相位是浮动的，即 VC-12 的第一个字节 V5 在 TU-12 中的位置不固定。TU-12 的结构如图 10-3-6 所示。图中标出了 140 个字节的编号，从 0 到 139。V5 的位置处于哪个编号，由 TU-12 的指针(V1，V2)值指示。

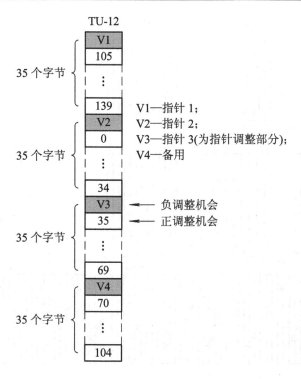

图 10-3-6　TU-12 的指针

这里举一个特殊的例子，来帮助大家理解 TU-12 和 VC-12 的相互关系。假设 TU-12 的指针值(由 V1、V2 中的 10 个比特装载)恰好为 105，V5 就正好在 V1 的后面。将这种情况下的图 10-3-3 和图 10-3-6 改绘成平面形式，放在一起，C-12、VC-12 和 TU-12 的关系就更加清楚，如图 10-3-7 所示。

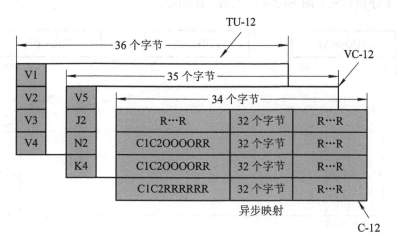

图 10-3-7　C-12、VC-12 和 TU-12 的关系

3 个 TU-12 按字节交错间插复用构成 TUG-2，7 个 TUG-2 按字节交错间插复用构成 TUG-3，如图 10-3-8 所示。为了区分是第几个 TU-12，采用字母 $M(M=1，2，3)$ 表示，为了区分是第几个 TUG-12，采用字母 $L(L=1，2，3，\cdots，7)$ 表示。

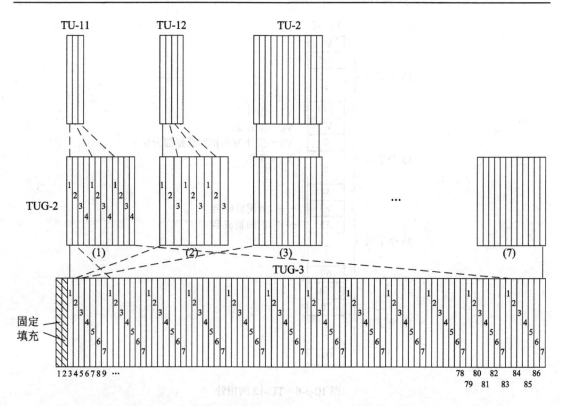

图 10-3-8　3 个 TU-12 构成 TUG-2 和 7 个 TUG-2 构成 TUG-3

　　3 个 TUG-3 按字节交错间插复用构成 VC-4，如图 10-3-9 所示。为了区分是第几个 TUG-3，采用字母 $K(K=1，2，3)$ 表示。这里的 M、L 和 K 就是图 10-3-1 中的 M、L 和 K。$K=1$，2 和 3 分别对应于图 10-3-9 中的 A、B 和 C。

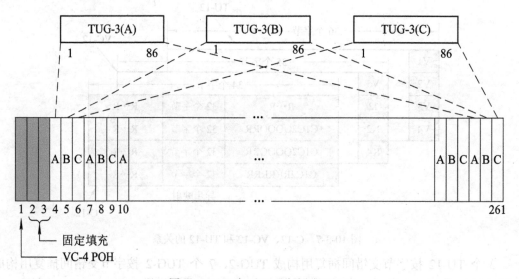

图 10-3-9　3 个 TUG-3 复用成 VC-4

图 10-3-10 表示了 VC-4 经 AU-4 复用成 AUG-1。VC-4 在 AU-4 中的相位是浮动的，即 VC-4 的第 1 个字节 J1 在 AU-4 中的位置不固定。AU-4 的结构将在后面结合 AU 的指针调整原理讲解。AUG 加上段开销就构成了 STM-1 信号。

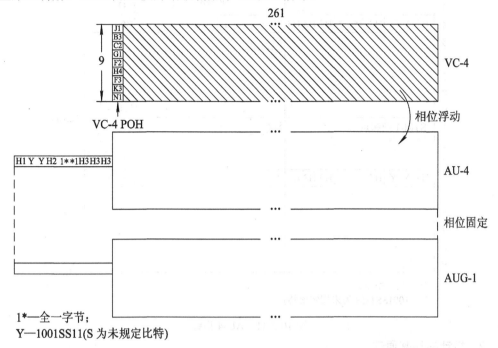

1*—全一字节；
Y—1001SS11(S 为未规定比特)

图 10-3-10　AU-4 复用成 AUG-1

从上述复接过程可以看出，一个支路单元 TU-12 中装载一个虚容器 VC-12；一个虚容器 VC-12 中装载 4 帧 PCM 信号；每个 TU-12 支路单元在一个 STM-1 帧中出现一次，STM-1 的帧频为 8 kHz，那么每个 TU-12 支路单元的重复频率也是 8 kHz。从支路单元 TU-12 到 STM-1 的复接过程是按字节交错间插复用的。

10.3.5　SDH 的指针

指针处理是在 SDH 的复用映射过程中，适配相位和速率的一个重要技术。在 SDH 的复用映射过程中，有 TU-12、TU-3 和 AU-4 三种指针，本节以 AU-4 指针为例来说明指针调整的基本原理。

1. 指针的作用

在 STM-1 的特定位置(第 4 行的头 9 个字节)用若干个字节记载净荷区中承载的数据的起点(第一个字节)位置，即用它们来表征数据的相位，这些字节定义为 AU-4 指针，如图 10-3-11 所示。

AU-4 指针的范围是 0～782，这些数值与图 10-3-11 中以 3 个字节为单位的位置编号对应，从第 4 行第 10 个字节编号为 0 开始，依次编到 782，共覆盖 2349(等于 783×3，也即 261×9)个字节。图中 H1、H2 是存放指针数值的 2 个比特，3 个 H3 是负调整机会。

指针的作用非常重要，它是 SDH 的关键技术之一。随着指针的调整，也就对网络的频率和相位进行了跟踪和校准。

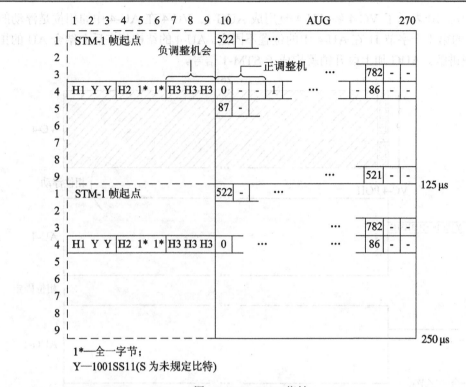

图 10-3-11　AU-4 指针

2. 指针的调整原理

在图 10-3-3 中，2048 kb/s 信号异步映射进入 VC-12，采用的是比特插入方法来实现码速的调整，这种速率适配技术与指针无关，也就是说 2048 kb/s 信号的速率和相位与指针调整无关。

VC-12 装配器将 VC-12 放入 TU-12，可以看成是一种将货物 VC-12 放入小集装箱 TU-12，以支持 VC-12 在逻辑低阶通道上实现端到端的传送。而实际上，小集装箱还要放入大集装箱来传送。VC-12 和 TU-12 之间的速率和相位适配是靠 TU-12 的指针调整实现的。

VC-4 装配器将 VC-4 放入 AU-4，可以看成是将货物 VC-4 放入大集装箱 AU-4，以支持 VC-4 在逻辑高阶通道上实现端到端的传送。VC-4 放入 AU-4，它们之间的速率和相位适配是靠 AU-4 的指针调整来实现的。

复用器(MUX)将段开销加入到信号中形成的 SDH 信号，例如，STM-1 信号，可以看成是一种更大的集装箱。

正常情况下，各级货物与集装箱的速率和相位是适配的。但由于各种原因，可能会出现货物相对于集装箱忽快忽慢的情况。解决货物速率比集装箱速率快的办法是让每个集装箱多装一点货；反之，让每个集装箱少装一点货。在我们研究的问题中，货物就是 VC-4，集装箱就是 AU-4，二者速率和相位的适配就是用 AU-4 指针的调整来实现的。图 10-3-11 中的负调整机会(3 个 H3，即第 4 行第 7、8、9 字节)和正调整机会(第 4 行第 10、11、12 字节)是供指针调整的空间。在 VC-4 速率高于 AU-4 时，用这 3 个 H3 来多装信息；在 VC-4 速率低于 AU-4 时，第 4 行第 10、11、12 字节不装信息(3 个 H3 也不装信息)，用虚假信息来填充这些位置，在收端不理会其内容。那么收端怎么知道这些是真信息还是假信息呢？

那就要靠指针来指出真信息是从哪个位置开始装的。

3. 指针的正、负调整

指针的正调整过程如图 10-3-12 所示，H1 中的前 4 个比特(*NNNN*)为新数据标记，后面的 10 个比特承载指针值(H1 中的 *I*、*D* 为 2 个比特，加上 H2 中的 8 个比特)，用来指明 VC 起点位置的编号(在 *NNNN* = 0110 时有效)。这 10 个比特又分为 *I*(增加指示比特)和 *D*(减少指示比特)两类，利用它们瞬间取反(从 0 变为 1 或从 1 变为 0)给出启动指针值调整信息。*I* 比特取反的 AU-4 帧出现正调整，*D* 比特取反的 AU-4 帧出现负调整，即该帧的后一帧的指针值将增 1 或减 1。*SS* 比特取 "10" 表示 AU 和 TU 的类型是 AU-4，AU-3 或 TU-3。

指针值		H1			H2		H1	H2
Dec	Hex	*NNNN*	*SS* *ID*	*ID* *ID*	*ID* *ID*		Hex	Hex
176	0B0	0 1 1 0	1 0 0 0	1 0 1 1	0 0 0 0		68	B 0
			↓	↓ ↓	↓			
增加		0 1 1 0	1 0 1 0	0 0 0 1	1 0 1 0		6 A	1 A
			↓	↓ ↓	↓			
177	0B1	0 1 1 0	1 0 0 0	1 0 1 1	0 0 0 1		68	B 1

图 10-3-12　指针的正调整过程

新数据标记 *NNNN* = 0110 时表示指针正常操作，当它取反(*NNNN* = 1001)时，表示由于净荷变化，例如，原有连接解体，建立了新的连接，VC 从一种变化为另一种，指针将有一个全新的值(不是增 1 或减 1 的意义)。这种新数据标志的指针值表明一个新的 VC 起始位置的编号。

在图 10-3-12 中包含 H1 和 H2 在连续 3 帧中的变化过程。在第一帧时，H1 和 H2 中指针值为 176，这里指针值是指 H1 中标有 *I*、*D* 标记的 2 位加上 H2 中的 8 位二进制的值。系统已检测到 VC-4 信号的相位滞后 AU-4。第二帧从第 4 行第 10 列起 VC-4 信息向后移，正调整机会的 3 个字节立即被虚假信息填充。第三帧指针加 1，由 176 变为 177。这样 VC-4 的相位被延迟约 0.16 μs。G.707 标准规定此后至少 3 帧不应再有指针调整。

图 10-3-13 表示了指针的负调整过程。图中表示了发生调整时的连续 3 帧，在第一帧指针值为 177，系统已检测到 VC-4 信号的相位超前 AU-4。第二帧从第 4 行第 10 列起 VC-4 信息向前移，负调整机会的 3 个 H3 字节立即被 VC-4 的有效信息取代。第三帧指针减 1，由 177 变为 176。这样 VC-4 的相位被提前了约 0.16 μs。G.707 标准规定此后至少 3 帧不应再有指针调整。

指针值		H1			H2		H1	H2
Dec	Hex	*NNNN*	*SS* *ID*	*ID* *ID*	*ID* *ID*		Hex	Hex
177	0B1	0 1 1 0	1 0 0 0	1 0 1 1	0 0 0 1		68	B 1
			↓	↓ ↓	↓			
减少		0 1 1 0	1 0 0 1	0 1 1 0	0 1 0 0		69	64
			↓	↓ ↓	↓			
177	0B0	0 1 1 0	1 0 0 0	1 0 1 1	0 0 0 0		68	B 0

图 10-3-13　指针的负调整过程

连续的指针调整允许跨过一帧，即指针值为 782 再加 1 成为 0(下一帧)，而指针为 0 再减 1 成为 782(上一帧)，因而连续的指针调整可以对 VC-4 和 AU-4 的帧频率偏差进行校准。连续的指针正调整相当于降低 VC-4 的帧频率；连续的指针负调整相当于提高 VC-4 的帧频率。虽然这种调整操作至少要隔 3 帧才进行一次，理论上可以提供很大的频率跟踪能力(±48 kHz)，足以对付 STM-N 的最大频差($\pm20\times10^{-6}$，对 VC-4 而言约等效于 ±3 kHz)。

有关 AU-4 指针的具体安排和操作，以及 TU-3 和 TU-2 指针的规定，请参考 G.707 标准。

10.4 SDH 传送网

10.4.1 SDH 传送网的功能结构

一个电信网有两大功能群：传送功能群和控制功能群。所谓传送网就是完成传送功能的手段，当然传送网也能传送各种网络控制信息。传送网主要指逻辑功能意义上的网络，是一个复杂庞大的网络。为了便于网络的设计和管理，通常用分层(Laying)和分割(Partitioning)的概念，将网络的结构元件按功能分为参考点(接入点)、拓扑元件、传送实体和传送处理功能四大类。网络的拓扑元件分为三种：层网络、子网和链路，只需这三种元件就可以完全地描述网络的逻辑拓扑，从而使网络的结构变得灵活，网络描述变得容易。

SDH 网络的物理拓扑一般有线形、星形、树形、环形和网孔形等五种类型。前面已经讲过，这里不再赘述。

SDH 传送网的分层模型如图 10-4-1 所示。自上而下依次为电路层网络、通道层网络和传输媒质层网络。每一层网络为其相邻的高一层网络提供服务，同时又使用相邻的低一层网络所提供的服务。提供服务的层称为服务者(Server)，使用服务的层称为客户(Client)，因而相邻的网络层之间构成了客户/服务者关系。

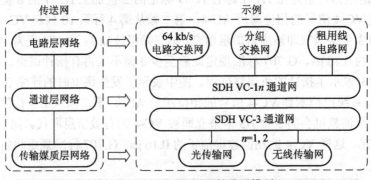

图 10-4-1 SDH 传送网的分层模型

电路层网络涉及电路层接入点之间的信息传递并直接为用户提供通信业务，如电路交换业务、分组交换业务、租用线业务和 B-ISDN 虚通道等。根据提供业务的不同可以分为不同的电路层网络，如 64 kb/s 电路交换网、分组交换网、租用线电路网和 ATM 交换网等。电路层网络的设备包括用于各种交换业务的交换机(如电路交换机或分组交换机)和租用线业务的交叉连接设备等。电路层网络与相邻的通道层网络是相互独立的。

通道层网络用于通道层接入点之间的信息传递并支持不同类型的电路层网络，为电路层网络提供传送服务，其提供传输链路的功能与 PDH 中的 2 Mb/s、34 Mb/s 和 140 Mb/s，SDH 中的 VC11、VC12、VC2、VC3 和 VC4，以及 B-ISDN 中的虚通道功能类似。能够对通道层网络的连接性进行管理控制是 SDH 网的重要特性之一，SDH 传送网中的通道层网络还可进一步分为高阶通道层网络和低阶通道层网络。

　　传输媒质层网络为通道层网络节点提供合适的通道容量，并且可以进一步分为段层网络和物理媒质层网络(简称物理层)，其中，段层网络是为了保证通道层的两个节点间信息传递的完整性，物理层是指具体的支持段层网络的传输媒质，如光缆或无线。SDH 网中的段层网络还可以进一步细分为复用段层网络和再生段层网络，其中，复用段层网络涉及复用段终端之间的端到端的信息传递，再生段层网络涉及再生器之间或再生器与复用段终端之间的信息传递。

　　将传送网分为独立的三层，每层能在与其他层无关的情况下单独加以规定，可以较简便地对每层分别进行设计与管理；每个层网络都有自己的操作和维护能力；从网络的观点来看，可以灵活地改变某一层，不会影响到其他层。

　　传送网分层后，每一层网络仍然很复杂，地理上覆盖的范围很大。为了便于管理，在分层的基础上，将每一层网络在水平方向上按照该层内部的结构分割为若干个子网和链路连接。分割往往是从地理上将层网络再细分为国际网、国内网和地区网等，并独立地对每一部分进行管理。图 10-4-2 给出了传送网分割概念与分层概念的一般关系。

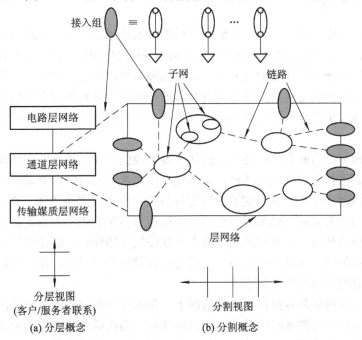

图 10-4-2 传送网的分割概念与分层概念的一般关系

　　采用分割的概念可以方便地在同一网络层内对网络结构进行规定，允许层网络的一部分被层网络的其余部分看成一个单独实体；可以按所希望的程度将层网络递归分解表示，为层网络提供灵活的连接能力，从而便于进行网络管理，也便于改变网络的组成并使之最佳化。

　　链路是代表一对子网之间有固定拓扑关系的一种拓扑元件，用来描述不同的网络设备连接点间的联系，例如，两个交叉连接设备之间的多个平行的光缆线路系统就构成了链路。我国的 SDH 传送网网络结构分为以下四个层面：

　　第一层面为省际干线网。在主要省会城市装有 DXC4/4，其间由高速光纤链路STM-16/STM-64 连接，形成一个大容量、高可靠的网状骨干网结构，并辅以少量的线性网。

这一层面能实施大容量业务调配和监控，对一些质量要求很高的业务量，可以在网状网基础上组建一些可靠性更好、恢复时间更快的 SDH 自愈环。

第二层面为省内干线网。在主要汇接点装有 DXC4/4、DXC4/1、ADM，其间由高速光纤链路 STM-16/STM-64 连接，形成省内网状网或环形网，并辅以少量的线性网。对于业务量很大且分布均匀的地区，可以在省内干线网上形成一个以 VC-4 为基础的 DXC 网状网，但多数地区可以以环形网为基本结构。省内干线网层面与省际干线网层面一般应保证有两个网关连接点。

第三层面为中继网。它可以按区域划分为若干个环，由 ADM 组成 STM-4/STM-16/STM-64 的自愈环，这些环具有很高的生存性，又具有业务疏导能力。环形网主要采用复用段保护环方式。如果业务量足够大可以使用 DXC4/1 沟通，同时 DXC4/1 还可以作为长途网与中继网及中继网与接入网的网关或接口。

第四层面为接入网。它处于网络的边界，业务量较低，而且大部分业务量汇接于一个节点上，因此通道环和星形网都十分适合于该应用环境。

10.4.2　SDH 自愈网

随着人类社会进入信息社会，人们对通信的依赖性越来越大，对通信网络生存性的要求也越来越高，一种称为自愈网(Self Healing Network)的概念应运而生。所谓自愈网就是无需人为干预，网络就能在极短的时间内从失效故障中自动恢复，使用户感觉不到网络已出了故障。其基本原理就是网络具备发现有故障的传输路由并重新确立通信路由的能力。自愈网的概念只涉及重新确立通信路由，不管具体失效元部件的修复或更换，后者仍需人员干预才能完成。

自愈环结构可分为两大类：通道倒换环和复用段倒换环。通道倒换环属于子网连接保护，其业务量的保护是以通道为基础，是否倒换由离开环的每一个通道信号质量的优劣而定，通常利用通道 AIS 信号来决定是否应进行倒换。复用段倒换环属于路径保护，其业务量的保护以复用段为基础，以每对节点的复用段信号质量的优劣来决定是否倒换。通道倒换环与复用段倒换环的一个重要区别是前者往往使用专用保护，即正常情况下保护段也在传业务信号，保护时隙为整个环专用；而后者往往使用公用保护，即正常情况下保护段是空闲的，保护时隙由每对节点共享。

自愈环分为单向环和双向环。正常情况下，单向环中所有业务信号按同一方向在环中传输。双向环中进入环的支路信号按一个方向传输，而由该支路信号的分路节点返回的支路信号按相反的方向传输。如果按照一对节点间所用光纤的最小数量还可以分为二纤环和四纤环。下面以四个节点的环为例，介绍四种典型的自愈环结构。

1. 二纤单向通道倒换环

二纤单向通道倒换环的结构如图 10-4-3 所示。通常单向环由两根光纤来实现，S1 光纤用来携带业务信号，P1 光纤用来携带保护信号。

二纤单向通道倒换环采用"首端桥接，末端倒换"结构。例如，在节点 A 进入环传送给节点 C 的支路信号(AC)同时馈入 S1 和 P1 向两个不同方向传送到 C 点，其中，S1 光纤按顺时针方向，P1 光纤按逆时针方向，C 点的接收机同时收到两个方向传送来的支路信号，择优选择其中一路作为分路信号。正常情况下，S1 传送的信号为主信号。同理，在 C 点进入环的信号按同样方式传送至结点 A。S1 光纤所携带的 CA 信号为主信号。

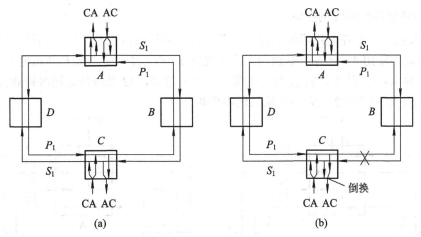

图 10-4-3　二纤单向通道倒换环的结构

当 BC 节点间的光缆被切断时，两根光纤同时被切断，从 A 经 S1 光纤到 C 的 AC 信号丢失，节点 C 的倒换开关由 S1 转向 P1，节点 C 接收经 P1 光纤传送的 AC 信号，从而使 AC 间业务信号不会丢失，实现了保护作用。故障排除后，倒换开关返回原来的位置。

2．二纤单向复用段倒换环

二纤单向复用段倒换环的结构如图 10-4-4 所示。这是一种路径保护方式。在这种环形结构中每一节点都有一个保护倒换开关。正常情况下，S1 光纤传送业务信号，P1 光纤是空闲的。

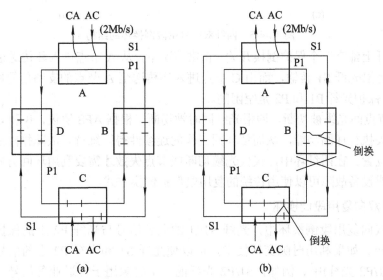

图 10-4-4　二纤单向复用段倒换环的结构

当 BC 节点间光缆被切断，两根光纤同时被切断，与光缆切断点相邻的两个节点 B 和 C 的保护倒换开关将利用 APS(Automatic Protection Switching)协议执行环回功能。例如，在 B 节点 S1 光纤上的信号(AC)经倒换开关从 P1 光纤返回，沿逆时针方向经 A 节点和 D 节点仍然可以到达 C 节点，并经 C 节点的倒换开关环回到 S1 光纤后落地分路。故障排除后，倒换开关返回原来的位置。

3. 四纤双向复用段倒换环

通常双向环工作在复用段倒换方式，既可以是四纤又可以是二纤。四纤双向复用段倒换环的结构如图 10-4-5 所示，它由两根业务光纤 S1 与 S2(一发一收)和两根保护光纤 P1 与 P2(一发一收)构成。其中，S1 光纤传送顺时针业务信号，S2 光纤传送逆时针业务信号，P1 与 P2 分别是和 S1 与 S2 反方向传输的两根保护光纤。

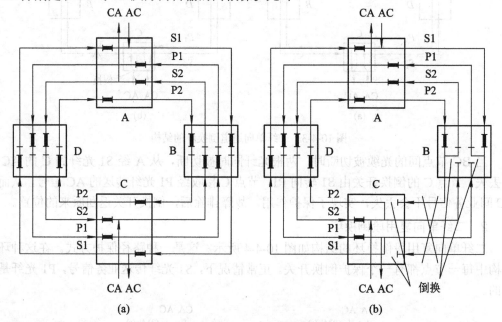

图 10-4-5　四纤双向复用段倒换环的结构

每根光纤上都有一个保护倒换开关。正常情况下，从 A 节点进入环传送至 C 节点的支路信号顺时针沿光纤 S1 传输，而由 C 节点进入环传送至 A 节点的支路信号则逆时针沿光纤 S2 传输，保护光纤 P1 和 P2 是空闲的。

当 BC 节点间光缆被切断，四根光纤同时被切断。根据 APS 协议，B 和 C 节点中各有两个倒换开关执行环回功能，从而使环回工作的连续性得以维持。故障排除后，倒换开关返回原来的位置。在四纤环中，仅仅光缆切断或节点失效才需要利用环回方式来保护，而如果是单纤或设备故障可以使用传统的复用段保护倒换方式。

4. 二纤双向复用段倒换环

在四纤双向复用段倒换环中，光纤 S1 上的业务信号与光纤 P2 上的保护信号的传输方向完全相同。如果利用时隙交换技术，可以使光纤 S1 和光纤 P2 上的信号都置于一根光纤(称为 S1/P2 光纤)中，例如，S1/P2 光纤的一半时隙用于传送业务信号，另一半时隙留给保护信号。同样，光纤 S2 和光纤 P1 上的信号也可以置于一根光纤(称为 S2/P1 光纤)上。这样 S1/P2 光纤上的保护信号时隙可以保护 S2/P1 光纤上的业务信号；S2/P1 光纤上的保护信号时隙可保护 S1/P2 光纤上的业务信号，于是四纤环可以简化为二纤环，如图 10-4-6 所示。当 BC 节点间光缆被切断，两根光纤也同时被切断，与切断点相邻的 B 和 C 节点中的倒换开关将 S1/P2 光纤与 S2/P1 光纤沟通，利用时隙交换技术，可以将 S1/P 2

光纤和 S2/P1 光纤上的业务信号时隙转移到另一根光纤上的保护信号时隙,于是就完成了保护倒换作用。

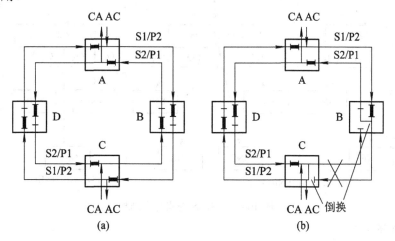

图 10-4-6 二纤双向复用段倒换环的结构

前面介绍了四种自愈环结构,通常通道倒换环只工作在二纤单向方式,而复用段倒换环既可以工作在二纤方式,又可以工作在四纤方式;既可以单向,又可以双向。自愈环种类的选择应考虑初建成本、要求恢复业务的比例、用于恢复业务所需要的额外容量、业务恢复的速度和易于操作维护等因素。

10.4.3 SDH 的网管功能

SDH 的一个显著特点是在帧结构中安排了丰富的开销比特,从而使其网络的监控和管理能力大大增强。SDH 管理网(SMN)是电信管理网(TMN)的一个子网,因而它的体系结构继承和遵从了 TMN 的结构。SMN 可以细分为一系列的 SDH 管理子网(SMS),SMS 由一系列嵌入控制通路(ECC)及有关站内数据通信链路组成,并构成整个 TMN 的有机部分。这些子网负责管理 SDH 的网元(NE)。

1. SDH 管理网的逻辑分层结构

SDH 管理网可以分为不同的逻辑层,每一层反映了管理的特定方面。这些逻辑层从下至上分别为网元层(NEL)、网元管理层(EML)、网络管理层(NML)、业务管理层(SML)和商务管理层(BML),如图 10-4-7 所示(只列出了下三层)。

1) 网元层

网元层是最低的管理层,本身具有一定的管理功能,对待定管理区域,网元管理设置在一个网元中会带来很大的灵活性。网元的基本功能应包含网元的配置、故障及性能管理功能。网元层在某些情况下实现分布管理,此时单个网元具有很强的管理功能,从而对网络响应各种事件的速度极为有益,尤其是为了达到保护目的而进行的通路恢复情况更是如此。另一种选择是给网元以很弱的功能,将大部分管理功能集中在网元管理层上。

2) 网元管理层

网元管理层直接参与管理个别网元或一组网元,具有一个或多个网元操作系统功能或/和协调功能。它负责配置管理、故障管理、性能管理和安全管理等。

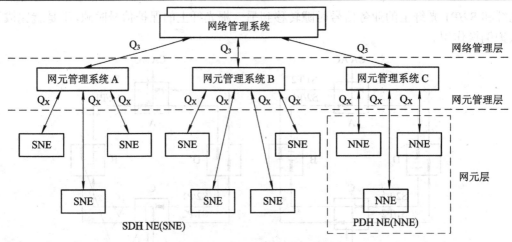

图 10-4-7　SMN 逻辑分层结构

3) 网络管理层

网络管理层负责对所辖区域进行监视和控制。其主要任务有：从网络的观点来控制和协调所有网元的活动，如选路管理和业务量管理等；搭配、中止或修改网络能力以支持用户服务。该层的目标是为业务管理层提供服务，例如，网络中有什么资源可用、资源间的相互联系和地理分布以及怎样控制这些资源等。

4) 业务管理层

业务管理层负责处理合同事项，如服务订购处理、申告处理和开票等。它承担下述任务：为所有服务交易(如服务的提供、中止、计费、服务质量和故障报告等)提供与用户的基本联系点以及与其他管理机关的接口；为网络管理层、商务管理层以及业务提供者进行交互联络、维护统计数据等。

5) 商务管理层

商务管理层是最高的逻辑功能层，负责总的企业运营事项。通常该层只负责设计目标任务，不管具体目标如何实现。其主要功能就是最佳投资的决策过程和使用新的资源，支持涉及网络的管理运行和维护的相关预算的管理和相关人力资源的供需调配，并负责维护整个企业的统计数据等。

2. SDH 管理功能

SDH 网管系统利用帧结构中丰富的开销字节，可以实施对 SDH 设备和 SDH 传送网的强大的管理功能。

1) 一般管理功能

SDH 与 NE 间进行通信，必须对构成其逻辑通信链路的嵌入控制通路(ECC)进行有效的管理；对需要时间标记的事件和性能报告标以分辨力为 1s 的时间标记，时间由 NE 的本地实时时钟显示；另外，还包括安全、软件下载、远端注册、报表生成和打印管理等。

2) 故障管理功能

(1) 故障原因监测：在宣布故障失效之前，网元内的设备管理功能对故障原因进行持续性检查。

(2) 告警监视：收集报告不同网络层的传输缺陷和指示信号。操作系统规定了什么样的事件和条件可以产生自动告警报告，其余的为请求报告，包括告警指示(AIS)和信号丢失(LOS)等事件。

(3) 告警历史管理：告警记录存储在 NE 的寄存器内，此管理提供查询和整理功能，寄存器填满后，操作系统可以决定停止记录或删除早期记录。

3) 性能监视

(1) 性能监视事件：对来自性能监视原语处理的可用信息进行加工并给出性能原语，从而导出性能事件，如误码秒、严重误码秒和背景块差错等。

(2) 数据采集：包括以维护为目的的性能数据采集和以误码块评估为目的的性能数据采集。

(3) 性能监视历史：通过记录的历史数据可以对系统性能进行评估，包括 15 min 寄存器和 24 h 寄存器。前者可以每隔 15 min 就采集一次性能事件数据，迅速检测出潜在的故障，主要用于判断不可用性；后者积累了较多的数据，可用于投入服务或劣化性能的评估。

(4) 门限管理：包括门限设置和门限报告。操作系统可以在 NE 中为各种性能事件设置门限值，当性能参数超过规定的门限值时发出门限报告。

(5) 性能数据报告：操作系统将存放在 NE 中的性能数据收集起来进行分析，这对开始合适的维护行动和故障报告是很有用的。只要操作系统需要，性能数据就能经 OS/NE 接口报告。

4) 配置管理

配置管理主要实施对网元的控制、识别和数据交换，主要涉及保护倒换的指配，保护倒换的状态、控制和安装功能，踪迹识别符处理的指配和报告，净负荷结构的指配和报告，交叉矩阵连接的指配，EXC/DEG 门限的指配，CRC4 方式的指配，端口方式和终端点方式的指配以及缺陷和失效相关的指配等。

5) 安全管理

安全管理涉及注册、口令和安全等级等。其关键是要防止未经允许的设备与 SDH 网元的通信，并允许安全地接入网元的数据库。

习　题

1. 同步数字系列(SDH)与准同步数字系列(PDH)有什么不足？
2. 什么是同步数字系列(SDH)？其基本内容是什么？
3. 同步数字系列(SDH)各速率等级都是同步复用吗？理由是什么？
4. SDH 承载 PDH 信号采用什么复用方式？
5. 请画出 SDH 的帧结构图，并简述各部分的作用。
6. 试计算 STM-1 段开销的比特数。
7. 试计算 STM-16 的码速率。
8. 简述 SDH 网管的主要功能。
9. SDH 网络中系统保护方式有哪几种？请简述各自的保护操作过程。

第 11 章　光　网　络

本章主要介绍光纤通信网络(简称光网络)及其有关技术,其中包括 WDM 光网络、自动交换光网络(ASON)、城域光网络、光接入网以及光网络中用到的基本光交换元件。

11.1　光交换的基本元件

用于光交换的元件有很多种,有有源的,也有无源的。而且随着技术的进步,还会层出不穷,这里集中列出其中最基本的几种,而且都是后面光网络中常用的,以供参考。

11.1.1　光开关型交叉连接器

光开关型交叉连接器(OXC,Optical Cross Connect)是光交换系统中不可缺少的器件,它可分为机械式和非机械式两种。机械式光开关是通过移动(机电的方法)光纤或反射镜来转换光路的。其优点是插入损耗小、串扰低;缺点是磨损大、速度慢、功耗大和寿命短。非机械式光开关正好可以克服机械式光开关的缺点,它可分为电光开关、磁光开关和集成光路开关三类。电光开关是通过对电介质施加电场,使其折射率分布发生改变,导致偏振光反射特性改变,实现光的开关特性的。磁光开关是利用某些旋磁材料在外加磁场的作用下产生旋光特性使这些材料的光偏振面发生旋转而实现光开关特性的。集成光路开关是利用马赫-曾德干涉仪(MZI,Mach-Zehnder Interferometer)的热光效应和电光效应来实现光开关特性的。

图 11-1-1 是一个 2×2 光开关型交叉连接器的逻辑表示。图中有 2 个输入,2 个输出。通过一定的控制,得到图 11-1-1 中直通和交叉两种交换状态,从而实现 2×2 光交叉连接器的逻辑功能。

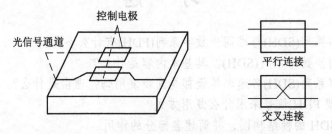

图 11-1-1　2×2 光开关型交叉连接器的逻辑表示

这种 2×2 光交叉连接器可以在多种光网络中实现光交换。前面讲了它有多种实现形式,这里仅介绍两种。

一种是微机械式的,如图 11-1-2 所示,图 11-1-2(a)为一个 1×2 光开关,在一个微继电器的控制下，移动图中的小反射镜，就可以实现 1×2 的光开关功能。将 4 个这种 1×2 的光开关装在一起，利用控制电路使反射镜联动，就可以实现如图 11-1-2(b)所示的 2×2 光交叉连接器的功能。这种 2×2 光交叉连接器的动作时间为 ms 级，插入损耗可以做到 0.1 dB，隔离度大于 30 dB。可以用在两路或多路光信号之间实现切换，是一种最简单的光交换方法。

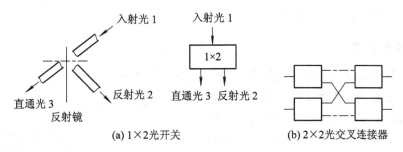

(a) 1×2光开关　　　　　　(b) 2×2光交叉连接器

图 11-1-2　微机械式的 1×2 光开关和由它组成的 2×2 光交叉连接器

另一种是利用热效应组成的 2×2 光交叉连接器，如图 11-1-3 所示，它是由不对称 X 结和马赫-曾德干涉仪(MZI)组合的聚合物波导 2×2 光交叉连接器。左边和右边的 X 结分别起 3 dB 功分器和干涉功率组合器的作用。器件中间有控制相应波导相位的热光调制电极。

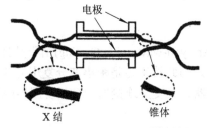

图 11-1-3　利用热效应组成的 2×2 光交叉连接器

当把光束引入两个输入波导的任意一个时，在左边一个 X 结上相等地激励出奇、偶模，然后通过模式分选将这两个模分离到 MZI 的两个臂上。经热光相位调制后，在输出 X 结的中心处，发生模式干涉，当奇、偶模之间的相位差为 0 和 π 时，导通模分别进入直通端口或交叉端口。

当宽波导、窄波导和标准波导宽度分别为 8 μm、4 μm 和 6 μm，两个不对称波导间的分支角等于 1/400 弧度(0.19°)时，可以获得的性能是：串扰小于 −20 dB，开关功率为 10 mW，插入损耗为 4.5 dB，开关时间小于 2 ms。

11.1.2　半导体光放大器光开关

半导体光放大器光开关(SOA，Semiconductor Optical Amplifier)由分支光波导和半导体光放大器组成，可以用平面光波导与 SOA 单片集成，也可以用光纤等无源器件与 SOA 连接而成。其工作原理和结构比较简单和清晰：加上电压的 SOA 支路工作，实现光信号的直通；另一路 SOA 对光吸收而不导通。图 11-1-4 为一个 4×4 SOA 门控光

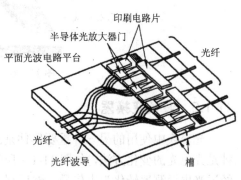

图 11-1-4　4×4 SOA 门控光开关

开关的例子，该器件使用 In-GaAsP/InP 材料，在 1.57 μm 波长下的串扰小于−45 dB，插入损耗约为 2 dB，开关电流为 25 mA。

另外，随着 SOA 的进一步完善和发展，采用 SOA 作为门控开关和开关阵列也受到人们的重视。日本 NEC 开发了 Tb/s 级的超大容量的光通信 SOA 开关，进行了吞吐量为 2.56 Tb 的光开关试验，共计 16 路波长，证明能在 BER = 10^{-14} 以下稳定工作，通过光开关以后，输出信号无大的畸变，切换速度在 1 ms 以下。

11.1.3　光耦合器

由光耦合器组成的 2×2 光交叉连接器，如图 11-1-5 所示，其中，1，2 端之间是隔离的，1 到 3、2 到 4 或 4 到 2 端的分光比是固定的，但是在熔制时可以在 1：1 到 1：10 之间控制，隔离度一般大于 25 dB。在输出端加上一定的滤光片，就可以取出所需波长的光信号。这种连接器在波分复用系统中用得多。这种定向耦合器型连接器还可以做成 4×8、8×8 或 16×16 的。其优点是响应速度快，不足之处是有分光比引起的插损。

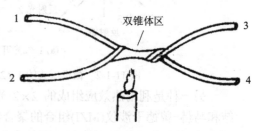

图 11-1-5　光耦合器组成的 2×2 光交叉连接器

11.1.4　阵列波导光栅

阵列波导光栅(AWG，Arrayed-waveguide Grating)由于其性能可以与光栅媲美，而又便于使用通常的光刻技术生产，因此被认为是密集波分复用光通信系统中最有应用前景的器件之一。它可以实现光滤波器、光交叉连接器和分插复用器(ADM，Add-drop Multiplexer)等多种功能。

图 11-1-6 为阵列波导光栅原理图。根据杨氏(Thomas Young)双缝试验原理，当某相邻两根光波导在输出光波导面上的光程差 $\Delta\Phi_i$ 满足 $\Delta\Phi_i = \Delta L_i\beta_i = 2\pi m_i$ 时，就会形成光栅效应，输出光会在汇聚平面上相互叠加而形成明亮点，从而实现波长分离的功能。

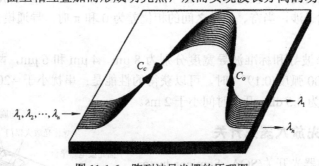

图 11-1-6　阵列波导光栅的原理图

11.1.5　波长变换器

光交换中使用的另一种重要器件是波长变换器。波长变换器的实现也有多种方法。一种是光电光的变化方法，如图 11-1-7 所示，其中，图 11-1-7(a)是将波长为 λ_1 的输入光信号经过光电探测器转化为电信号，然后利用这个电信号驱动一个波长为 λ_2 的激光器，这样波

长为 λ_2 的激光器输出光信号中就携带了原来波长为 λ_1 的光信号上所携带的信息。或者说波长为 λ_1 的光信号被变换成了波长为 λ_2 的光信号，而原来携带的信息基本上没有变。图 11-1-7(b)所示的是利用前面得到的电信号外调制波长为 λ_2 的输出光，同样也实现了波长的变换。

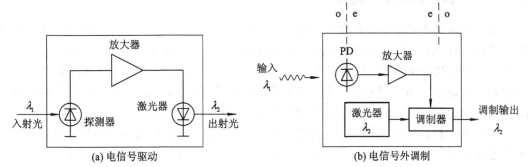

图 11-1-7　光电光波长变换器

另一种方法是利用差频转换器(DFC，Difference Frequency Converter)，如图 11-1-8 所示。

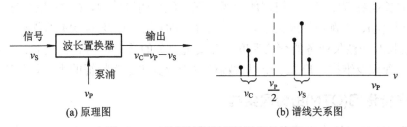

图 11-1-8　差频转换原理的波长转换器

其原理与电信号系统中的混频器类似，光频率为 ν_s 的输入信号在一个具有二阶非线性特性的光媒质中与频率为 ν_p 的泵浦光信号作用，在输出端会产生一系列的和频和差频光信号。如果转换器满足一定的相位匹配条件，在输出端只会出现 $\nu_c = \nu_p - \nu_s$ 的差频信号。从而实现了波长的转换。图 11-1-8(b)是其谱线关系图，在标称频率为 ν_c 的波带内，有 3 根谱线。

11.2　WDM 光网络

90 年代初，国际上对交换的研究集中在 ATM 和分组光交换上，采用高速光开关，在时域实现光子交换。但这种光交换并没有迅速发展起来，因为目前光存储器件尚不成熟，不能在光上识别 ATM 信头，国内外通用的方法是用光分路器将光信号分为一小部分，将其转换为电信号，在电信号上识别信头，再控制光开关动作，这样失去了光上的透明性，也突破不了电子瓶颈对速率的限制。

90 年代中期以后，WDM 光纤传输系统的应用前景已很明朗。WDM 技术极大地提高了光纤的传输容量，随之带来了对电交换结点的压力和变革的动力。为了提高交换结点的吞吐量，必须在交换方面引入光子技术，从而引起了 WDM 全光通信的研究。WDM 全光通信网是在现有的传送网上加入光层，在点对点 WDM 系统的基础上，以波长路由为基础，引入光交叉连接(OXC)和分插复用(OADM)，目的是减轻电结点的压力，建立具有高度灵活性和生存性的光网络。由于 WDM 全光网络能够提供灵活的波长选路能力，因此又称为波长选路网络(WRN，Wavelength Routing Network)。本节就是讨论 WDM 技术及其网络。

11.2.1　光传送网(OTN)概念

随着网络业务对带宽的需求越来越大，运营商和系统制造商一直在不断地考虑改进业务传送技术的问题。数字传送网的演化也从最初的基于 T1/E1 的第一代数字传送网，经历了基于 SONET/SDH 的第二代数字传送网，发展到了目前以 OTN 为基础的第三代数字传送网技术，从设计上就支持话音、数据和图像业务，配合其他协议时可支持带宽按需分配(BOD)、可裁剪的服务质量(QoS)及光虚拟传输网(OVPN)等功能。

1998 年，ITU-T 正式提出了光传送网(OTN)的概念。它在利用 WDM 技术进行点到点光纤通信系统扩容的基础上，网络采用光节点，在光域上实现信息的传输和交换，消除交换过程的"电子瓶颈"。

OTN 是继 PDH、SDH 之后的新一代数字光传送技术体制，它能解决传统 WDM 网络无波长/子波长业务调度能力、组网能力弱、保护能力弱等问题。OTN 以多波长传送(单波长传送为其特例)、大颗粒调度为基础，综合了 SDH 的优点及 WDM 的优点，可在光层及电层实现波长及子波长业务的交叉调度，并实现业务的接入、封装、映射、复用、级联、保护/恢复、管理及维护，形成一个以大颗粒宽带业务传送为特征的大容量传送网络。

11.2.2　光传送网(OTN)的分层结构

光传送网的分层结构应该考虑 SDH 网络到 WDM 网络的平滑过渡。WDM 系统是 SDH 信号的承载层。ITU-T 的 G.872(草案)已经对光传送网的分层结构提出了建议，明确了在光传送网中加入了光层。建议的分层方案是将光传送网分成光通道层(OCH)、光复用段层(OMS)和光传输段层(OTS)。与 SDH 传送网相对应，实际上是将光网络加到 SDH 传送网分层结构的电复用段层和物理层之间，如图 11-2-1 所示。由于光纤信道可以将复用后的高速数字信号经过多个中间节点，因此不需电的再生中继，直接传送到目的节点，因此可以省去 SDH 再生段，只保留复用段，再生段对应的管理功能并入到复用段节点中。为了区别，将 SDH 的通道层和段层称为电通道层和电复用段层。

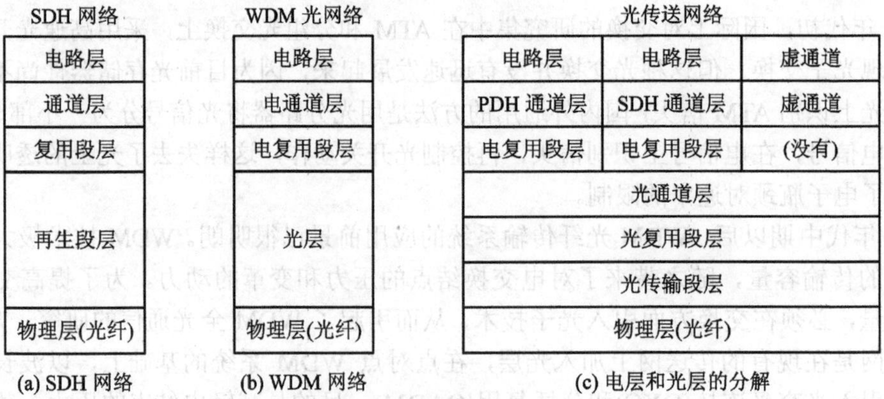

SDH 网络	WDM 光网络	光传送网络		
电路层	电路层	电路层	电路层	虚通道
通道层	电通道层	PDH 通道层	SDH 通道层	虚通道
复用段层	电复用段层	电复用段层	电复用段层	(没有)
再生段层	光层	光通道层		
		光复用段层		
		光传输段层		
物理层(光纤)	物理层(光纤)	物理层(光纤)		
(a) SDH 网络	(b) WDM 网络	(c) 电层和光层的分解		

图 11-2-1　光传送网的分层结构

光通道层为不同格式(如 PDH 565 Mb/s、SDH STM-*N* 和 ATM 信元等)的用户信息提供端到端透明传送的光信道网络功能，其中包括：为灵活的网络选路重新安排信道连接；为保证光信道适配信息的完整性处理光信道开销；为网络层的运行和管理提供光信道监控功能。

光复用段层为多波长信号提供网络功能，其中包括：为灵活的多波长网络选路重新安排光复用段连接；为保证多波长光复用段适配信息的完整性处理光复用段开销；为段层的运行和管理提供光复用段监控功能。

光传输段层为光信号在不同类型的光媒质(如 G.652、G.653 和 G.655 光纤)上提供传输功能，包括对光放大器的监控功能。

11.2.3　WDM 光传送网的节点功能和结构

WDM 光网络的节点主要有两种功能，即光通道的上下路功能和交叉连接功能，实现这两种功能的网络元件分别是光分插复用器(OADM)和光交叉连接器(OXC)。

1. 光分插复用设备(OADM)

光分插复用器的功能是从传输设备中选择下话路(Drop)通往本地的光信号，同时上话路(Add)本地用户发往其他节点用户的光信号，而不影响其他波长信道的传输。也就是说 OADM 在光域内实现了传统的 SDH 设备中的电分插复用器在时域中的功能，相比较而言，它更具有透明性，可以处理任何格式和速率的信号，这一点比电的 ADM 更优越，使整个光纤通信网络的灵活性大大提高。

一般来说，OADM 结构包括解复用单元、分插控制滤波单元及复用单元。在解复用单元中并不意味着所有波长都要从光纤中解复用。一般地，OADM 节点用解复用器解复用需要下路的光波长，而把要上路的波长经过复用器复用到光纤上传输，并不需要把非本节点的波长信号转换为电信号再向前发送，因而简化了节点上信息处理，加快了信息的传递速度，降低了运行成本。特别是当波分复用的波长数很多时，光分插复用器的作用就显得特别明显。

用不同的方法实现解复用和复用就构成不同的 OADM 结构。目前已有多种 OADM 方案，但总体说来可以分为可重构和非重构型两种。前者主要采用复用器解复用器以及固定滤波器等无源光器件。采用光开关、可调谐滤波器等光器件，在节点上下固定的一个和多个波长，动态调节 OADM 节点上下话路的波长，从而达到光网络动态重构的能力。

1) 基于解复用/复用结构的 OADM

基于解复用/复用结构的光分插复用器采用背靠背的解复用器和复用器形式来实现，如图 11-2-2 所示。在这种结构中，可以把需要在本地节点分下的一路或多路光波长信号很方便地从多波长输入信号中分离出来并连接到本地节点的光端机上，同时将本地节点需要发送的光波长通过复用器插入到多波长输出信号中去，其他波长的光信号可以不受影响地透明通过该分插复用器。

随着波分复用的波长数的增加，用于连接每个波长的光纤连线也会相应地增加，例如，如果是 32 路波长的光分插复用器，考虑到双向传输总共需要 64 根光纤连线，这肯定会给设备管理带来困难。

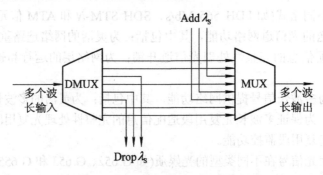

图 11-2-2　基于解复用/复用结构的 OADM

在这种结构中，由于不需要进行分插的波长不能直接地通过，而且解复用器和复用器的滤波特性会改变传输光谱的形状，因而会影响整个系统的传输性能。还有如果系统要增加波长，就必须改造甚至更换解复用器和复用器，因而这种光分插复用器不具备波长透明性。

2) 基于光纤马赫-曾德尔干涉仪加上光纤布喇格光栅结构的 OADM

图 11-2-3 为基于平衡的马赫-曾德尔干涉仪(MZI)加上光纤布喇格光栅(FBG)结构的全光纤型光分插复用器。在理想情况下，耦合器的分束比为 1 : 1，MZI 的两臂等长，两光栅写入在等长位置上并接近全反射，因此与光纤布喇格光栅的峰值波长相对应的光波长，将在分下口取出，而其他光波长信号将全部通过，并从输出(Output)口输出。

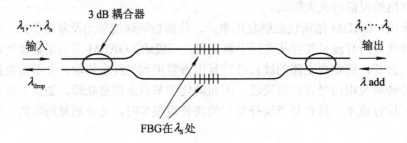

图 11-2-3　基于平衡的马赫-曾德尔干涉仪加上光纤布喇格光栅结构的 OADM

以上这种结构是左右对称的，同样可以插入与光栅峰值波长相对应的光波长信号。但是实际上要做到两个耦合器、两个光栅和两臂长完全相同是很困难的，因此要实现它也很困难。实现上述马赫-曾德尔结构可采用一种等效交通的方法：在双芯光纤上连续采用熔融拉锥方法制成有一定距离的两个 3 dB 定向耦合器，然后在两个耦合器之间的光纤上一次写入马赫-曾德尔结构和反射型布喇格光栅，但是要从双芯光纤中引出光信号需要特殊的光纤连接。

3) 基于光纤耦合器加上光纤布喇格光栅结构的 OADM

图 11-2-4 为基于光纤耦合器加上光纤布喇格光栅结构的 OADM。这种结构是在光纤定向耦合器的腰区写入光栅，如果在入射光中某一波长的光信号与光栅的峰值波长在波长上一致，就会形成选择性反射。此处定向耦合器中两根光纤中的一根已经过预处理(熔融拉细)，使两根光纤的芯径略有差别，因此在两根光纤中模式传播常数稍微有些不同。为此就要选择适当的光栅常数，使反射模式的耦合恰好发生在入射光纤基模与另一根光

纤的反方向传输基模之间。要实现这种结构需要复杂的特殊制作工艺，因而不适宜大批量地制造。

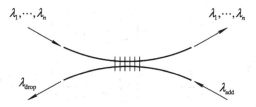

图 11-2-4　基于光纤耦合器加上光纤布喇格光栅结构的 OADM

4) 基于光纤光栅加上光纤环行器结构的 OADM

图 11-2-5 为基于光纤光栅加上光纤环行器结构的 OADM，采用光纤环行器和光纤光栅的结合可以实现多个波长的分插复用。与基于马赫-曾德尔加上光纤布喇格光栅结构相比，这种结构对每一个波长只需一个而不是一对光栅，结构较为简单，性能较为稳定。在两个环行器之间接入 m 个光纤光栅，在两个环行器的端口 3 分别接入解复用器和复用器，这样就可以分别插入 m 个波长信号，而其他没有被光纤光栅反射的光信号，无阻挡地从输出口输出。如果采用可调谐光纤光栅，就可以得到在调谐范围内的任意波长信号。

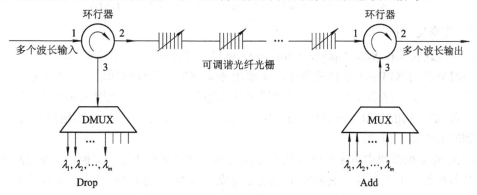

图 11-2-5　基于光纤光栅加上光纤环行器结构的 OADM

最后还可以通过不同组合形式的光开关，从 m 个波长中选取任意的分插波长。在这种结构中，由于环行器的回波损耗很大，因此不需要外加隔离器。

5) 基于介质膜滤波器加上光纤环行器结构的 OADM

图 11-2-6 为基于介质膜滤波器加上光纤环行器结构的 OADM，其中使用了多层介质膜 (Multilayer Dielectric Film)滤波器、2×2 光开关和光纤环行器等。多层介质膜滤波器由于其良好的温度稳定性目前已经在商业的波分复用系统中使用。多波长光信号从输入端经环行器到达滤波器，由于介质膜滤波器属于带通滤波器，因此只有位于通带内的波长才可以通过滤波器，其他波长则被反射回环行器。通过滤波器的波长由光开关选择从分下口输出，插入的波长经过右边的同波长滤波器再通过右边环行器而输出。从左面滤波器反射回左面环行器的光从端口 2 到端口 3 再进入下面环行器的端口 1，重复以上过程，每经过一个环行器和滤波器组合后，其余波长则继续往下走。如果不在本节点进行分插复用的波长就再连接到右侧的光纤环行器，然后依次经过环行器和多层介质膜带通滤波器，一直传输到多波长输出端口。

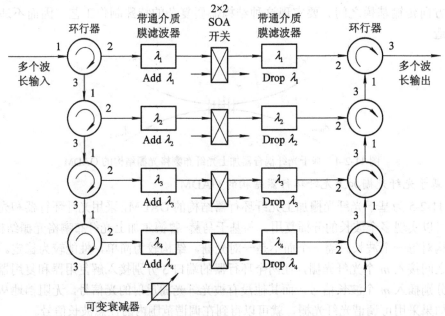

图 11-2-6　基于介质膜滤波器加上光纤环行器结构的 OADM

2. 光交叉连接器

光交叉连接器(OXC，Optical Cross-connect)是光网络中的一个重要网络单元，其功能可以与时分复用网络中的交换机类比，主要用来完成多波长环网间的交叉连接和本地上下路功能。本地上下路功能可以使某些光通道在本地下路，进入本地网络或直接经过光电变换后送入 SDH 层的 DXC，由 DXC 对其中的电通道进行处理。同时允许本地的光通道上路，复用到输出链路中传输。

OXC 光交换模块中可采用两种基本交换机制：空间交换和波长交换。实现空间交换的器件是各种类型的光开关，它们在空间域上完成入端到出端的交换功能。实现波长交换的器件是指各种类型的波长变换器，它们可以将信号从一个波长上转换到另一个波长，实现波长域上的交换。另外，光交换模块中还广泛使用了波长选择器(如各种类型的可调谐光滤波器和解复用器)，它完成选择 WDM 信号中的一个或多个波长的信号通过，而滤掉其他波长信号的功能。

光交叉连接 OXC 通常分为三类：即光纤交叉连接(FXC，Fiber Cross-connect)，波长固定交叉连接(WSXC，Wavelength Selective Cross-connect)和波长可变交叉连接(WIXC，Wavelength Interchanging Cross-connect)。

1) 光纤交叉连接

光纤交叉连接器连接的是多路输入输出光纤，每根光纤中可以是多波长光信号。在这种交叉连接器中，只有空分交换开关，交换的基本单位是一路光纤，并不对多波长信号进行解复用，而是直接对波分复用光信号进行交叉连接。这种交叉连接器在 WDM 光网络中不能发挥多波长通道的灵活性，不能实现波长选路，因而很少在 WDM 网络节点中单独使用。

2) 波长固定交叉连接

波长固定交叉连接的典型结构如图 11-2-7 所示，多路光纤中的光信号分别接入各自的波分解复用器，解复用后的相同波长的信号进行空分交换，交换后的各路相同波长的光信号分别进入各自输出口的复用器，复用后从各输出光纤输出。

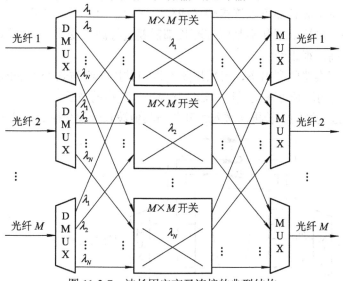

图 11-2-7　波长固定交叉连接的典型结构

在以上这种结构中，由于不同光纤中的相同波长之间可以进行交换，因而可以较灵活地对波长进行交叉连接，但是这种结构无法处理两根以上光纤中的相同波长光信号进入同一根输出光纤问题，即存在波长阻塞问题。而波长可变的交叉连接可以解决波长阻塞问题。

3) 波长可变交叉连接

在波长可变交叉连接器中，使用波长变换器(Wavelength Converter)对光信号进行波长变换，因而各路光信号可以实现灵活的交叉连接，不会产生波长阻塞。

图 11-2-8 为一种附加专用波长变换器的波长可变交叉连接器(WIXC)。

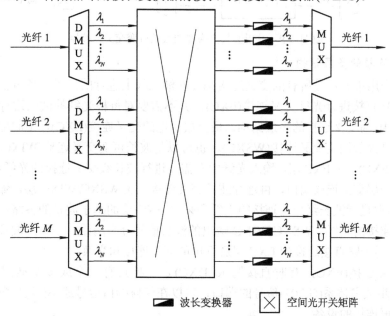

　■▨ 波长变换器　　⊠ 空间光开关矩阵

图 11-2-8　附加专用波长变换器的波长可变交叉连接器

这种结构中每一个波长经过空分交换后都配备有波长变换器。设输入输出光纤数为 M，每根光纤中波长数为 N，若要实现交叉连接则共需要 $M \times N$ 个波长变换器。在这种结构中，每根输入光纤中每个波长都可以连接转换成任意一根输出光纤中任意一个波长，不存在波长阻塞。但是在一般情况下并不是所有波长都需要进行波长变换，因而这种结构的波长变换器的利用率不高，很不经济。

为提高波长变换器的利用率，可采用所有端口共用一组波长变换器的办法，图 11-2-9 为共用波长变换器的波长可变交叉连接器。需要进行变换的波长由光开关交换后进入共用的波长变换器，经过变换的波长再次进入光开关与其他波长一起交换到所要输出的光纤中去。

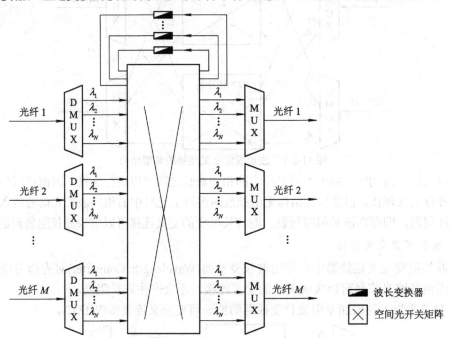

图 11-2-9　共用波长变换器的波长可变交叉连接器

4) 交叉连接的多层结构

在实际应用中并不是所有的交叉连接都要在波长级上进行的。当业务量很大时，多路光纤上的信号直接进行光纤交叉连接(FXC)，并不需要对每根光纤的波长进行解复用与复用。图 11-2-10 为交叉连接的多层结构，最上层是电的交叉连接(EXC)，中间层是波长交叉连接，可以是波长固定交叉连接(WSXC)，也可以是波长可变交叉连接(WIXC)，底层是光纤交叉连接(FXC)。在 FXC 层，输入光纤中有需要进行波长级交叉连接的光纤经 FXC 交叉连接后到上一层交叉连接端口，再进行波长交叉连接。在 WSXC/WIXC 层，输入端口有来自 FXC 层需要进行波长级交叉连接的光纤和来自 EXC 层的基于波长的各路信号一起进行波长级交叉连接的光纤。WSXC/WIXC 输出的波长信号分为两路：一路经波长复用后连接至 FXC 层；另一路直接连接到 EXC 层进行电的交叉连接和交换。

电的交叉连接(EXC，有时直接写成 DXC)是一种具有一个或多个准同步数字体系(G.702)或同步数字体系(G.707)信号的端口，可以在任何端口信号速率(及其子速率)间进行可控连接和再连接的设备。

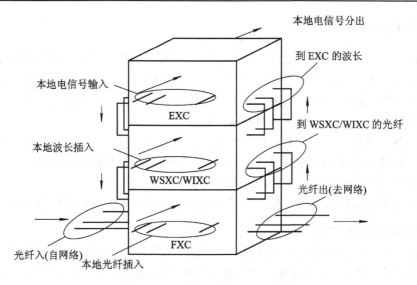

图 11-2-10　交叉连接的多层结构

电的 DXC 由复用/解复用器和交叉连接矩阵组成。DXC 的简化结构如图 11-2-11 所示。

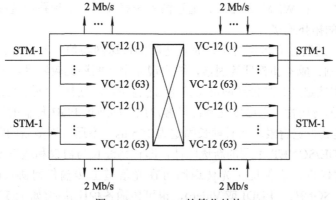

图 11-2-11　DXC 的简化结构

　　DXC 的核心部分是交叉连接矩阵，参与交叉连接的速率一般等于或低于接入速率。而交叉连接速率与接入速率之间的转换需要由复用和解复用功能来完成。

　　DXC 配置类型通常用 DXC X/Y 表示，其中，X 表示接入端口数据流的最高等级，Y 表示参与交叉连接的最低级别。

　　X 和 Y 可以是数字 0，1，2，3，4，5，6，…，其中，0 表示 64 kb/s 的电路速率；1，2，3 和 4 分别表示 PDH 中的一至四次群速率，其中，4 也代表 SDH 中的 STM-1 等级；5 和 6 分别表示 SDH 中的 STM-4 和 STM-16 等级。常用的有：

　　(1) DXC1/0，表示接入端口最高速率为一次群信号，交叉连接的最低速率为 64 kb/s。

　　(2) DXC4/1，允许接入端口最高速率为 140 Mb/s 或 SDH 的 155 Mb/s，而交叉连接的最低级别为 1 次群(VC-12)，即 DXC4/1 设备允许所有的 PDH 的 1,2,3,4 次群信号和 STM-1 信号接入和进行交叉连接。主要用于局间中继网。

　　(3) DXC4/4，允许 PDH 的 140 Mb/s 和 SDH 的 155 Mb/s 接入和进行交叉连接。是宽带数字交叉连接设备，接口速率与交叉连接速率相同，使用空分交换方式，一般用于长途网。

11.2.4　WDM 光网络

光纤的巨大潜在带宽和波分复用(WDM)技术的成熟应用，使光纤通信成为支撑通信传输网络的主流技术。目前单波长传输速率已达到 40 Gb/s，进一步提高单波长传输速率将受到半导体技术的制约，因此，一根光纤中同时传输多个波长的 WDM 技术是光纤传输网络增容的主要技术手段。以下简称为 WDM 光网络。

因此，各大公司都在开发新一代的网络，如可持续发展的网络、一体化网络和新的公用网络等。其基本思路都是相同的，即具有统一的通信协议和巨大的传输容量，能以最经济的成本灵活可靠持续地支持一切已有和将有的业务和信号。

目前作为基础的传送网络，只有基于 WDM 光网络才可能承担这样的重任。

1. WDM 光网络的优点

WDM 光网络在未来的网络中能提供一个经济、大容量、高生存性和灵活性的传输基础设施，具有极其诱人的前景。它克服了"光电光"的"电子瓶颈"问题，还具有如下几个优点：

(1) 高容量。每个波长的速率可达 40 Gb/s，单纤可传送 160 个以上波长。具有近 30 THz 的巨大潜在带宽容量，这是 WDM 技术特有的优点。

(2) 波长路由。在 WDM 网络中，通过波长选择性器件实现路由选择，建立不同波长在各个节点之间的拓扑连接。

(3) 透明性。透明性有多层含义，完全透明的传送网与信号的格式、速率无关；但考虑到各种物理限制、成本和管理等因素，要实现完全透明还比较困难，尤其是在大型网络中。因此，将透明性定义为光传送网可支持尽可能多的客户层更合适。目前的 SDH/SONET 技术就具有一定的透明性，它可以支持许多客户层，如通过 PDH 传输的话音、ATM、帧中继和 IP 等，只是其带宽有限，而且帧长固定为 125 μs，不适合许多新的业务。WDM 光传送网将提供与 SDH/SONET 不同的新透明性，即传输波长与协议和速率无关，这是 WDM 光传送网的关键优点，它保证了光传送网可在光信道上传输任何协议(如 Fast/Gigabit Ethernet、ATM、SONET、FDDI 或 Video)，也可传输各种比特率(如 155 Mb/s、622 Mb/s、1.25 Gb/s、2.5 Gb/s 或 10 Gb/s)的信号。特定协议和比特率所需的专用传输接口不再需要，减少网络单元的数目和种类，这既可以减小网络提供商的设备投入和运行费用，又可以提高网络的灵活性。

(4) 可重构性。WDM 光传送网通过光交叉连接(OXC)和光分插复用(OADM)技术可以实现光波长信道的动态重构功能，即根据传送网中业务流量的变化和需要动态地调整光路层中的波长资源和光纤路径资源，使网络资源得到最有效的利用；同时在发生器件失效、线路中断及节点故障时，可以通过波长信道的重新配置或保护倒换，为发生故障的信道重新寻找路由，使网络迅速实现自愈或恢复，保证上层业务不受影响。因此，WDM 光网络能够直接在光路层上提供很强的生存能力。

(5) 兼容性。WDM 光网络要得到市场的认可，必须能够兼容原有传送网技术，与现有传送网相连并允许现有技术继续发挥作用，从而能够维护用户原来的投资。

2. 全光 WDM 传送网的发展阶段

现在的 WDM 光网络的演进与 SDH 网络非常相似，从网络组成上看，SDH 有 TM、

ADM 和 DXC 等几种网元。SDH 的网络拓扑经过了点到点、自愈环和基于 DXC 网状网的几个发展阶段。

WDM 光网络也与此类似，有背对背 WDM 终端、OADM 和 OXC 等几种网元，在网络拓扑上也要经过点到点线形系统、WDM 自愈环和基于 OXC 网状网的几个发展阶段。与 SDH 网络相比，WDM 光网络容量更大，对业务透明，保护速度更快，如表 11-1 所示。

表 11-1　SDH 网络与 WDM 光网络比较

	SDH 网络	WDM 光网络
网元组成	TM、ADM 和 DXC	背对背 WDM 终端、OADM 和 OXC
网络拓扑演进方案	第一阶段：点到点线性系统，由 TM 背对背方式实现电路上下	第一阶段：点到点线性系统，由复用器/解复用器背对背方式实现波长上下
	第二阶段：SDH(能道或 MSP)自愈环，ADM 实现自愈环的保护倒换	第二阶段：OADM(通道或线路)自愈环，OADM 实现自愈环的保护倒换
	第三阶段：基于 DXC 网状网，DXC 实现 VC-n 交换和选路	第三阶段：基于 OXC 网状网，OXC 实现波长通道的选路和交换
		第四阶段：光分组网络

当前，OADM 的应用日趋增多，特别是城域网和省网内，以 OADM 构成的 WDM 环网技术已成为一个发展热点。当业务需求超过 2 个四纤 SDH 2.5 Gb/s 自愈环的容量时，采用 WDM 环就可显示出优越性，可以节省光纤并提高容量。

3. WDM 自愈环技术和分类

WDM 系统传送的业务量巨大，在网络失效时实施保护至关重要。构造 WDM 自愈网络有两个主要方案：在物理层网状网拓扑结构中应用光交叉连接设备(OXC)构造自愈网；在物理层环网拓扑结构中应用光分插复用设备(OADM)构造自愈网。环网结构的 WDM 自愈网络与网状网结构的 WDM 自愈网络相比，具有以下一些优势：

(1) 由于 OADM 节点要求非常简单的倒换功能，因此它比 OXC 更加经济。

(2) 由于 OADM 具备相对较少的倒换步骤，OADM 简单的功能结构使得网络的透明性增加，因此网络的光损耗降低，跨距增加。

(3) 由于环网结构简单，因此环网采用共享备用资源的保护方式将简洁快速地进行保护。通过环网的互联，若干个环网可以组成一个规模较大的网络。

(4) 与 SDH 系统相类似，WDM 环网存在两种保护模式，线路保护倒换环和波长通道保护倒换环。在线路倒换环中，故障的恢复是在故障出现处的相邻节点之间进行的。在通道倒换中，光通路故障的恢复是在这个光通路的源节点和终了节点之间进行的。

(5) 从国外运营公司的应用来看，特别是在 WDM 自愈环上，除在光路上实行了 1：1 的保护外，在承载信号层，即 SDH 层还实施 1：N 保护，即在 SDH 层和 WDM 层上都有保护措施。光路保护主要应对光纤切断等特殊情况，而 1：N 的 SDH 系统则可以应对因光器件老化或单个系统劣化带来的故障。

4. WDM 线路保护倒换环

现在 WDM 线路保护环主要有两种：一种是二纤单向线路保护环；另一种是四纤(或二纤)双向线路保护环。

这两种保护环的工作原理，与 10.4.2 节中 SDH 自愈网所讲的二纤单向通道倒换环、四纤(或二纤)双向复用段倒换环的原理类似，这里不再赘述。

5. WDM 波长通道保护倒换环

波长通道保护倒换是基于逐个波长的保护，因为光纤上的各个光通路(波长通路)具有不同的源节点和终了节点，该保护不可能同时对所有由于光纤的切断而受损的波长信号进行处理。

在 1+1 通道保护中，数据同时从两个相对的方向进行传送，这种保护的速度非常快，但在波长利用率上是非常低的。1∶N 通道保护中，位于光通路的源节点和终了节点参与保护，即在某个方向上出现故障时，业务将从其相反的方向传送。通道保护比线路保护更加有效，但恢复的通道要短一些。

WDM 波长通道保护环可以分为单向波长通道保护环(UWPSR)和双向波长通道倒换环(BWPSR)。在 UWPSR 中，工作通道是单向的，网络的保护是在波长通道倒换的基础上进行路径的恢复。UWPSR 一般是双纤，基于单个波长的 1+1 保护，类似于 SDH 系统中的通道保护。在 1+1 保护倒换方式中，业务从源点同时在两条不同的光纤上传送到终点。终点从两条路径中选择一条接收数据。如果有一条光纤被切断，那么就转向另一条路径。这种保护方式非常迅速，在光纤切断时不进行“环回”操作，而且不需要信令协议。UWPSR 的缺点在于没有可再利用的路径或带宽。环路的带宽必须与环路上所有节点进入环路的带宽总和相等，通道的配置效率低。

双向波长通道保护环 BWPSR 在通道配置效率和环网的透明周长方面都较好，工作通道可以双向配置，共享备用资源。在构成保护通道时不需要环回操作，避免了长的环回路径，成本仍较高。对于四纤或二纤的 BWPSR，工作和备用资源(波长)与 BLSR(双向通道倒换环)是以相同的方式进行配置的。通常情况下的备用环网，是在出现故障时才形成保护通道。当出现故障时，节点 S 和 D 之间的备用环网形成与原先工作通道位置相对的保护通道，无环回，使用与原先工作通道相同的波长。双向通道倒换环如图 11-2-12 所示。

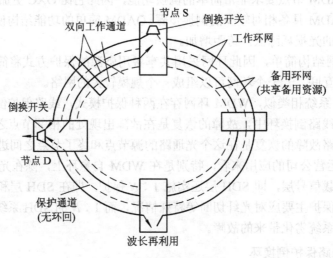

图 11-2-12　双向通道倒换环

双向波长通道倒换环(BWPSR)的工作原理是：当光缆检测到故障后，保护信令从失效通道的端点(终点 D)发出,而不是与故障相邻的节点,向失效通道的另一个端点(源点 S)发送。通过端点之间的信令,节点 S 和 D 完成倒换,构造保护通道。当仅是一条通道失效,仅仅对失效的通道进行保护,不影响其他的波长。当一条链路失效,所有经过该链路的通道(终结于不同的端点)失效,对每个失效的通道进行保护,彼此之间是独立的,各自的保护信令从各自的终点发出。在构成保护通道时,由于失效的链路配置了不同的波长,因此不会出现波长阻塞。BWPSR 既可以应付线路失效,也可以应付波长通道失效。由于每个波长的信令类似于 SDH 系统的 BLSR(双向通道倒换环),若每个波长的信令以并行方式独立操作,因此保护的速度可以达到 50 ms 以内。

6. WDM 光网络发展

从发展趋势看,建立一个真正的、以 WDM 技术及光交换技术为基础的"光网络层"已成为光通信发展的必然趋势。现阶段全光传送网的研究与试验主要是以 WDM 技术为核心,对波分复用的传输、交换和联网技术进行研究与试验。在传输方面,将掺铒光纤放大器(EDFA)用于波分复用传输系统,使大容量长距离全光传输成为可能。在交换技术方面,传统传送网中的电路交换、分组交换也逐渐被空分、时分的光路交换方式替代。在联网技术方面,基于 WDM 的全光传送网与现有的 SDH 网已实现了很好的互联,IP over WDM 技术也在积极地发展之中。这一切都为我们展现了 WDM 全光传送网的美好前景。

未来骨干网络将在网络带宽、可扩展性、生存性和运行成本等方面提出更高的要求,网络朝着宽带化发展,以保证低成本的高带宽传送;同时,网络也将朝着数据化(特别是 IP)方向发展,使之逐渐成为未来所有业务的共载体。宽带光网络技术结合了波长路由光交换技术和波分复用光传输技术,在光域实现高速信息流的传输、交换、故障监测和恢复等功能,建立端到端的光通道,被誉为 21 世纪真正的"信息高速公路"。

可以预见,我国未来的电信网络结构将由 DWDM 光传送网构成核心网络,由 SDH 网、分组网和 WDM 环网构成省内/城域网,由多元化发展的宽带接入、综合业务接入等向用户延伸。对传输链路而言,最有希望突破 Tb/s 的传输容量(可能达到 1.6 Tb/s)。对传送节点而言,也有希望突破 Tb/s 的节点容量,电传送节点可望达到 1.28 Tb/s,而光传送节点可望达到 2.5～5 Tb/s。相信不远的将来我国骨干网将逐渐为以 WDM 光传送网技术为基础的基于互联网业务的光网络所取代。

11.2.5 WDM 的波长选路和波长分配

在 WDM 光网络中,一对节点在进行数据传输之前必须建立连接,即建立一条从源节点到目的节点的光路。在无波长转换器的网络中,同一连接在光路的各段链路上都必须使用相同的波长,即波长连续性限制。在同一链路上不允许多个请求同时使用同一波长,否则将出现波长冲突。若使用波长转换器,则可动态地进行波长转换,从而避免波长冲突的发生。

1. 波长选路

波长选路交换方式如图 11-2-13 所示,一条光通路通过交叉连接器可能要跨过几段链路。图中的光网络包含 6 个 WDM 链路 1、2、…、6,2 个交叉连接器 OXC1、OXC2 和无波长变换器。通过两个光交叉连接器的适当安排和动作,使得链路 1、3 和 6 支持光通路 a。

也就是说，信号可以沿着光路 a 利用一个波长从一端发送到另一端。类似地，光通路 b 是由链路 2、3 和 4 支持的；光通路 c 是由链路 5 和 6 支持的。光通路 a 和 b 必须由两个不同的波长来传输，因为它们共用一条链路 3；同样光通路 a 和 c 上的波长也应该不同，它们共用链路 6。

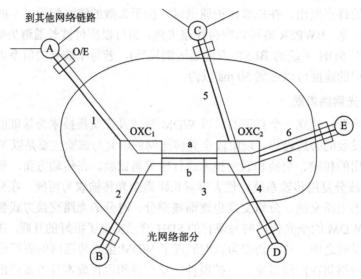

图 11-2-13　波长选路交换方式

在 WDM 光网络中，通过交叉节点的适当控制，利用一定的算法，遵循一定的原则(如波长连续性原则)，给每一条光通路安排一个确定的波长，完成指定节点之间的通信任务的交换方法，称为波长选路(Wavelength Routing)的交换方法。

2. 静态波长分配

图 11-2-14 所示的光网络，也可以等效为一个由三条逻辑链路组成的网络。通过改变其中交叉连接器的接法，可以形成不同的逻辑链路和不同的光通路。对于一定的业务流向，有理由认为，一种光通路可能要比另一种光通路更好。这就引出了如何寻找最佳光通路的问题，有时也把这一问题称为波长分配问题。准确地讲，一条光通路是指一条路由以及分配给这条路由的确定的波长。如果两条共享一条链路的路由被分配了不同的波长，那么这两条路由被认为是可以实现的。图 11-2-13 中的光通路 a 和 b 应分配不同的波长，因为它们共享一条链路 3；同样光通路 a 和 c 也应分配不同的波长。

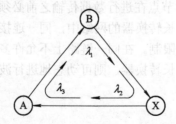

图 11-2-14　SWA 数和 NWC 数的计算

静态波长分配(SWA，Static Wavelength Assignment)是指对于一个给定的路由集合，要确定一种波长分配方案，以保证共享一条链路的两条不同路由具有不同的波长。换句话说，静态波长分配(SWA)就是对于一个给定的路由集，确定网络所需的最少波长数。

如果我们对上述问题不附加波长连续性原则，即如果不要求在一条通路中只使用一个固定的波长，那么上述"最少波长数"问题就转化为下面单一链路上通过的"最大路由数"的问题。我们可以比较容易地找到这个最大数：计算每一条链路上所通过的通路数，并找出其最大数。这个最大数就称为波长非连续数(NWC，Non-Wavelength Continuity)。

显然，波长非连续(NWC)数是要小于静态波长分配(SWA)数的。图 11-2-14 表示了一个三条链路和三条通路的网络。每一条通路跨过两条链路；每一条链路又支持两条通路。所以 NWC 数为 2。按波长连续性原则，每条通路都必须安排一个波长，所以图中的 SWA 数为 3(因为网络中共需 3 个波长)。

图 11-2-14 包含有环路。一个不包含环路的拓扑图称为非环形图(Acyclic)。由此看出，一个非环形图，其 NWC 数等于其 SWA 数。还可以看出，如果允许使用波长变换器，那么 NWC 数和 SWA 数是相等的。这是因为在一条链路上，已经有一个通路使用某一个波长时，后面要通过这条链路的通路需要改用新的波长。

3．贪心算法

在考虑到技术条件和网络建设成本的条件下，设计出一个好的路由选择和波长分配(RWA，Routing and Wavelength Assignment)算法，对减少网络的阻塞率、提高资源利用率及网络抗毁能力是有重要意义的。

对于带有环路的网络，要想准确地求解其静态波长分配问题是很困难的，目前大多采用试探算法(Heuristics Algorithm)来求解。比较好的一种试探算法是所谓的贪心算法(Greedy Algorithm)。贪心算法的步骤如下：

(1) 把路由按长度(即链路数)排序；

(2) 给最长的路由安排一个波长；

(3) 对次最长的路由，只要不与前面路由共用一条链路，就分配上述的同一个波长给它；

(4) 如果不能把已分配的波长安排给剩下的所有路由，则给剩下的最长路由分配一个新波长；执行完以后，返回到(3)再执行(4)；如此循环，直到所有路由都安排完毕。

利用此算法，很容易对图 11-2-13 的简单拓扑进行求解。当用贪心算法(或其他算法)解决 SWA 问题时，有时安排的波长数会大于可用的波长数。由于波长数不够，很显然此时是不能支持所有的路由的，这就产生了一个问题：哪些路由是应该支持的呢？解决这个问题的一个较好办法是把问题放在一个更大的范围内来考虑，就是把节点之间需要网络服务的业务流量考虑进来，把业务流量最小的路由舍弃掉。

11.2.6　WDM 的网管

1．WDM 网管的基本要求

实际运行的 WDM 系统，既可以承载标准的 SDH 信号，也可以承载 PDH 信号或其他任何不受限的数字信号或模拟信号，因而 WDM 的网管应该与其传送的信号的网管分离，至少在网元层要彻底分开。WDM 的网管与 SDH 的网管平行，分别通过 Q3 接口同时送给上层的网络管理层。和 SDH/ATM 网相比，WDM 传送网对网络管理有特殊的要求：

(1) 由于 WDM 网中客户信息的传送、复用、选路和监视等处理功能都是在光域上进行的，因此网络的管理方式必须适应光层管理的特点和要求。

(2) 在光传送网中引入了一些不同于 SDH/ATM 的管理实体，如对光交叉连接(OXC)和光分插复用(OADM)设备的管理。

(3) WDM 网络的一个重要优点就是它的协议透明性，即在单一的物理架构中可以同时存在多种形式的协议流，因为无法预知网络使用的协议，所以光传送网需要有自己的管理信息结构和开销方案。

(4) WDM 需要考虑与现有的 SDH/ATM 传送网管理的配合问题。

WDM 的网络管理既可以采取集中方式，也可以采取分布方式。在集中式网管系统中，只能有一个控制器执行网络的管理功能；在分布式网管系统中，则可以由多个控制器共享网络管理能力。分布式管理方案通常比集中式管理方案更强大，但从维护网络目录数据库的一致性和实现网络局部或全网的分布恢复的角度分析，分布式管理方案更复杂。

2. 网元管理系统的主要功能

WDM 网元管理系统承担授权区域内各个网络单元的管理，并提供部分网络管理功能，被管理网络中的各网元均应由一个管理软件和硬件平台进行管理。WDM 系统网元主要包括发送机、接收机、EDFA、光监控信道、波分复用/解复用器等。对网元的管理包括对组成网元的各子网单元的配置、故障和性能等管理功能，除提供通向高一级网管系统的接口外，还提供光监控信道(OSC)中数据通信通路(DCC)网管信息的上/下传送。WDM 网元管理系统的主要功能包括故障管理、性能管理、配置管理和安全管理。

1) 故障管理

故障管理应具有对传输系统进行故障诊断、故障定位、故障隔离、故障改正以及路径测试等功能。故障管理必须监视的告警参数有：光纤故障、发射机故障、接收机故障、光放大器故障、OXC 故障、波长变换器故障以及通道的信号丢失、帧失步、帧丢失和外部事件告警管理等。网元管理系统至少应支持的告警功能为故障的定位诊断，报告告警信号以及记录告警时间、来源、属性及告警级别等。

2) 性能管理

故障管理监视的参数也是性能管理必须监视的参数，此外，性能管理还必须具有以下管理功能：对监控信道的误码性能进行自动采集和分析，并以 ASCII 码形式传给外部存储器，同时对所有终端点性能进行监视，并设置监视门限值，存储 15 min 和 24 h 两类事件性能数据。性能管理监视的参数主要有：SDH 光发送单元和波长变换器(OTU)光发送单元数据，包括发送光信号中心波长、中心波长频偏、激光器输出光功率、偏置电流、外调制器偏压及波长对应的实测温度等；光放大器数据，包括总输入/输出光功率、每路输入/输出光功率及泵浦激光器的工作温度和偏置电流等；接收单元(ODU)数据，包括总输入光功率、单个波长功率及分波器温度等；光监控通路数据，包括激光器的输出功率、工作温度和误码性能等。

3) 配置管理

配置管理是指通过对网元设备进行初始化设置，建立和修改网络拓扑图，配置网元状态和控制，实现保护倒换和资源调度等管理内容。

4) 安全管理

安全管理完成的功能主要有：操作级别及权限划分、用户登录管理、日志管理、口令管理、管理区域管理、用户管理、安全检查、安全告警、授权人员进入级别管理和监控等。

11.3　ASON 的体系结构和实现技术

自动交换光网络(ASON)是 ITU-T 在 2001 年提出的新一代光网络技术。ASON 能克服传统光网络在承载以 IP 为主流的数据业务时存在的诸多不足。ASON 是具有动态连接管理能力的光传送网，能够根据用户的要求动态建立和删除连接，基于流量工程要求按需分配网络资源，能实现 VPN(虚拟专用网)、QoS(服务质量)等新业务。因此 ASON 一经提出就引起业界的广泛关注，ITU、IETF 和 OIF 等标准化组织都把 ASON 列为下一代光网络的发展方向，并通过一系列协议对 ASON 总体要求、功能结构、实现技术和接口等进行规范。

ASON 的主要特征是在传统光网络的基础上引入一个相对独立的控制平面，使光网络具有智能特征，能够在信令的控制之下实现自动建立连接、自动交换。

下面主要根据 ITU-T 等国际标准化组织通过的 ASON 相关协议文件，来介绍 ASON 的体系结构，重点探讨控制平面的功能结构与实现技术。

11.3.1　ASON 的基本概念

ASON 是能够完成光网络自动交换连接功能的新一代光传送网。所谓自动交换连接，就是指在网络资源和拓扑结构自动发现的基础上，调用动态智能选路算法，通过分布式信令处理和交互，建立端到端的按需连接，同时提供可靠的保护恢复机制，实现故障情况下连接的重构。ASON 网络之所以称为"自动交换"光网络，是因为它在光网络中实现了光通道建立的智能性，也即 ASON 网络在不需要人为管理和控制的作用下，可以依据控制面的功能，按用户的请求来建立一条符合用户需求的光通道，实现交换连接。

1. ASON 产生背景

ASON 的出现不是偶然的。它的兴起可以归结为：Internet 快速发展带来的巨大冲击、运营商提供新型增值业务时所面临的挑战和探索未来经济有效的组网方式的需要。

面对数据业务爆炸性的增长及电信市场的激烈竞争，运营商正在寻求一种开放的网络体系，该体系应该具有的特点是：网络结构简单、扩展能力强、组网灵活、提供实时业务、高效分配网络资源、优化带宽调度、统一多厂商的接口。这样，具有高度智能特征的下一代光网络——ASON 应运而生!

2. ASON 的特点

ASON 被誉为传送网概念的重大突破，它是一种具有高度灵活性、高度可扩展性的基础光网络设施。与传统光网络技术相比，ASON 有以下一些特点。

1) 以控制为主的工作方式

ASON 最大的特点就是从传统的传输节点设备和管理系统中抽象分离出了控制平面。控制平面的自动控制取代了传统光网络中的管理，成为 ASON 最主要的工作方式。

2) 分布式智能

ASON 的重要标志是实现了网络的分布式智能，即网元的智能化。具体体现为依靠网元实现网络拓扑发现、路由计算、链路自动配置、路径的管理和控制、业务的保护和恢复等功能。

3) 多层统一与协调

传统光网络中，各层网络是独立管理和控制的，它们的协调需要网管参与。在 ASON 中网络层次细化，体现了多种粒度，但多层的控制却是统一的，通过公共的控制平面来协调各层的工作。

4) 面向业务

ASON 业务提供能力强大，业务种类丰富，能在光层直接实现动态业务分配，不仅缩短了业务部署时间，而且提高了网络资源的利用率。更重要的是，ASON 支持客户与网络间的服务等级协定(SLA)，可根据业务需要提供带宽，可根据客户信号的服务等级来决定所需要的保护等级，是面向业务的网络。

3. ASON 的体系结构

由于 ASON 引入了一个智能化的控制平面，从而使光网络能够在信令的控制下完成连接的自动建立、资源的自动发现等功能。其体系结构主要体现在 ASON 的三个平面、三个接口及所支持的三种连接上。

1) ASON 的三个平面

ITU-T 提出的 ASON 的体系结构模型如图 11-3-1 所示，整个网络分为三个相对独立的平面，即控制平面、管理平面和传送平面，这三个平面是靠数据通信网(DCN)连接起来的。DCN 实际上是一个传送信令消息和管理控制消息的信令网络。

控制平面由分布于各个 ASON 节点的控制网元组成。在 ASON 网络中，控制平面是由一系列协议构成的。这一系列的协议组分别用于路由控制、连接管理、资源发现以及服务发现等。控制平面将根据有效的命名与地址分配机制，负责连接的建立与维护，负责路由的选择。控制网元的各个功能模块之间通过 ASON 信令系统来协同工作，形成一个统一的整体，不但实现连接的自动化和连接故障的处理，还能实现网络的快速而有效的恢复。

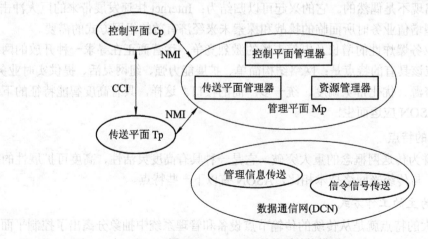

图 11-3-1　ASON 的体系结构模型

ASON 的管理平面体现了分布式和智能化的网络管理思想，对不同服务提供商的网络设备实施统一的网络管理。ASON 的管理平面主要由三个功能模块组成，分别是控制平面管理器、传送平面管理器以及资源管理器。这些管理器是管理平面与其他平面之间实现管理的代理，通过这些代理可以实现管理平面到其他平面的接口功能。ASON 的管理平面和控制平面互为补充，可实现对网络资源的动态分配、性能监测、故障管理以及业务管理等功能。

传送平面负责业务流量的传送。由一系列传送实体组成，可提供端到端的单向或双向业务的传送。传送节点主要包括光交叉连接器(OXC)和光分插复用器(OADM)等设备。ASON 的传送平面要满足两个新的要求：增强的信号检测功能和支持多粒度交换。ASON 可直接在光层实现信号质量的检测，这不仅保证了传送平面进行业务恢复能力，而且极大提高了恢复效率和恢复速度。而多粒度交换技术是 ASON 实现流量工程的重要的物理支撑，也是实现带宽的动态分配和多业务接入能力的需要。

2) ASON 的三个接口

ASON 的接口是 ASON 网络中的不同功能实体之间的信息连接渠道。不同的功能平面通过不同的接口相连接。这里主要讨论 ASON 的三个平面之间的三个接口，如图 11-3-2 所示。关于控制平面内部的接口在后面再讨论。

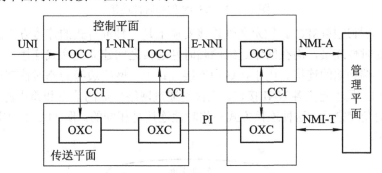

图 11-3-2　ASON 的三个接口

CCI 是智能光网络控制平面与传送平面之间的接口，通过它可传送连接控制信息，建立光交换机端口之间的连接。CCI 中的交互信息主要分成两类，从控制节点到传送平面网元的交换控制命令和从传送网元到控制节点的资源状态信息。运行于 CCI 之间的接口信令协议必须支持以下基本功能：增加和删除连接、查询交换机端口的状态、向控制平面通知一些拓扑信息。

在图 11-3-2 中，NMI-A 和 NMI-T 的作用是实现管理平面对控制平面和传送平面的管理，接口中的信息主要是相应的网络管理信息。通过 NMI-A，网管系统对控制平面的管理主要体现在以下几个方面：管理系统对控制平面初始网络资源的配置，管理系统对控制平面控制模块的初始参数配置，连接管理过程中控制平面和管理平面之间的信息交互，控制平面本身的故障管理，对信令网进行的管理以及保证信令资源配置的一致性。对传送平面的管理主要包括以下几个方面：基本的传送平面网络资源的配置，基本的网络资源和拓扑连接配置以及适配管理配置；日常维护过程中的性能监测和故障管理等。

3) ASON 的三种连接

在 ASON 中，一共定义了三种不同的连接：临时性连接(PC，Provisioned Connection)、软永久性连接(SPC，Soft-permanent Connection)以及交换式连接(SC，Switched Connection)。

(1) 临时性连接(PC)。临时性连接是通过网管系统发起的，管理平面通过直接配置传送平面的网络资源建立端到端的连接。在某些情况下，手工配置也可支持这一类型的连接。管理系统在访问网络数据库后，首先找出最佳路由，然后向各网元发送指令建立连接。通常情况下，临时性连接的建立与维护都由管理平面完成，如果管理平面不发出相应的连接释放指令，这条连接就将一直存在。图 11-3-3 给出了 ASON 的临时性连接。

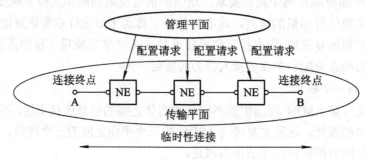

图 11-3-3　ASON 的临时性连接

(2) 软永久性连接(SPC)。软永久性连接实质上是一种混合式的连接方式。ASON 在网络边缘提供临时性连接，而在网络边缘的临时性连接之间建立交换式连接，以这种方式为用户提供一条端到端的连接。由于在这种连接方式中，网络边缘为临时性连接，因此无需定义 UNI 接口，只需定义各 NNI 接口。连接是通过网络生成的信令和路由协议建立的。从端节点用户的角度来看，这种连接方式与临时性连接是相同的。图 11-3-4 给出了 ASDN 的软永久性连接。

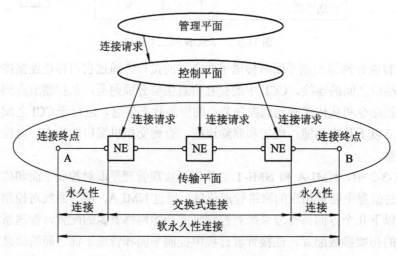

图 11-3-4　ASON 的软永久性连接

(3) 交换式连接(SC)。与永久性连接不同，交换式连接是根据通信端节点发起的请求建立的。各端节点在控制平面内以信令的形式进行动态的协议信息交换，这些信息流在控制平面的 I-NNI 和 E-NNI 之间相互交换，由控制平面直接对传输面的网络资源进行配置等操作。这种连接方式就是所谓的交换式连接。图 11-3-5 给出了 ASON 的交换式连接。

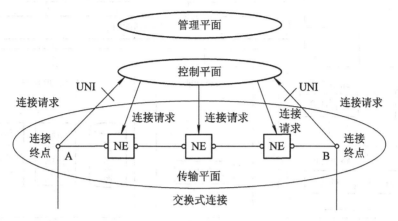

图 11-3-5 ASON 的交换式连接

上述三种连接方式最突出的区别就在于连接建立的发起者。临时性连接是由网络的管理系统，也就是由运营者发起建立的。交换式连接则是由端节点用户发出连接建立请求的，而且还定义了 UNI 以支持相应的信令交互。由此可见，交换式连接是整个 ASON 工作的核心所在。正是由于交换式连接的引入，传送网才能根据用户节点的需求自动建立光通路。交换式连接是由控制平面执行连接控制等操作而实现的，因此，ASON 中最为重要的，就是控制平面的设计问题。下面将介绍 ASON 控制平面的结构模型与功能元件组成。

11.3.2 ASON 控制平面结构

ASON 的核心技术包括信令协议、路由协议和链路管理协议等。其中信令协议用于分布式连接的建立、维护和拆除等管理；路由协议为连接的建立提供选路服务；链路管理协议用于链路管理，包括控制信道和传送链路的验证和维护。而这些功能主要由控制平面来实现，因此控制平面技术是实现 ASON 的关键技术。

1. 控制平面功能需求

ASON 控制平面的功能结构如图 11-3-6 所示，控制平面的主要目标是快速而有效地配置传输网络的资源、支持交换式连接(SC)和软永久性连接(SPC)、对已建立的连接进行重新的配置和调整、支持保护恢复功能等。

控制平面必须支持服务提供商对其网络的控制，提供快速和可靠的呼叫连接建立。控制平面本身应该是可靠的、可伸缩的和有效的。同时，控制平面应该具有一般性，能支持不同的商业需求和运营者不同的功能需求。控制平面能按照用户请求(SC)以及管理请求(SPC)进行连接的建立和拆除等操作。控制平面要能根据传送平面连接状态为故障连接重选路由，而连接状态信息由传送平面进行监测并提供给控制平面。此外，控制平面通过承载和分发链路状态信息以及连接建立、拆除和恢复的信息来完成恢复功能。

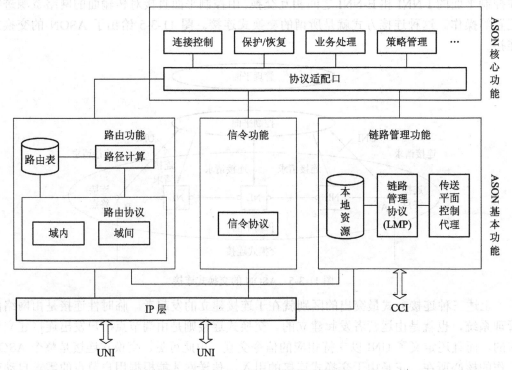

图 11-3-6　ASON 控制平面的功能结构

2．控制平面功能组件

　　ASON 控制平面的功能模型如图 11-3-7 所示。控制平面的各种功能是通过其中的不同组件来实现的，主要功能组件包括信令部分、路由部分和链路资源管理部分等。信令部分是其中的重要组成部分，包括呼叫控制器、连接控制器等；路由部分包括路由控制器等，涉及光通道的选择和路由信息的分发；而链路资源管理则主要管理网络拓扑和链路资源，包括链路资源管理器、资源发现控制器等。除了这三大部分以外，控制平面中的其他组件还有：网络拓扑和资源数据库、协议控制器及流量策略控制器等。

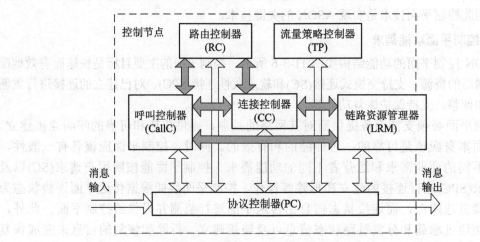

图 11-3-7　ASON 控制平面的功能模型

3. 控制平面的层次结构和各种接口

由于 ASON 网络设计的目的是为了实现全局整体性网络，因此 ASON 网络采用了可划分为多个域的概念性结构。这种结构允许设计者根据多种具体条件限制和策略要求构建一个 ASON 网络。不同域之间是通过参考点来完成相互作用的。把一个抽象接口映射到协议中就可以实现物理接口，并且多个抽象接口可以复用一个物理接口。用户同 ASON 网络之间的接口是 UNI；ASON 网络中不同管理域之间的参考点是 E-NNI，而同一个管理域之间不同路由寻径域或不同控制组件之间的参考点是 I-NNI，这种结构如图 11-3-8 所示。

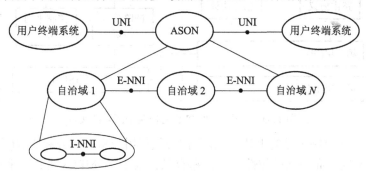

图 11-3-8　ASON 控制平面层次结构和各种接口

UNI 接口需要规范的主要内容有每个用户端点的连接建立请求速率、连接请求参数、光通路端点的寻址方案、光通路客户的命名方案、保护需求的规范、安全参数和响应时间等。从功能角度看，跨越 UNI 参考点的信息流至少应该支持呼叫控制、资源发现、连接控制和连接选择四项基本功能，通常不支持选路功能。此外像呼叫安全和认证、增强的号码业务等功能也可以加到这个接口参考点上。

E-NNI 是指属于不同管理域且无托管关系的控制平面实体间的双向信令接口。有了该接口就可以将 ASON 进一步划分为多个子网，每个子网可以独立管理且仍然能跨过多个管理域建立端到端连接。从功能角度看，跨越 E-NNI 参考点的信息流至少应该支持呼叫控制、资源发现、连接控制、连接选择和连接选路等五项基本功能。

I-NNI 是指属于同一管理域或多个具有托管关系的管理域的控制平面实体间的双向信令接口。该接口需要重点规范的是信令与选路，此外，还需要一种手段允许信令应用为特定的正在建立的连接进行选路，涉及选路信息交换协议。其次，还需要能提供路由选择可用的初步的拓扑概貌。当然还会涉及携带选路和信令协议的通信通路、响应时间和安全措施等。从功能角度看，跨越 I-NNI 参考点的信息流至少应该支持资源发现、连接控制、连接选择和连接选路等四项基本功能。

4. 控制平面实现技术

自动交换光网络(ASON)是一种能够自动完成网络连接的新型网络。它由控制平面、传送平面和管理平面三个平面组成，控制平面技术是其核心，利用控制平面它能够实现动态交换。GMPLS(通用多协议标签交换)是 IETF 提出的可用于光层的一种通用多协议标签交换技术，由 MPLS 向光域扩展而来。两者的结合成为目前智能光网络研究的重点。

GMPLS 在 ASON 中的应用主要集中在 ASON 的控制平面。图 11-3-9 显示了一种基于GMPLS 的控制平面信令、路由和链路管理三个基本功能的模块实现。

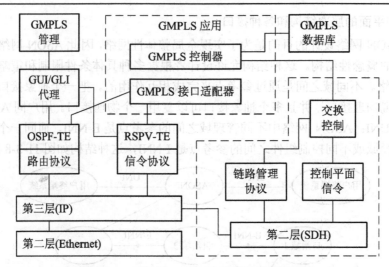

图 11-3-9　基于 GMPLS 的控制平面功能实现

为完成 ASON 控制平面的上述功能，我们必须使用一系列的公共协议(使用公共协议的原因在于保证不同厂商的互操作性)。在这些公共协议中，GMPLS 占据了非常重要的位置。GMPLS 从功能平面对 MPLS 进行了扩展以便能支持基于非分组交换接口的通信系统。GMPLS 首先定义了几种通用标签，使用这些通用标签可以在非分组交换的 LSR(链路交换路由器)之间建立起 LSP(链路交换协议)。这些非分组交换的 LSR 可以是 SDH/SONET 的 ADM，也可以是数字交叉连接器，还可以是密集波分复用系统，或者是光交叉连接器。

这些通用标签对象包括通用标签请求，通用标签、显式标签控制和保护标签。通用标签可以用来表示时隙、波长、波长频带和空分复用位置。此外 GMPLS 还为实现非分组交换的 LSP 定义了新的功能，包括上游建议标签、标签集以及双向 LSP 的建立。这些功能是 MPLS 所不具备的。双向 LSP 的建立有助于缩短连接的建立时间和在出现故障时加速保护与恢复的实现。双向 LSP 对于电路交换类型的网络尤其重要。

下面简要介绍三种公共协议。

1) 信令协议

信令协议是 ASON 控制平面中的一个重要问题。信令协议是被用来完成连接操作任务的。具体来说，它要完成 LSP 的建立、删除、修改和查询等。当前存在两种广泛使用的信令协议：一种是基于受限路由的标记分发协议(CR-LDP，Constraint-based Routing-Label Distribution Protocol)；另一种是基于流量工程扩展的资源预留协议(RSVP-TE，Resource Reservation Protocol-Traffic Engineering Extension)。这两种协议都能承载 GMPLS 协议中定义的所有对象，但由于这两种协议存在多方面的差异，因此在具体实现方面还有诸多不同。现在，IETF 设有两个不同的工作小组来具体进行这两个协议实现方面的工作。图 11-3-9 给出的是基于 GMPLS RSVP-TE 实现的 ASON 信令协议。

2) 路由协议

路由协议模块负责在网络路由域内部以及它们之间可靠地广播光网络的拓扑和资源状态信息。由于传送平面和控制平面拓扑结构并不完全相同，因此路由协议需要负责广播它们的拓扑，使得每个节点可保持对网络拓扑视图的一致性。路由协议需要实现的基本功能包括资源发现、状态信息广播和信道选择。IETF 基于 GMPLS 提出的内部网关路由协议主要包括 OSPF-TE(基于流量工程的开放式最短路径优先协议)和 IS-IS-TE(支持流量工程的域间系统—域间系统协议)。同样，在 IETF 也设有两个不同的小组来对这两种广泛使用的、经过扩展的路由协议进行标准化工作。图 11-3-9 给出的是基于 GMPLS 的 OSPF-TE 路由协议。

3) 链路管理协议

为了在网元之间能交换交叉连接的 GMPLS 标记的有关信息，需要在网元之间标识出连接的端口。这种功能是通过链路管理协议(LMP)来完成的。LMP 适用于任何类型的网络，尤其是光网络。LMP 的主要功能是维护网络中的链路资源信息，其中包括控制信道管理、链路所有权关联、链路连接性验证和故障定位/隔离，为连接的建立提供资源保障。

11.4 城域光网络

一般说来，城域光传送网，简称城域网，被定义为覆盖 100 km 左右，主要服务于大中型城市和地区的光网络。它是骨干光传送网和接入网的桥接区，主要完成接入网中的企业和个人用户与骨干网运营商之间全方位的业务互联互通。近年来，随着长途传输骨干网的大规模建设和用户接入及驻地网的宽带化技术的普及，网络的瓶颈逐渐移到了城域网，原先以承载话音为主要目的的城域光传送网，已无法适应城域数据业务的快速增长。

骨干网的发展重点是网络容量和长距离传输。接入网将业务直接提供给终端用户，其特点是有多种多样的应用和灵活的结构。处在骨干网和接入网之间的城域网，不仅要承载多种网络协议和信道速率，还要具有组网的灵活性和可扩展能力。

新一代的宽带城域网应以多业务的光传送网为开放的基础平台，在其上通过路由器、交换机等设备构建数据网络骨干层，通过各类网关、接入设备实现语音、数据、图像、多媒体、IP 业务接入和各种增值业务及智能业务，并与各运营商的长途骨干网互通，形成本地市综合业务网络，承担城域范围内集团用户、商用大楼、智能小区的业务接入和电路出租业务。

总之，城域网的建设应包括城域光传送网、宽带数据骨干网、宽带接入网和宽带城域网业务平台等几个层面。具有覆盖面广、投资量大、接入技术多样化、接入方式灵活，强调业务功能和服务质量等特点。

目前构建宽带城域光传送网的三种主要技术是：城域 WDM 环网、以 SDH 为基础的多业务传送平台(MSTP)以及弹性分组环(RPR)，它们各有自己的特点和适用范围。

11.4.1 城域 WDM 环网

在点到点线形 WDM 系统广泛应用于骨干网后，适用于城域网的 WDM 系统，特别是 OADM 环网正在蓬勃发展，波长透明性使 WDM 技术非常适合城域网的多业务传送，并在容量和可扩展性方面具有优势。利用 WDM 环网可实现波长出租，企业互联和存储网络(SAN)互联，是非常理想的城域网骨干层解决方案。城域 WDM 环网所涉及的主要技术问题有以下几个方面。

1．WDM 环网的保护

WDM 环网承载 SDH 业务时，若同时采用 SDH 层保护和光层保护，一方面，需要设置 SDH 层保护的延迟(Hold-off)时间，这将大大增加业务的受损时间，同时目前大多数厂商提供的 SDH 复用段共享保护环不支持延迟时间的设置；另一方面，WDM 环网的光复用段和通道共享保护倒换两种方式还不是十分成熟，远不如 SDH 的保护倒换成熟和灵活，另外同时采用两层保护还减少了实际可用的网络资源。因此当 WDM 环网(特别是采用 1 + 1 光通道保护方式)承载 SDH 业务时，一般建议仅采用 SDH 层的保护，而在 WDM 光层不配置保护。当 WDM 环网直接承载数据业务时，由于数据业务(如 IP、ATM)自身的恢复收敛时间为几十秒，物理层十几毫秒的保护倒换时间对数据业务基本没有影响，因此建议同时采用 WDM 和数据业务的两层保护机制。

2．多业务支持能力和子速率复用

WDM 环网是采用波长转换器(OTU)来实现与客户端设备(如 SDH 设备、路由器和以太网交换机等)的适配和互联互通的。通过 OTU 的适配，WDM 环网可接入和传输多种业务：SDH、ATM、IP POS(Packet Over SDH)、快速以太网(FE)、千兆比以太网(GE)等业务以及未来可能广泛应用的其他数据业务，如 10GE、Fiber Channel(光纤通道)、ESCON(Enterprise System Connection，企业系统互联)、FICON(Fiber Connection，光纤互联)和 Digital Video(数字视频)等。为了减少 OTU 单板种类和数量，一般将收发 OTU 集成为一块双向 OTU，并将其配置为支持多种业务类型，大大提高了设备的灵活性，并降低了设备板的种类和数量。

城域 WDM 环网可大量承载客户的多种协议和多种速率的业务，但每个波长承载一种业务的方式中波长将会很快被耗尽，为提高每个波长的带宽利用率，应尽量避免低速率业务单独占用一个光波长通道。一种新兴的、经济有效的方法是将多个低速率客户信号复用到一个波长信道中，从而实现"单波长多业务"，该技术被称为子速率(或子波长)复用，一般应用较多的是 4/8/16 路 STM-1/4 信号的复用、2/4/8 路千兆以太网(GE)信号的复用以及多种低速率业务(STM-1/4、ESCON、FDDI、数字视频等)的混合复用。

3．WDM 环网的应用

在大多数应用情况下，OADM 环网的环长在 100 km 以内，当应用在地区网时，环网的环长可为 100～300 km。

一个 WDM 环网上的节点数不宜过多，一般为 3～8 个，典型值为 4～6 个。在实际应用时，需要考虑 OADM 环网的长度及光功率预算、系统光通路数、OADM 节点数量和类型、环网的保护方式、波长通路的分配、每个节点的上下波长数量等诸多因素，并且根据每个城市的具体情况和承载业务的分布类型进行具体的规划和设计。目前，许多设备供应商可提供依据自己的 OADM 产品特点和参数开发的城域 WDM 环网规划设计软件，以帮助运营商进行网络规划设计。

WDM 环网的物理拓扑结构是环型，其承载的业务分布类型决定了波长通路的分配结构，因此应根据实际的业务分布来规划各 OADM 节点之间的波长分配结构。典型的城域业务分布有集中汇聚型和均匀型两种类型，因此 WDM 环网的波长通路分配结构也可分为集中汇聚型、均匀型(网状)或这两种类型的混合形式。

4．以 DWDM 构建城域核心网络

由于城域 DWDM(密集波分复用)系统具有大容量、光层面保护、支持多业务、后向兼容性等特点，使得城域 DWDM 成为未来城域光网络很重要的发展方向之一。但使用城域波分复用系统最受非议的一点是它的投资成本，随着城域 DWDM 设备价格进一步降低，由 DWDM 提供的虚拟光纤将具有一定的成本优势。

城域 DWDM 网络除了可以提高光纤的利用率(相当于提供虚拟光纤)之外，另外一个很重要的特点就是可以提供带保护的波长通道，用于传送数据业务，这比以往通过光纤直连的数据业务具有更好的 QoS 保障。通过比较可得知，对于传送大颗粒的业务信号如 GBE 等，城域 DWDM 网络提供的带保护的波长通道的成本要小于由 SDH 系统提供的保护通道。

由以上两方面的比较不难看出，当运营商网络中光纤资源比较紧张，同时其网络中存在大量的数据业务传送需求时，采用城域 DWDM 系统组建核心光网是一个非常理想的解决方案。

11.4.2 基于 SDH 的多业务传送平台(MSTP)

SDH 采用了标准化的信息等级结构，并兼容了 T1 和 E1 两大数字体系，使它们在 STM-1 等级上获得统一，SDH 具有网络自愈功能和强大的网管功能，使业务通道可靠性大大提高，网络管理维护变得非常简单。因此城域传输网中常采用这种技术。SDH/MSTP 在此是指以 SDH 为基础的多业务传送平台(MSTP)。MSTP 是对传统的 SDH 设备进行改进，在 SDH 帧格式中提供不同颗粒的多种业务、多种协议的接入、汇聚和传输能力，它是目前城域传送网最主要的实现方式之一。MSTP 的主要特点有：能够支持 VC-3/VC-4/VC-12 各种等级的交叉连接和连续级联或虚级联处理；提供丰富的多种业务(如 PDH/SDH、ATM、以太网/IP、图像业务等)接口，可以通过更换接口模块，灵活适应业务的发展变化；具有以太网和 ATM 业务的透明传输或二层交换能力，传输链路的带宽可配置，支持流量控制、业务和端口的汇聚或统计复用功能；具备多种完善的保护机制；具有灵活的组网特性，可实现统一、智能的网络管理；具有良好的兼容性和互操作性。

城域 WDM 的出现和应用不会取代 SDH 多业务平台，并且两者可以同时存在，即 WDM 系统可承载 SDH 业务。城域 WDM 主要应用于城域核心层，而 MSTP 主要应用于城域汇聚和接入层，这是大型城域传送网建设的一种很好的组合方式。

MSTP 技术的主要优点归纳如下：① 提供多种物理接口，满足新业务快速接入；② 简化网络结构，支持多协议处理；③ 保证低成本的光传输容量的提升；④ 传输的高可靠性和自动保护恢复功能；⑤ 高度多网元功能性集成，有效带宽管理。MSTP 技术的缺点是：利用 MSTP 提供的 GE 端口价格昂贵；由于映射方式和带宽管理等实现方式的不同，因此目前不同厂家的设备还无法相互连通，从而影响了端到端数据业务的提供，限制了 MSTP 在网络中的大规模应用。

11.4.3 弹性分组环(RPR)

近几年各种新一代的城域网技术层出不穷，其中，弹性分组环(RPR)技术以其技术的先进性、投资的有效性、同时支持图像/数据业务的多样性，被认为是构建城域网以满足新业务需求的主要方式。RPR 技术吸收了 SDH 和以太网技术的优点，为运营商和专网用户提供

了一个面向 IP 分组业务，同时支持 TDM 业务交换的解决方案。RPR 技术从 2001 年起一经提出，就名列世界 10 大电信热点技术之一，在 2002 年更被评为世界 10 大电信热点技术之首。

弹性分组环协议是一种新兴的 MAC 层协议，是为在环型拓扑上由光纤直接承载(IP over Fibre)千兆比特 IP 包而提出的一种新技术。它扩展了以太网现有的点到点、点到多点和网状网拓扑应用。它一方面吸收了千兆以太网经济、灵活和可扩展等特点；另一方面吸收了 SDH 对延时和抖动性能的严格保障、可靠的时钟恢复和 SDH 环网的 50 ms 快速保护的优点，具有双环结构、空间重利用机制、灵活的业务带宽颗粒、带宽动态共享和分配、统计复用、自动识别网络拓扑结构和基于源路由的保护倒换等主要特点，是当前光网络上传输数据包的一种优化技术。

1. 基本工作原理

弹性分组环是一种数据优化网络，至少有两个相互反方向传送的光纤子环，其拓扑结构如图 11-4-1 所示，环网上的节点共享带宽。利用公平算法环网上的各个节点能够自动地完成带宽协调。每个节点都有一个环形网络拓扑图，都能将数据发送到光纤子环上，送往目的节点。两个子环都可作为工作通道。为了防止光纤或节点发生故障时导致链路中断，利用保护算法来消除相应的故障段。

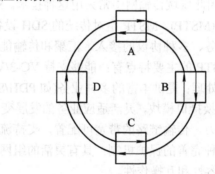

图 11-4-1　弹性分组环的拓扑结构

RPR 定义了媒质接入控制协议(MAC)，环网上的所有发送节点都可以使用环网上的可用带宽。RPR MAC 支持三种业务类型：

类型 A：承诺信息速率(CIR)业务。这种业务支持带宽有保证，等待/抖动时间短的应用。语音、视频、电路仿真应用都可使用这类业务。

类型 B：一种 CIR 业务，其抖动/等待时间要求低于类型 A，但仍然有指标要求。企业等数据应用可使用该类业务。

类型 C：尽力传送业务，节点负责协调公平共享的环网带宽容量。用户的互联网接入可使用这类业务。

2. 弹性分组环的特点

RPR 具有以下特点，这些特点使得它在城域网中成为理想的提供数据服务的平台。

1) 采用双环结构

RPR 采用互逆双环拓扑结构，靠外部的环称为外环，靠里边的称为内环。环上的每段光路工作在同一速率上，RPR 的双环都能够传送数据。RPR 外环的数据传送方向为顺时针方向，内环为逆时针方向。每个 RPR 节点都采用了一个以太网中用到的 48 bit MAC 地址作为地址标识，因此从 RPR 节点设备链路层来看，这两对收发的物理光接口只是一个链路层接口；从网络层来看，也只需要分配一个接口 IP 地址。

2) 包分插复用体系结构

RPR 设备实现了转接路径的功能，在每一个节点，对于其他节点指定/预定的业务仅是通过，并不排队也不影响进度表。每个节点的 MAC 实体实施三种功能："插"——从节点插入用户业务；"分"——从节点上分离用户预定的业务；"通过"——直接转移从一个网络链接到另一个网络的转接业务。这种转接路径实际上成为传送媒质的一部分，使得 RPR 成为由所有 RPR 节点所共享的连续媒质。因为一个节点分插、复用并处理转接业务包，所以包分插复用结构体系能容易地扩展成更高的数据速率。

弹性分组环最基本的优点就是每个节点都认为环上所传送的包最终能到达目的节点，而不管到底是选取环上那一条路径。既然节点"知道"在环上只需要三种包处理功能：插入、通过和分离。这就减少了节点间相互通信所必需的工作量，尤其是网孔网中，每个节点都要对每个包的出口端口做出决定。

3) 物理层的多功能性

现行的 RPR 标准针对环形拓扑设计并创建了一种新型的 MAC 层协议。这样做的好处是使物理层具有开放性。因此，RPR 能和以太网、SONET 及 DWDM 物理层标准相兼容。

4) 弹性/复原性

弹性分组环本身具有弹性/复原性的优势。在以太网情况下，它能使用生成树协议来实现恢复。这种恢复机制相对较慢。环网克服时效通常称为自愈或自动恢复。实际上，以环为基础的传输系统能可靠地达到小于 50 ms 的恢复周期。RPR 协议能在光纤断裂处的周围节点启动"环倒换"或向节点发送重新定向包来启动"包转向调节"。任何一种情况下，业务都能在光纤断裂时沿环反向到达初始目的节点。

5) 公平带宽

弹性分组环具有公平带宽的优势：环内带宽作为一种共享资源易于被单个用户或网络节点所占用，造成"公共悲剧"。带宽公平算法就是一种能让每个用户公平享用环内带宽的机制。带宽政策在无拥塞时能在任意两个节点之间最大限度地实现环内最大带宽，且具备以固定电路为基础的 SDH 系统所不具备的灵活性，同时比点到点的以太网效率更高。

一个业务模式动态变化的网络(如所有以包交换形式传输业务的网络)在不丢弃业务数据的情况下具有一种方式使网络得到最佳利用，即网络具有内建的反馈机制。这种反馈机制提供网络可用业务容量，以便调节进入网络的业务速率。

RPR 上的每个节点的 MAC 能实时监视环上链接的带宽使用情况，同时将信息通知环内所有节点。这样，每个节点就能决定是接收更多数据或是减少进入节点的业务量。这种高效的带宽使用能使 RPR 达到其总带宽利用的 95%。

6) 50 ms 智能保护切换

IEEE 802.17 建议提供两种环保护机制：缺省选项为 Steering(定向控制方式)；可选方式为 Wrap(折回方式)。两种保护方式都可保证环保护时间小于 50 ms。RPR 节点间通过信令交换拓扑信息，每个节点都知道网络的状态。链路的失效会影响到那些要通过该链路的分组。临近失效链路的节点可能会很快产生环回，即把分组传送到另一个环上，而不是丢掉分组。

在保护机制中，环回可以使分组的丢失最小，但在应用定向机制以前消耗了大量的带宽，并且环回导致的环回数据流所产生的延迟会影响高优先级的分组业务。因此环回是一种过渡的策略，而定向才是更有效的，同时也是链路失效恢复协议的一部分。当环回链路上所有的分组都被传输以后，环回机制和定向机制的切换才是安全的。

如果一个链路被恢复了，也就是两个环都可以正常工作了，那么就可以根据新的拓扑信息把业务发送到最优的方向了。

7) 空间重利用

RPR 在目的节点处把分组从环上剥离开来的机制可以获得更高的链路利用率，这种技术也称为空间重利用技术(SRP, Spatial Reuse Protocol)，图 11-4-1 中，A 节点传到目的节点 B 的信息，在目的节点 B 剥离下来以后，这个带宽在节点 B 及其后面的节点就可以再利用，可以被用来传输新的数据。与 SDH 环相比，SDHT 环是依靠点对点连接实现的，每一条线路都分配了固定的带宽，当该线路处于空闲状态的时候，这个带宽就闲置不用，而不会提供给网络运营者用于其他业务。

8) 拓扑发现协议

RPR 拓扑发现的实现是一种周期性的活动，也可以由某一个需要知道拓扑结构的节点来发起。也就是说，某个节点可以在必要的时候(例如，此节点刚刚进入 RPR 环网中，接收到一个保护切换需求信息或者节点监测到了光纤链路差错)产生一个拓扑发现分组。

在拓扑发现的过程中，每个节点都要把它的标识符传送给相邻节点，这样就产生了拓扑识别的累积效应。拓扑发现分组的头部有相应的信息表明这个分组是个拓扑发现分组，所经过的节点应该把此分组取下并且重新产生一个。重新产生分组的时候，节点需要把自己的标识符加入到分组中标识队列的开始，并且要去掉标识符队列末尾的冗余条目。

如果在环上有一个环回，这个环回的分组的长度将会增加一倍，因为每个节点都有两个标识符，每个标识符标识不同的环上连接点。要注意的是拓扑图只包含可以到达的节点，并且在有环回的时候，一些节点会被记录两次。当需要定向(Steering)的时候，将利用得到的拓扑信息来支持保护切换。

3. RPR 技术在城域网中的应用

内嵌 RPR 的基于 SDH 的 MSTP 是从传统的 SDH 平台向承载数据和话音的多业务综合传送平台发展过来的，并且是新一代基于 SDH 的 MSTP 的主要技术特征之一。即在 SDH 的传输管道上根据实际需要设定传送 TDM 话音业务的 VC 通道和传送 IP 等数据业务的 RPR 通道带宽。例如，其对以太网业务的处理功能如图 11-4-2 所示。传送话音的 VC 通道仍保持所有的 SDH 特性，其保护倒换遵从标准的 SDH 环网保护方式，从而保证了话音业务的 QoS(时延和抖动)；而通过 RPR 带宽来传送数据业务则需要遵循 IEEE 802.17 的规范，例如，处理 RPR 的 MAC 层、支持 RPR 的环网保护方式(原路由或环回)，并在 RPR 带宽的业务接入点进行业务分类、公平控制、拥塞处理，以保证数据业务传输的 QoS，同时，在业务接入点还可以支持 VLAN 及 UNI/NNI 等相应功能，以保证 LAN 向 MAN 的无缝扩展。

当 RPR MAC 层保护与 SDH 环网保护同时作用时，需要采用相应的策略来保证出现故障时两种倒换不会重叠发生。例如，可以采用拖延(Hold Off)时间来推迟 RPR 层的倒换来实现协调。

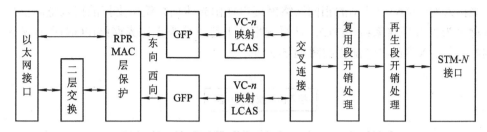

图 11-4-2　内嵌 RPR 的基于 SDH 的 MSTP 传送以太网业务的功能框图

在城域网核心层方面，RPR 技术针对以太网业务做了优化处理，加上不同业务等级和业务质量对 50 ms 环保护能力的要求，有些厂家设备支持 TDM 业务和以太网业务的分别上行，提供了高达 10 G 的环网带宽等，也为城域网的核心层传输提供了良好的支持。

对传统电信运营商来说，由于已具有一定规模的业务传送网，一种比较具有吸引力的方案就是对传统 SDH 进行改造和发展，在继承 SDH 的保护和网络管理等优良性能的同时，在 SDH 平台上添加一定的数据传送能力，从而使 SDH 设备能更好地支持数据业务，将 SDH 发展成为 MSTP。MSTP 内嵌了 RPR 功能后，增强了新一代 MSTP 设备的以太网业务带宽共享和公平竞争性，其重要亮点是可实现动态、公平共享的以太环网应用。实际上，RPR 实现的以太环网在业务处理速度、扩展性、QoS、保护倒换时间、带宽利用率、抑制广播风暴、拓扑自动发现等多方面都具有较强优势，特别是具有了环路带宽的公平分配机制，克服了生成树协议(STP) 的固有缺陷。因此在 MSTP 的建设中，可优先考虑支持内嵌 RPR 技术的 MSTP，以满足数据业务传送的要求。

11.5　光　接　入　网

11.5.1　光接入网概述

ITU-T 的 G.902 建议对接入网的定义为：接入网由业务节点接口(SNI)和用户网络接口(UNI)之间的一系列传送实体(如线路设施和传输设施)组成，为了对电信业务提供传送承载能力，可经由网络管理接口(Q3)配置和管理。原则上对接入网可以实现的 UNI 和 SNI 的类型和数目没有限制。接入网不解释信令。接入网的界定如图 11-5-1 所示。

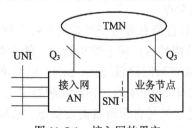

图 11-5-1　接入网的界定

　　接入网的范畴是广义的，传统的铜线是最原始、最简单的接入网系统；HDSL、光纤用户环路是低层次的接入网系统；无源光网络(PON)、ADSL 和 V5 接口技术是相对先进的接入技术。

　　光接入网(OAN)由共享的相同网络侧接口并由光传输系统所支持的接入链路群构成，有时称之为光纤环路系统(FITL)。从系统配置上可以分为无源光网络(PON)和有源光网络(AON)。光接入网的参考配置如图 11-5-2 所示。

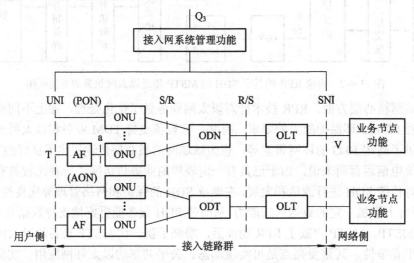

图 11-5-2　光接入网的参考配置

　　光接入网的参考配置如下：

ODN：光分配网络，是 OLT 和 ONU 之间的光传输媒质，它由无源光器件组成。

OLT：光线路终端，提供 OAN 网络侧接口，并且连接一个或多个 ODN。

ODT：光远程终端，它由光有源设备组成。

ONU：光网络单元，提供 OAN 用户侧接口，并且连接到一个 ODN 或 ODT。

UNI：用户网络接口。

SNI：业务节点接口。

S：光发送参考点。

R：光接收参考点。

AF：适配功能。

V：与业务节点间的参考点。

T：与用户终端间的参考点。

a：AF 与 ONU 之间的参考点。

　　在 OLT 和 ONU 之间没有任何有源电子设备的光接入网称为无源光网络(PON)。PON 对各种业务是透明的，易于升级扩容，便于维护管理，缺点是 OLT 和 ONU 之间的距离和容量受到限制。用有源设备或有源网络系统(如 SDH 环网)的 ODT 代替无源光网络中的 ODN，便构成有源光网络(AON)。AON 的传输距离和容量大大增加，易于扩展带宽，运行和网络规划的灵活性大，不足之处是有源设备需要供电、机房等。如果综合使用两种网络，优势互补，就能接入不同容量的用户。

目前，用户网光纤化的途径主要有两个：一是在现有电话铜缆用户网的基础上，引入光纤传输技术改造成光接入网；二是在现有有线电视(CATV)同轴电缆网的基础上，引入光纤传输技术使之成为光纤/同轴混合网(HFC)。

11.5.2　HFC(同轴光纤混合线)接入网

同轴光纤混合线(HFC)是指利用频率分割技术，在同轴线和光纤混合的线路上，实现有线电视网络的双向通信，使通过 HFC 网络为用户提供宽带接入成为可能。

从传统的同轴电缆 CATV 网到 HFC 网，经历了单向光纤 CATV 网、双向光纤 CATV 网，最后发展到 HFC 网。HFC 网的基本原理是在双向光纤 CATV 网的基础上，根据光纤的宽频带特性，用空余的频带来传输话音业务、数据业务或个人信息等上传性信息。

HFC 的原理图如图 11-5-3 所示，由前端出来的视频业务信号和由电信部门中心局出来的电信业务信号在主数字终端(HDT)处混合在一起，调制到各自的传输频带上，通过光纤传输到光纤节点。在光纤节点处进行光/电转换后由同轴电缆经综合业务单元(ISU)分配到每个用户。每个光纤节点能够服务的用户数大约 500 个左右。

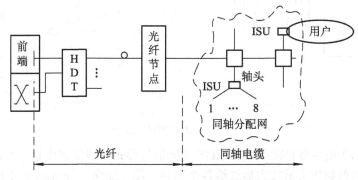

图 11-5-3　HFC 的原理图

1. HFC 系统的频谱安排

HFC 采用副载波频分复用方式，其频谱安排目前国际上还没有统一标准，但在实际应用中存在一种趋势：HFC 系统有 750 MHz 系统，也有 1000 MHz 系统，将下行和上行的各种业务信息划分到不同的频段，其频谱安排如图 11-5-4 所示。通常安排 50～750 MHz(或 1000 MHz)为下行通道，5～40 MHz 为上行通道。

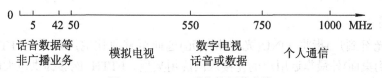

图 11-5-4　HFC 系统的频谱安排

2. HFC 的调制和复用方式

对模拟视频信号，主要采用模拟的 VSB-AM 调制方式和 FDM 复用方式，便于与家庭使用的电视机兼容；对于长距离传输，也可采用 FMSCM(副载波调频)方式。对于数字视频信号，可以采用 BPSK、QPSK 或 64 QAM 方式调制到载波上，再使用 FDM 或 SCM 复用方式。下行的数字话音或数据经 QPSK 调制到下行副载波上，上行的数字话音或数据经

QPSK 调制到上行副载波上。

经 FDM 或 SCM 复用后的射频信号或微波信号再对光源进行直接强度调制，经光纤传输后再在接收端解调。当然，光信号也可采用 WDM、DWDM 甚至 OFDM 复用方式。

3．HFC 网的结构和功能

HFC 网主要由前端(HE)、主数字终端(HDT)、传输线路、光纤节点(FN)和综合业务单元(ISU)等组成，其结构图如图 11-5-5 所示。视频前端的作用是将各种模拟的和数字的视频信号源处理后混合起来。主数字终端的作用是将 CATV 前端出来的信息流和交换机出来的电话业务信息流合在一起。其主要功能有：通过 V5.2 接口与交换机进行信令转换，对网络资源进行分配，对业务信息进行调制与解调和合成与分解，光发送与光接收，提供对 HFC 网进行管理的管理接口。

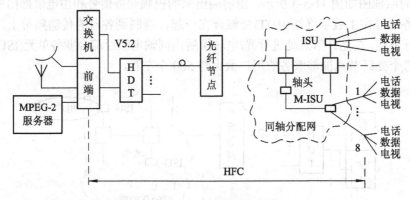

图 11-5-5　HFC 网的结构图

光纤节点的作用主要是接收来自 HDT 的光信号形式的图像和电话信号，将其转换为射频电信号，再由射频放大器放大后送给各个同轴电缆分配网；并且还能对上行信号进行频谱安排，对信令进行转换。

综合业务单元(ISU)是一个智能的网络设备，分为单用户的 ISU 和多用户的 ISU，主要提供各种用户终端设备与网络之间的接口、实现信令转换，对各种业务信息进行调制与解调和合成与分解。

11.5.3　FTTH(光纤到家)

1．概述

FTTH(光纤到户)指将 ONU(光网络单元)延伸至普通住宅用户，是 FTTx 系列中除 FTTD(光纤到桌面)外最靠近用户的光接入网应用类型。FTTH 能够提供巨大的接入带宽，使三网融合成为可能；而且对于网络运营商来说，FTTH 增强了物理网络对数据格式、速率、波长和协议的透明性，放宽了对环境条件和供电等要求，简化了维护和安装。宽带光接入(FTTx)特别是 FTTH 的相关技术及其应用在国内外发展非常迅速，已经成为关系全球主要固网运营商未来网络和技术转型的重要领域。

FTTH 网络成本主要体现在光线路成本和设备成本。设备成本的降低将依赖于互通性进展的顺利与否，这一点是值得期待的；但光线路成本的降低则不容乐观。目前尽管光纤的价格比较低，但由于光纤线路的施工成本、辅助器材成本较高，造成线路总体成本较高。在这方面，目前已经出现了一些新的器件与新的工艺，如新型室内用的高强度光纤、新型皮线光缆、平面光波导(PLC)光分路器、适合 FTTH 应用的终端盒和接头盒、冷接工艺等。随着这些器件与工艺的进一步成熟，配合合理的 FTTH 网络规划建设方法，FTTH 网络的建设成本仍有较大的下降空间。

宽带光接入的主要实现技术包括点对点技术(如点对点光以太网，包括有源、无源两种情况)和点对多点无源光网络技术(如 EPON、GPON 等)两大类。无源光网络(PON)技术与点对点方式相比，节省主干光纤和光线路终端(OLT, Optical Line Terminal)光接口，标准化程度高，适合于用户区域较分散，而每一区域内用户又相对集中的小面积密集用户地区，是近期宽带光接入应用的主要方式。点对点方式的主要优点是专用接入、带宽有保证、设备成本低、覆盖区域较大、在低密度用户区平均成本较低，适合于用户分布比较分散或带宽需求较高(100 Mb/s 以上)的场合，但它不应是宽带光接入的主要方式。

2. EPON 的系统结构

EPON 是千兆以太网技术与无源光网络(PON)的结合。虽然，EPON 的网络结构在目前还没有定论，但肯定会采用 PON 的结构，因此，讨论中许多成员都沿用了 ITU-T G.983 中定义的 APON 的结构来描述 EPON，其系统结构如图 11-5-6 所示。EPON 系统主要由光线路终端(OLT)、光分布网(ODN)、光网络单元(ONU)和网元管理系统(EMS)组成。OLT 放置在中心局端 CO，可以是一个交换机或者路由器，它分配和控制信道的连接，并具有实时监控、管理及维护功能。EPON 采用点到多点的分布结构，在下行方向，多种业务信号通过光纤传输到中心局(CO)，然后被 OLT 经光分配器(OBD)无源地分配到 ONU 单元，经过 ONU 的光/电转换和信号处理后为用户服务，采用的是广播方式。在上行方向一般采用波分多址(WDMA)技术，上、下行信号分别用不同的波长。在 CO 端用 EMS 来管理 EPON 的不同网元并且提供和运营商骨干网的接口。EMS 可提供全程错误报警、配置、统计以及安全性等功能。

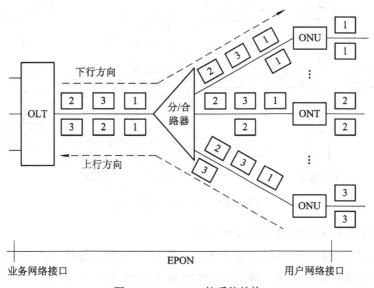

图 11-5-6　EPON 的系统结构

EPON 上行复用技术大多数方案都使用了 DWDM+TDMA 的复用方法。DWDM 的使用是发展的趋势，但主要取决于光器件。因此，目前研究的焦点是 TDMA 的实现方法，即如何使用 TDMA 的方法使上行信道的带宽利用率、时延和时延抖动等指标达到要求。

EPON 是几种最佳的技术和网络结构的结合，它采用点到多点结构、无源光纤传输方式及在以太网之上提供多种业务。从 EPON 的技术特点来看，它非常适合于高速接入和传输，集成数据、音频、视频业务以及 xDSL、LAN 宽带接入的扩展。目前 IP/Ethernet 应用占到整个局域网通信的 95% 以上，EPON 由于使用上述经济而高效的网络结构，因而成为连接接入网最终用户的一种最有效的通信方法。10 Gb/s 以太主干网和城域环网的出现也将使 EPON 成为未来全光网络中最佳的最后一千米的解决方案。

11.5.4　GPON

1. GPON 的系统结构

GPON 即千兆比特无源光接入网络，其系统结构如图 11-5-7 所示，是由 ONU、OLT 和 ODN 组成。OLT 为接入网提供网络侧与核心网之间的接口，通过 ODN 与各 ONU 连接。作为 PON 系统的核心功能设备，OLT 具有带宽分配、控制各 ONU、实时监控、运行维护管理 PON 系统的功能。ONU 为接入网用户侧的接口，提供话音、数据、视频等多业务流与 ODN 的接入，受 OLT 集中控制。系统支持的分路比为 1∶16/32/64，随着光收发模块的发展演进，支持的分路比将达到 1∶128。在同一根光纤上，GPON 可使用波分复用(WDM)技术实现信号的双向传输。根据实际需要，还可以在传统的树型拓扑的基础上采用相应的 PON 保护结构来提高网络的生存性。

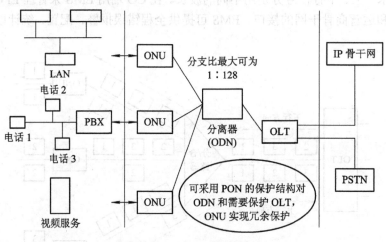

图 11-5-7　GPON 的系统结构

2. GPON 与 EPON 的比较及其优劣势

下面对应用前景看好的 GPON 和 EPON 从带宽利用率、成本、多业务支持和 OAM 功能等方面对两者进行综合比较，概括出 GPON 和 EPON 的主要特征。

1) 带宽利用率

GPON 的带宽利用率高。一方面 EPON 使用 8B/10B 编码作为线路码，其本身就引入 20%的带宽损失。GPON 使用扰码作线路码，只改变码，不增加码，所以没有带宽损失；另一方面，EPON 的包封装总开销约为调度开销总和的 34.4%，而 GPON 在同样的包长分布模型下，GPON 的包封装开销约为 13.7%。

2) 成本

从单比特成本来讲，GPON 的成本要低于 EPON。但如果从目前的整体成本来讲，则相反。影响成本的因素在于技术的复杂度、规模产量以及市场应用规模等各个方面，特别是产量，基本决定了产品的成本。目前，随着 EPON 部署规模的增大，EPON 和 ADSL 的价格差距正在逐步的缩小，却能提供更多的服务和更好的服务质量。而 GPON 的部署规模相对来说还很小。模块价格难以很快地下降。

3) 多业务支持

EPON对于传输传统的TDM业务支持能力相对比较差，容易引起QoS的问题。而GPON特有的封装形式，使其能很好地支持 ATM 业务和 IP 业务，做到了真正的全业务。

4) OAM 功能

EPON 在运行维护和管理(OAM)标准方面定义了远端故障指示、远端环回控制和链路监视等基本功能，对于其他高级的 OAM 功能，则定义了丰富的厂商扩展机制，让厂商在具体的设备中自主增加各种 OAM 功能。GPON 的业务管理(SOM)包括了带宽授权分配、链路监测、保护倒换、密钥交换以及各种告警功能等。从标准上来看，GPON 定义的 OAM 内容比 EPON 丰富。

通过上面对 GPON 和 EPON 主要特征以及具体各个方面的比较，可以发现 GPON 具有以下优势：① 灵活配置上/下行速率。GPON 技术支持的速率配置有 1.2 Gb/s 下行，155 M/622 M/1.2 Gb/s 上行；2.4 Gb/s 下行，155 M/622 M/1.2 G/2.4 Gb/s 上行共 7 种方式。对于 FTTH、FTTC 应用，可采用非对称配置；对于 FTTB、FTTO 应用，可采用对称配置。由于高速光突发发射、突发接收器件价格昂贵，且随速率上升显著增加，因此这种灵活的配置可使运营商有效控制光接入网的建设成本。② 高效承载 IP 业务。千兆比特无源光网络封装方法(GEM)帧的净负荷区范围为 4~65 535 B；而以太网 MAC 帧中净负荷区的范围仅为 46~1500 B，因此 GPON 对于 IP 业务的承载能力是相当强的。③ 支持实时业务能力。GPON 所采用的标准 125 μs 周期的帧结构能对 TDM 话音业务提供直接支持，无论是低速的 E1/TI，还是高速的 STM1/VC3，都能以它们的原有格式传输，这极大地减少了执行语音业务的时延及抖动。④ OAM 功能强大。GPON 借鉴 APON 中 PLOAM 信元的概念，实现全面的运行维护管理功能，使 GPON 作为宽带综合接入的解决方案可运营性非常好。

习　题

1．WDM 有哪些网元节点？它们的功能是什么？
2．简述 WDM 光传送网的优点。
3．什么是波长路由？它的作用是什么？

4．什么是 HFC 网？其工作原理是怎样的？

5．全光网络的主要优点有哪些？

6．什么是 OADM、OXC？电的 DXC4/1、DXC4/2 分别表示什么含义？

7．什么是光交换技术和波长变换技术？

8．指出 PC、SPC 和 SC 三种连接的不同之处。

9．ASON 控制平面有哪些功能？ASON 有哪些功能接口？

10．光城域网有哪些实现方式？

11．RPR 有哪些特点？说明它在城域网中的应用方式。

12．画出光纤接入网的参考配置模型。

13．分别说明 EPON 系统和 GPON 系统的工作过程。

14．指出 EPON 和 GPON 的主要区别和各自特点。

参 考 文 献

[1] Jean Walrand, et al. High-Performance Communication Networks. 北京：机械工业出版社 2000.

[2] 敖发良，陈名松，等. 现代通信网络中的交换技术. 重庆：重庆大学出版社，2003.

[3] 金惠文，等. 现代交换原理. 北京：电子工业出版社，2000.

[4] 叶敏. 程控数字交换与现代通信网. 北京：北京邮电大学出版社，1998.

[5] 陈锡生. 现代电信交换. 北京：北京邮电大学出版社，1999.

[6] 周明天，等. TCP/IP 网络原理与技术. 北京：清华大学出版社，1993.

[7] 张宏科. IP 路由原理与技术. 北京：清华大学出版社，2000.

[8] 马丁·德·普瑞克. 异步传递方式——宽带 ISDN 技术. 北京：人民邮电出版社，1995.

[9] 张德琨，敖发良，等. 光纤通信原理. 重庆：重庆大学出版社，1992.

[10] Uyless Black. ATM Signaling in Broadband Networks. 北京：清华大学出版社，1998.

[11] Mischa Schwartz. Broadband Integrated Networks. 北京：北京大学出版社，1998.

[12] 盛友招. 排队论及其在计算机通信中的应用. 北京：北京邮电大学出版社，1998.

[13] 黄章勇. 光电子器件和组件. 北京：北京邮电大学出版社，2001.

[14] 黄键，赵宗汉. 移动通信. 西安：西安电子科技大学出版社，1988.

[15] Hiroshi Inose, An Introduction to Digital Integrated Communication Systems. Peter Peregrinus Ltd, Stevenage, UK, and New York, and University of Tokyo Press.

[16] 北京邮电学院电子交换专业. 话务理论基础. 北京：人民邮电出版社，1976.

[17] Thomas E. Stern, et al. 多波长光网络. 徐荣，等，译. 北京：人民邮电出版社，2001.

[18] ITU-T Rec. Q.1201. Principles of Intelligent Network Architecture. 1992.

[19] ITU-T Rec. I.371. Traffic Control and Congestion Control in B-ISDN. 1996.

[20] CCITT Rec. Signaling System No.7. CCITT Blue Book. 1988, Vol. VI: 7-9.

[21] Jaafar M.H.E, et al. Technologies and Architectures for Scalable Dynamic Dense WDM Networks. IEEE Communication Magazine. 2000: 58-66.

[22] Shun Yao, et al. Advances in Photonic Packet Switching : An Overview. IEEE Communication Magazine. 2000: 84-93.

[23] Salvator R, et al. Integrated Optic Tunable Add-Drop Filters for WDM Ring Networks Journal of Lightwave Technology. 2000, Vol.18, No.4: 569-577.

[24] Ao Faliang, et. al. A method of Transmission of Facsimile Information via Radio Channels. IEEE Tencon 93/Beijing. P7B02—12.

[25] Ao Faliang, et.al. A rate Adaptive ARQ System. ISPC 93/Nanjing. PA.2.

[26] 敖发良，等. ATM 交换技术的发展方向. 广西通信技术. 1993, No.2: 2-6.

[27] 敖发良，等. 多级 ATM 网络的接续和控制. 桂林电子工业学院学报（英文版），1996，Vol.16，No.1: 29-34.

[28] 杨进儒，吴立贞，等. No.7 信令系统技术手册. 北京：人民邮电出版社，1997.

[29] 邮电部软件中心. No.7 信令系统的原理、测试与维护. 北京：人民邮电出版社，1995.

[30] 糜正琨，陈锡生. 七号共路信令系统. 北京：人民邮电出版社，1995.

[31] 程时端. 综合业务数字网. 北京：人民邮电出版社，1993.

[32] 龚双瑾，王鸿生，智能网. 北京：人民邮电出版社，1995.

[33] 桂海源，骆亚国. No.7 信令系统. 北京：北京邮电大学出版社，1999.

[34] 杨宗凯. ATM 理论及应用. 西安：西安电子科技大学出版社，1996.

[35] 张文东. 程控数字交换技术原理. 北京：北京邮电大学出版社，1995.

[36] 林康琴，叶弈亮，曲桦. 程控交换原理. 北京：北京邮电大学出版社，1995.

[37] 王向东，叶斌. F-150 数字程控交换机. 北京：人民邮电出版社，1994.

[38] 李令奇，胡广成. 电话机原理与维修. 北京：人民邮电出版社，1992.

[39] 纪红. 7 号信令系统(修订本). 北京：人民邮电出版社，1999.

[40] 黄锡传，等. 宽带通信网络. 北京：人民邮电出版社，1998.

[41] 雷振明. 现代电信交换基础. 北京：人民邮电出版社，1995.

[42] 谢希仁，等. 计算机网络. 北京：电子工业出版社，1996.

[43] 桂海源. 程控交换与宽带交换. 北京：中国人民大学出版社，2000.